4판 전기자동차

정용욱 · 이보희 · 정구섭 공저

도서출판 GS인터비전

머리말

자동차는 생활에 편리함을 주는 필수품이기도 하지만 도시와 같은 인구 밀집 지역에서는 배기가스에 의한 공기 오염, 주행 중 발생하는 소음과 같은 심각한 환경 문제를 발생시키고 있다. 세계 각국 정부의 자동차 연비 및 배기가스 규제가 갈수록 강화되면서 전기자동차의 입지는 갈수록 확고해질 전망이다.

이러한 전기자동차의 확산과 진화는 자동차산업은 물론 관련 산업에 적잖은 변화의 물결을 예고하고 있다. 전기자동차의 핵심 부품의 하나인 전지를 둘러싼 공급사슬 구조가 기술발전과 충전인프라의 영향을 받아 재편될 것이다. 세계 각국은 온실가스 감축을 위한 친환경 노력을 활발히 진행 중이며 앞으로 더욱 강화될 전망이다. 최근의 에너지 및 환경 관련 규제의 흐름은 전기자동차가 비약적으로 성장할 수 있는 발판을 마련하는 형국으로 전개되고 있다.

자동차와 정보기술(IT)의 경계는 없어지고 자동차는 움직이는 IT기기로 변신하고 있다. 자율주행 기술에 대한 사회적 기대와 요구가 점점 커짐에 따라 전기자동차를 생산하던 완성업체는 자연스럽게 자율주행 기능이 탑재된 전기자동차의 연구개발에 주력하고 있으며, 앞으로 몇년 내에 자율주행 전기자동차가 자동차시장의 핵심으로 등장할 것으로 기대된다.

이에 이 책에서는 전기자동차 및 정보기술이 탑재된 자율주행 자동차에 대응하기 위하여 필요한 기본적인 사항을 주로 다루었다.

제1장에서는 전기자동차의 개요와 자율주행 자동차를 비롯한 전반적인 개발동향 및 전망에 대하여 설명하였고, 제2장, 3장에서는 전기자동차의 역사 및 종류에 대하여 설명하였다. 제4장 및 5장에서는 구조 및 모터의 종류 및 특성 등에 대하여 기술하였다. 제6장~8장에서는 전기자동차 전지, 연료전지 및 자율주행자동차의 개요, 개발동향 등에 대하여 간략하게 기술하였다.

이와 같이 만들어진 이 책은 전기자동차의 관련기술을 필요로 하는 이들이 기본 지식을 습득하는데 보탬이 되었으면 한다.

이 책을 개발함에 있어 수차례 내용을 검증하였음에도 불구하고 미비한 점이나 오류가 다수 있으리라 생각되므로 독자 여러분의 계속적인 지도 편달을 바라며, 계속적인 보충·보완을 할 것을 약속하는 바이다. 또한 이 책이 출판되기까지 많은 보탬과 수고를 아끼지 않은 출판사 사장님과 편집부 여러분께 진심으로 감사를 드린다.

2022년 3월

4판을 출간하며

저 자

차 례

제 1 장
전기자동차 개요

1-1 전기자동차의 등장

1-2 전기자동차의 구분

1-3 메커니즘 및 문제점

1-4 전기자동차 시장 전망

자동차는 생활에 편리함을 주는 필수품이기도 하지만 도시와 같은 인구 밀집 지역에서는 배기가스에 의한 공기 오염, 주행 중 발생하는 소음과 같은 심각한 환경 문제를 발생시키고 있다. 이에 석유를 태우는 자동차는 대기오염의 주범으로 찍힌 지 오래다.

대기오염으로 신음하는 세계의 주요 도시들이 앞 다투어 자동차 배기가스와의 전쟁을 선포하고 나섰다. 미세먼지 급증의 원인으로 지목된 경유차를 규제하는 것은 물론 일부 대도시와 국가에서는 일정연도 이전에 등록된 승용차의 도심 진입이 금지되거나 아예 휘발유차나 경유차의 운행을 금지하는 방안까지 논의되기 시작했다. 세계 각지에서 자랑통행에 대한 규제가 갈수록 엄격해지면서 '배출가스 제로'의 벽을 넘기 위한 글로벌 자동차 업계의 경쟁도 치열해질 것으로 전망된다.

글로벌 자동차 시장의 성장 정체에도 불구하고 기술의 진보와 정부의 규제는 스마트카, 친환경차 시장의 고속 성장을 이끌 전망이다. 우리가 그리는 **미래자동차의 핵심은 '기술과 환경'이다. 기술측면에서 스마트카의 궁극적인 모습은 자율주행이며 환경측면에서는 전기자동차로의 변화가 핵심이다.**

전기자동차는 전자제품과 기계를 하나로 묶었다. 반도체 산업 측면에서도 전기자동차는 가장 많은 반도체 수요를 가져오는 분야이다. 미래 먹거리 산업에서 전기자동차의 역할 중에 가장 중요한 분야는 바로 AI(인공지능)이다. 현재 완성차 업계의 화두는 자율주행이다. 과거처럼 엔진 마력이나 연비는 더 이상 화두가 되지 못한다.

통신 분야에서 5G를 기반으로 한 사물인터넷(IoT)과 인공지능의 결합 그리고 빅데이터는 자율주행의 핵심 근간이다. 기존 자동차산업과는 완전히 다른 차원으로 진화과정을 거치고 있다.

그림 1-1 스마트카 = 전기자동차 + 자율주행자동차

그림 1-2 자율주행자동차의 핵심(AI)

전자 및 정보통신 기술의 발전은 자동차 산업의 패러다임을 급속히 변화시켜 미래형 자동차는 친환경자동차에서 지능형 자동차로 진화하면서 시스템의 지능화 및 다양화로 더욱 더 전자장치의 비중이 증가하고 있다.

그러한 모습을 한눈에 보여주고 있는 전시회가 바로 해마다 1월 초 미국 라스베이거스에서 개최되는 세계 최대 소비자전자제품박람회(CES: Consumer Electronics Show)이다. 세계 전자제품 시장의 방향을 알아볼 수 있는 전시회다. 그런데 어느 틈엔가 전자제품박람회가 전기자동차 전시회를 바뀐 모습을 연출하고 있다. 이유는 간단하다. 이제 자동차는 기계류가 아니라 전자제품이 되었기 때문이다.

반면에 세계 3대 모터쇼라 불리는 프랑크푸르트모터쇼, 동경모터쇼, LA모터쇼는 과거에 비해 규모가 축소되고 있다. 전시 차종도 전통적인 내연 엔진보다는 전기자동차 전시가 늘고 있다. 판매량 측면에서는 여전히 전통적인 자동차가 압도적이지만 모터쇼 등 미래의 자동차를 이야기하는 곳은 이미 대세는 전기자동차로 변했다.

지금까지 자동차산업은 '공업의 꽃'이라고 불렸다. 기계산업의 총 집결체였기 때문이다. 그러나 전기자동차는 완전히 다른 개념이다. **전지와 모터 그리고 컴퓨터와 통신의 조합이다.** 전지와 모터가 하드웨어라면 컴퓨터와 통신은 소프트웨어다. 전기자동차는 한마디로 움직이는 디바이스(mobile Auto-device)다.

자율주행자동차, 인공지능에게 길을 묻다

- 인간 지능을 모사한 인공지능(AI)이 요즘 가장 뜨거운 기술 키워드이다. 자동차 산업은 대규모 R&D 투자, 기술 기업들과의 파트너십 구축, AI 스타트업 인수 등을 통해 혁신적인 AI 시스템을 구축하고 있다. 인공지능이 자동차와 결합하면서, 자동차 산업은 또 다른 길에 들어서고 있다.

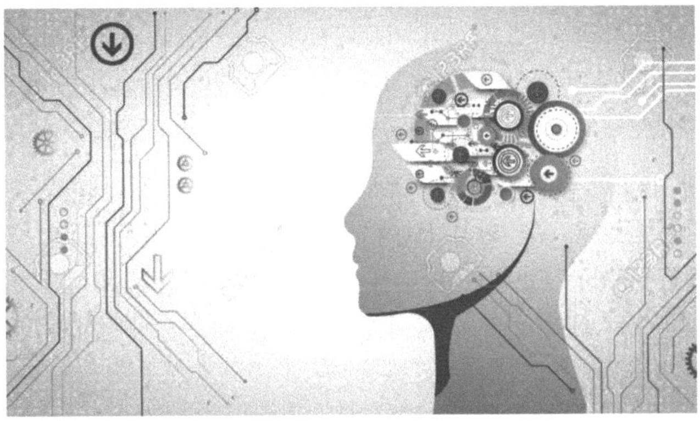

- 완전 자율주행자농자 시장을 선점하기 위한 자동차 제조사와 기술회사들 간 합종연횡이 활발하다. CES(Consumer Electronics Show)는 그 생생한 현장이다.

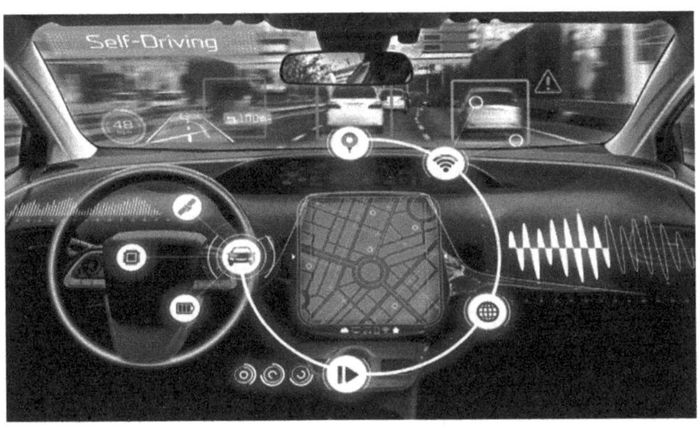

- IBM 인공지능 컴퓨터 '왓슨(Watson)과 GM '온스타(OnStar)' 플랫폼을 결합한 '온스타 고(OnStar Go)'에서부터 AI 기반 자율주행 기술에 대한 토요타의 투자에 이르기까지 자동차와 AI의 결합은 시대의 거스를 수 없는 대세로 굳혀지는 분위기다. 이러한 변화는 AI가 인간 운전자를 대체할 수 있는 최종 대안이라는 생각을 반영한다. 점점 더 보편화되고 있는 AI를 통해 자동차 산업은 솔루션 및 공급망 관리 측면에서도 향후 엄청난 변화를 경험하게 될 것이다.

- 자율주행자동차에서 인공지능이 주목받고 있지만, 사실 많은 자동차 분야 중 하나에 불과하다. AI는 안전성과 자율주행 외에도 음성인식, 컴퓨터 비전, 커넥티드카, 가상 도우미 등 여러 분야에 사용된다. 1970년대에 이미 무인자동차(Driverless car) 개발이 시도 되었지만, 적절한 기술의 부재로 자율주행자동차는 수십 년 동안 꿈에 불과했다. 그러나 작고 강력한 컴퓨터와 GPS 시스템, AI 개발과 함께 자율주행자동차는 꿈이 아닌 현실이 되고 있다.

반면 기존 자동차 업계는 구조조정이 불가피해진다. 기존 차량에 비해 전기자동차는 구조가 간단하다. 그만큼 적은 인력으로 생산이 가능해진다. 각 사별로 구조조정을 통해 절감한 비용을 전기자동차와 자율주행에 집중 투자하겠다고 발표했다. 대기환경 개선이라는 차원에서 시작한 전기자동차 보급은 이제 미래전략산업의 중심이 되었다.

환경 문제에서 출발한 전기자동차는 분명 매연 등 오염물질 배출은 거의 없다. 그러나 전력생산을 석탄이나 LNG 등 화석연료에 의지하면 오염물질은 그대로 배출된다. 자동차 대신 발전소에서 배출하는 것이다. 따라서 환경을 위한다면 전력생산 자체도 화석연료가 아니라 원자력 발전으로 해야 한다. 그래야만 오염물질 배출을 근원적으로 차단할 수 있다.

1-1 전기자동차의 등장

높은 수준의 환경기술과 환경친화적 산업구조를 가진 국가들은 지구 환경보전을 명분으로 그린라운드(Green Round)를 결성했으며 미국의 캘리포니아주를 비롯한 여러 주에서는 자동차 배기가스의 이산화탄소가 지구온난화의 주요인으로 지적되면서 선진국에서는 배기기준을 강화하고 무공해 자동차(ZEV ; Zero Emission Vehicle)와 저공해 자동차 의무 판매를 포함한 자동차 배기가스 규제를 입법화해 각국의 자동차 회사는 이에 대응하기 위한 친환경기술을 개발해야하는 어려움에 직면하게 됐다.

석유자원 고갈, 지구온난화 등 유한한 자원과 환경보호라는 글로벌 명제아래 세계 자동차 메이커는 친환경자동차인 전기자동차(EV : Electric Vehicle 혹은 BEV : Battery Electric Vehicle)에 대한 관심이 날로 높아지고 있다. 이러한 시점에서 22세기를 바라보면서 산업시설 및 수송수단의 무공해 특성을 가진 전기자동차의 개발은 필연적이다.

그림 1-3 자동차별 온실가스 배출량 비교(1 Km당)

전기자동차는 자동차의 엔진구조가 기존 엔진과 같이 연소로부터 에너지를 얻는 구조가 아닌 전기 에너지를 통해 구동되는 엔진이 설치된 자동차이다. 전기로 에너지원을 얻기 때문에 배기가스나 환경오염이 없으며, 소음도 작다는 장점을 가지고 있다.

전기로 가는 자동차는 폭발행정의 과정이란 없는 관계로 소음이 없게 된다. 다만 동력을 발생시키는 힘이 전기의 힘이므로 동력 전달과정에서 차륜을 회전시킬 때 날 수 있는 정도이므로 기름을 태워서 폭발행정을 거치는 폭음의 연속과정이 생략되므로 인해서 조용할 수 밖에 없다. 전기의 새로운 충전과 발전과정이 연속적으로 충전되어져야 할 것이다. 그래서 전기의 힘이 충분하도록 운행 중에도 충전이 되도록 하는 기술이 중요하다.

선진 각국에서는 전기자동차의 조기 실용화를 위하여 정부 차원의 대규모 투자와 아울러 강제 보급 정책을 추진하고 있다. 우리나라도 세계적인 추세에 부응하여 대형 국가과제로 선정하여 지원하고 있으며, 자동차 제작회사들도 이에 적극 참여하고 있으므로 전기자동차의 개발 및 실용화 전망은 밝다고 할 수 있다.

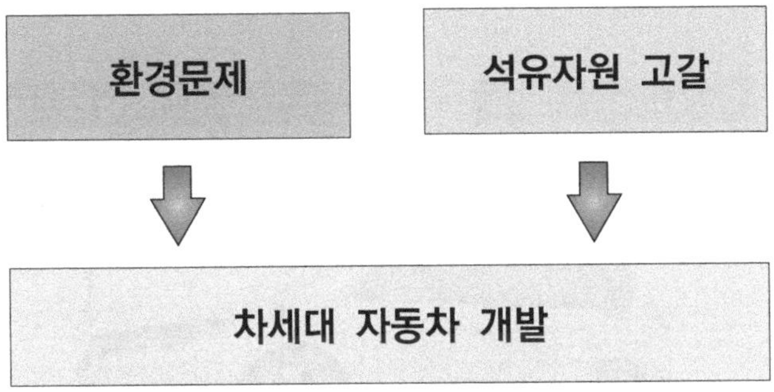

그림 1-4 차세대 자동차의 개발의 필요성

자율주행자동차란(Self-Driving Car)

- 자율주행자동차는 Auto Driving Car 혹은 Self-Driving Car라고 불린다. 차량을 운전자가 직접 운전하지 않고 차량 스스로 도로에서 달리는 것을 뜻한다. 자동차를 이용해 사람이 목적지로 이동하고 짐을 실어 나르는 것에서 한 단계 더 발전하여 '스스로 운전하는 자동차'를 말한다. 운전자가 타지 않는 무인차와는 다르다.

자율주행자동차란(Self-Driving Car)

- 구글과 애플 같은 정보기술 업체는 물론 BMW·벤츠·도요타 등 완성차 업체들은 자율주행자동차 기술 개발에 사활을 걸고 치열한 경쟁을 벌이고 있다. 자율주행자동차가 실현되기 위해서는 이미 개발됐거나 앞으로 개발되어야 할 스마트 기술들의 결합이 필요하다. 센서(인지), 매핑(비교), 인식판단(해석), 통신(명령) 등과 같은 기술이다.
- 센서는 사람의 눈과 귀를 대신해 주변 환경을 정확히 인지할 수 있도록 도와주는 카메라, 레이더, 라이다, 전방감지센서 등으로 이뤄진다 또, 이를 통해 수집된 데이터가 거리, 도로 상황 등을 점과 선의 좌표로 나타내는 매핑(비교)이 되면, 각종 센서를 통해 수집된 데이터를 해석, 조향, 가속, 감속, 정지 등의 상황에 따라 적합한 운행을 하게 된다.

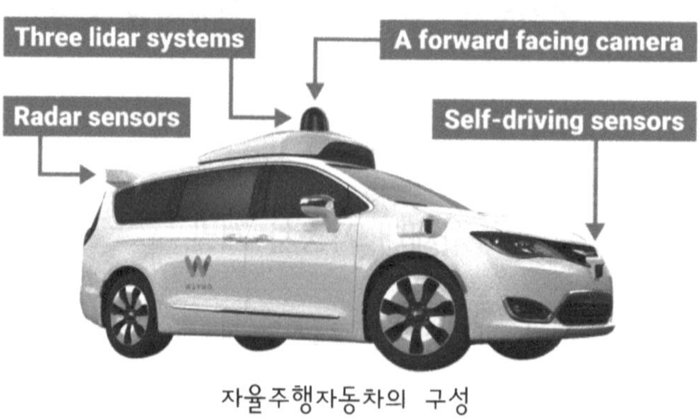

자율주행자동차의 구성

- 자동차의 자율주행을 위해선 차 간 충돌을 막아주고 차 간 거리를 자동으로 유지하는 기술(HDA)이 필수이다. 이와 함께 차선이탈 경보 시스템(LDWS), 차선유지 지원 시스템(LKAS), 후측방 경보 시스템(BSD), 어드밴스트 스마트 크루즈 컨트롤(ASCC), 혼잡구간 주행지원 시스템(TJA), 자동 긴급제동 시스템(AEB) 등의 기술들이 복합적으로 사용된다.

세계각국 자율주행자동차 각축

- 자동차 산업은 최근 가장 빠르게 패러다임이 변화하고 있는 분야다. 자율주행자동차뿐만 아니라 커넥티드카, 전기자동차 등 미래 자동차 산업의 지도를 바꿔 놓을 분야에 투자를 집중하고 있다. 시대 흐름을 제대로 읽지 못하고 변화하지 못하면 국가 및 기업 경쟁력이 크게 뒤처질 수 있다는 우려감 때문이다.

1	**친환경차 · 고연비**	2	**스마트카** (자율주행 · 커넥티비티)

2025년 미래자동차의 키워드

- 특히, 한·중·일 3국은 자율자동차 부문에서 패러다임 변화를 선도하기 위해 총력을 기울이고 있다. 그동안 한·중·일 3국은 글로벌 전자 시장을 이끌어 왔다. 이를 무기로 전자와 자동차를 융합한 자율주행자동차 연구개발(R&D)과 투자를 확대하고 있다. 앞으로 가장 큰 변화가 있을 것으로 예상되는 부문인 만큼 업계는 시장 변화에 촉각을 곤두세웠다.

구글 자율주행자동차 핵심 장치와 기능	
레이저 레이더	360도 회전하며 레이저를 이용해 위치 파악
지능형 카메라	여러 각도의 동영상을 조합해 음파탐지기와 물체 포착
주행 컴퓨터	레이더로 취합된 정보로 가속·제동 지시
레이더	장애물과의 거리 차이 인식
위치센서	바퀴의 움직임을 파악해 지도상 위치와 실제 위치 오차 없앰

- 전기자동차의 대중화는 단순히 에너지원의 변화를 뜻하는 게 아니다. 기존 자동차 산업의 구조와 세계 경제의 근간을 송두리째 바꿔놓는 놀라운 산업의 재편이 일어난다. 나아가 전기자동차는 4차 산업혁명이 가져다 줄 첨단기술의 새 '발명품'으로 다시 태어나게 된다.

- 자율주행기능은 물론 사물인터넷(IoT)으로 무장되어 있어 위성은 물론 지상의 모든 교통체계와 연결되어 작동하는 첨단기기로 탈바꿈하게 된다. 차선, 횡단보도, 교통신호등, 가로등, 네비게이션, 사람, 건물, 고속도로, 하이패스, 다른 차량, 119 구조대, 경찰서 등 거의 모든 주변 사물과도 연결되어 운전자와 탑승자가 실시간으로 차량 주변의 모든 정보를 알 수 있도록 해준다. 승객의 안전까지 완벽하게 지켜준다. 차량 이동량에 따라 자동으로 교통신호등이 바뀌고 차가 없으면 가로등이 꺼지는 일은 상식적인 것이 된다.

더불어 순수한 전기자동차의 단점을 보완하기 위한 즉, 완벽한 전기자동차의 전 단계라고 할 수 있는 하이브리드 전기자동차(HEV : Hybrid Electric Vehicle), 플러그인 하이브리드 전기자동차(PHEV : Plug-in HEV) 등에 대한 연구도 활발히 진행되고 있다. 하이브리드 전기자동차는 전기자동차와는 달리 주행거리에 제한을 받지 않으며, 엔진의 효율이 가장 좋은 회전속도에서 발전기를 회전시킴으로써 생성된 에너지를 축전지에 충전하고, 도심지에서는 전기자동차 모드로 주행하기 때문에 대도시의 대기오염을 줄일 수 있는 장점이 있다.

1-1-1 친환경차 등장 배경

최근 자동차 산업의 가장 큰 화두는 친환경 자동차라고 할 수 있다. 2008년 유가 급등으로 각국의 모터쇼에서 대부분의 주제가 친환경 자동차 일색으로 변화했다. 특히 석유자원의 고갈, 지구온난화라는 전 세계적 과제와 더불어 자동차업계의 신성장 동력 및 차세대 패권을 차지하기 위한 이해관계가 맞물리면서 더 이상 미래 일로 치부할 수 없는 현재진행형 과제가 되고 있다.

(1) 석유자원의 고갈

석유자원 고갈의 논리적 토대는 1956년 미국 지질학자 킹 허버트 박사의 피크 오일(Peak oil) 이론이 유명한데, 석유 생산량이 기하급수적으로 확대되었다가 특정 시점을 정점으로 급격히 줄어드는 현상을 말한다. 피크오일은 석유 소비의 급증에 비해 새로운 유전 발견이 부진하거나, 정유시설의 미흡한 투자, 전쟁 등으로 석유 생산이 한계에 부딪혔을 때에 나타난다. 즉 석유의 부족 보다는 공급량이 정해져 있기 때문에 발생한다고 보고 있다. 허비드 박사는 95년 피크 오일을 예측하였으나 1, 2차 석유파동에 의한 석유 절감 효과로 빗나갔다. 그러나 국제 에너지기구는 그 이후에도 중국, 인도의 경제성장으로 에너지 수요가 증가하는 반면, 석유공급량은 한정되어 있어 심각한 석유 수급 불균형을 겪을 것으로 내다보았다.

석유자원의 부족 여부, 피크 오일의 시기 예측이 중요하다기 보다는 더 이상 석유가격이 싸지 않은 시점이 도래했다는 것이며, 이로 인해 대체연료와 연료저감이 중요해진 이유라는 점을 간과해서는 안될 것이다.

2015년 기준 전 세계 하루 석유소비량이 9501만 배럴인 것을 감안하면 지구인 모두가 앞으로 1만7892일 정도를 소비할 수 있는 물량이 확인되어 있다. 해로 따지면 약 49년에 해당되는 물량이다. 에너지진밍보고서는 특히 최근 30년간 석유 확인매장량이 연평균 2.5%의 성장률을 보이며 증가세를 보인다고 분석했다. 40여 년 전에도 앞으로 40년 후면 석유 피크오일이 올 것이라는 주장이 제기되었지만 현재도 매년 석유 확인매장량은 증가하고 있고 앞으로 최소한 40년 이상 사용할 석유 매장이 확인되고 있다.

그림 1-5 석유자원의 고갈

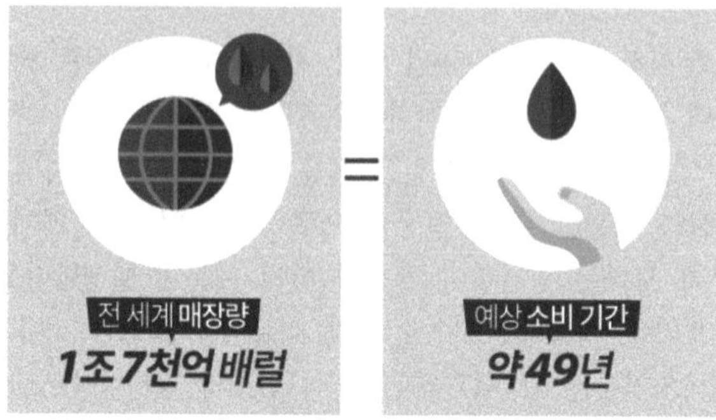

그림 1-6 석유의 매장량

석유자원이 유한하다는 점을 고려하면 언젠가는 바닥을 드러낼 수밖에 없다. 다만 피크오일 시점은 석유개발 기술의 진화로 뒤로 늦춰지고 있다는 것이 최근에는 정설이 되고 있다. 에너지전망보고서에 따르면 지역별 석유매장량은 중동이 여전히 1위로 47퍼센트를 기록 중이다. 하지만 1990년 기준 중동 매장량 비중이 64.2퍼센트를 기록했던 것을 감안하면 세계 석유시장에서의 지배력은 확연하게 약화되고 있는 모습이다.

유한한 자원, 언젠가 바닥 드러낼 수 밖에 없지만...

- 피크오일 개념이 변화해야 하는가?
- 이에 관련해 '피크오일(peak oil)'에 대한 개념이 변화하고 있다는 주장까지 제기되고 있다. '피크오일'은 탄화수소 즉 석유매장량이 부족해지는 시점으로 판단하는 것이 아닌, 석유를 채굴하기 위한 소위 '피크 기술(peak technology)'이 한계에 도달하는 시점으로 판단해야 한다는 것이다.

- 실제로 미국이 주도하는 셰일오일의 경우 과거에는 기술이나 경제성의 한계로 무시되어 오던 것이 채굴기술 개발로 양산되고 있다. 셰일오일은 땅속 퇴적암 사이사이에 산재해 있는 원유인데 지하 깊은 곳에 시추관을 뚫어 화학약품이 섞인 물을 고압으로 분사, 암석을 분쇄하고 물과 기름을 분리해 원유를 채취하는 복잡한 과정을 거친다.
- 캐나다 앨버타 주의 노천에 널려 있는 오일샌드 역시 원유가 섞인 모래를 채굴해 분쇄하고 물과 혼합해 기름을 분리하는 방식으로 채취한다. 원유가 매장되어 있는 거대한 지하공에서 뽑아 쓰는 전통 개발방식에 비해 채굴기술은 복잡하고 비용은 더 많이 소요될 수 밖에 없지만 비전통 원유 채굴기술이 속속 개발되고 생산비용이 낮아지면서 피크오일의 개념을 바꾸고 있는 것이다.
- 셰일오일 생산 과정 등에서 사용되는 수압파쇄법이 환경을 오염시킨다는 비난을 받고 있기는 하지만 채굴기술의 진화는 자원의 유한성을 극복하고 연장시킨다는 측면에서 새로운 주목을 받을만한 가치가 있는 것은 분명해 보인다.

(2) 환경 규제

자동차관련 환경규제는 미국, EU, 일본 등 선진국을 중심으로 규제가 강화되고 있으며 한국, 중국 등 주요 자동차 생산국들도 기술변화에 뒤처지지 않기 위해 규제강화에 동참하고 있다.

유럽 각국은 오는 2025년부터 아예 현재의 휘발유나 경유를 연료로 하는 순수 내연기관 자동차 판매를 금지키로 했다. 일본의 도요타도 2025년부터 전 세계에서 판매하는 전 차종에 하이브리드 차량(HEV)이나 전기자동차(EV) 등 전기 구동 방식을 채택할 것이라고 밝혔다. 내연기관 엔진 자동차를 더 이상 생산하지 않겠다는 뜻이다. 전 세계가 '가솔린·디젤 시대'의 종언과 함께 전기자동차, 수소연료전지자동차 등 친환경차 보급 확대에 시동을 걸었다.

현대차와 일본차가 주도하고 있는 수소연료전지자동차는 수소충전소 등 인프라 확대라는 난제가 있지만 배출청정도나 저탄소, 주행거리, 충전시간 등에서 가장 '궁극의 친환경차'로 꼽히고 있다.

온실가스 주요 배출국들이 감축계획을 밝힌 것은 고무적이지만 제시한 목표치까지 온실가스 배출을 줄인다 해도 온난화 방지 목표 달성에는 미흡하다는 지적이다. 국제사회는 산업화 이전과 비교해 지구의 온도가 섭씨 2도 이상 오르는 것을 억제한다는 목표를 세웠다.

[표 1-1 주요국 내연기관차 판매금지 시점]

2025년	2030년	2032년	2040년
노르웨이	· 네델란드, 아일랜드 · 슬로베니아, 이스라엘 · 인도	스코틀랜드	· 프랑스 · 영국 · 대만

*중국은 2019년부터 내연기관차 신규공장건설금지/ *도요타 2025년부터 HEV, BEV만 판매

	기존 목표	새 목표
미국	2005년 대비 2025년까지 최대 28% 감축	2030년까지 50% 감축
유럽연합 (EU)	1990년 대비 2030년까지 40% 감축	55% 감축
영국	1990년 대비 2035년까지 68% 감축	78% 감축
일본	2013년 대비 2030년까지 26% 감축	46% 감축

그림 1-7 주요국 온실가스 감축목표 조정치

자동차 시장이 성숙한 나라에서는 여러가지 의미로 자동차 배출가스 규제를 갖고 있다. 이른바 잘사는 선진국일수록 환경 보호에 관심이 많기 때문에 규제가 엄격할 수도 있다. 하지만 그 뒤에 숨겨져 있는 것은 이러한 배출가스 규제가 환경을 보호한다는 명목 하에 기술적 장벽으로 작용하여 자국의 자동차 산업을 보호하는 수단이 될 수도 있는 것이다.

기존에는 HC, CO, NOx 등 인체에 해로운 3가지 배출가스에 대하여 규제를 해왔었지만, 최근에는 온실가스에 관심이 높아지면서 유럽을 시작으로 CO_2배출량 또한 규제가 되고 있다. 실제 우리나라에서도 그 흐름에 맞춰 자동차에 붙는 에너지 소비 효율 등급 스티커에 CO_2배출량도 표시하고 있다.

아무리 연료가 완전 연소가 된다고 해도 배출되는 가스에는 CO_2와 H_2O가 포함되어 있기 마련이다. 그러므로 CO_2를 규제한다는 것은 최소한의 연료를 태우는 방법 밖에 없으며, 이것은 결국 연비와 직결되는 문제이다. CO_2를 규제한다는 것은 연비, 결국 엔진의 총체적인 기술에 대한 기술적 장벽이 하나 생기는 것이다.

온실가스 정의

- 지구의 기후변화와 이로 인한 부정적 효과가 인류의 공통적인 관심사임을 인정하고, 인간활동이 대기 중의 온실가스 농도를 현저히 증가시켜 온실효과의 증대로 인해 지구 생태계와 인류에게 부정적인 영향을 미칠 수 있음을 우려하여 국제 사회는 기후변화협약을 맺게 되었다. 이러한 기후변화협약을 구체적으로 실행하고자 2005년 교토의정서가 발효되어 선진국에서 먼저 온실가스에 대한 감축 목표를 세우고 그 의무를 이행하도록 협의 하였다. 바로 이 교토의정서에서는 온실가스를 6개의 기체로 규정하고 이 6대 온실가스에 대해 감축할 것을 국제적으로 합의하게 되었다.

- 교토의정서에서 규정하고 있는 6대 온실가스는 이산화탄소(CO_2), 메탄(CH_4), 아산화질소(N_2O), 수소불화탄소(HFCs), 과불화탄소(PFCs), 육불화황(SF_6) 이다.

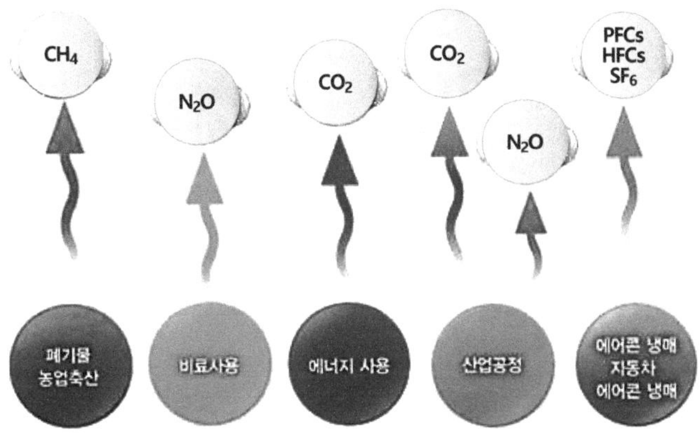

6대 온실가스와 주요 발생원

- 온실가스는 화석 연료를 사용할 때 배출되는 이산화탄소와 농업 활동 및 폐기물 처리로 발생하는 메탄과 아산화질소가 주를 이루고 있다. 최근 들어서는 반도체와 같은 첨단산업의 발달에 따라 생산공정에서 발생하는 불소계 기체(수소불화단소 HFCs, 과불화탄소 PFCs, 육불화황 SF_6)도 늘어나고 있다.
- 세계 온실가스 배출량에서 수송, 공업, 발전, 농업 등 각 산업별로 배출한 CO_2 상당 온실가스 배출 비율이다.

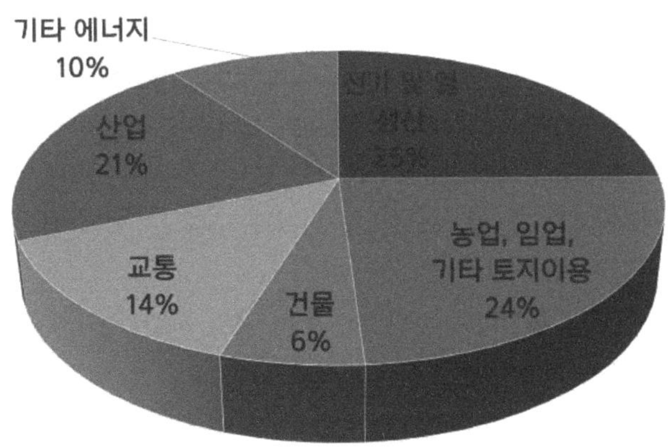

부문별 온실가스 배출 비율(IPCC)

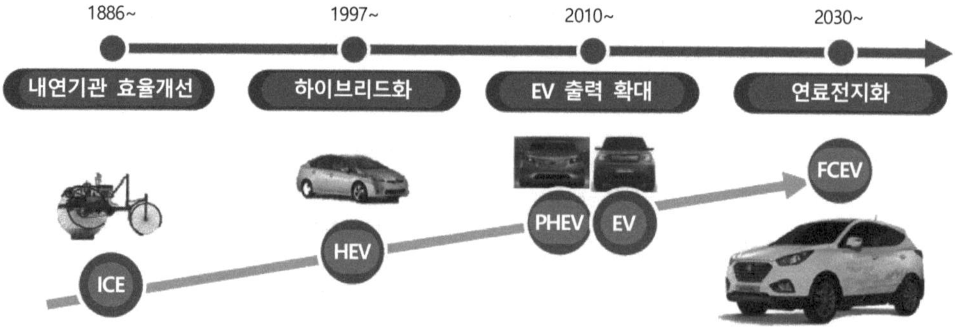

그림 1-8 친환경차·고연비 –친환경차 기술발전 방향

[표 1-2 전기자동차 구분]

구 분	특 징	
하이브리드 전기자동차	Hybrid EV. HEV	동력원으로 전기모터와 내연기관을 동시에 쓰는 자동차
플러그인 HEV	Plug-in Hybrid EV. PHEV	동력원은 전기만 쓰지만 충전에 필요한 내연기관을 내장한 자동차
전기자동차	Battery Electric Vehicle. BEV	순수 전기로만 움직이는 자동차.
연료전지 자동차	Fuel Cell EV. FCEV	수소탱크를 통해 수소와 산소를 반응시켜 전기를 생성하는 연료전지가 내연기관을 대체한 자동차

내연기관 자동차(ICV : internal combustion vehicle)와 전기자동차(EV : Electric vehicle)의 대표적인 차이는 에너지원으로부터 출발한다. 내연기관 자동차는 탄화수소계 연료를 엔진의 내부에서 압축, 발화, 폭발, 팽창 시켜서 나오는 에너지를 이용하는 것이다. 에너지의 변환을 아주 간단하게 표현하자면 석유상태에서의 화학적 에너지가 산화(연소) 시키면서 발생되는 열, 압력, 소리 등의 에너지 중 압력에너지를 바퀴가 구를 수 있게 하는 운동에너지로 변환한다.

이에 대해 전기자동차는 축전지에 축전되어 있는 화학 에너지를 방전될 때의 전기 에너지로 변환하여 모터를 구동시키는 운동에너지로 변환한다.

실제로 내연기관 자동차는 에너지 변환단계가 더 복잡하게 표현된다. 좀더 넓게 본다면 연료전지자동차(FCV : fuel cell vehicle)나 태양전지자동차도 모터에 전기를 공급한다는 것은 동일하다. 단 이 경우에는 전기가 연료전지나 태양전지 내부에 화학적 에너지 형태로 축전되는 경우가 아니라 알코올이나 수소 등의 연료 또는 태양광이나 태양열 같은 에너지원으로부터 생산되는 경우이다.

전지에 축적된 전기로 모터를 회전시켜서 자동차를 구동시키는 전기자동차는 가솔린 자동차보다 먼저 제작되었으나, 전지의 무거운 중량, 충전에 걸리는 시간 등의 문제 때문에 활성화되지 못했다. 그래도 구조가 간단하고 내구성이 크며 운전하기가 쉬운 점 등이 있어 주로 여성용으로 미국에서 1920년대 중반까지 소량 생산되었다. 최근 공해문제가 심각해지면서 다시 활발히 개발되고 있다.

1-1-2 개발 추세

양산된 전기자동차 1호는 미국 캘리포니아 주 지역에서 시판되었든 고성능 전기자동차 GM EV1이다. GM은 90년대 들어 적극 개발해 온 전기자동차를 96년부터 시판하였다. 이 전기자동차는 배기가스는 물론이고 소음도 없이 1회 충전으로 160 km를 달릴 수 있었으며, 시속 130 km의 속도 주행이 가능했다.

2010년 이후 닛산 리프, GM 쉐보레 볼트(Volt) 등 1세대 전기자동차가 시장에 등장했다. 그러나 기존의 전기자동차들은 전지 충전에 8시간 이상 걸리고 1회 충전 시 주행거리 150 km 이하로 주행거리가 짧아 아직 실용성이 많이 떨어진다.

그러나 주행거리를 기존보다 두 배 이상 늘리고, 가격은 절반으로 낮춘 2세대 전기자동차의 등장은 향후 시장 전망을 더 밝게 하고 있다. 전기자동차 선두 업체인 GM과 테슬라가 주행거리 300 km 이상, 가격 3만 달러대 모델을 발표하면서 전기자동차 시장이 주목받고 있다.

쉐보레 볼트 EV 모델은 1회 충전거리 414 ㎞를 인증 받았다. 볼트EV의 심장인 전지는 LG 화학의 66 kwh 리튬이온 전지로 미국 홀랜드 공장에서 생산된다.

테슬라 모델 3는 기본 모델에서 시속 100 km까지 가속하는 데 6초 미만, 항속 거리는 완충 후 약 354 km정도이며, 55 ㎾h 원통형 리튬이온 전지가 장착된다.

중국 업체들의 공세도 이어진다. 세계 최대의 전기자동차 생산업체인 BYD가 다임러와 합작을 통해 내놓을 2세대 덴자 전기자동차는 주행거리가 400 km에 달하는 것으로 알려졌다.

테슬라 전기자동차를 위협하는 루시드 모터스의 루시드 에어(Lucid Air)는 최대 130 kWh 용량의 전지를 탑재할 수 있는 프리미엄 세단이다. 최대 주행거리는 약 643 km에 달한다. 테슬라 모델 S의 가장 큰 용량인 100 kWh를 뛰어 넘었다. 루시드 모터스의 전지는 삼성 SDI가 공급한다.

[표 1-3 자동차별 주행거리 비교]

구분	전지 용량(KWh)	주행거리(Km)	전지 공급사
BMW i3	21	132	삼성SDI
닛산 리프	24	132	AESC
현대 아이오닉	28	191	LG화학
BMW 뉴 i3S	33	300	삼성SDI
테슬라 모델 3	55	354	파나소닉
현대 아이오닉 5	58	360	SK이노베이션
기아 EV 6	58	360	SK이노베이션
테슬라 모델 Y	60	340	파나소닉
기아 니로 EV	60	380	SK이노베이션
닛산 리프 2세대	60	400	AESC
현대 코나 EV	64	406	LG화학
GM 볼트(Bolt)	66	414	LG화학
현대 아이오닉 5	72	429	SK이노베이션
BMW iX3	74	440	CATL
기아 EV 6	77	475	SK이노베이션
테슬라 모델 Y	82	511	LG화학
테슬라 모델 3	84	527	파나소닉
테슬라 모델s 90D	90	512	파나소닉
테슬라 모델s P100D	100	594	파나소닉
루시드 에어	130	643	삼성SDI

평균 *30 KWh/200 Km *60 KWh/400 Km *90 KWh/500 Km / 주행거리는 출시연도, 국가별 인정기준에 따라 다를 수 있음.

그림 1-9 주요 전기자동차 비교(2세대)

테슬라-모델3 vs GM-볼트 vs 닛산-리프

- 테슬라가 1회 충전으로 527 ㎞ 달리는 전기자동차 모델3(84 KWh)를 소개하면서 GM, BMW, 닛산 등 경쟁업체들이 바짝 긴장했다. 모델3는 플래그십 세단 모델S, 대형 SUV 모델X에 적용된 기술을 그대로 담으면서 가격은 절반 이하로 낮췄다.
- 테슬라 모델3의 가장 큰 특징은 주행 성능이다. 정지 상태에서 시속 100 ㎞를 내기까지 6초밖에 걸리지 않는다. 모델3는 테슬라 오토파일럿 시스템을 갖춰 자율주행이 가능한 모델이다. 테슬라 모델 3의 가장 큰 경쟁 상대는 1회 충전으로 414 ㎞ 주행이 가능한 GM 쉐보레 볼트(Bolt)다.
- 글로벌 전기자동차 시장의 왕좌는 닛산 리프가 보유하고 있었다. 하지만 2016년 테슬라의 모델 3는 공개 후 나흘 만에 닛산 리프의 이전 5년 동안의 누적 판매기록을 잠재적으로 깼다. 신형 리프는 60 kW 용량의 리튬 이온 전지팩을 탑재하고 1회 충전에 400 ㎞이상 주행할 수 있다.

전기자동차가 최근 들어 각광을 받는 것은 미국과 유럽 등을 중심으로 배기가스 규제가 높아지고 있으며, 유가가 급등하고 있기 때문이다. 특히 환경에 대한 인식이 높아지면서 화석연료를 사용하는 기존 차량보다 친환경적인 전기자동차에 대한 인식이 높아지고 있다. 전지와 구동 모터 등이 주요 부품인 전기자동차는 기계공학보다 전자공학 등 IT 비중이 높다. 그렇기 때문에 기술의 발전도 내연기관 자동차와 달리 급속도로 성장하고 있다.

그림 1-10 쉐보레 전기자동차 볼트(BOLT)

그림 1-11 닛산 전기자동차 리프

그림 1-12 테슬라 모델 3

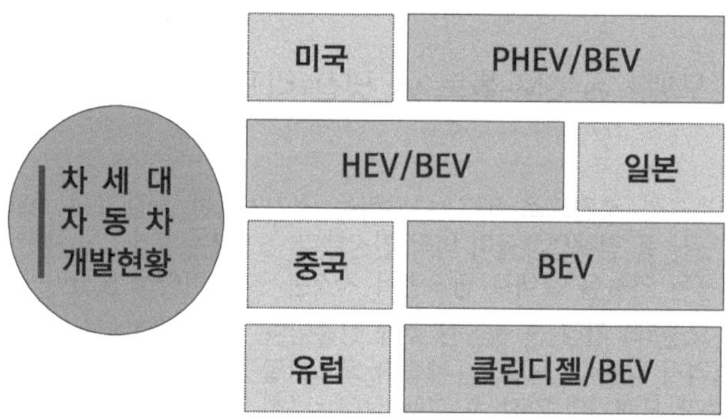

그림 1-13 세계 각국의 차세대자동차 집중 개발현황

물론 전기자동차도 단점이 있다. 충전하는데 시간이 오래 걸리고, 전용 충전 시스템도 필요하다. 한번 충전으로 갈 수 있는 주행거리가 짧다는 점, 전지를 주기적으로 교체해야 하는 점이나 안정성도 해결해야할 문제이다.

전기자동차가 가솔린이나 디젤엔진을 탑재한 현재의 차량처럼 시속 100㎞까지 가속이 수 초만에 가능하고, 폭발적인 힘을 내기까지는 기술력이 부족하지만, 출퇴근과 간단한 볼 일을 보기 위한 일반적인 이동수단의 용도라면 상용화가 바로 눈앞에 와있다. 일부에서는 전기자동차가 구현되기에는 아직 시기가 이르다고 주장하고 있지만, 1년에 두 배씩 성장하는 IT 부문 성장세를 대입해보면 현실은 훨씬 빠르게 다가오고 있다.

자동차 대국이라 불리던 미국 빅 3업체들의 경쟁력이 약화되면서 생존을 위해 들고 나온

전략이 소형차와 플러그인 하이브리드 전기자동차이며, 단일국 자동차 수요로는 이미 세계 1위에 올라선 중국도 뒤쳐진 자국 자동차산업의 도약을 위해 전지 베이스의 전기자동차를 집중 지원할 태세다. 일본의 경우 하이브리드 전기자동차 상용화 10년에 따른 기술축적 노하우, 압도적인 하이브리드 전기자동차 점유율 등을 고려해 볼 때 가장 선도적인 지위를 보유하고 있는 것으로 평가받고 있지만 시장의 상황은 어떤 에너지원의 자동차가 표준이 될지, 언제 시장이 폭발적으로 성장할지 아직 미지수여서 차세대 자동차 타입별 기술개발과 시장별 대응에 소홀할 수 없는 환경이다.

현재의 전기자동차 성능은 주행거리, 주행성능 등에서 기존의 가솔린 자동차에 많이 뒤지며, 가격 및 유지보수 시스템에서 불리한 위치에 있으므로 대중적 보급에 어려움이 많다. 그러나 컴퓨터의 발달과 전력전자장치의 발전에 힘입어 전기자동차는 더욱 보편적인 교통수단으로 발전할 것이다. 특히 정보통신 시대의 도래로 인하여 한정된 도로에서 최대의 교통량을 관리하기 위한 교통체계(ITS; Intelligent Transportation System)와 관련하여서도 전기자동차의 연구는 더욱 가속화될 것이다.

전기자동차란 내연기관 대신에 축전지에 저장된 전기 에너지로 모터를 작동시켜 동력을 발생시키고, 이를 동력전달장치를 통해 차륜을 회전시켜 주행하는 차량으로 1830년 프랑스에서 개발되어 19세기 중반에 실용화되어 교통수단으로 사용 된지가 1세기를 넘게 되었다. 전기자동차는 배기가스가 없어 무공해이며, 내연기관의 폭발음이 없어 저소음이고, 또한 에너지 이용 효율이 좋은 등 많은 장점이 있다.

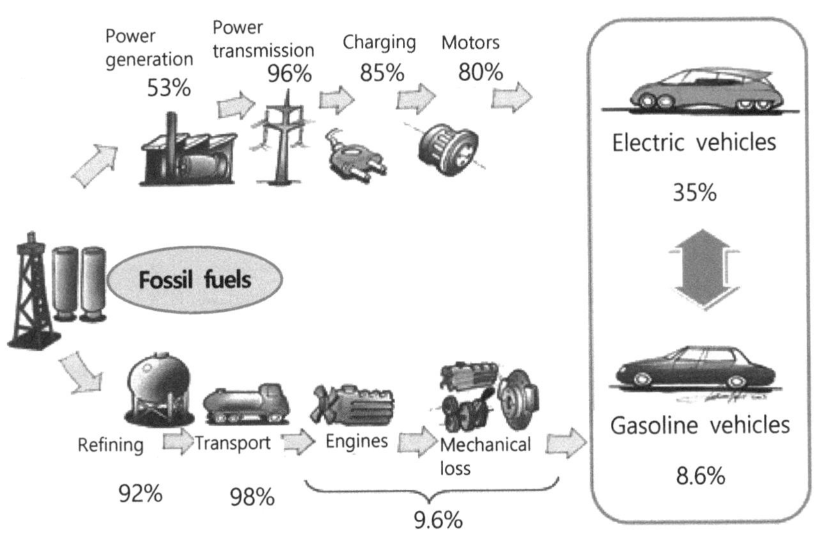

그림 1-14 가솔린차와 전기자동차의 에너지효율 비교

1970년대의 오일쇼크 이후 에너지적인 문제에서 미국, 일본 등에서 본격적으로 개발을 하였고, 현재는 환경적 측면에서 개발의 필요성이 증대되고 있는 실정에 있다. 특히 전기자동차는 내연기관 자동차에 비해 1회 충전주행거리가 짧고, 모터 및 각종 부품의 소형, 경량화 및 고효율화가 어려우며, 소량생산으로 인해 가격이 기존의 차들에 비해 2～3배 비싸며, 충전시간이 6～8시간으로 길고, 서비스 시스템 부족으로 그 보급이 미미하고, 현재로서는 주로 우유 배달차, 업무 연락차, 특수지역용(공원, 호텔, 강연장)등 제한적으로 사용하고 있는 실정이다.

그러나 최근 환경오염(대기오염), 에너지 절약 대책의 일환으로 전기자동차 개발, 성능 향상, 보급추진의 중요성이 증대되고 있다. 이중 2003년부터 미국의 캘리포니아 주에서는 대기보전법이 발효되어 무공해 자동차(ZEV: Zero Emission Vehicle) 일정 비율 판매를 의무화하고 있다.

한편, 전기자동차 기술은 전지, 전기, 전자, 재료, 차량 등 복합기술로 지금까지는 선진각국이 기술을 보유하고 있고, 기술 개발 경쟁이 심화됨에 따라 주요기술의 이전기피 등 기술정보의 차단의 벽은 높아지고 있다. 이에 우리나라 정부는 전기자동차 기술개발을 핵심과제로 선정하여 핵심요소기술을 집중개발 할 계획을 갖고 있다.

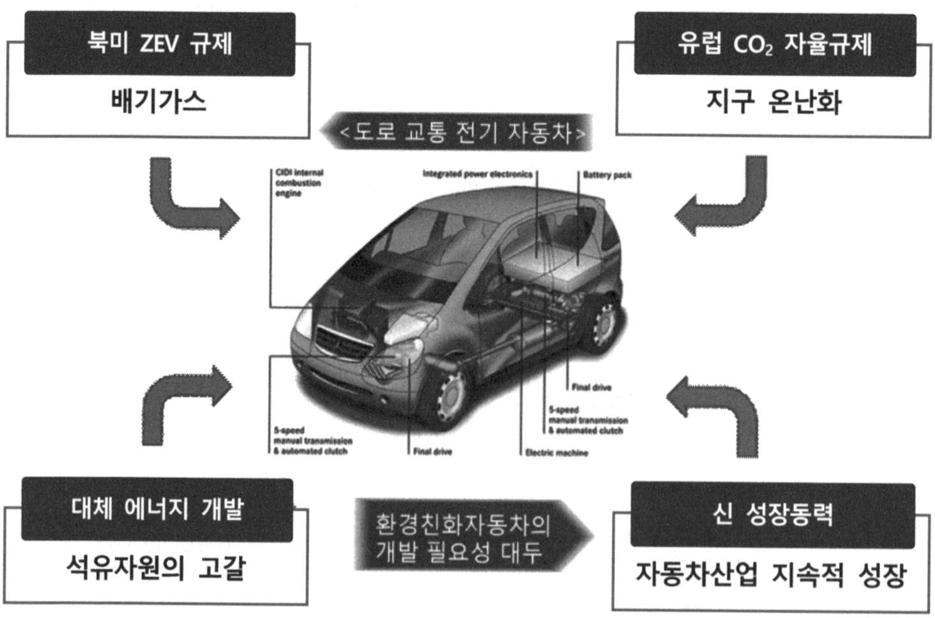

그림 1-15 전기자동차의 필요성

[표 1-4 전기자동차의 장단점]

장 점	단 점
· 무공해 또는 저공해이며 초저소음 · 운전 및 유지보수 용이 · 수송에너지 다변화 가능(원자력, 수력, 석탄화력, 풍력 등으로 발전된 전기를 사용) · 충전부하로 수요창출(심야전력 이용)	· 주행성능이 나쁨(가속성능, 등판능력 최고속도 등) · 1회 충전주행거리가 짧다. · 고가(소규모 시험생산 3배정도) · 전기자동차 사용여건 미비(법령, 충전시스템, 선기료 우내 등 부수적 여건 미비)

커넥티드카 차세대 자동차 핵심으로 부상

- 커넥티드 카(Connected Car)란 자동차와 IT기술을 융합해 상시 네트워크에 연결된 차량을 의미하며, 외부 네트워크와의 연결성에 기반한 '커넥티드 카(Connected Car)'에 대한 운전자들의 관심과 수요가 크게 늘고 있다. IT 및 전기·전자 산업과 융합한 커넥티드 카가 자동차 산업의 신성장동력으로 부상한 것이다. 이 분야에서 주도권을 잡기 위한 자동차 업체들의 경쟁도 더욱 가속화될 전망이다.

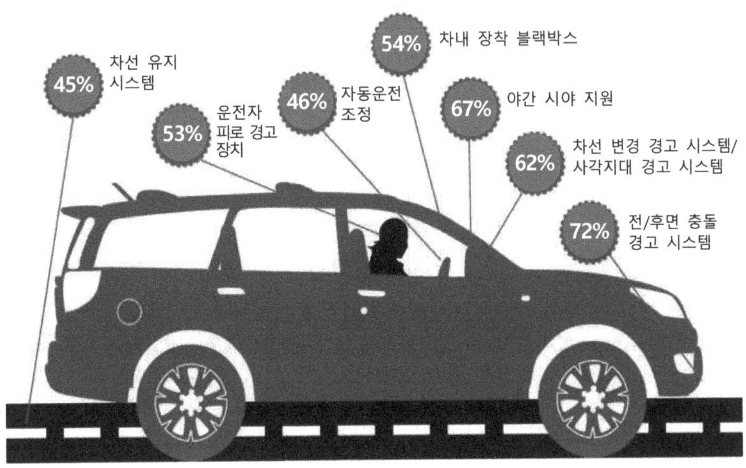

커넥티드 카

제4차 산업혁명

- 제 4차 산업혁명은 인공지능에 의해 자동화와 연결성이 극대화되는 산업환경의 변화를 의미한다. 2016년 1월 20일 스위스 다보스에서 열린 세계경제포럼에서 처음 언급된 개념이다.
- 4차 산업혁명의 핵심은 융합이다. 클라우스 슈밥 세계경제포럼 회장은 '물리적 시스템·전자적 시스템·생물적 시스템이 대융합한 인류 역사 최대의 혁명이 되어 쓰나미처럼 밀려올 것' 이라고 말했다.
- IoT와 인공지능을 기반으로 사이버 세계와 물리적 세계가 네트워크로 연결돼 하나의 통합 시스템으로서 지능형 CPS(cyber-physical system)을 구축할 것이란 예측이다. 이 상태에서 각각의 하드웨어들은 스마트폰처럼 데이터를 축적해 이를 필요에 따라 해석해가며 스스로 자동 갱신한다. 이 같은 과정을 통해서 제조업과 인간을 둘러싼 시스템 운용방식은 대폭적인 변화를 맞을 것으로 예상된다.

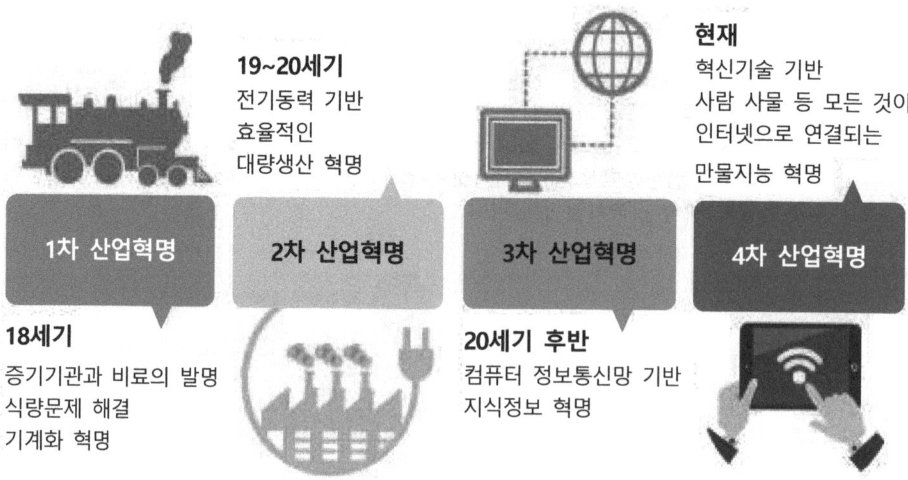

산업혁명의 구분

구분	1차 산업혁명	2차 산업혁명	3차 산업혁명	4차 산업혁명
시기	18세기 후반	20세기 초반	1970년대 이후	2020년 이후
혁신 부문	증기의 동력화	전력, 노동 분업	전자기기, ICT혁명	ICT와 제조업 융합
커뮤니케이션 방식	책, 신문 등	전화기, TV 등	인터넷, SNS	IoT, IoS (Internet of Service)
생산 방식	생산 기계화	대량생산	부분 자동화	시뮬레이션을 통한 자동생산
생산통제	사람	사람	사람	기계 스스로

산업혁명의 비교

1-2 전기자동차의 구분

전기자동차는 전기를 동력원으로 움직이는 차량을 말한다. 전기모터나 내연기관을 동시에 사용하는 엔진이 둘 이상인 하이브리드 전기자동차(Hybrid EV : HEV), 동력원으로는 전지에 저장한 전기만을 사용하고 필요에 따라 충전을 시켜줄 수 있는 조그만 내연기관을 가진 플러그인 하이브리드(Plug-in Hybrid EV : PHEV), 그리고 전기자동차는 Battery로만 가는 전기자동차(Battery Electric Vehicle : BEV), 연료전지 자동차(Fuel cell Electric Vehicle : FCEV) 등 크게 4 종류로 나눌 수 있다. 이하에서의 전기자동차는 HEV, PHEV, BEV, FCEV를 통칭한다.

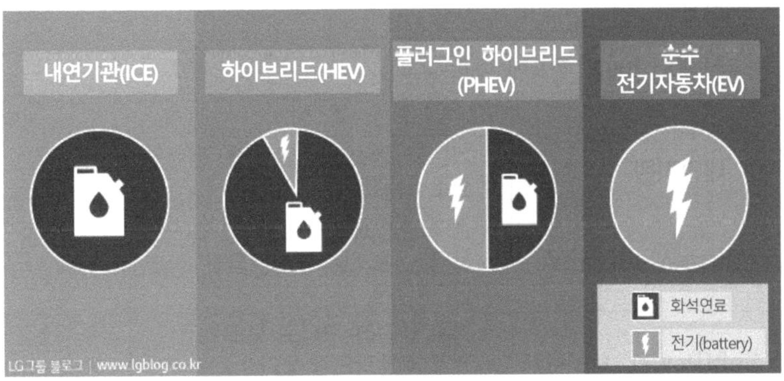

그림 1-16　자동차 종류별 사용하는 에너지원

그림 1-17　chevy-volt-concept

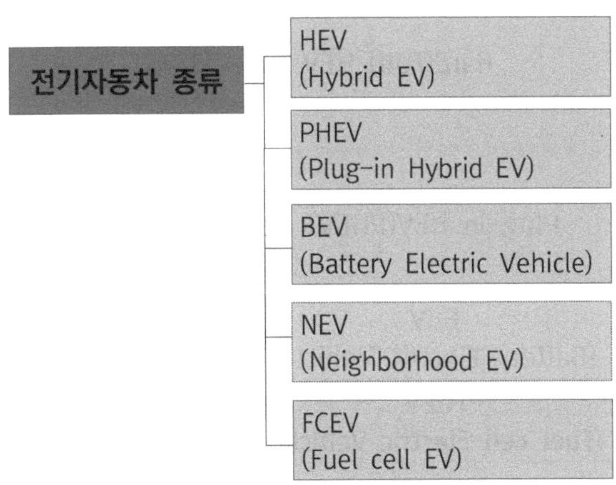

그림 1-18　전기자동차 종류

전기자동차(EV)의 구분은 자동차 동력원으로써 전기화의 정도로 구분해 볼 수 있다. 즉 전기에너지 사용률에 의해

1) 기존의 엔진과 변속기를 동력원으로 사용하는 내연기관(Internal Combustion Engine)
2) 정지 시 엔진이 정지되어 연료를 저감하는 Micro(Mild) HEV
3) 기존 엔진에 모터로 보조하는 Soft(Power assist) HEV
4) 전기 모터가 출발과 가속 시에만 역할을 하는게 아니라 주행에 주된 역할을 하는 Hard(Full) HEV
5) 기본적으로 전기모터로 움직이지만 전지 범위를 넘어서는 거리는 엔진을 이용해 발전기를 돌리는 방식인 Plug-in HEV
6) 순수 전지로만 운행하는 EV 또는 수소연료전지를 이용하는 FCEV 등의 순서로 구분이 가능하다.

[표 1-5 동력원의 전기화 정도에 따른 구분]

<table>
<tr><th colspan="2">구 분</th><th>특 징</th><th>비 고</th></tr>
<tr><td colspan="2">내연기관</td><td>· 기존의 엔진과 변속기를 동력원으로 사용</td><td>· 엔진</td></tr>
<tr><td rowspan="3">HEV</td><td>Micro(Mild) HEV</td><td>· 공회전시 엔진이 정지
· 모터는 보조(재시동)역할만 하는 단순시스템</td><td>· 엔진+모터(보조미비)</td></tr>
<tr><td>Soft(Power assist) HEV</td><td>· 기존 엔진에 모터로 보조
· 전기 주행모드가 없다.
· 재시동이나 가속순간에만 모터가 엔진을 보조</td><td>· 엔진(주) + 모터(보조)</td></tr>
<tr><td>Hard(Full) HEV</td><td>· 전기 모터가 출발과 가속시에만 역할을 하는게 아니라 주행에 주된 역할
· (저속시)전기주행모드가 있다.
· 하이브리드의 주류가 될 것</td><td>· 모터(주) + 엔진(보조)</td></tr>
<tr><td colspan="2">Plug-in HEV(PHEV)</td><td>· 기본적으로 전기모터로 움직이지만 전지 범위를 넘어서는 거리는 엔진을 이용해 발전기를 돌리는 방식</td><td>· 모터(주)+엔진(전지 충전)</td></tr>
<tr><td colspan="2">BEV
(Battery Electric Vehicle)</td><td>· 순수 전기로만 움직이는 자동차.</td><td>· 모터(전지)</td></tr>
<tr><td colspan="2">FCEV
(Fuel cell Electric Vehicle)</td><td>· 연료전지를 통해 얻어지는 순수 전기로만 움직이는 자동차.</td><td>· 연료전지 + 모터</td></tr>
</table>

친환경 자동차의 종류

1. 하이브리드차 :

- 두 종류 이상의 동력원을 함께 이용하는 자동차를 말한다. 통상 휘발유(혹은 디젤) 엔진과 전기 모터를 함께 사용하는 차를 가리킨다. 연료가 많이 이용되는 순간 휘발유 엔진 대신 전기 모터를 작동시킴으로써 연료 사용을 줄이고, 배기가스 배출도 줄인다.
- 전기 모터 작동에 필요한 전기 에너지는 100% 엔진의 구동력을 통해 얻어진다.

2. 플러그인 하이브리드차 :

- 가정용 전기를 전지에 충전해서 쓸 수 있는 하이브리드차를 말한다. 하루 50 ~ 60 km 이상을 달리지 않는다면 충전해 둔 전기만으로 주행이 가능하다.

Plug-in HEV

3. 연료전지 자동차 :

- 전기자동차와 마찬가지로 100% 전기모터의 힘으로 작동되지만, 전기 에너지를 연료전지로부터 얻는다는 점에서 기존 자동차와 구별된다. 연료전지란 수소와 산소를 반응시켜 전기 에너지를 만들어내는 장치이다. 수소를 차 안에 저장해 놓았다가 필요할 때마다 전기를 만들고 이 에너지로 모터를 돌려 차를 움직이게 된다. 배기가스는 전혀 없고 물만 배출될 뿐이다. 그러나 실용화까지는 상당한 개발기간이 필요할 것으로 보인다. 수소의 대량생산 및 생산된 차량내 수소 저장 방식 등이 장애요인으로 남아있다.

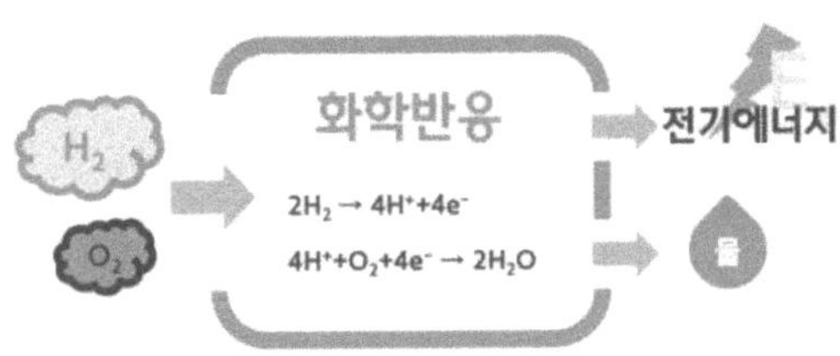

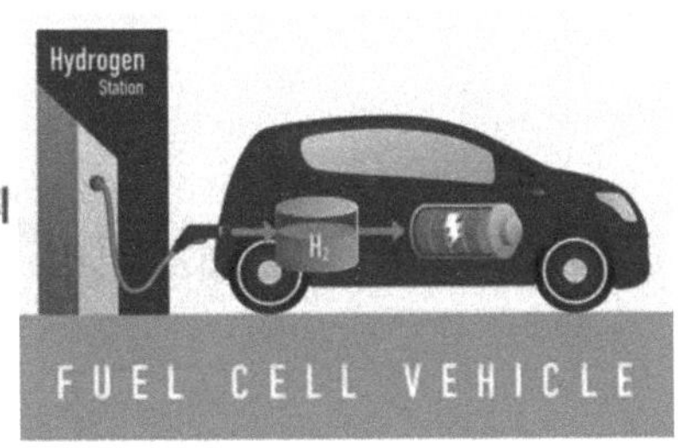

4. 전기자동차 :

- 엔진이 없고 전기 모터만의 힘으로만 달리는 자동차를 말한다. 필요한 전기는 100% 충전을 통해서 얻는다. 대기오염을 일으키지 않고 소음도 거의 없다. 긴 거리를 주행하고 빠른 속도를 내기 위해서는 전지에 저장해야 할 전기량이 아주 많아야 한다. 현재 기술로는 200 ~ 300 km 정도의 거리를 주행하는 것이 한계이다. 향후 전기 충전시설이 확대되고 전기공급을 풍력이나 태양광등 신재생에너지화 한다면 명실상부한 그린자동차로 평가받을 수 있을 것이다.

5. 클린 디젤차 :

- 현재 세계 자동차 메이커는 이산화탄소 규제에 대한 중기적 대안으로서 고도화된 디젤엔진 기술을 개발하고 있다. 이들 기술은 약 20~30% 이산화탄소 배출을 줄이고, 하이브리드나 연료전지에 비해 비용도 저렴한 것으로 알려져 있다. 전략적으로 파급효과가 크고 중기적 경쟁력확보에 중요한 기술 요소로 각광받고 있다.

하이브리드 전기자동차는 엔진과 모터와 같이 두 개 이상의 동력원을 가진 자동차로 정의될 수 있고, 전기자동차는 순수 전지를 사용하는 자동차로 정의될 수 있다. 특히 전기자동차는 배기가스가 전혀 배출되지 않으며, 내연기관에 비해 부품수가 현저히 감소하고 낮은 속도에서도 더 높은 토크를 낼 수 있다. 궁극적으로는 하이브리드 전기자동차가 전기자동차의 과도기적 성격을 지니고 있다는 점에서 전기자동차를 하이브리드 전기자동차를 포함한 넓은 의미로 쓰기도 한다.

하이브리드 전기자동차의 경우, 두가지 이상의 동력원을 사용하기 때문에 전기자동차에 비해 여러 가지로 분류가 되는데 동력전달 방식에 따라 직렬형(Series), 병렬형(Parallel), 혼합형(Series/Parallel)이 있으며, 모터 사용정도에 따라 Micro(Mild) HEV, Soft(Power assist) HEV, Hard(Full) HEV로 분류된다.

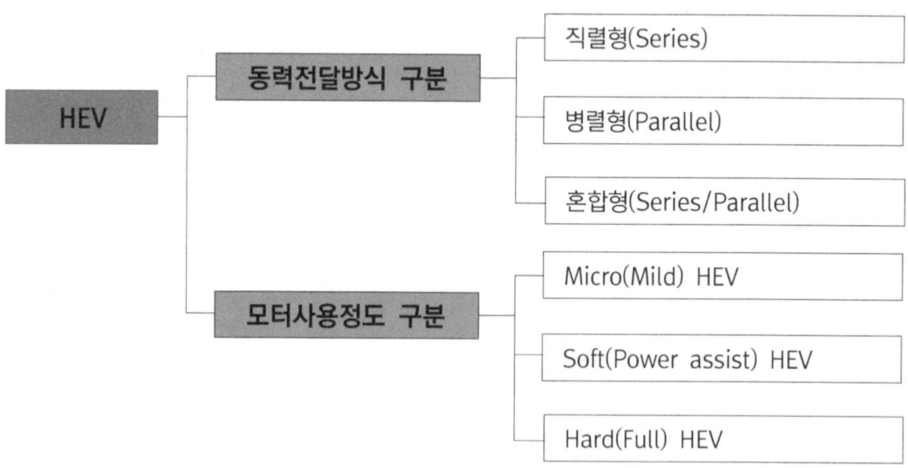

그림 1-19 하이브리드 전기자동차(HEV)의 구분

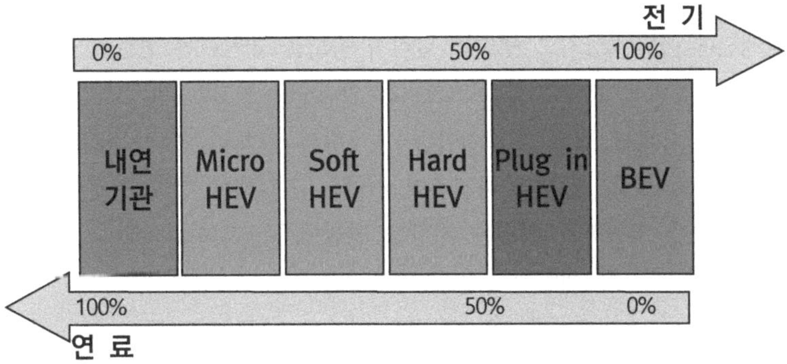

그림 1-20 에너지 사용률에 의한 분류

1-3 메커니즘 및 문제점

가솔린차의 구동력은 엔진에서 나오지만 전기자동차는 모터에서 나온다. 엔진은 회전수와 출력은 액셀 패달로 조절한다. 모터는 이 기능을 위해 컨트롤러를 부착해야 하는데 이것이 간단힌 문제가 아니다.

모터에는 직류모터와 교류모터가 있다. 직류모터는 고정자의 전극을 마이너스와 플러스로 바꿔주기 위해 브러시가 필요하다. 교류모터는 브러시가 필요 없으나 교류의 타이밍을 모터로 얻고 싶은 토크나 회전수에 맞춰 조정하는 것이 어려워 효율이 낮았었다. 요즘에는 회전자와 고정자의 위치관계를 정확히 알아서 교류전류를 흘리는 방식이 개발돼 마치 브러시가

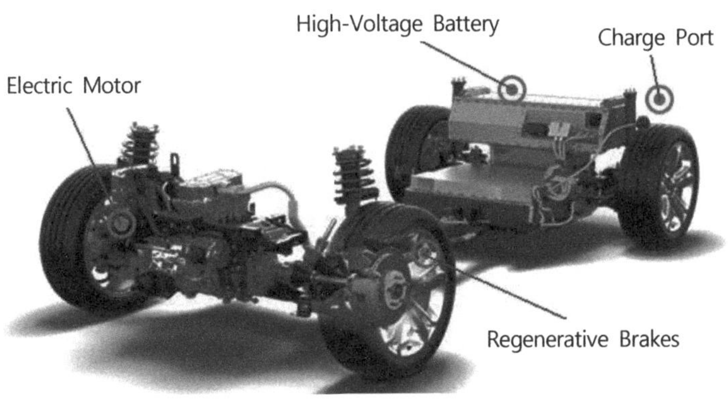

그림 1-21 전기자동차 구조

없는 직류모터와 같은 성능을 낼 수 있게 됐다. 그리고 모터에 걸리는 전압은 회전수와 전류 양쪽에 관계된다. 전기자동차로 평지를 달리며 속도를 높이려면 전압을 올리면 되고 고갯길에서 같은 속도로 달리고 싶으면 전압을 올리고 회전수를 유지한 채 전류를 증가시키면 된다.

컨트롤러는 전지에서 얻은 직류전압을 조정하는 장치로 컨버터라고 부른다. 교류모터의 경우는 직류전압을 교류전압으로 바꿔주며 전압을 조절해야 하며 이것을 인버터라고 부른다. 직류전압을 손쉽게 조절하는 방법은 저항을 만들어주는 것이나 에너지손실이 많아 보다 효율이 높은 반도체 소자가 개발되고 있다.

인버터는 컨버터와 같은 작용을 하면서 직류를 교류로 변환시키는 기능을 해야 한다. 직류를 교류로 만들기 위해 변조기가 사용된다. 그래서 인버터는 컨버터에 비해 구조가 복잡하다. 자동차용 모터는 토크와 회전수를 조절하기 쉽고 전체적으로 가벼운 것이 이상적이다. 현재는 직류분권식이 주류를 이루고 있으나 브러시에 의한 전압강하와 기계적 손실로 효율이 떨어지는 결점이 있다. 이 때문에 최근에는 브러시리스 DC모터라고 불리는 유도식 교류모터가 개발돼 각광을 받기 시작했다.

전기자동차의 에너지 소비를 줄여 주는 데 있어 매우 중요한 역할을 하는 것이 회생브레이크다. 전기자동차에 사용되는 모터는 발전기와 구조가 같아 전류를 흘리면 회전하고 반대로 밖에서 힘을 걸어 회전시키면 발전기가 된다. 차를 감속시키거나 제동을 할 때 그 힘으로 모터를 회전, 전기를 발전시켜 축전지로 보내는 장치를 만들면 전기소모량을 많이 줄일 수 있다. 일반적으로 엔진차를 전기자동차로 개조하는 경우에는 엔진 위치에 모터를 장착하고 트랜스미션과 디퍼렌셜기어를 그대로 사용하는 일이 많다. 그러나 전기자동차에 사용되는 모터들은 저속에서 고속까지 무단으로 부드럽게 변환시킬 수 있기 때문에 반드시 변속기와 감속기가 필요하지는 않다. 실제로 최근에 오리지널 전기자동차로 개발된 차들은 바퀴를 각각 하나씩 돌리도록 여러 개의 모터가 장착돼 있다.

그림 1-22 전기자동차의 과제

가솔린차와 달리 현재의 전기자동차는 주행거리가 짧기 때문에 가솔린차의 감각으로 운전하다가는 길거리에서 멈추기 십상이다. 그래서 남아 있는 전력량을 아는 일이 매우 중요하다.

보통 전지액의 비중 또는 전압을 측정하는 두 가지 방식이 있다. 그런데 전지 중 주위 온도에 따라 남아 있는 전력량이 달라지는 것도 있어 계기를 만드는 일이 쉽지 않다.

전기자동차 최대 불편사항(실문소사 결과)

- 전기자동차를 타고 있는 사용자가 느끼는 최대 단점으로 '겨울철 주행거리 짧아진다'를 지적했다. 자동차 조사 전문기관에서 전기자동차를 구매한 다수를 대상으로 조사한 결과, 응답자의 최대다수가 '겨울철 주행거리 감소'를 가장 큰 단점으로 꼽았다.
- 전기자동차는 히터를 작동하면 전지 용량이 급격하게 줄어 주행거리가 10~20% 이상 줄게 된다. 최근 출시한 전기 신차에는 전장 부품에서 발생하는 폐열을 실내 난방에 활용하는 히트 펌프로 주행거리 감소를 최소화하고 있지만 기본적으로 전기 에너지를 사용하는 특성을 갖고 있기 때문에 1회 충전 주행 범위가 줄어드는 것은 일반적인 현상이고 이를 해결하고 줄이는 것이 제작사 난제로 꼽힌다.
- 그 다음 단점으로는 충전시간이 너무 오래 걸린다(15%), 추가 충전 없이 장거리 주행이 어렵다(14%)가 지적됐다. 또 충전 요금이 점점 높아지고 있다, 충전소(개수)가 여전히 부족하다는 지적도 각각 13%로 뒤를 이었다. 주목할 것은 사용 경험자가 뽑은 전기자동차 단점 상위 5개가 모두 전지와 관련돼 있다는 사실이다. 그 중 4개가 충전과 관련된 것이다. / 출처 : 오토헤럴드(http://www.autoherald.co.kr)

1-3-1 전기자동차 상용화 장애

전기자동차 관련 기술의 눈부신 발전과 놀라운 수준의 상용 모델들을 살펴보면 순수한 전기자동차(EV)의 본격적인 시대가 눈앞에까지 다가온 것처럼 느끼게 한다.

그러나 EV가 본격적으로 상용화 되고 기존의 내연기관 자동차를 완전히 대체하기 위해서는 여전히 많은 문제들이 산재해 있는데, 이런 문제들은 지금과 같은 전통적 접근방법으로는 해결이 쉽지 않다.

(1) 충전인프라

전기자동차 상용화의 가장 큰 걸림돌은 전지로 인한 비싼 가격이 가장 먼저 떠오르지만, 사실은 전지 충전기술과 그 인프라 구축이 더 해결하기 어려운 문제이다.

전기자동차가 일반 대중에게 주저 없이 선택되기 위해서는 기존의 내연기관 자동차와 같이 운전자가 쉽고 빠르게 연료(에너지)를 보충할 수 있어야 한다. 이와 관련하여 국내는 물론 전 세계적으로 충전스탠드로 대표되는 충전 인프라를 갖추기 위한 기술 개발과 연구가 한창 진행 중이다.

현재 정부의 정책과 지원으로 일부 공공기관 등에서 시범적으로 일정수의 전기자동차를 구입하고 충전시설을 갖추어 운영하는 등의 시도가 추진되고 있다. 전기자동차의 구매가 일반 소비자들에게까지 확산되기 위해서는 충분한 충전인프라가 미리 조성되어야 하지만 충전 스탠드를 통하여 요구되는 환경을 구축하는 것은 쉬운 문제가 아니다. 더구나, 향후 100만대, 1000만대 이상이 도로를 주행하는 본격적인 전기자동차 시대를 감안할 때, 이것은 더욱 불가능해 보인다.

대부분 개인차고 시설이 없는 국내의 주거 환경에서 집안의 전기를 이용하여 충전을 한다는 가정은 하기 어렵다. 이것은 결국 전기자동차를 구입하는 소유자의 주거지 인근에 충전 스탠드를 갖춘 전용의 주차공간이 확보되어 제공되어야 함을 의미한다. 뿐만 아니라 자동차가 운행되는 극장, 식당, 쇼핑센터, 체육시설, 도로 휴게소 등 모든 공공장소의 주차장에도 전기자동차를 위한 전용의 공간이 필요하다.

따라서 필요한 충전시설, 충전스탠드의 수는 보급되는 전기자동차 숫자의 최소 3배수 이상이 되어야 할 것으로 예상된다. 즉, 전기자동차의 본격적 상용화로 전국에 약 100만대 이상이 보급된다면, 충전시설은 약 300만개 정도가 시설되어야 하고, 이와 같은 막대한 숫자의 충전시설 확충은 경제적으로뿐만 아니라 물리적으로도 가능할 것 같지 않다. 또한, 이렇게 마련된 주차공간은 장애인용 주차공간과 같이 전기자동차를 위해 사용이 제한되어야 하며, 그만큼 주차공간의 낭비가 발생하게 된다. 이 문제는 그렇지 않아도 도심의 주차난이 심각한 우리나라와 해외 선진국 등에서 도저히 채택할 수 없는 정책이 되게 한다.

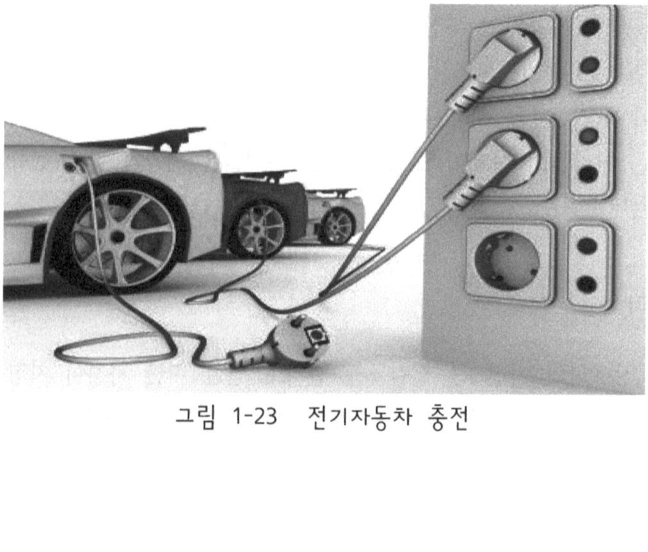

그림 1-23 전기자동차 충전

그림 1-24 전기자동차 충전

이웃나라 일본의 경우 특정 시범지역을 선정하여 일정 기간 내에 일정량 이상의 전기자동차를 보급한다는 원대한 계획을 가지고 있지만, 막대한 정부의 보조금과 정책적 지원에도 불구하고 일반 국민들에게 얼마나 원활하게 보급이 될 수 있을지는 두고 보아야 할 일이다.

'전기자동차' 타고 싶어도 '충전소'가 문제네?

- 현재 가장 문제가 되고 있는 부분은 '충전'문제다. 전기자동차의 경우 지자체를 중심으로 충전소 설치 지원금사업 등을 전개하고 있지만 여전히 충전소가 부족한 실정이다.
- 전기자동차 등 친환경자동차에 대한 문제는 비단 충전소 수에만 국한 되는 것은 아니다. 최근 정류소, 운영업체, 전기자동차 주인 등을 대상으로 진행한 설문을 분석한 결과 ▲충전기 자체 문제 발생 ▲충전기 파손(고장) ▲비싼 충전비용 ▲충전소 주변문제 등 다양한 문제점이 발견되고 있다.

전기자동차 충전기

- 충전소 수만큼 가장 심각한 문제로 충전기 파손(문제)가 언급되고 있기도 하다. 일부에서는 충전소를 세우는 것은 쉬워졌지만 유지하는 것은 어렵다는 입장도 보이고 있다. 업계 관계자는 "전기자동차 구매 보조금 지급만큼 충전 인프라 투자와 충전소 관리문제에 대한 대책도 시급하다"고 말했다.

(2) 충전 소요시간

전기자동차 상용화의 또 다른 결정적 문제는 충전에 소요되는 시간이다.

전기자동차가 완전히 상용화되고, 기존의 내연기관 자동차를 대체할 수 있기 위해서는 시내주행용 또는 출퇴근용 이라는 용도의 제한이 있어서는 안 된다. 또한 전기자동차 사용자가 자동차의 운행계획을 미리 수립하고, 이에 맞추어 사전에 충분히 전지를 충전해 두거나, 또는 운행 중에도 언제 어디에서 충전할 것인지에 대한 계획을 미리 세운다는 등의 사용상 제약도 없어야 할 것이다.

이를 위해서는 충전스탠드 또는 충전소 등 전기자동차 충전 인프라가 충분히 갖추어져 있어서 필요한 경우 언제 어떤 상황에서도 손쉽게 충전시설에 접근할 수 있어야 한다. 이 때 충전 또한 화석연료의 보충과 같이 신속하게 마무리될 수 있어야 한다.

이와 관련하여 국내외에서 급속 충전기술에 대한 연구가 활발히 진행되고 있으나 여전히 30분 정도의 시간이 소요된다. 급속 충전기술이 보편화되어 모든 충전소에서 30분만에 전지 충전을 완료할 수 있다고 가정해도 사용자에게 이 소요시간은 전기자동차 선택을 재고하게 하는 중요한 결함이 된다.

그나마 현재의 충전인프라 구축 현황은 8시간 이상이 소요되는 보통충전방식을 표준으로 채택하고 있으며, 급속충전은 전지 수명에 미치는 영향 등의 이유로 최소한의 수량으로 긴급한 상황에서만 이용할 수 있도록 시설되고 있다. 이와 같은 상황에서 아무리 충분한 수의 충전인프라가 구축된다고 하여도, 소비자들은 충전에 소요되는 시간으로 인해 전기자동차의 구입을 쉽게 결정하지 못할 것이다.

[표 1-6 2세대 전기자동차 완속 충전시간]

구분	전지용량 (KWh)	주행거리(Km)	완충시간 (예상)	전지 공급사
BMW 뉴 i3S	33	300	4~5시간	삼성SDI
테슬라 모델3(표준)	55	354	6~8시간	파나소닉
기아 니로 EV	60	380	8~9시간	SK이노베이션
닛산 리프 2세대	60	400	8~9시간	AESC
현대 코나 EV	64	406	8~9시간	LG화학
GM 볼트(Bolt)	66	414	8~9시간	LG화학

*주행거리 및 충전시간은 출시연도, 국가별 인정기준에 따라 다를 수 있음.

[표 1-7 충전시간 비교]

구분	전지용량(KWh)	급속시간(80%)	완충시간
기아 니로 EV	60	50분	8~9시간
현대 코나 EV	64	54분	8~9시간
GM 볼트(Bolt)	66	1시간	8~9시간

*충전시간은 출시연도, 국가별 인정기준에 따라 다를 수 있음.

(3) 전기자동차 가격

전기자동차 대중화의 또 다른 결정적 장애는 전기자동차의 보급가격에 있다. 앞에서 살펴본 여러 장애로 인해, 전기자동차의 시장진입은 처음부터 많은 난항을 겪을 것이 너무나 확실하다. 따라서 자동차 개발업체 또는 전지 생산업체에서 처음부터 공격적인 시설투자와 연구개발을 할 수 없으며, 이와 같은 가정은 제한된 판매시장에서 막대한 투자비의 회수를 고민하게 만든다.

자동차 제조회사는 전기자동차가 시장에서 시장원칙에 의해 스스로 자생할 수 있는 경쟁력을 갖추지 않는 한 본격적으로 상용화 될 수 없음을 알고 있다. 이를 위해서는 전지 용량을 최소화하면서 주행거리의 한계를 극복하고 가격경쟁력을 갖추는 등 세 마리 토끼를 한번에 잡아야 한다.

현재 출시되고 있는 대부분의 전기자동차가 몇몇의 예외적인 차종을 제외하고는 경차와 소형차에 국한되고, 그러면서도 주행거리를 충분히 늘리지 못하는 등이 이와 같은 이유에서이다.

결국 현재와 같은 접근에서 전기자동차는 본격적인 상용화를 기대하기 어려우며, 제한된 시장과 수요에 직면하여 자동차와 전지회사에서는 제품의 가격을 충분히 인하하는 등의 시장 전략을 전개할 수 없다.

따라서 지금 시장에 출시되고 있는 경차와 소형차류의 전기자동차로는 전지 가격 때문에 출고가가 높아 사실상 정부와 지자체의 보조금 없이는 구매하기가 쉽지 않다. 따라서 정부의 제도적 규제와 재정적 지원이 동시에 이루어지는 시범도시 등에 제한적으로 보급되어 그 가능성을 시험하는 수준의 보급에서 그칠지도 모른다.

전지가격 뚝뚝... 5년내 2000만원대 전기자동차 나온다

- 전기자동차용 전지 가격은 3~4년 이내에 현재 보다 약 60% 저렴한 수준으로 떨어질 것이라는 전망이 나왔다. 순수전기자동차(EV) 기준으로 통상 전체 제조원가의 30~40%를 전지가 차지한다는 점을 고려하면, 3~4년 이내에는 기존 내연기관차와 전기자동차의 가격이 거의 비슷해질 것으로 보인다.
- 업계에 따르면 올해 기준으로 1 kWh당 200달러 안팎인 전기자동차용 리튬이온 전지의 가격이 내년 160~140달러로 내려간 뒤 3~4년 이내에는 100달러 수준까지 떨어질 것으로 전해졌다.
- 업계 관계자는 연비규제 강화로 자동차용 전지의 수요는 계속 늘어날 것이라며 2008년 당시 1 kwh당 1000달러 수준이었던 전지 가격이 200달러대 안팎으로 떨어진 것을 고려하면 3~4년 안에 100달러 진입도 가능할 것이라고 말했다. 실제로 일부 전지 제조업체는 이미 100달러대 중·후반의 가격에 전지 셀을 공급하는 것으로 알려졌다.

전기자동차 전지 공급가격 예상치(단위:1 Kwh당 달러)

2008년	2016년	2017년	2022년 후
1000달러	250~160달러	160~140달러	100달러

- 전지 셀 가격이 100달러 수준까지 내려가면 산술적으로 2만달러(약 2500만원) 초·중반에 주행거리 300 ㎞ 수준의 전기자동차를 만들 수 있다. 통상 전기자동차 가격에서 전지와 관련 부품이 차지하는 비중은 30~40% 수준이라는 점을 고려하면, 320 ㎞(60 kwh)를 주행하는 전기자동차를 만들기 위해 드는 전지 비용이 약 6000달러(약 750만원)라는 계산이 나온다.

모델별 전지 셀 가격 (단위 : 1 kWh당 달러)

모델명	가격
테슬라 모델3	140~130
테슬라 모델S	210
GM Volt	350
GM Bolt	145
BMW i3	400
닛산 리프	370

출처 : 미래에셋증권

전기자동차 전지 가격 전망 <단위:달러/kwh>

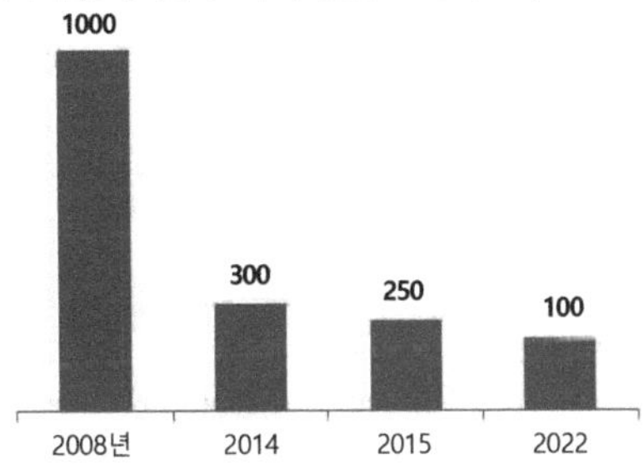

가격 면에서 불리한 전기자동차의 초기 시장 창출을 위해 정부의 보조금 지원, 세금인하, 의무구매제도 등 적극적인 역할이 필요하며, 전기자동차 보급을 위해서는 차량가격 인하, 주행거리 증가, 충전시간 단축 등의 시급한 무제 해결이 필요하다.

1-3-2 전기자동차가 환경에 미치는 영향

(1) 대기공해

지구 온난화의 주범이 이산화탄소란 사실은 익히 알고 있는 사실이다. 이산화탄소의 주범은 시커먼 배기가스를 내뿜는 내연기관 자동차이다. 연료를 태워 엔진을 움직이기 때문에 이산화탄소, 미세먼지, 매연 등의 불순물을 내뿜을 수밖에 없다.

전기자동차는 화학발전을 통해 전기를 만든다는 것을 가정하더라도 이산화탄소 배출은 극미한 수준이다. 만약, 태양열, 지열, 풍력 등 발전의 과정마저 친환경적이라면 이산화탄소 배출은 제로이며, 이는 궁극의 친환경 해법이라고 할 수 있다.

석유자원을 이용한 자동차를 전기자동차로 대체하려는 움직임에 대해 일부 환경 전문가들은 전기자동차가 환경적으로 우수한 것은 아니라는 반론을 제기하기도 한다.

발전소에서 전기를 만들기 위해서는 여전히 화석 연료를 태워야 하기 때문이다. 하지만 원유를 100%로 볼 때, 전기자동차의 에너지 이용률은 12.5% 인 반면, 가솔린 자동차의 이용률은 겨우 9.3%에 지나지 않으며, 전기는 화력발전을 비롯한 석유자원 이외에 원자력, 수력, 조력 등 개발 가능한 에너지원이 다양하다는 점에서 긍정적이라고 볼 수 있다.

발전소의 배출 가스는 자동차의 배출가스에 비해 감시와 조절이 용이하며, 발전소에서는 연료를 고열로 가열하기 때문에 내연기관자동차의 연소에 비해 효율이 좋아 결과적으로 배출되는 가스도 적다.

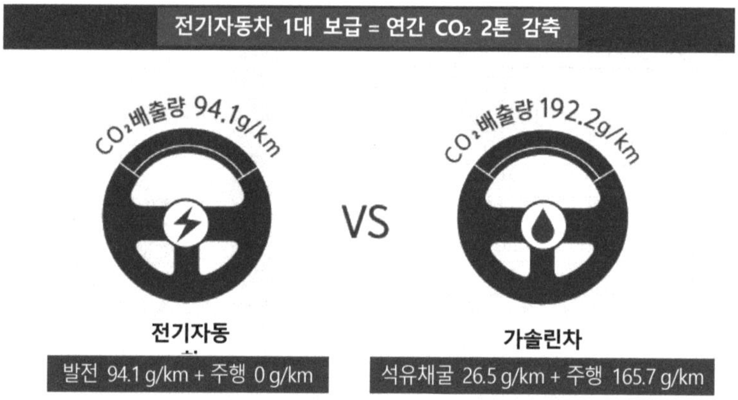

그림 1-25 전기자동차와 가솔린차 CO_2배출량 비교

(2) 재활용문제

내연기관자동차에 비해 재활용문제에 있어 크게 다른 부분은 전지라고 보며, 현재 납 전지의 경우 약 97%가 재활용되고 있어, 니켈카드뮴 등 중금속계통의 전지를 제외하고는 크게 문제시 되고 있지 않다.

전기자동차 전지의 재활용

- 일본의 미쯔비스 자동차, 미쯔비시 상사 및 리튬이온 전지 제조업체는 공동으로 전기 자동차의 폐 전지를 태양광 발전용 축전지로 재활용하는 실증실험에 들어갔다.
- 전기 자동차의 경우 현재까지는 대부분 대용량 리튬이온 전지가 사용되고 있다. 전기 자동차의 판매가 늘어나면 늘어날수록 여기에 사용되는 전지의 수량도 늘어나게 될 것이고 내구연한이 넘은 전지는 새로운 환경문제를 야기할 수 있다.
- 물론 재활용이 가능하지만 기존의 가솔린이나 디젤엔진 자동차에서 나오는 전지 수와 비교가 힘들 정도로 전기자동차 한대에 들어가는 전지 수가 많은 것이 문제이다.
- 내구연한이 넘은 대용량 전기자동차용 리튬이온 전지의 경우 약80%정도의 성능을 유지할 수 있다고 한다.
- 따라서 폐전지를 가정용이나 혹은 업무용 태양광 발전시스템과 연결시켜 축전지로 재사용하자는 계획이 타당성 검토를 위해 실증 실험에 들어가게 된다.

(3) 유지보수문제

내연기관 자동차에 비하여 구성하는 부품의 수가 적다. 따라서 고장률이 적고, 유지보수가 쉬우며, 수리에 소요되는 시간, 비용, 자원이 절약된다.

10년 타고다닐 차라면... 휘발유보다 전기자동차가 이득

- 전기자동차를 10년 동안 타고 다니면 휘발유차와 비교해 유지비가 500만원 이상 적게 드는 것으로 나타났다.
- KEI의 보고서에 따르면, 올해부터 2025년까지 차량을 운행한다고 가정할 때 순수전기자동차(EV)는 동급의 휘발유차보다 유지비용이 571만원 적게 들었다. 전기와 휘발유를 번갈아 사용하는 플러그인하이브리드차(PHEV)는 휘발유차에 비해 182만원을 아낄 수 있었다. 반면 수소전기자동차(FCEV)는 오히려 휘발유차보다 유지비가 1,419만원이나 더 들었다. 이는 차 값과 세금, 연간 주행거리 1만5,000 ㎞ 기준 연료비 등을 총 소유비용(TCO)으로 합산, 비교한 결과다.

전기자동차와 휘발유차 유지비 비교

(단위:만원)

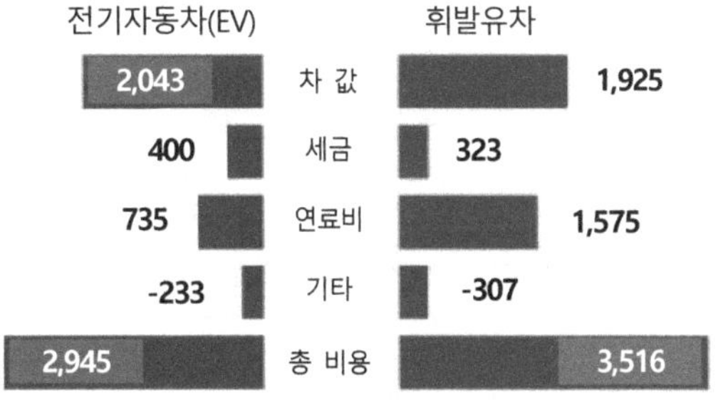

연간 주행거리 1만5,000 km 10년 운행 기준.
자료:KEI 보고서

- 결국 지금 소비자 입장에서 차를 산다면 전기、하이브리드차를 타는 것은 장기적으로 이득이지만, 수소차는 손해라고 볼 수 있다. KEI 부연구위원은 "수소차는 차량 가격이 상대적으로 높아 아직 민간에 보급되기엔 한계가 있다"고 설명했다. 실제 조사 대상 수소차 가격은 휘발유차보다 2배 이상 비쌌다.

1-3-3 전기자동차 개발의 필요성

(1) 21세기 육상교통수단으로서의 주요 역할

21세기에는 전용 가이드 웨이(Guide way) 방식의 간선 교통시스템과 전기자동차에 의한 근거리 교통수단을 병용하는 이중 모드(Dual mode)시스템이 등장하고 공유개념의 소형, 고기능 자동차를 이용한 시티 카(City car) 방식이 도입될 것으로 생각된다. 이러한 교통수단으로는 도심권에서의 전기자동차, 지하전철, 도시 간 교통은 고속 전철 등이 주종을 이룰 것으로 예상된다.

(2) 환경 공해 문제의 해결

환경 공해 문제의 해결을 위해서는 배기가스가 없고, 저소음의 청정 환경을 조성할 수 있어야 한다. 전기자동차의 경우 청정 에너지(Clean energy)인 전력을 사용하므로 배기가스나 소음의 발생이 거의 없는 교통수단으로서, 점진적인 국내 보급 확대를 유도하고자 노력하고 있다.

한편, 앞에서도 언급했듯이, 미국에서는 대기 보전법의 의회 통과(90. 10. 27)에 따라 캘리포니아 주에서는 20003년부터 무공해 차량(ZEV)의 판매를 촉진, 10%를 의무화하고 있으나 초저공해 차량(Ultra Low Emission Vehicle : ULEV)까지 포함하면 약 25%를 점유할 것으로 예상된다.

(3) 에너지원 다원화로 미래의 에너지 문제 해결

앞으로 화석연료 고갈시를 대비한 에너지 대체가 시급한 실정에 있다. 전기자동차의 경우, 2차 에너지인 전기 에너지를 사용하므로 화석연료가 아닌 원자력, 수력, 대체에너지 등이 이용 가능하며, 이러한 장점을 활용하여 에너지 공급원의 다원화를 모색할 수 있다.

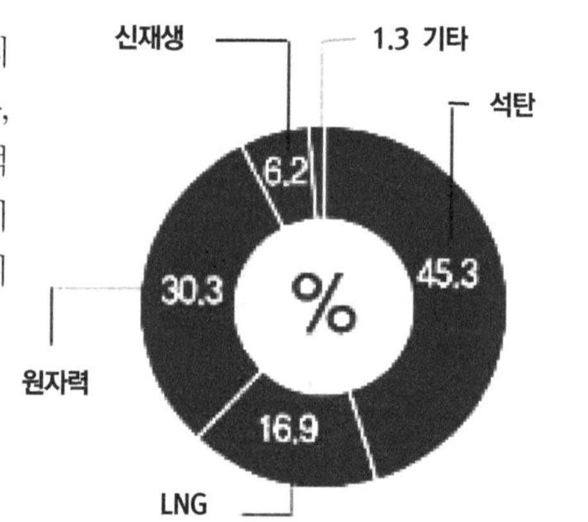

그림 1-26 국내 에너지원별 전력 생산비중(2020)

(4) 에너지 이용 효율의 증대로 에너지 절약

가솔린 자동차는 총 에너지 효율이 10.3%인 데 비해 전기자동차는 17.8%로 에너지 효율이 약 70% 더 높아 에너지 절약 효과가 크다.

또한 전기자동차는 충전 시 심야의 잉여전력을 사용할 수 있어 고가의 발전 설비를 효율적으로 활용할 수 있다는 장점이 있다.

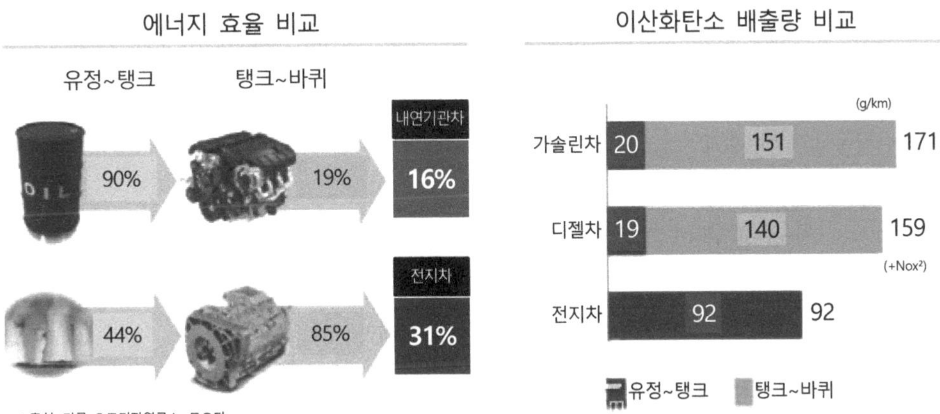

* 출처 : 미국 오크리자연구소, 도요타

그림 1-27 에너지 효율 비교

(5) 자동차 수출 확대와 새로운 시장 개척

우리나라의 자동차 산업은 80년대 이후 크게 신장되어 왔으나, 최근 기술 경쟁력 약화로 성장속도가 둔화되고 있는 실정이고, 미국의 경우 대기보전법이 발효되어 2003년부터 일정비율의 전기자동차 판매를 의무화하고 있는 등 세계적으로 환경문제가 강화되고 있다. 따라서 앞으로 자동차 수출의 확대를 위해서 전기자동차 개발이 필수적이다.

그 외 전기자동차는 조작이 간단하고 대기 온도에 무관하게 확실히 시동이 되며, 엔진의 진동이 없어 차량수명이 길어 경제성이 좋고, 운전이 용이한 등의 장점을 갖고 있어 개발이 필요하다.

1-4 전기자동차 시장 전망

친환경 전기자동차의 확산이 거스를 수 없는 대세로 자리잡고 있다. 세계 각국 정부의 자동차연비 및 배기가스 규제가 갈수록 강화되면서 전기자동차의 입지는 갈수록 확고해질 전망이다. 이러한 전기자동차의 확산과 진화는 자동차산업은 물론 관련 산업에 적잖은 변화의 물결을 예고하고 있다. 전기자동차의 핵심 부품의 하나인 전지를 둘러싼 공급사슬 구조가 기술 발전과 충전인프라의 영향을 받아 재편될 것이다. 전력산업의 경우 충전인프라는 전력 판매의 새로운 수익원이 될 것이며, 이를 지능적으로 관리 운영하는 것과 관련된 산업들이 성장할 것이다. 전기자동차 확산으로 인해 명암이 나뉘는 분야도 있을 것이고, 사업모델이 새로운 형태로 진화할 수 있는 영역도 있을 것이다. 기업들로서는 이러한 변화의 흐름을 잘 간파하고 기술 개발이나 인프라 구축, 사업모델 개발 등 다각적인 측면에서 미리 대응하는 노력이 필요하다.

선진 각국 정부들이 내놓은 2020년 온실가스 배출 기준은 현재의 내연기관 자동차의 효율 증대로는 도저히 달성할 수 없는 목표로 평가되고 있다. 배기가스가 전혀 없는 자동차를 라인업에 추가시켜 생산, 판매해야만 도달할 수 있는 목표라는 이야기다.

결국, 공급 측면에서 전기자동차의 확산은 앞으로 자동차산업의 대세로 보인다. 정부 정책 환경이 자동차 기업들로 하여금 전기자동차 개발과 출시에 압력을 넣고 있으며, 자동차 기업들도 이를 따를 수밖에 없는 입장이다. 미국에서는 2016년까지 적용될 연비 기준과 배기가스 배출량 정책을 확정 발표하였다. 여기서 미국 정부는 캘리포니아 주정부, 환경보호단체, 자동차 기업 등 연비 및 온실가스 규제와 관련한 이해관계자들의 합의를 통해 결정된 사항이라는 것을 강조하였다. 향후 일관된 정책 추진을 예상할 수 있다.

문제는 모든 국가가 파리협약에 따른 국가별 탄소 배출량 감축 목표를 달성하더라도 '2100년 지구 평균 온도 상승폭을 산업화 이전 대비 섭씨 2도 이하로, 최대 1.5도 이하로 낮추겠다'

그림 1-28 전기자동차 판매량 전망

는 파리협약의 궁극적인 목표가 실현될 수 없다는 점이다. 유엔은 2100년 온도 상승폭을 산업화 이전 대비 1.5도 이하로 제한하려면 2020년 이후에는 세계 탄소 배출량이 감소세로 접어들어야 하고, 2030년에는 현재보다 55% 줄어든 240억 t까지 줄어야 한다고 분석했다.

그러나 모든 국가가 파리협약에 따른 탄소 감축 목표를 최대로 달성하더라도 2030년 탄소 배출량은 530억 t이 되는 것으로 나타났다. 이상과 현실의 격차가 무려 290억 t에 이르는 셈이다. 이에 따라 탄소 감축뿐만 아니라 이미 배출된 탄소를 적극적으로 제거하기 위한 노력이 절실하다는 지적이 나온다.

자동차 배기가스 규제가 강화되면서 자동차기업들이 선택할 수 있는 대안은 기존 내연기관의 효율을 대폭 향상시키던가, 클린 디젤이나 전기자동차의 생산 비중을 높이던가 하는 것으로 좁혀진다. 내연기관 자동차의 이산화탄소 배출을 현재보다 30%~40%만큼 줄이기 위해서는 소형 경량화, 파워트레인 개선, 혁신적 직접 연료분사 기술 등과 함께 하이브리드 기술이 꼭 필요하다. 전기 모터와 내연기관 엔진의 작동 특성을 살펴보면 저속에서는 전기모터가 내연기관보다 훨씬 출력이 좋다. 고속에서는 상황이 역전된다. 현 내연기관 연비의 대부분은 저속 주행 시 잃어버린다. 그렇기 때문에 전기모터와 내연기관 엔진을 조합할 경우 출력과 연료 효율을 동시에 높일 수 있게 되는 것이다.

전기자동차는 향후 자동차 관련 기술 및 산업구조를 근본적으로 변화시킬 것으로 예상되고 있다. 전기자동차의 생산 및 보급이 본격화되면 세계 자동차산업의 판도가 새롭게 재편될 전망이다. 특히 최대 자동차 수요시장인 중국이 전기자동차 개발에 박차를 가하면서 그동안 전기자동차에 소극적이던 주요 완성차 업체들이 경쟁적으로 전기자동차 개발에 나서고 있는

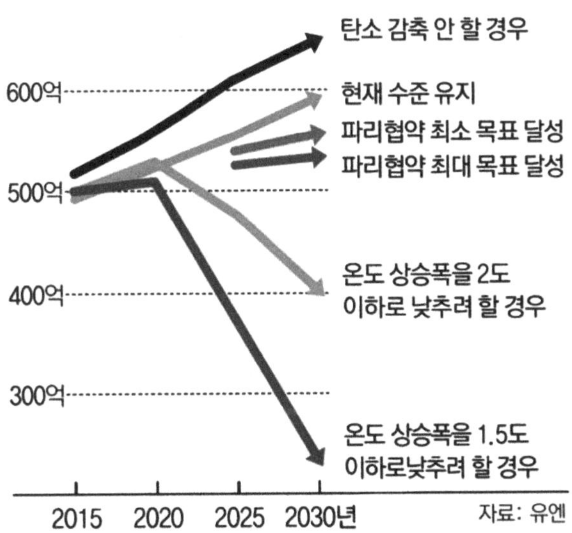

그림 1-29 세계 탄소 배출량 예측(단위 :t)

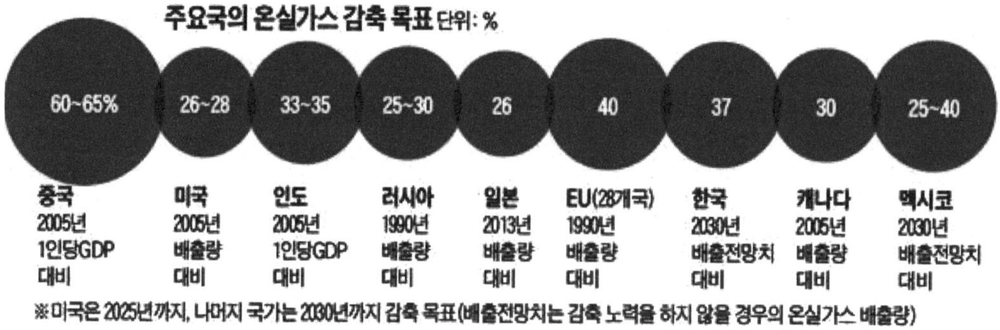

그림 1-30 주요국의 온실가스 감축계획

등 친환경차와 관련된 새로운 판도가 빠르게 진행되고 있다. 또한 각국 정부는 미래 자동차 산업의 경쟁구도를 좌우할 전기자동차 부문에서 관련 정책들을 적극적으로 추진하고 있다.

새로운 전기자동차 시대의 도래에 따른 기술 간, 산업 간, 경쟁국 간 급속한 재편에 대처하기 위해서는 새로운 전략과 인프라가 요구된다. 전기자동차의 경쟁우위 확보 및 시장선점, 기술 도입을 위해서는 정부의 역할이 무엇보다 중요하다. 중국정부는 기존 내연기관차에서의 경쟁열위를 친환경차를 통해 만회하고 선도자 기회를 얻기 위해 적극적으로 나서고 있다. 주요국들은 중앙정부, 지자체, 기업간의 협력시스템을 구축하고 자동차산업의 기술 패러다임의 변화에 부응해 연관 산업, 대중소기업, 대학 및 연구소가 능동적으로 참여할 수 있는 개방형 생태계를 조성하여 동반 성장을 유도하고 있다.

우리나라 자동차산업도 빠르게 진전되고 있는 전기자동차 시장에 대응하여 시장을 선점하기 위해서는 업체들의 개발의지와 더불어 정부가 전기자동차 관련 표준이나 정책을 만들고 전기자동차 보급 확산을 위한 보조금 마련과 인프라 구축 등 많은 노력이 필요하다.

경유차 음모론[진실 혹은 거짓]

- 폭스바겐의 경유차 배기가스 배출량 조작사건으로 다시 전기자동차에 관심이 쏠리고 있다.
- 유럽에서는 경유차가 대세이나 폭스바겐의 '클린 디젤' 구호가 허구로 드러나면서 전기자동차가 대체재로 떠오른 것
- 1996년 미국 GM이 생산한 전기자동차 EV1는 당시로선 놀라운 성능을 갖췄다. 그런데 석유재벌들의 음모에 못 견딘 GM이 제품을 수거해 사막에 폐기했다. 이 바람에 전기자동차 기술개발은 20년 더뎌졌다.

- 2009년 도요타 사태 때도 미국의 음모론이 제기됐다. 미국 차가 판매부진으로 허덕일 때 도요타는 미국 등지에서 가속페달 문제로 700만대를 리콜하고, 12억 달러를 보상했다.
- 이번에는 르노-닛산 회장이 '미국 음모설'을 제기했다. 유럽 경유차 기술을 견제하기 위한 시도라는 것.[진실 혹은 거짓]

친환경 전기자동차의 확산이 거스를 수 없는 대세로 자리잡고 있다. 세계 각국 정부의 자동차연비 및 배기가스 규제가 갈수록 강화되면서 전기자동차의 입지는 갈수록 확고해질 전망이다. 당분간 하이브리드형의 전기자동차가 주류를 이루겠지만, 향후 10년 후면 전기로만 가는 자동차의 비중이 이에 못지않게 높아질 것이다.

이러한 전기자동차의 확산과 진화는 자동차산업은 물론 관련 산업에 적잖은 변화의 물결을 예고하고 있다. 전기자동차의 핵심 부품의 하나인 전지를 둘러싼 공급사슬 구조가 기술 발전과 충전인프라의 영향을 받아 재편될 것이다. 전력산업의 경우 충전인프라는 전력판매의 새로운 수익원이 될 것이며, 이를 지능적으로 관리 운영하는 것과 관련된 산업들이 성장할 것이다. 전기자동차 확산으로 인해 명암이 나뉘는 분야도 있을 것이고, 사업모델이 새로운 형태로 진화할 수 있는 영역도 있을 것이다. 기업들로서는 이러한 변화의 흐름을 잘 간파하고 기술 개발이나 인프라 구축, 사업모델 개발 등 다각적인 측면에서 미리 대응하는 노력이 필요하다.

결국, 공급 측면에서 전기자동차의 확산은 앞으로 자동차산업의 대세로 보인다. 정부 정책 환경이 자동차 기업들로 하여금 전기자동차 개발과 출시에 압력을 넣고 있으며, 자동차 기업들도 이를 따를 수밖에 없는 입장이다. 미국에서는 연비 기준과 배기가스 배출량 정책을 확정 발표하였다. 여기서 미국 정부는 캘리포니아 주정부, 환경보호단체, 자동차 기업 등 연비 및 온실가스 규제와 관련한 이해관계자들의 합의를 통해 결정된 사항이라는 것을 강조하였다. 향후 일관된 정책 추진을 예상할 수 있다.

자동차 배기가스 규제가 강화되면서 자동차기업들이 선택할 수 있는 대안은 기존 내연기관의 효율을 대폭 향상시키던가, 클린 디젤이나 전기자동차의 생산 비중을 높이던가 하는 것으로 좁혀진다. 내연기관 자동차의 이산화탄소 배출을 현재보다 30%~40%만큼 줄이기 위해서는 소형경량화, 파워트레인 개선, 혁신적 직접 연료분사 기술 등과 함께 하이브리드 기술이 꼭 필요하다. 전기 모터와 내연기관 엔진의 작동 특성을 살펴보면 저속에서는 전기모터가 내연기관보다 훨씬 출력이 좋다. 고속에서는 상황이 역전된다. 현 내연기관 연비의 대부분은 저속 주행 시 잃어버린다. 그렇기 때문에 전기모터와 내연기관 엔진을 조합할 경우 출력과 연료 효율을 동시에 높일 수 있게 되는 것이다.

전기자동차 주행거리에 대한 불편한 진실

- 몇년 전까지만 해도 아직 실험용에서 벗어나지 못하고 있었던 전기자동차를 단숨에 상업용으로 양산하여 전기자동차의 대중화를 이끈 테슬러의 비결은 무엇일까?
- 테슬러 이전의 전기자동차는 전지 충전용량이 작아서 태양열 전기자동차처럼 차체를 가볍고 작게 제작해야만 했다. 저용량의 전지를 장착한 결과 당연히 출력이 낮고 1회 충전 후 주행거리도 짧아서 최고속도는 고작해야 40~60 km/h, 주행거리도 고작 수십 km에 불과했다.
- 그런데 테슬러는 달랐다. 그들은 대체 왜 전기자동차는 작고, 저속이어야만 하는가, 그냥 기존 내연기관 자동차처럼 크고 빠르게 만들지 못할 이유가 뭔가, 라며 획기적이면서도 간단한 해결책을 내놨다. 그런데 그 해결책이란게 너무 단순하고 간단한 것이라서 이제까지 왜 아무도 이런 시도를 하지 않았는지 허탈할 지경이다.
- **그 비결은 그냥 차체를 크게 만들어서 전지 장착량을 늘렸다. 전지 장착량이 늘어나니까 출력이 세지고, 1회 충전 후 주행거리도 획기적으로 늘어났다.**

[전지용량과 주행거리]

구분	1회 충전주행거리(Km)	전지용량(KWh)
BMW i3	132	21
닛산 리프	132	24
테슬라 모델3	354	55
GM 볼트(Bolt)	414	66
테슬라 모델s P100D	594	100
루시드 에어	643	130

* 전지용량 및 주행거리는 출시연도, 국가별 인정기준에 따라 다를 수 있음

테슬라 모델 S의 전지 펙 배치도

- 현재 EV 시장에서 테슬라의 대항마로 떠오르는 스타트업은 리비안과 루시드 모터스다.
- 우선 루시드 모터스는 2007년 설립된 미국 전기자동차 스타트업이다. 초기 전기자동차 전지 사업으로 시작했고 2017년 발표한 '루시드 에어(Air)'가 첫 전기자동차 모델이다. 루시드

에어는 여러 면에서 테슬라의 대항마로 언급된다. 2021년 10월 양산되는 루시드 에어의 주력 세단 '에어 드림 에디션 레인지'는 단 한 번 충전으로 520마일(837 km)을 주행할 수 있다. 이는 미국 환경보호청(EPA)이 공식 인증한 전기자동차 중에서 주행 거리가 가장 긴 차다. 테슬라 모델S가 1회 충전으로 594 km 주행할 수 있다는 점에서 루시드의 최대 경쟁력으로 부각되고 있다. 또한 루시드 에어의 최고 속력은 168 mph(시속 약 270 km)로 테슬라 S의 최고 속력 155 mph(시속 249 km)보다 뛰어나다.

- 테슬라의 오토 파일럿 기능과 유사한 '루시드 드림 드라이브'라는 자율주행 보조 시스템도 탑재된다. 이 시스템은 14개의 카메라, 고해상도 라이다(Lidar) 그리고 32개의 센서로 이뤄져 있고 향후 레벨 3 기능을 구현할 것으로 기대된다. 2023년 하반기에는 루시드의 둘째 모델인 프리미엄급 스포츠유틸리티차량(SUV) '루시드 그래비티'도 출고될 예정이다.

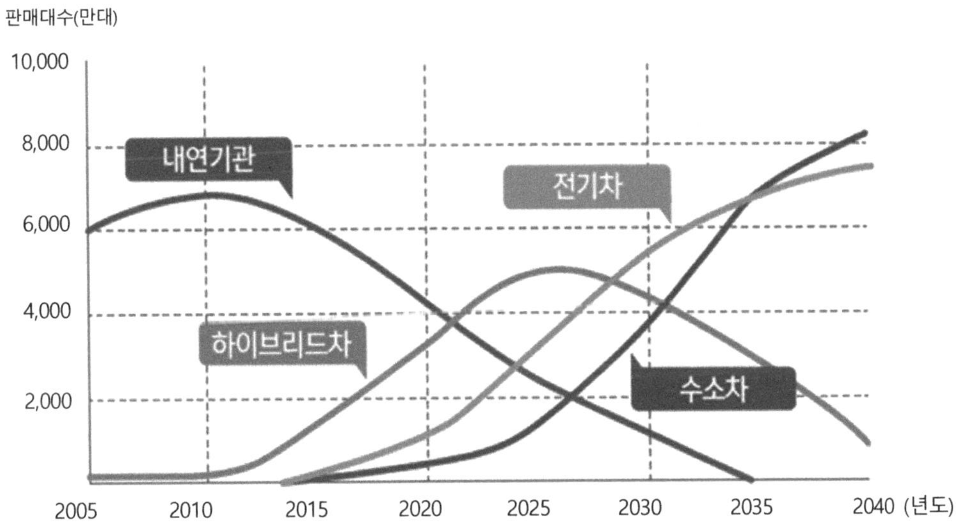

그림 1-31 친환경 자동차의 시장전망

새로운 전기자동차 시대의 도래에 따른 기술 간, 산업 간, 경쟁국 간 급속한 재편에 대처하기 위해서는 새로운 전략과 인프라가 요구된다. 전기자동차의 경쟁우위 확보 및 시장선점, 기술 도입을 위해서는 정부의 역할이 무엇보다 중요하다. 중국정부는 기존 내연기관차에서의 경쟁열위를 친환경차를 통해 만회하고 선도자 기회를 얻기 위해 적극적으로 나서고 있다. 주요국들은 중앙정부, 지자체, 기업간의 협력시스템을 구축하고 자동차산업의 기술 패러다임의 변화에 부응해 연관 산업, 대중소기업, 대학 및 연구소가 능동적으로 참여할 수 있는 개방형 생태계를 조성하여 동반 성장을 유도하고 있다.

우리나라 자동차산업도 빠르게 진전되고 있는 전기자동차 시장에 대응하여 시장을 선점하기 위해서는 업체들의 개발의지와 더불어 정부가 전기자동차 관련 표준이나 정책을 만들고 전기자동차 보급 확산을 위한 보조금 마련과 인프라 구축 등 많은 노력이 필요하다.

석유자원 고갈, 지구온난화 등 유한한 자원과 환경보호라는 글로벌 명제아래 세계 자동차 메이커는 친환경자동차인 전기자동차에 대한 관심이 날로 높아지고 있다. 이러한 시점에서 22세기를 바라보면서 산업시설 및 수송수단의 무공해 특성을 가진 전기자동차의 개발은 필연적이다.

제 2 장

전기자동차 역사

2-1 1820년대~1900년대

2-2 1920년대~1980년대

2-3 1990년대

2-4 2000년대

2-5 2010년대

2-6 전기자동차의 현재

세계 최대 IT 전시회인 CES(Consumer Electronic Show)의 인기 테마는 자동차이다. 전기자동차가 CES의 최고 혁신상을 받는 이변도 벌어졌다. 전기·전자 기업이 주역이던 CES의 이 같은 변화는 전기자동차를 중심으로 한 자동차 회사들의 패권다툼과 무관하지 않다. 전기자동차 시장은 지금 주도권 경쟁중이다.

전 세계적으로 전기자동차가 늘고 있다. 아직 시장이 내연기관차를 위협할 수준의 점유율은 아니지만 과거에 비하면 성장세가 두드러진다. 전기자동차가 늘어가는 이유는 친환경성에 있다. 배기가스 제로의 전기자동차는 내연기관을 대신하는 지속가능한 미래의 이동수단으로 급부상하고 있다. 이러한 전기자동차의 확산과 진화는 자동차산업은 물론 관련 산업에 적잖은 변화의 물결을 예고하고 있다. 전기자동차의 핵심 부품의 하나인 전지를 둘러싼 공급 사슬 구조가 기술 발전과 충전인프라의 영향을 받아 재편될 것이다. 전력산업의 경우 충전인프라는 전력판매의 새로운 수익원이 될 것이며, 이를 지능적으로 관리 운영하는 것과 관련된 산업들이 성장할 것이다.

선기자동차의 강자는 바로 전지의 강자가 차지할 것으로 보인다. 한 번의 충전으로 500~600km를 갈 수 있다면, 충전까지 30분 이내의 시간이 걸린다면, 전기자동차 가격이 지금의 휘발유 자동차 정도의 수준으로 낮아진다면 누가 휘발유 차를 타고 다닐 것인가?

전기자동차 가격의 핵심은 전지에 답이 있다. 전지에 들어가는 리튬이나 코발트 등의 희소자원은 일부 국가에서만 보유하고 있는데, 풀어야할 과제들이 많다.

앞선 문제점들을 해결하면서도 사용자의 편리성까지 높인 전기자동차 연구가 활발하다. 현재 전기자동차 연구의 큰 트렌드는 자율주행 가능한 전기자동차이다. 자율주행은 자동차 산업 변화의 큰 축이다.

그림 2-1 전기전자중심의 미래형 전기자동차

전기자동차와 자율주행은 함께 가기 때문에 하드웨어적인 기술만으로는 한계가 있다. 중요한 건 콘텐츠이다. 만약 구글이 지닌 방대한 데이터를 자율주행에 활용한다면 기존의 자동차 회사가 생각하는 자율주행과 경쟁이 안 될 것이다. 이러한 상황에서 **결국 IT기업과 전기자동차 업체의 협업은 대세이자 필수가 될 것이다.**

차세대 전기자동차

- 커넥티드카(Connected Car)란 무선랜이 탑재되어 차량 외부는 물론 차량 내부에서도 다른 전자 기기와 인터넷 접속을 공유할 수 있는 자동차를 뜻한다. 현재 전 세계적으로 5G 서비스 상용화, 텔레매틱스(Telematics) 서비스 제도화, 카셰어링 서비스 활성화 등을 통해 커넥티드카 확산이 가속화되고 있다.

커넥티드카

- 커넥티드카에 대한 전세계 자동차 산업의 관심도 증가와 맞물려 차량 내 여러 시스템 중 하나인 인포테인먼트(Infotainment) 시스템이 특히 주목받고 있다. 인포테인먼트는 주행, 길 안내 및 교통 상황 등 운전자에게 필요한 정보를 일컫는 인포메이션과 다양한 인간 친화적 기능 및 오락거리 등을 뜻하는 엔터테인먼트를 통합한 시스템으로, 자동차를 단순한 운송수단을 넘어 스마트폰과 같은 하나의 전자 기기로 진화시킬 것으로 예상한다.
- 최근 10년 간 모바일 시대를 주도했던 구글과 애플은 커넥티드카 시장을 새로운 미래의 먹거리 산업으로 간주하여 각각 자신들의 스마트폰 운영체제 기반의 차량용 인포테인먼트 플랫폼인 '안드로이드 오토(Android Auto)'와 '카플레이(CarPlay)'를 출시했다. 이는 차량 탑승자가 자신의 스마트폰을 차량 내 디스플레이에 연결해 화면을 미러링(Mirroring) 할 수 있게 해주는 차량 내 디스플레이 맞춤형 서비스로, 실시간 교통 상황을 반영한 내비게이션, 음악감상, 메신저, 검색엔진 등의 다채로운 기능을 제공한다.

전기자동차가 석유자동차보다 먼저 개발이 되었다?

어처구니없는 말일 수도 있다. 왜냐하면 대부분의 사람들은 전기자동차의 개발은 최근에 이루어진 것으로 알고 있기 때문이다.

최근 석유 상승, 하락 폭이 커지고, 환경에 관한 문제 제기가 커지면서 자동차 연비를 상승시키기 위한 노력이 계속되고 있다. 그러나 무한자원이 아닌 유한자원인 석유를 사용하면서, 자동차 연비를 상승시키기 위한 노력뿐만 아니라 에너지를 만들 수 있는 다른 원동력이 필요함을 느끼게 되자 사람들은 가장 현실성 있고, 유력한 대체 에너지인 전기 자동차 개발에 다시 힘쓰게 되었다.

1842년경 전기자동차

테슬라 모델3

그림 2-2 최초 및 현재의 전기자동차 모습

2-1 1820년대~1900년대

전기자동차의 시초

전기자동차는 디젤 엔진, 가솔린 엔진을 사용하는 오토사이클 방식의 자동차보다 먼저 고안 되었다. 19세기 말에는 자동차를 선택하는 데 있어 가솔린 자동차와 증기 자동차 외에도 전기 자동차가 선택사항 중 하나로 존재하고 있었다.

전기로 움직이는 탈것의 초기 발명품은 **1824**년으로 거슬러 올라간다. 헝가리의 발명가 **앤요스 제드릭**(Ányos Jedlik)는 자신이 발명한 전기모터를 이용한 전기자동차를 발명하였다. 그러나 이는 자동차라고 하기에는 너무 미비한 수준이었다.

1830년대에 스코틀랜드의 **로버트 앤더슨**(Robert Anderson)이 최초로 전기 자동차의 원형을 설계했다고 전해지고 있으며, 또한 이는 최초의 원유전기마차를 발명하였다.

그림 2-3 앤요스 제드릭의 전기자동차

그림 2-4 앤요스 제드릭

그림 2-5 로버트 앤더슨

1835년에 네덜란드 그로닌겐의 스트라틴(Sibrandus Stratingh of Groningen)교수는 소형의 전기 자동차를 설계하였다. 스트라틴 교수가 설계한 도면을 바탕으로 제자인 **크리스트 파벡카**가 처음 전기자동차를 만들었다. 하지만, 이런 초기의 전기 자동차는 개인의 발명품에 지나지 않았다.

1842년경에 미국의 **토마스 다벤포트**(Thomas Davenport)와 스코틀랜드의 로버트 데이빗(Robert Davidson)에 의해서 제작된 모델이 최초로 실생활에서 이용이 가능한 전기 자동차라는 인정을 받고 있다. 이 전기자동차의 차축에는 영구자석이 달려있고 차축 주위에는 전자석이 둘러싸여 있어서 전자석에 전류를 단속하여 바퀴를 움직인다.

하지만 두 모델 모두 재충전할 수 없는 타입의 전지를 장착하고 있어 그리 실용적이지는 못했다. 당시 전지 기술의 선도적인 역할을 하고 있던 국가는 프랑스였다. 프랑스인이었던 **가스 톤 프란테**는 1865년 재충전할 수 있는 축전지를 발명하였다.

전기자동차는 1873년 영국의 **로버트 데이빗**(R. Davidson)이라는 사람이 만들어 실용화했다. 1881년에 프랑스의 **카미르 파우레**가 기존의 재충전할 수 있는 축전지를 개량하여 전기 자동차에 처음 축전지를 적용하며 전기 자동차의 비약적인 발전을 가져왔다.

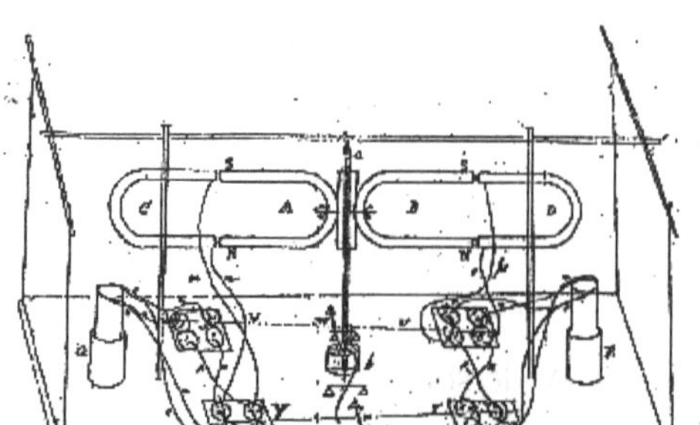
그림 2-6 다벤포트의 전기자동차 설계도

그림 2-7 다벤포트의 전기자동차의 모습

그림 2-8 디트로이트 전기자동차 충전소

그림 2-9 초기의 디트로이트 전기자동차

프랑스와 영국은 전기자동차의 광범위한 개발을 지원한 최초의 국가들이다. 1881년 9월에 프랑스 발명가 구스타프 트루베는 프랑스 파리에서 열린 국제 전기박람회에서 삼륜자동차가 작동하는 것을 입증한다. 이후 전기자동차는 급속도로 보급되기 시작한다.

내연기관 자동차의 출현은 1882년과 1883년의 독일의 다이믈러와 벤츠에 의해 차례로 가솔린 자동차가 발표되면서부터 시작되었다. 이 당시 가솔린엔진은 미숙 단계이었기에 전기자동차가 자동차의 주류를 이루었고 속도기록도 전체적으로 전기자동차에 의해 독점될 정도였다.

한편, 미국에서는 1891년에 **라이카**(A.L.Ryker)가 3륜의 전기 자동차를 만들었으며 윌리엄·모리슨이 6인승의 전기 자동차 왜건을 만들었지만 당시에 미국에서 전기 자동차의 인기는 그리 높지 않았다.

미국 사람들이 전기 자동차에 관심을 가지기 시작한 것은 그로부터 4년 뒤인 1895년 이후부터였다. 1895년에 전기삼륜자동차가 개발되면서 미국에서도 전기자동차의 관심은 높아졌다. 전기자동차는 기존의 다른 방식의 차량들과 비교해서 냄새가 적고, 진동이 적고, 소음도 작았다. 그리고 무엇보다 휘발유 자동차는 차량 속도에 따라 적절하게 기어를 바꿔줘야 했으나 전기자동차는 기어를 바꿔줄 필요가 없어 운전조작이 간편해 상류층 및 여성 운전자들로부터 많은 관심을 받게 된다. 그러나 기술적 한계와 트랜지스터의 기술부족으로 인해 이 당시 전기자동차는 최고속도는 시속 32 km에 불과하다는 단점도 있었다.

1895년 라신 모터자동차회사의 광고

- 1895년 11월, 잡지의 한면을 모두 사용한 이 광고는 편안하고 경제적인 빅토리아 스타일의 모델을 홍보하고 있다.
- 위스콘신주(州)의 라신 자동차회사는 '말이 필요없는 시대(The Horseless Age)' 를 표방하고 3개의 좌석을 가진 자동차를 판매하기 시작했다. 하지만, 차량의 품질이 떨어져서 판매도 제대로 하지 못하고 회사는 망해버렸다고 한다.

또한, 2년 뒤인 1897년에는 최초의 상업용 전기 자동차로 필라델피아 전기 자동차 회사에서 제작된 자동차가 뉴욕시의 택시 전 차량에 채용되기도 하였다. 당시 판매되었던 페톤이라는 전기 자동차는 주행거리 18마일(29 km), 시속 14마일(22 km)의 성능을 보여주었으며 가격은 약 2천 달러였다. 하지만, 당시의 전기 자동차는 차대에 모터를 붙인 것에 지나지 않았다.

그림 2-10 디트로이트의 전기자동차 광고

그림 2-11 최초의 상업용 전기 자동차

1899년 벨기에인 까뮈 제나지가 제작한 유선형 전기자동차가 당시 세계 최고 기록인 시속 105킬로미터를 기록하였다. 이 당시 가솔린 엔진자동차의 최고기록이 시속 50킬로미터 정도였던 것을 비교할 때 당시로서는 전기자동차가 상당히 고속형 자동차이었다는 것을 알 수 있다.

1899년~1900년에 전기자동차는 어떤 다른 방식의 차량(휘발유 자동차, 증기 자동차 등)보다도 많이 팔리게 되고, 1912년에 생산 및 판매 정점을 기록한다. 기본 전기자동차의 가격은 1000달러 이하였으나, 대부분 값비싼 재료로 화려하게 꾸며 평균 3000달러 이상으로 상류층들이 주로 이용하였다.

그림 2-12 까뮈 제나지의 전기자동차

그림 2-13 1901년 콜롬비아사의 전기자동차

그림 2-14 1902년 Wood사의 전기 자동차

그림 2-15 1904년의 독일의 전기자동차

그림 2-16 1913년 토마스에디슨과 전기자동차

전기 자동차의 기술력이 본격적인 궤도에 오르기 시작한 것은 1916년으로 우드사가 가솔린과 전기를 함께 이용하는 하이브리드 카를 개발하기 시작하면서였다. 또한, 그 시절이 전기자동차사에서도 가장 황금기이기도 했다.

전기 자동차가 당시 큰 사랑을 받게 된 큰 이유 중 하나는 날로 부유해져 갔던 미국의 공이 컸다. 미국 국민은 금전적 여유가 생기면서 자동차에 관심을 많이 가지게 되었고 가솔린과

증기 자동차에 비해 남다른 매력을 가지고 있던 전기 자동차는 황금기를 맞이하게 됩니다. 당시 전기 자동차는 가솔린 자동차가 가지고 있는 진동이나 냄새, 소음이 없어 쾌적했으며 기어 변속이 필요 없었고 증기 자동차 보다 뛰어난 주행거리 및 매끄럽게 달리는 주행성능은 당시 소비자들로 하여금 전기 자동차를 선택하게 하기에 충분한 매력이었다. 이 때문에, 전기 자동차는 출발시 크랭크 조작이나 주행시의 기어 변속 등의 매뉴얼의 조작을 좋아하지 않는 사람들에게 특별히 선호되기도 하였다. 증기 자동차도 기어시프트는 불필요 하긴 했지만 추운 아침 등에는 시동을 거는 데 45분이나 걸릴 뿐만 아니라 유지비용 역시 전기 자동차에 비해 많은 금액이 소요되었다.

자동차의 역사

- 1600년 : 풍력 범주차-네덜란드 Simon Stevin(시몬 스테핀)
- 1633년 : 태엽식 자동차-영국 요한 하리우스(Johan Haurish)
- **1680년 : 최초의 자동차-Spring Car(15 km/h)-레오나르도 다빈치**

풍력 범주차

Spring Car

- 1765년 : 증기기관-영국 제임스 와트(James Watt)
- 1769년 : 증기추진 3륜 자동차-프랑스 조제프 퀴뇨
- 1839년 : 2사이클 기관 발명-듀갈드 클러크
- **1824년 : 전기모터를 이용한 전기자동차 발명 - 앤요스 제드릭**
- 1835년 : 최초 전기자동차 제작-크리스트 파벡카
- 1837년 : 증기 & 가솔린 자동차-납.아연 축전지-영국 데이비드슨
- **1842년 : 최초 실생활 이용가능 전기자동차**-미국 토마스 다벤포트/스코틀랜드 로버트 데이빗
- **1873년 : 전기자동차를 실용화함-R. Davidson/영국**
- **1876년 : 오늘날 자동차의 시작-4행정 내연기관 발명-오토**
- 1900년 : 전기자동차 - 세계 최초 4륜 자동차-영국 하드
- 1885년 : 기화기 발명, 2륜차에 탑재 - 독일 고틀리브 다이믈러
- **1886년 : 세계 최초 가솔린 엔진자동차-Patent Motor Car-독일 칼 벤츠**
- 1893년 : 포드 제 1호차 완성-포드 생산 방식 적용.
- 1898년 : 압축 점화기관 발명-루돌프 디젤

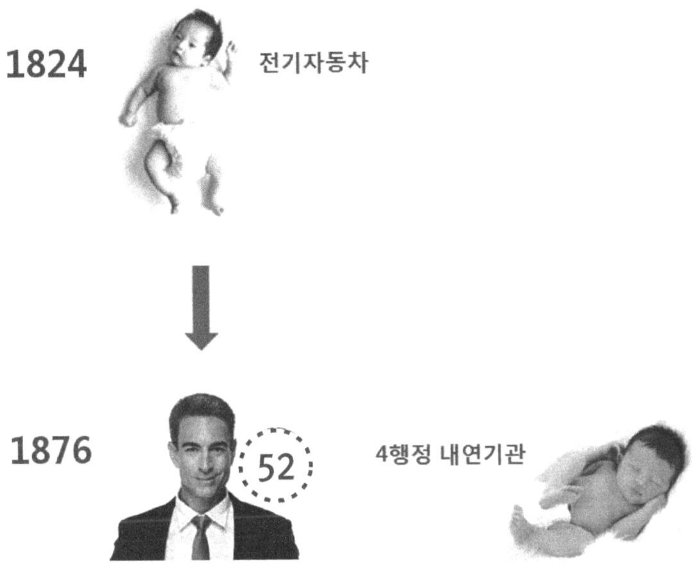

그림 2-17 전기자동차와 4행정 내연기관의 탄생

2-2 1920년대~1980년대

휘발유 자동차의 지배/전기자동차의 쇠퇴

전기자동차는 가솔린자동차보다 먼저 제작해 1920년까지 사용되었다. 시동이 간편하고 조용하며 배기가스가 없었다.

1920년대에 **미국 텍사스의 원유 발견**으로 휘발유의 가격은 떨어지고, 내연기관의 대량 생산체제를 구축함에 따라 휘발유자동차는 500달러 ~ 1000달러 정도로 가격이 많이 떨어진다. 그러나 전기자동차의 가격은 점점 상승해 평균 1750달러 정도에 팔릴 때 휘발유자동차는 평균 650달러 정도에 팔려 전기자동차는 극히 일부 교통수단으로 이용되고 휘발유자동차가 자동차시장에서 급부상하기 시작한다.

1920년대부터 속도, 힘, 값싼 석유에 힘입어 가솔린자동차는 자동차의 주류가 된다. 그리고 **1930년대**에 들어서서 전기자동차는 비싼 가격, 전지의 무거운 중량, 충전에 걸리는 시간 등의 문제 때문에 자동차시장에서 대부분 사라진다.

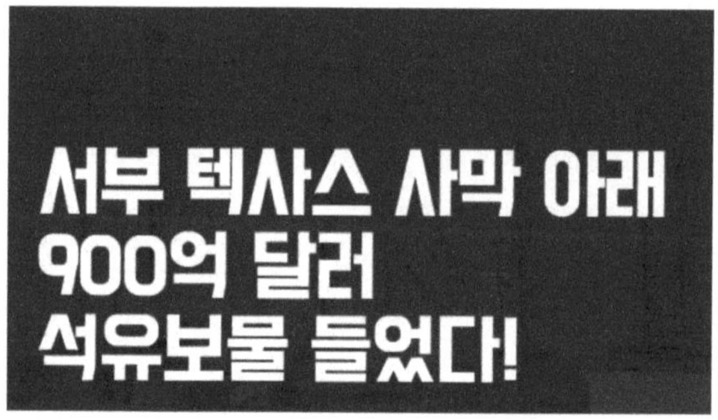

그림 2-18 미국 텍사스의 원유 발견

석유는 유한자원

- 우리가 일상생활에서 사용하고 있는 대부분의 자재들이 석유로부터 얻어지는 것들이다. 1859년 미국의 드레이크가 세계 최초로 석유의 유정을 발굴하는데 성공한 이래 등불용으로 소비되다가 제1차 세계대전 이후에 자동차나 항공기의 연료로 대량 소비되기 시작하였다. 제2차 세계대전을 계기로 석유의 수요와 용도는 더욱 확대되고, 석유제품은 비약적인 발전을 이루었다.
- 세계의 석유생산은 연간 대략 2백37억 배럴로, 1940년 당시의 약 11배에 달한다. 하지만 석유는 한정된 자원이므로 조만간에 고갈될 것이다. 인류는 3억 년에 걸쳐서 축적된 석유라는 자원을 겨우 200년 동안에 다 써버리려 하고 있다. 석유의 원시매장량은 7조 배럴로 알려지고 있다.

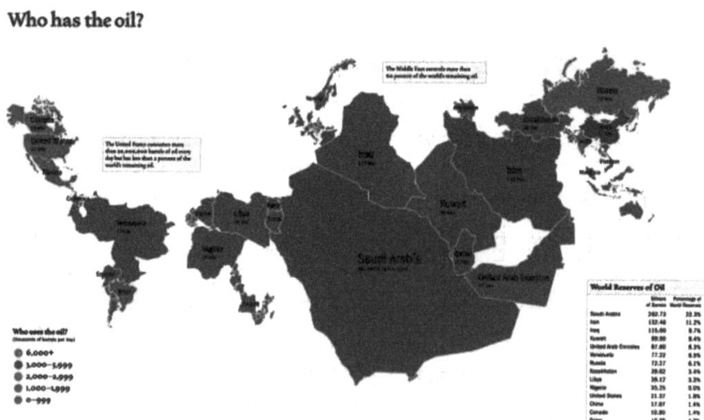

석유매장량 분포

- 과거 백년간 7천억 배럴이 소비되었기 때문에 잔존 가채량은 2조 3천억 배럴이 되는 셈이다. 이중 1조 배럴이 현재의 확인 가채 매장량이다. 나머지 1조 3천억 배럴은 경제적 채산성이 맞지 않아 아직 발굴하지 않고 있는 자원이다. 생산량이 해마다 증가함에도 불구하고 가채년 수가 과거와 거의 변하지 않는 이유는 매년 생산량과 맞먹거나 또는 그 이상의 석유가 새로 확인 매장량으로 추가되고 있기 때문이다.

- 2000년 현재 세계 인구는 60억이 넘는다. 유엔의 예측에 의하면, 2025년에는 85억으로 늘어날 전망이다. 문제는 그 증가의 대부분이 개발도상국에서 생긴다는 데 있다. 개발도상국의 1인당 석유 소비는 현재 하루 평균 0.7ℓ로 미국의 10.3ℓ, 일본의 6.8ℓ에 비해 매우 낮은 수준이지만 개발도상국의 인구 증가와 경제 발전은 필연적으로 석유 수요의 증대를 가져올 것이다.
- 석유 채굴에는 환경오염과 사고의 불안도 존재한다. 탐사와 조업시의 안정성 문제와 사고에 의한 기름유출에 의한 해양오염도 중대한 문제가 되고 있다. 또한 기름분리 과정에서 발생하는 대량의 오염수와 폐기물을 처리해야 하는 문제가 생긴다. 그 환경대책은 아직 미해결의 상태이다. 오는 2015년경을 고비로 값싼 석유자원의 고갈, 환경오염, 인구, 식량 문제가 점차적으로 국제적인 이슈가 될 것으로 예상된다.

- 1930년대 : **전기자동차 사라짐**

- 1990년대 : **재관심**

2-3 1990년대

전기자동차에 대한 재관심

전기자동차가 처음 등장한 것은 1835년, 네델란드의 크리스트 파벡카가 처음 개인의 발명품 형태로 만들었다. 실제로 1900년대 초반에는 전기자동차가 휘발유차보다 더 많았다. 그러나 휘발유차의 대량 생산과 싼 가격에 밀려 전기자동차는 역사 속으로 사라졌다.

19세기 말까지 전성을 누린 전기자동차는 전지 성능 향상의 지연과 더불어 가솔린엔진의 급속한 발전과 대량생산 시대가 도래함에 따라 자연스럽게 도태되었다. 그 이후에 몇 차례 오일 쇼크 등의 계기로 이슈화 된 적이 있었으나 지속되지는 못하였다.

그림 2-19 전기자동차 GM-EV1의 구조

1990년대 들어 자동차 배출가스로 인한 환경오염대책으로 미국 캘리포니아 주 정부의 무공해자동차 의무판매를 법제화하려는 움직임으로 의해 다시 한번 본격적인 관심의 대상이 되었다. 미국 캘리포니아주 정부는 자동차회사는 전체 자동차 회사가 캘리포니아주에서 자동차 판매의 10%정도는 배기가스가 전혀 나오지 않는 자동차를 판매하여야 한다는 '배기가스 제로법(ZEV: Zero Emission Vehicle)'을 제정하였다.

캘리포니아 주의 '배기가스 제로법은 1990년 세계적인 미국의 자동차기업인 GM가 전기자동차를 선보이는 계기가 되었다.

1990년, 크리스트 파벡카가 처음 전기자동차를 만든지 100년 가까이 시점에 미국 제네럴 모터스(GM)에 의하여 EV1이라는 전기자동차를 LA모터쇼에서 선보였다.

GM이 전기자동차를 만든 이유는 캘리포니아 주정부에서 제정한 '배기가스 제로 법'이 주원인으로 여겨진다. 배기가스 제로법은 자동차 업체들이 캘리포니아에서 자동차를 팔려면 전체 판매량의 일정 부분(10~20%)은 배기가스가 나오지 않는 전기자동차를 판매하도록 강제한 법이다.

1996년에 GM은 양산 전기자동차 1호로 볼 수 있는 "EV1" 전기자동차를 제작해 미국 캘리포니아에서 운행했다. 4시간 정도면 완전 충전되는 1996년형 EV1은 배기가스는 물론이고 소음도 없이 시속 130 km의 속도로 거리를 내달렸다. 1회 충전이면 160 km의 거리를 달릴 수 있기 때문에 충전소만 충분하면 사용에 문제가 없었다.

그림 2-20 GM의 EV1

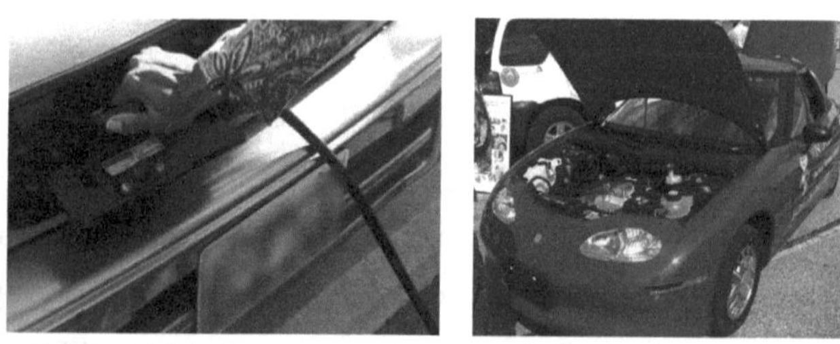

그림 2-21 EV1의 충전

그림 2-22 GM의 EV1 전기자동차 폐기모습

GM에서는 200여대의 EV1을 사용자들에게 리스 해주었다고 한다. 이용자들의 입소문 덕분에 EV1 신청자들이 쇄도하면서 휘발유차의 판매가 위협받기 시작했다. 전기자동차는 화석연료 즉 석유를 사용하는 내연기관이 아닌 모터로 주행을 하기에 엔진오일, 이에 따른 오일필터 등이 필요하지 않다. 즉 정유업계를 포함한 자동차부품업계의 자동차 수리점까지 큰 위협으로 다가왔던 것이다.

급기야 업계 측에서는 전기자동차의 인기에 따른 위기의식을 느껴 "전기자동차가 전지에 문제가 많고 비용이 비싸다"라는 문제점을 퍼트렸고 온갖 로비를 통하여 캘리포니아 주정부에 압박을 가해 공청회를 가진 뒤 결국 **2003년에 배기가스 제로법을 철폐시켰다.**

배기가스 제로법이 사라지자 GM은 EV1의 생산라인과 더불어 관련 직원들을 해고하였으며 EV1을 소리 소문없이 회수하여 200여대의 EV1을 폐차 처리하였는데 폐차하다가 마지막 남은 78대의 EV1을 **2005년 사막 한가운데서 조용히 폐차하였다고 전한다.** 전기자동차에 만족했던 이용자들은 회수에 대한 항의를 하였지만 소용이 없었다고 한다. 천덕꾸러기로 태어난 GM의 EV1은 천덕꾸러기 운명 그대로 역사의 뒤안길로 사라졌다.

날로 심각해지는 환경오염과 치솟는 기름 값 때문에 전기자동차의 필요성이 급부상하고 있다. 만약 GM이 전기자동차를 폐기처분하지 않고 계속적으로 생산 및 개발에 전념하였더라면 결과는 현재의 결과는 어떠할까? 아마 얼마 전처럼 재정위기를 겪지 않아도 됐을 것이다.

어쩌면 혼다, 도요타의 전기자동차에 비해 월등한 성능을 보였던 EV1을 통해 GM은 세계 자동차시장의 판도를 바꾸고 미래 전기자동차 시장을 주도했을 수 있다.

Who Killed The Electric Car?

- GM이 1996년 개발한 전기자동차 EV1은 배기가스 및 소음이 전혀 없고 시속 130 km로 달리는 것이 가능한 전기자동차이다.
- 전기자동차의 특징은 내연기관 자동차와 비교할 때 주된 동력원이 전기모터이기 때문에 내연기관에서 필요로 하는 오일필터, 엔진오일 등을 갖지 않으며, 교환 또한 필요 없다. 이러한 전기자동차의 특징은 정유업계, 자동차 부품업계, 자동차 수리점 및 판매점에게는 엄청난 변화이며 위협이었다.
- EV1을 리스하여 운전하였든 톰 행크스와 멜 깁슨 등 다수의 EV1 사용자들은 인터뷰를 통해 EV1을 몰았던 놀라운 경험에 대해 소개하며 전기자동차가 사라진 것을 너무 아쉬워했다.
- 전기자동차의 충전 방식은 플러그를 꽂은 뒤 4시간이면 완전 충전이 가능했으며 이용자들은 퇴근 후 플러그를 꽂은 뒤 자고 일어난 뒤 EV1을 몰고 다녔다고 한다. 또한 차고 벽에 설치된 충전기는 소형으로 액자크기 정도 이었다고 한다.
- GM은 차례로 EV1을 폐차하다가 마지막 남은 78대의 EV1을 2005년 사막 한가운데서 조용히 폐차시켰으며, 다큐멘터리 제작진은 GM의 외부인 폐차장 접근 봉쇄로 인하여 공중 촬영을 통하여 폐차촬영이 이루어 졌다고 한다.

전기자동차용 충전시설

벽에 설치된 충전기

EV1 전기자동차의 충전 방식

옵신스키 부부

폐차되는 전기자동차

폐차반대 시위 중 체포 모습

- 옵신스키와 그의 부인. 옵신스키는 한 번 충전에 500 km를 달리는 전기자동차용 전지를 개발했으나 회사가 GM에 적대적 인수된 뒤 석유회사에 매각됐다.
- 다큐멘터리 제작진은 자동차, 석유업계, 미국 정부와 더불어 큰 차를 좋아한 미국 소비자의 성향과 전기자동차에 대한 무관심이 전기자동차를 죽이는데 일조했다고 주장했다.

EV1의 특징

- EV1은 1996년에 첫 시제품이 나왔다. 판매를 시작하여 99년까지 1,000대 가량이 생산되었고, 생산 차량의 상당량은 전기자동차의 기술적 특성상 리스조건으로 개인에게 판매되었다. 판매조건은 사용자가 계약기간동안 매달 사용료를 지불하는 대신 정비관리는 회사에서 책임지는 방식이었다.
- EV1은 기존의 모델을 개조하는 대신 처음부터 진기 자동차로서 개발되었으며, GM의 개발을 위한 투자비용은 15억 달러에 이른다고 한다.
- 기본적인 구성은 2인승 앞바퀴 굴림방식으로, 무게를 가볍게 만들기 위해 알루미늄 스페이스 프레임에 복합소재의 보디를 씌웠으며 서스펜션 등 많은 부분에 알루미늄과 마그네슘 같은 가벼운 금속을 사용했다.
- EV1의 0-96 km/h 도달 시간은 9초미만, 4시간만의 완전충전, 160 km의 주행거리 그리고 최고시속 130 km 이었다.

2-4 2000년대

2-4-1 GM의 시련

1931년부터 2007년까지 77년간 세계 자동차판매 1위를 지켜온 **세계 최대 자동차기업 제너럴모터스(GM)가 2009년 6월 뉴욕 법원에 파산보호를 신청하였다.** 이로써 미국 제조업의 상징이었던 지난 101년간에 걸친 GM의 역사에 시련이 왔다. 이는 미국 내 제조업체 파산으로는 사상 최대의 기록을 갱신한 것이다.

전문가들은 GM의 파산에 영향을 끼친 요인으로

1) 생산라인의 경직된 운용으로 인한 낮은 생산성
2) 고유가 시대에 부응하지 못하는 낮은 연비의 대형차 위주 생산
3) 할부 금융 등 금융 부분에 대한 과도한 투자
4) 일본과 한국의 저가 자동차들에 의한 시장 잠식
5) 노조의 과도한 복지 요구 등을 꼽는다.

그림 2-23 2009년 GM의 파산신청

결국 이러한 복지비 부담이 기업의 경쟁력을 저하시키고, 생산되는 자동차 한 대당 단가를 수백 달러나 높이고 있었던 셈이다. 즉, GM의 파산을 통해 국가복지의 과소가 기업의 경쟁력을 얼마나 심각하게 약화시킬 수 있는지, 그 생생한 사례를 보고 있는 것이다.

대기오염 배출과 관련하여 유럽의 나라들이 유로 쓰리와 유로 포 등의 규제를 스스로 만들어 규제를 강화할 때, 자동차 회사들의 로비를 받은 미국은 환경 규제의 강화를 미루었고, 유럽과 일본, 한국의 자동차들이 정부의 환경 규제 강화와 각종 지원 정책에 따라 가볍고 효율성 높은 경차 생산에 주력 할 때 미국의 자동차는 타국가의 자동차에 비하여 상대적으로 크고 무겁고 효율이 낮은 엔진 기술과 낮은 연비로 많은 대기오염 물질을 동시에 뿜어 대는 무거운 탱크 같은 자동차를 지속적으로 양산하였다고 많은 전문가들은 진단하였다.

2-4-2 시보레 볼트(VOLT) 발표

막대한 적자와 차량 사고 시 수리 등에 대한 책임을 어떻게 처리할 것인가에 대한 문제를 이유로 제너럴 모터스가 2000년대 초중반에 GM EV1을 전량 회수해 폐차하기로 결정을 내리면서 환경단체와 EV1 오너들의 비난이 따르자, 폐차 결정을 내렸던 당시 부회장은 인프라가 떨어지고 개발 시간이 너무 오래 걸리는 등으로 현실성이 떨어지는 연료전지 자동차 대신 개발할 전기자동차 프로젝트를 구상하기 시작했다.

GM은 미국 디트로이트에서 열린 2009 북미국제오토쇼에서 전기충전 구동 방식의 콘셉카 '시보레 볼트(Cherolet Volt)'를 공개했다. 이 콘셉카는 일반 가정에서도 전원에 연결하면 출전이 가능한 플러그 인 전기자동차로, 전력량 16 kwh의 리튬이온 전지로부터 전기를 공급받아 주행하며, 일체 연료 주입 없이 한 번 전기 충전으로 64 km까지 달릴 수 있다. 64 km 이상 주행할 경우에는 차량내 소형 엔진 발전기로 전력을 생산, 전지에 전기를 공급해 최대 수백 km까지 연장 주행이 가능하다. GM은 개발 과정을 거치면서 LG화학 등의 도움을 받아, 당시로서는 토요타 등이 안정성이 떨어진다는 이유로 자동차 분야에 적용하는 것이 불가능하다고 주장하던 리튬이온 전지를 장착했다.

처음에는 하이브리드 차량의 판매와 연료전지 자동차의 개발을 고집하는 분위기, 리튬이온 전지의 기술적 한계가 보인다는 기술팀의 주장, EV1 시절의 금전적 손실을 이유로 반대하는 분위기가 있었으나 리튬이온 전지로 300 km급의 주행거리와 뛰어난 성능을 보여준 테슬라 로드스터의 데뷔가 볼트의 개발에 힘을 실어줬고, 순수 전기자동차의 보완책으로 주행거리 연장용 엔진을 추가하는 플러그인 하이브리드의 개념을 제안하면서 플러그인 하이브리드로서의 볼트의 윤곽이 잡혔다.

개발 중에는 효율성을 이유로 토요타 프리우스와 비슷한 병렬 방식으로 가야 된다는 기술팀과 전기자동차 다운 운전 경험을 최대화할 필요가 있다며 직렬 방식을 주장하는 의견이 충돌하긴 했지만, 컨셉트카 공개 후 좋은 반응을 얻으면서 사내 분위기도 향상 되었고, 심지어는 EV1 개발팀들과 연료전지 개발팀, 독일 오펠 출신의 개발진들도 참여함에 따라 프로젝트가 탄력을 얻어 **2010년 여름쯤에 첫 차를 공개할 수 있었다.**

그림 2-24 전기자동차 부활

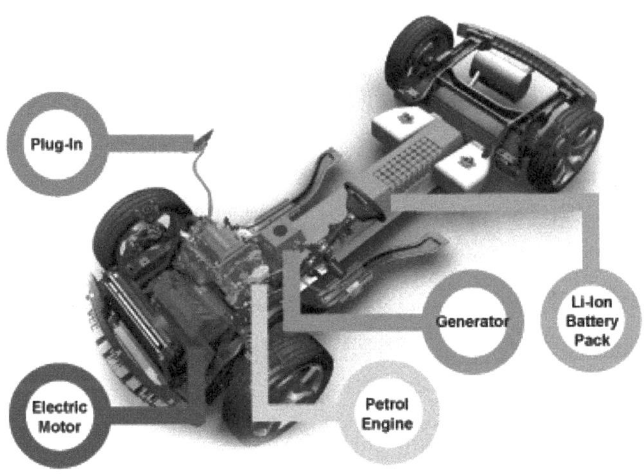

그림 2-25 시보레 볼트(VOLT)의 대략 구조

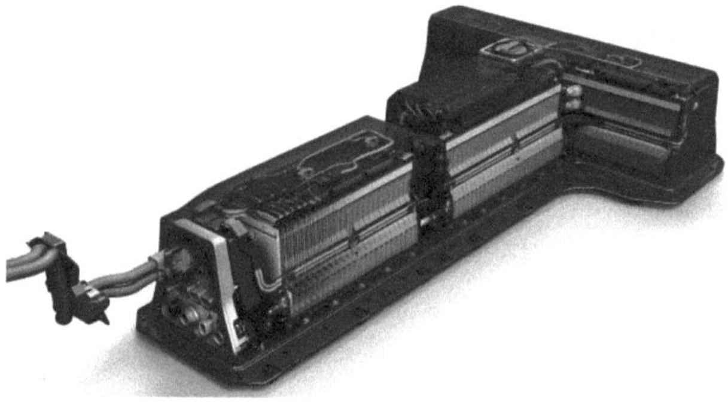

그림 2-26 시보레 볼트(VOLT)의 전지팩 형태

그림 2-27 연비 98 ㎞/ℓ의 시보레 볼트(Volt)

내연기관과 전기모터를 함께 사용한다는 것이 하이브리드카의 개념이므로 볼트는 전형적인 하이브리드카임에도 불구하고, 쉐보레에서는 어느날 갑자기 이 차를 내연기관 발전기를 갖춘 전기자동차라면서 전기자동차라고 부르기 시작했는데 내연기관을 갖췄으면 순수한 전기자동차라고 부를 수는 없다. 같이 탑재된 내연기관이 구동도 수행하면 병렬식 하이브리드, 내연기관이 발전만 하더라도 직렬식 하이브리드다. 볼트는 직렬식 하이브리드이다.

연비 98 ㎞/ℓ(?)

GM은 자사의 플러그인 하이브리드 자동차(PHEV)인 시보레 볼트에 기업의 운명을 걸고 전사적 연구 역량을 집중하였다. GM은 2009년 북미국제오토쇼에서 볼트 시제품을 선보일 당시 100% 전기자동차인 볼트는 휘발유 1 L로 약 100 km를 주행한다고 발표했었다. 1 L당 100 km라는 GM의 셈법은 순수 전기모드의 최대 주행거리(65 km)와 휘발유 1 L를 사용해 달릴 수 있는 주행거리(35 km)를 합산한 것이다.

볼트의 최대 주행거리는 610 km이라고 GM은 소개했다. 볼트는 최초 40~80 km 만을 순수 전기로 주행하고, 전지가 방전되면 그다음부터는 휘발유 엔진으로 발전해 모터를 돌리는 방식이다. 순수 전기 주행거리는 전지 성능에 영향을 주는 기후변화와 운전습관에 따라 달라질 수 있다. 전지를 소모 시키는 공조장치나 전자장비 등을 함께 사용할경우 주행거리는 더욱 짧아지게 된다.

볼트의 휘발유 연료탱크는 35 L이다. 순수 전기를 사용한 최대 주행거리(80 km)를 넘어간 뒤인 나머지 주행거리(530 km)는 약 15.1 km를 달릴 때마다 휘발유 1 L를 소모하는 셈이다. 따라서 일상생활에서의 하루 주행거리가 100 km 이하일 경우 높은 효율성을 갖게 되지만, 그 이상은 주행거리가 늘어날수록 효율이 떨어지는 구조다.

주행성능은 일반 휘발유차에 뒤지지 않는다. 준중형급 차체에 최고출력 149마력, 최고속도는 시속 161 km다. 정지상태에서 시속 100 km까지 도달하는 데 9.1초가 걸린다. 연비효율을 위해 라디에이터그릴을 차단하고 차체를 날렵하게 만드는 등의 방식으로 공기저항계수를 낮췄다. 결과적으로 차의 성능에도 도움을 주는 부분이다. 체감 가속능력도 상당한 수준이다. 설계 초기부터 친환경차를 염두에 둔 만큼, 차체의 무게배분이나 조향능력 등을 살펴보면 기존 휘발유차를 친환경차로 개조한 차와 비교하면 완성도 면에서 월등하다.

1 리터로 100 km 주행하는 꿈의 전기자동차?

- 2009년 8월 11일 GM에서 1리터로 100 km(98)를 간다는 시보레 볼트 전기자동차를 발표. 1리터로 100 km를 간다는게 과연 어느 정도일까?
- 시보레 볼트는 차량이 출발하고 65 km(50마일) 이동할 때까지는 오로지 전지에만 의존해서 달리다가 그 이후에는 가솔린 엔진으로 시동이 걸리면서 전기를 생산하며 달리는 방식(PHEV)
- 따라서 정확히 말하자면 1리터로 100 km갈 수 있다기 보다는 처음 차량이 출발해서 휘발유 1리터를 소요하는데 100 km를 갈 수 있다는 계산이 나온다.(전지:65 km + 1 L:35 km = 100 km).
- 시보레 볼트 차량이 출시되고 1리터로 100 km 갈 수 있다는 말을 두고 과대광고이라고 소비자단체에서 말들이 많기도 했다.

전지 : 65 km + 1 L : 35 km = 100 km

2-5 2010년대

2-5-1 GM의 볼트(BOLT) 출시

제네럴 모터스(GM)는 '2016 북미 국제 오토쇼'에서 순수 전기자동차 쉐보레 볼트(Bolt) EV의 핵심인 드라이브 유닛(Drive Unit)과 전지 제원을 공개했다. 고용량 전기 모터를 동력원으로 하는 쉐보레 볼트(Bolt) EV는 전기자동차 전용으로 설계한 드라이브 트레인을 조합해 한 번 충전으로 383 km의 획기적인 주행거리를 확보했으며, 200마력에 달하는 최고출력과 36.7 kg.m의 최대토크를 통해 0-60 mph(98 km/h)를 7초 안에 주파하는 강력한 주행성능을 발휘한다.

특히 쉐보레 최초의 전자정밀 변속 시스템(Electronic Shift system)은 기존의 기계적으로 전달되던 동력을 전자신호로 대체하면서 정밀한 주행감과 동력전달을 실현하는 한편, 부품의 소형화를 통해 한층 넓은 실내 공간을 확보했다.

또한 주행거리연장 전기자동차 쉐보레 볼트(Volt)를 통해 확보한 1억 3,000마일을 상회하는 전기자동차 누적 주행 데이터 및 LG전자와 파트너십을 통해 완전히 새롭게 개발한 60 kWh의 고용량 전지 팩은 업계 최고 수준의 효율성과 성능을 자랑한다.

볼트EV는 전기자동차 주행에 필수적인 주행가능거리 산출을 운전자의 주행 패턴은 물론 일기 예보, 운행 시점 등의 요소를 통합적으로 분석해 제공하는 한편, 개인화된 첨단 스마트 기능을 대거 채택해 전례 없이 차별화된 주행 경험을 선사한다.

쉐보레는 스파크 전기자동차, 차세대 볼트(Volt)에 이어 이번에 볼트(Bolt) EV를 선보임으로써, 고객에게 최적화된 미래의 기술과 전기자동차 시장에서 리더로서의 자리를 굳건히 한다는 계획이다.

이전까지 전기자동차 모델은 친환경 에너지 사용과 연료 대비 연비, 주행시 소음, 유지비 등이 장점으로 비춰졌지만 짧은 주행가능거리가 치명적인 약점이 되면서 전기자동차 소비층은 크게 증가하지 못하였다.

그림 2-28 시보레 볼트(Bolt) 구조

그림 2-29 볼트(Bolt)의 전지 용량 및 모터 출력

2-5-2 테슬라 모델3 출시

테슬라는 2016년 3월 31일 4도어 컴팩트 세단 전기자동차인 모델 3를 발표하였다. 한 번 충전으로 354 km를 달린다(표준기준). 스텐다드 레인지 플러스는 55 kWh 전지를 탑재하고 시스템 총 출력 238마력(ps), 최대토크 38.2 kgf로 뒷바퀴를 굴려 최대 386 km(미국 EPA 기준)를 달릴 수 있다. 롱 레인지는 75 kWh 전지를 적용해 최대 499 km(미국 EPA 기준)까지 주행이 가능하며, 시스템 총 출력 351마력(ps), 최대토크 53.7 kgf의 성능을 발휘한다.

기존 전기자동차 보다 2배 정도 더 달린다. 2016년 4월 7일 기준 140억 달러(16조 2천억 원)어치인 325,000대의 주문예약을 받았다. 퍼포먼스 모델의 경우 제로백이 3.4초다.

그림 2-30 테슬라 모델 3

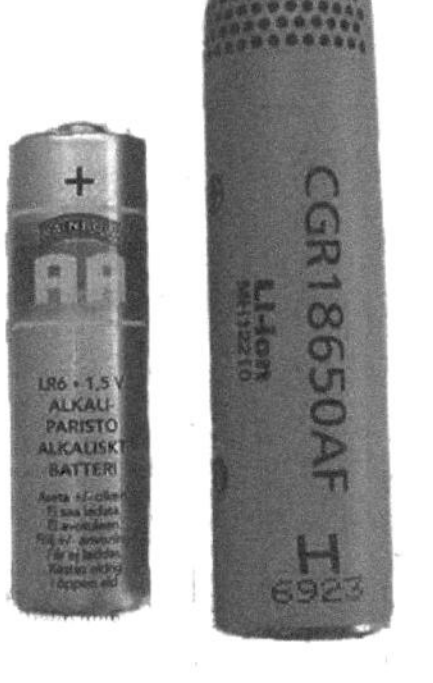

그림 2-31 원통형전지

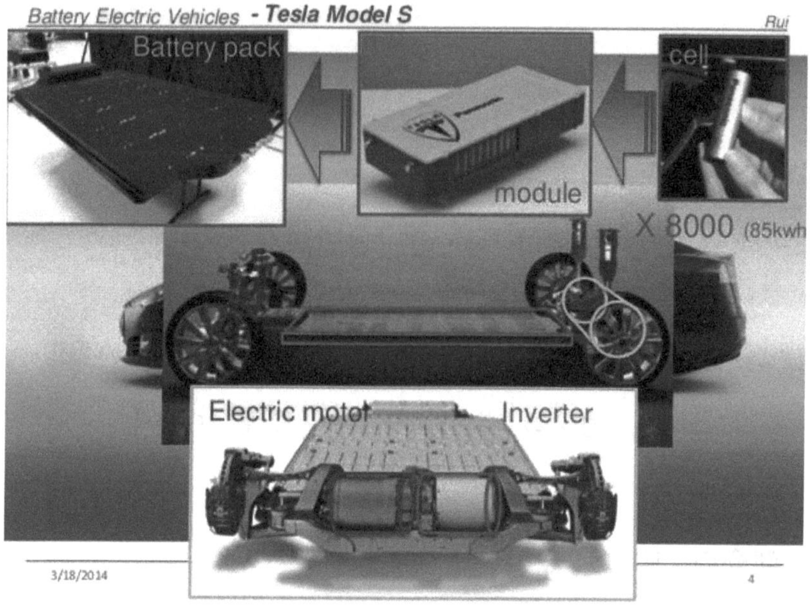

그림 2-32 테슬라 전지팩

모델 3의 가격은 35,000달러으로, 미국에서 세제 혜택 등으로 제공되는 정부 보조금은 약 7,500 달러 수준이다.

전지는 휴대폰 보조 전지, 필립스 전기면도기, 손전등 등에 흔히 쓰이는 18650 전지를 7천개 사용한다. 원통형 전지는 2000년 초반부터 세계에서 가장 흔한 전지가 됐으며, 가격뿐만 아니라 안정성과 수급 문제도 전혀 없다.

테슬라 모델3이 대박 난 까닭

1. "테슬라는 더 이상 자동차 기업이 아니다. 이제는 에너지 혁신 기업이다" 일론 머스크(Elon Musk) 테슬라모터스 최고경영자(CEO)가 '테슬라 에너지'를 발표하면서 강조한 핵심 메시지이다.
2. 테슬라 전기자동차가 인기를 끄는 이유는 전기 에너지'를 잘 관리하기 위해 자동차 전지의 상식을 깼기 때문이다.
3. 보통 리튬이온 전지는 전지팩(용기)에 따라 캔형, 파우치형, 그리고 두께 18 mm, 길이 65 mm인 '18650전지'로 나눌 수 있다. 이미 많은 분이 사용하시는 시중의 휴대전화 충전용 외장전지나 노트북 컴퓨터 대부분이 이 18650 전지에 케이스와 보호회로를 덧씌운 것이다.

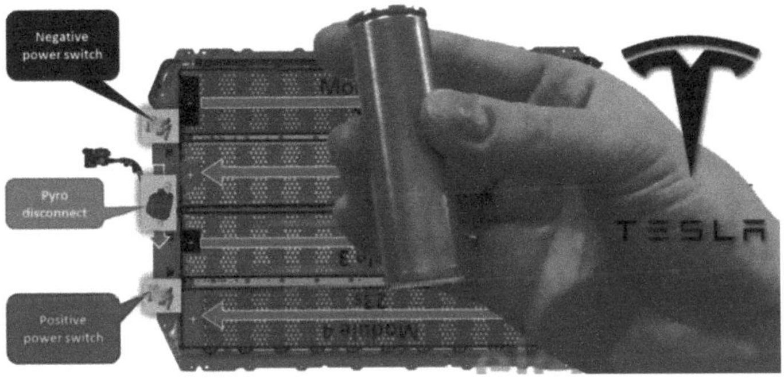

테슬라 모델3 전지팩

4. 기존 전기자동차의 전지 구조를 살펴보면, 독특한 구조 때문에 전지 생산 단가를 낮추기 쉽지 않은 상황이다. 사전에 설계된 형태의 전지 덩어리를 사용하다 보니 킬로와트 시간(kWh)당 가격을 낮추기 힘들었다. 그런데 테슬라는 아주 작은 표준 충전지를 여러 개 붙여 연결하면 보다 유연하게 자동차 전지를 설계할 수 있다는 데 주목했다. 18650 전지를 수 없이 많이 묶어 전기 출력을 올리고 화재 위험성까지 낮춘 전지팩을 개발한 것이다.
5. 테슬라는 반도체를 생산할 때 쓰이는 '와이어 본딩' 기술을 이용해 18650전지를 하나로 연결했다. 주행거리가 비약적으로 길어진다. 예를 들어 테슬라 모델S에는 6,800여 개의 18650 충전지가 바닥에 깔렸다.

2-5-3 현대의 코나 출시

현대자동차는 1회 충전으로 390 km를 달릴 수 있는 소형 스포츠유틸리티차(SUV) '코나' 기반의 2세대 전기자동차(EV)를 출시하였다. 2세대 전기자동차는 기존 1세대 전기자동차의 단점인 짧은 주행거리와 높은 가격을 내연기관차와 경쟁할 수 있는 수준으로 개선한 모델이다. 현재까지 시판된 1세대 전기자동차는 높은 전지 가격과 낮은 에너지 밀도로 주행거리가 내연기관차의 25~35% 수준인 150~200 km에 그쳤지만, 2세대 전기자동차는 1세대보다 두 배 가까이 증가한 400 km를 넘어선다.

그림 2-33 현대차의 전기자동차 코나

코나 일렉트릭과 볼트 EV는 한동안 단점으로 지적받았던 전기자동차의 주행가능거리를 대폭 향상시킨 차종들이다. 국내에서 인증 받은 주행가능거리는 코나 일렉트릭이 406 km, 볼트 EV가 383 km다. 수치상으로는 코나 일렉트릭이 볼트 EV보다 23 km 더 주행할 수 있는 셈이다. 전기자동차 기준 복합연비는 코나 일렉트릭 5.6 km/kWh, 볼트 EV 5.5 km/kWh로 대동소이하다.

현대차는 궁극적으로 전기자동차와 수소연료전지자동차를 미래 친환경차로 보고, 전지나 수소연료 공급에 대한 연구와 협업을 활발히 진행하고 있다.

2-5-4 친환경 자동차(PHEV) 대중화

2015년 디트로이트 모터쇼의 관전 포인트는 본격적인 자동차 수요 증가와 유가 하락이 앞으로의 자동차 시장에 어떤 영향을 미치느냐는 것이었다. 관련연구소에 따르면 자동차 판매량은 금융위기 이전 수준을 회복할 전망이었다.

국제 유가도 하락세였다. 국제 유가는 2009년 이래 가장 낮은 수준이였으며, 이 같은 분위기를 반영하듯 디트로이트 모터쇼에는 화려한 럭셔리카가 대거 모습을 드러냈다. 친환경차는 기술만 강조하는 게 아니라 일반 사용자들이 실생활에서도 편안하게 사용할 수 있는 차종들이 전시되었다.

친환경차는 기술을 자랑하는 것으로 그치는 것이 아니라 일상생활에서도 편히 사용할 수 있도록 소비자를 배려한 차들이 대세다.

가장 큰 관심을 끄는 차는 쉐보레 볼트의 후속 모델이다. 쉐보레 볼트는 주행거리연장 전기자동차(EREV)란 개념을 처음 현실화한 모델이다. EREV란 모터와 가솔린 엔진을 모두 탑재하지만 하이브리드카와 달리 엔진은 충전용으로만 사용할 뿐 주행에 관여하지 않는 전기자동차를 말한다. 엔진으로 충전시킬 수 있기 때문에 충전 걱정 없이 자유로이 이동할 수 있다는 장점이 있다.

그림 2-34 현대자동차 플러그인하이브리드(PHEV) 구조

새 모델은 전용 리튬이온전지와 드라이브유닛, 주행거리연장 시스템을 새롭게 설계해 현 모델보다 1회 충전 시 주행 가능 거리가 80% 이상 증가했다.

혼다는 수소연료전지자동차인 FCV 콘셉트카를 공개하면서 현대차와 도요타가 이끌고 있는 수소연료전지자동차 시장에 도전장을 내밀었다.

럭셔리 차량 / 고성능 차량

2016 디트로이트 모터쇼에서는 미국 경기회복과 저유가 기조 속에 전 세계 40여개 자동차 업체가 세계 최대 고급차 시장인 미국 시장을 공략하기 위한 전략모델을 선보였다. 대형 럭셔리 세단과 SUV, 고성능차를 중심으로 친환경차도 꾸준히 영역을 확대하고 있다.

현대자동차는 고급 브랜드 제네시스의 최고급 모델인 G90(한국명 EQ900)를 세계무대에 처음으로 공개하였다.

메르세데스-벤츠는 중형 세단 E클래스의 5세대 완전변경 모델을 선보였다. 방향지시등을 켜면 자동으로 차선을 변경해주는 지능형 차선변경 기능 등 자율주행 시스템이 탑재됐다. 미국업체 포드는 프리미엄 브랜드 링컨의 플래그십 세단 올 뉴 링컨 컨티넨탈을 최초로 선보였다. 14년 만에 부활하는 대형 세단이다.

친환경차들도 대거 출품되었다. GM은 국제전자제품박람회(CES) 2016에서 처음으로 공개한 장거리 주행 전기자동차 쉐보레 볼트 EV 양산형 모델을 선보였다. 볼트 전기자동차는 한 번 충전으로 321 ㎞ 이상을 주행할 수 있다. BMW도 전기자동차 i의 첫 양산 모델인 i3를 전시하였으며, 아우디는 수소연료전지자동차 콘셉트카인 h-트론을 선보였다.

그림 2-35 EQ900

그림 2-36 E클래스의 5세대

그림 2-37 쉐보레 볼트 EV

그림 2-38 BMW i3 EV

고성능차도 다양하였다. BMW는 세계 최초로 뉴 M2 쿠페를, 포르쉐는 스포츠카인 911 시리즈의 주행 성능을 개선한 911터보S 모델을, 인피니티는 주행 성능을 향상시킨 Q50 레드 스포츠 400을 공개하였다.

포스코는 전 세계 철강업체 중 최초로 모터쇼에 참여하였다. 꿈의 자동차강판을 주제로, 트윕(TWIP), HPF(고온프레스성형)강 등 포스코의 최첨단 철강제품으로 구성한 자동차 차체를 전시하였다.

2-6 전기자동차의 현재

친환경 자동차의 최종 목표는 어디일까? 다수의 사람들은 전기자동차라고 알고 있다. 그렇다면 역사가 가장 오래된 자동차는 무엇일까? 아마 전기자동차라는 사실을 알고 있는 사람은 많지 않을 것이다.

전기 에너지로 구동되는 전기자동차는 최초의 내연기관자동차보다 50여년이나 역사가 길다. 지난 1835년 네덜란드의 크리스트 파벡카에 의해 첫 선을 보였으며, 1873년 영국의 R. Davidson이라는 사람이 만들어 실용화했는데, 그 후 휘발유 엔진이 급속도로 발전하자 사라졌었다.

전기자동차가 다시 사람들의 관심을 끌게 된 것은 지난 1990년 미국의 캘리포니아주가 완전 무공해자동차(ZEV, zero emission vehicle)를 도입하는 정책을 법제화하면서 부터이다.

그런데 GM이 EV1 전기자동차를 1990년 1월 LA모터쇼에서 공개하였을 때만해도 이 차는 사실 운행할 수 없는 무늬만 자동차이었다고 한다. 아무튼 이때부터 모든 자동차메이커들은 전기자동차가 대세라고 판단하고 전기자동차 개발에 매달리기 시작했다. 우리나라에서도 기아자동차가 선두로 연구에 착수하였고, 1993년 대전엑스포에 전기자동차가 등장하는 등 한 때 큰 붐을 일으키기도 했다.

GM이 EV1의 후속으로 내놓은 신개념 전기자동차 시보레 볼트(VOLT)는 리튬 이온 전지로 작동하다가 전기가 부족할 때는 휘발유 엔진을 돌려 전기를 만들어 항속 거리를 늘린다. 충전은 차에서 코드를 뽑아 110볼트 콘센트에 꽂으면 된다.

전기자동차는 운행 중에는 배출가스를 전혀 내뿜지 않고 화력발전으로 전기를 생산한다 해도 휘발유자동차에 비해 배출가스가 90%정도 줄어드는 획기적인 친환경자동차이다. 전기자동차는 유지비용이 작다는 장점도 있다. 우선 연비가 좋아 가솔린에 비해 연료비가 매우 저렴하다. 게다가 자동차의 구조가 간단하기 때문에 자동차 유지관리 비용도 훨씬 적게 든다. 엔진오일 교환이나 튠업도 필요하지 않다.

2-6-1 각국의 개발현황

친환경차 시대의 예상보다 빠른 개막은 전기자동차의 기술 발전 속도와 밀접한 연관이 있다. 과거 테슬라와 르노닛산 등 일부 차 메이커가 주도했던 전기자동차 개발은 글로벌 자동차 업계 전반으로 확산되고 있다. 투자가 늘면서 브랜드별 기술경쟁이 붙고 세단, SUV는 물론 트럭, 버스 등 전 차종의 전기자동차 개발이 진행중이다. **전기자동차 대중화의 관건인 주행거리도 500 km의 벽을 넘어 600 km의 고지를 바라보고 있다.**

그런데도 전기자동차가 아직도 널리 상용화되지 못하고 있는 이유는 몇 가지가 있다. 첫째는 순수 전기자동차는 전지의 급속한 발전에도 불구하고 여전히 내연기관 자동차와 경쟁 상대가 못된다. 1회 충전으로 400킬로미터 전후를 달릴 수 있는 전기 자동차는 현재의 내연기관 자동차 주행거리와 비교했을 때 많은 차이를 가지고 있음은 분명하다.

둘째는 전기자동차가 진정한 의미에서 친환경적이 되려면 전기를 얻는 과정도 친환경적 이어야 한다. 지금처럼 화력발전이나 원자력발전으로 얻는다면 도시환경은 크게 개선되지만 전기 소비량은 급격히 늘어 발전을 하는 곳에 공해가 더욱 증가하는 불균형이 발생한다.

세 번째 문제는 충전소와 같은 인프라의 문제이다. 이미 오랜 세월 자동차가 보급되었기 때문에 주유소라는 시스템을 통해 운전자들은 손쉽게 연료를 공급 받을 수 있지만 전기자동차가 운전 중 방전되었을 때 충전할 수 있는 인프라는 새로 구축해야 하는 문제가 있다.

하지만 업계의 기대와 달리 전기자동차의 상용화 가능성은 다소 불투명한 상태다. 비약적 기술 발전에도 불구하고 과거 전기자동차 몰락의 근원적인 문제가 되었든 전지 성능의 문제가 지금껏 가장 큰 걸림돌로 남아 있기 때문이다.

리튬이온 전지는 과열·과충전 등의 상황에서 열 폭주(thermal runaway)라고 불리는 폭발 사고를 유발할 수 있다. 이를 막는 길은 전지의 양극에 쓰이는 리튬 코발트 산화물을 대체할 신물질을 찾아내는 것뿐인데 이것이 결코 말처럼 쉽지 않다. 즉 플러그인 하이브리드 자동차 성공 여부는 지금보다 저렴하고, 안전하며, 강력한 성능의 전지 개발에 달려 있다고 해도 과언이 아니다.

현재 완성차업계의 1차적 목표는 10년, 24만 ㎞의 내구성을 갖춘 전지 확보다. 이 조건을 충족해야 전 세계 친환경 자동차들의 각축장인 미국 캘리포니아주 대기자원위원회(CARB)의 인증을 받을 수 있기 때문이다.

과연 완성차 메이커들은 수년 내 이 조건에 부합하는 전지 개발에 성공할 수 있을까. GM의 글로벌 프로그램 경영관리자는 시보레 볼트에 채용된 리튬이온 전지를 업그레이드 하는 방식으로 목표달성을 자신하고 있다. 이 전지는 기존 하이브리드 차량용 니켈수소 전지보다 가볍고 에너지 밀도 또한 높다는 이유에서다.

요즘 새로운 친환경자동차의 대명사라 할 수 있는 하이브리드자동차나 연료전지자동차의 핵심 기술들은 대부분 바로 전기자동차 기술에서 나온 것들이다. 도요타가 하이브리드자동차를 만든 계기가 바로 전기자동차의 한계를 극복하려는 방법의 하나로 시도했던 것이고, GM이 연료전지자동차를 만들려고 시도한 이유도 전기자동차의 전지 용량을 늘리려는 연구에서 시작된 것이다. 따라서 전기자동차는 친환경자동차의 종착역일 뿐 아니라 출발역이기도 하다.

테슬라 '모델3' vs GM '볼트' 승자는?

- GM과 테슬라가 저가형 전기자동차 분야에서 자존심 싸움을 펼칠 것으로 예상된다. GM은 미국 시장 등을 중심으로 3만달러대의 '볼트(Bolt) EV'를 시판중이며, 테슬라도 볼트 EV 가격 수준의 '모델 3'를 시판중이다. 이들의 움직임에 따라 닛산 리프 중심이었던 전기자동차 시장 판도가 확 바뀔 수 있다는 예측도 나오고 있다.
- 볼트 EV의 주행 성능은 테슬라 모델3와 비슷하다. 고용량 전기 모터를 동력원으로 하는 볼트 EV는 LG전자와의 파트너십을 통해 개발한 고용량 전지 팩이 탑재됐다.

테슬라 모델 3

GM 볼트

- 모델 3에 대한 관심은 놀라운 수준이다. 예약주문 실적이 개시 36시간 만에 25만3천 대를 넘은 상황. 옵션 항목과 추가 기능을 포함한 예약주문의 대당 평균 가격은 기본 트림(3만5천 달러)보다 높은 4만2천 달러이다.
- 기존 테슬라 모델보다 절반 수준에 불과하고, 일반 휘발유 자동차와 큰 차이가 없는 가격이 관심을 끈 가장 큰 이유일 것이다.
- 엄청나게 빠르고 최저가 기본 모델을 사도 오토파일럿과 슈퍼차징 기능이 탑재되어 있다. 모델3의 가장 큰 특징은 기본 옵션에 자율주행 기능이 있다는 거다. 운전자 중심의 운전석을 탈피하여, 편안하게 앉아 주행을 즐기는 시대가 곧 도래한다는 것을 의미한다.
- 수백만 마일의 자율주행 데이터가 테슬라에 원격으로 쌓여 가면, 아마도 가장 강력한 자율주행 자동차 플랫폼이 될 것 같다.

2-6-2 자율주행자동차량의 개발

자율주행 자동차(Self-Driving Car)는 우리가 오래 전부터 상상해 왔던 것을 현실화 시킬 것으로 예상된다. 자율 주행 자동차란 운전자가 가만히 있어도 자동차 스스로 도로의 상황을 파악해 자동으로 주행하는 차로서, 운전자가 브레이크, 핸들, 가속 페달 등을 제어하지 않아도 자동차 스스로 판단과 제어를 하는 자동차를 의미한다

많은 자동차 업체에서는 완전한 자율주행자동차 출시를 목표로 하고 있다. 자율주행을 위해서는 고성능 카메라, 충돌 방지 장치 등 기술적 발전이 필요하며, 주행상황 정보를 종합 판단하여 처리하는 주행상황 인지·대응 기술이 필수적이다. 수많은 자동차 회사들뿐만 아니라 구글, 애플 등 IT 기업들이 기술개발에 앞장서고 있다.

그림 2-39 자율주행자동차 개발업체

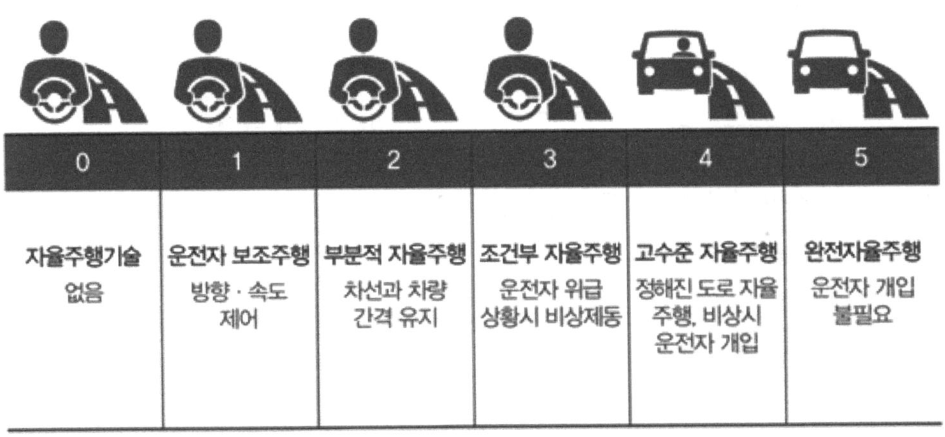

그림 2-40 자율주행 개발 단계

우리나라에서도 현대차를 중심으로 여러 대학에서 기술개발이 이루어지고 있다. 상용화되

면 전체 교통사고의 95%가량을 차지하는 운전자 부주의에 의한 교통사고와 보복운전을 줄일 수 있다고 기대된다. 또한, 인간 운전자를 완전히 대체하게 되면 교통정체의 감소를 가져오고 교통경찰과 자동차 보험이 필요 없어질 것이다. 반면, 크래킹이나 버그 등으로 인한 사고를 우려하는 목소리도 있다. IEEE의 보고서에 의하면, 2040년에는 전 세계 차량의 약 75%가 자율주행 자동차로 전환될 것으로 예상된다.

자율주행 차량의 도입으로 인한 편익은 네 가지로 볼 수 있다. 첫째, 판단 착오, 졸음 및 음주 운전 등의 상황을 사전에 차단할 수 있다. 둘째, 일정한 차간거리(headway)를 유지하는 군집 주행이 가능하여 도로용량을 효율적으로 증가시킬 수 있다. 셋째, 고령자, 장애인 등의 차량 이용이 가능하여 이동성이 확보된다. 넷째, 차량의 효율적 주행으로 인해 연료 소비량 및 대기 오염을 감소시킬 수 있다.

미국 자동차공학회(SAE)가 정한 기준에 따르면 자율주행 기술의 발전은 '레벨 0'부터 '레벨 5'까지 총 6가지 단계로 나누어진다. 레벨 0에서부터 레벨 2까지는 운전자가 반드시

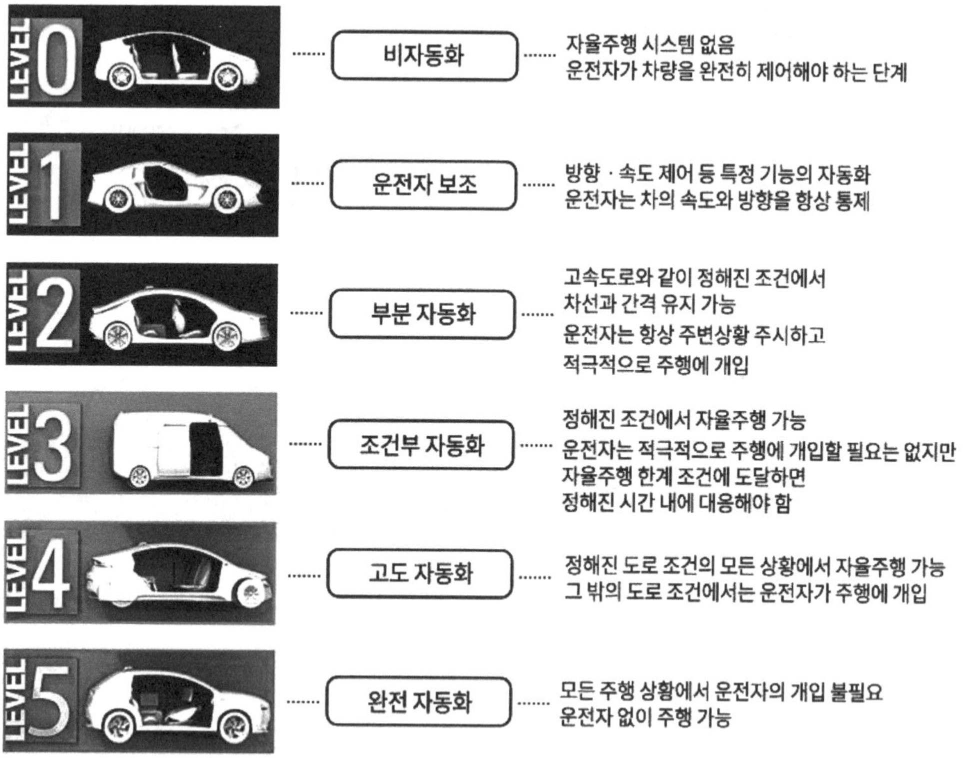

그림 2-41 기술단계별 자율주행자동차 분류

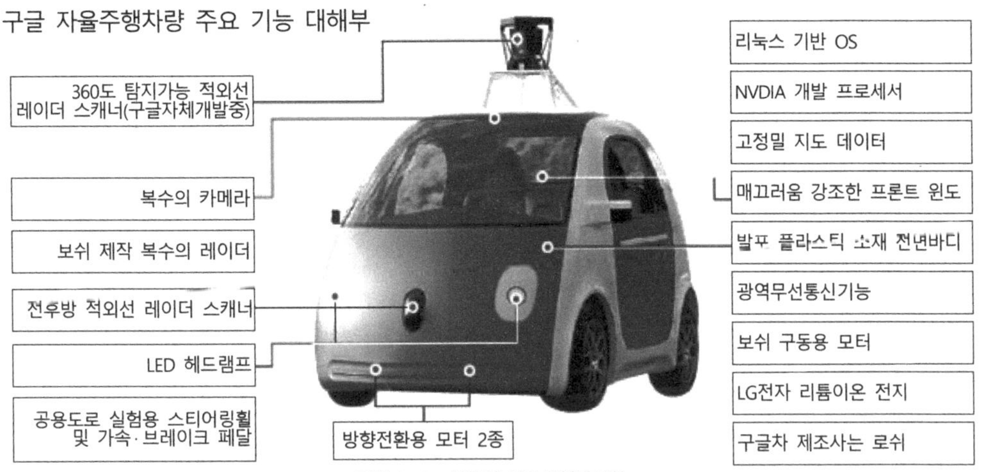

그림 2-42 구글의 자율주행자동차

좌석에 앉아 운전에 항상 관여하고 있어야 하는 '운전 보조'에 가깝고, 레벨 3부터 레벨 5 사이가 되면 반대로 운전자가 차량을 보조하고 개입이 최소화된다. 마지막인 레벨 5에선 어떤 상황이든 자율주행 기술이 차량을 통제하고 움직인다.

현재 많은 자동차기업 뿐만 아니라 구글, 애플 같은 IT 기업들이 개발 중인데, 그중 가장 앞서있다고 평가되는 구글의 자율주행자동차는 실제 도로 주행을 하여 주행거리가 200만 km가 넘었다. 애플도 장기 프로젝트 중 하나로 자율주행자동차 개발을 진행하고 있다고 한다.

뿐만 아니라, 벤츠, 아우디, 현대자동차, 포드 등 기존 자동차 브랜드들도 개발 중이고, 출시가 예상된다.

현재도 다수의 자동차에서 볼 수 있는 크루즈 컨트롤, 차선이탈 경보 시스템, 주차 보조 시스템 등도 기본적인 자율주행 기술의 하나라고 볼 수 있다. 구글과 같은 IT 기업이 추구하는 방향과 기존의 자동차 회사가 추구하는 방향은 사뭇 다르다. IT 기업이 추구하는 방향은 최종적으로 운전면허가 필요없는 단계까지 만드는 걸 목표로 하고 있으며 현재 운행 중인 구글의 무인자동차는 핸들이 없다. 반면 기존 자동차 회사는 인간이 직접 운전하는 재미를 침해하지 않는 수준의 편의 기능의 방향으로 개발하고 있다.

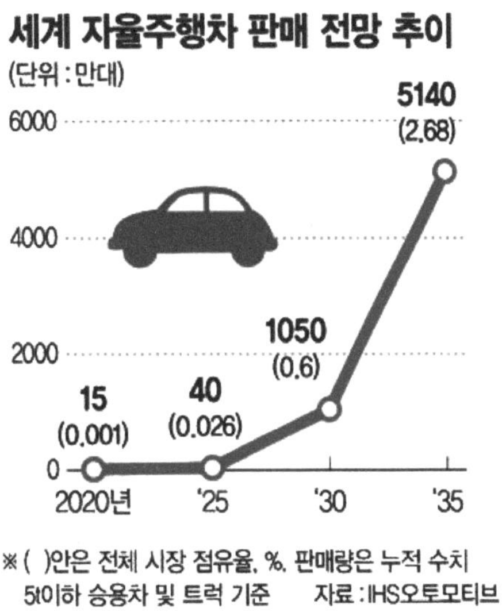

그림 2-43 세계자율주행자동차 판매전망

국내에서는 현대자동차가 최근 열린 모터쇼에서 전기 자율주행자동차를 공개했다. 전기 자율주행자동차는 전기자동차 기반의 완전 자율주행 콘셉트카로, 미국자동차공학회(SAE)의 자율주행 기준 레벨 가운데 완전 자율주행 수준을 의미하는 **레벨5**를 만족시킴으로써 시선을 모았다. 현대·기아차는 국내 자동차 업체 최초로 미국 네바다주 고속도로 자율주행 면허를 획득하기도 했다. 현대·기아차는 투싼 수소연료전지자동차와 쏘울 전기자동차 등 미래형 친환경차에 자율주행 기술을 탑재하는 등 자동차의 완벽한 변신을 꾀하고 있다. 현대·기아차는 수년 내에 고도 자율주행자동차를 상용한다는 목표다.

자율주행차' 치열한 물밑 경쟁...장벽 없는 '합병&제휴'

- 자율주행자동차 시장 주도권 경쟁이 가열되고 있다. 기존 자동차 업체는 물론 반도체, IT 기업들이 인수합병과 지분 투자 등으로 자율주행자동차 기술 확보에 나서고 있다.
- 자율주행자동차 관련 스타트업의 인기도 높아지고 있다. 실제 포드는 이스라엘 머신러닝 스타트업 'Saips'를, GM은 'Cruise Automation'을 각각 인수했다. 구글 엔지니어가 2016년 11월 설립한 Argo AI는 3개월만에 포드로부터 10억 달러 투자를 이끌어냈다.
- 중국 기업의 활동도 곳곳에서 감지된다. 텐센트와 바이두는 자율주행 전문기업에 투자하는 방식으로 기술 확보에 나섰고, 화웨이는 소프트뱅크와 손잡고 5G 기반 자율차를 개발하고 있다.

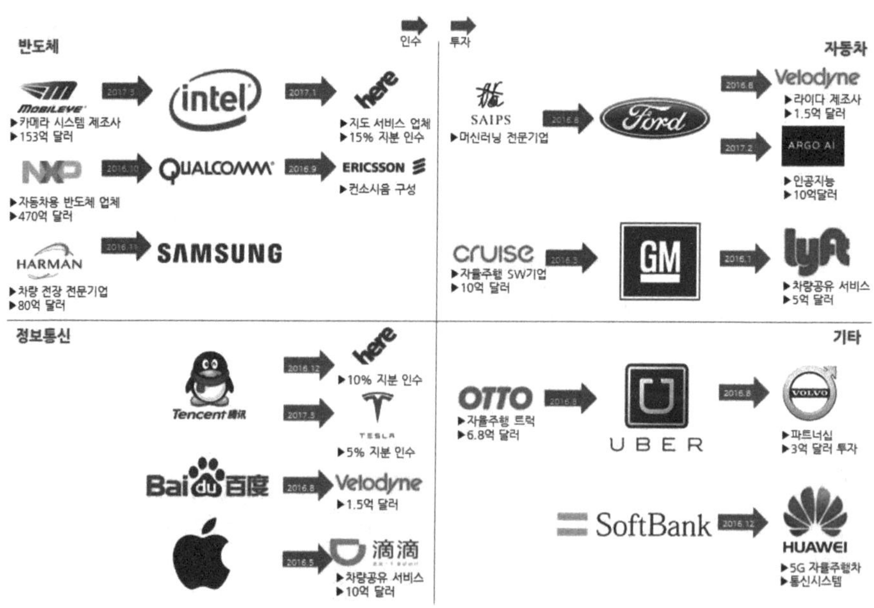

- 정보기술(IT)업체와 자동차업체 간 합종연횡도 활발하다. 하드웨어에 강한 자동차업체와 소프트웨어에 강한 IT업체가 손을 잡아 시너지를 내겠다는 속셈이다. 하지만 이들 간에 긴장감은 여전하다. 영국 경제주간지 이코노미스트는 "완성차업체는 자신들이 껍데기만 제공하고 실리는 IT업체들이 챙겨갈지 모른다는 두려움을 느끼고 있다"며 "협력을 하면서도 서로의 영역을 노리는 탐색전이 계속될 것"이라고 진단했다.
- 자동차산업을 이끌 미래 기술로 전문가들은 크게 두 가지를 꼽는다. 인터넷 및 다양한 사물과 연결되는 커넥티드카와 운전자가 필요없는 자율주행자동차다. 업체 간 합종연횡도 이 두 분야를 중심으로 이뤄지고 있다.
- 포드는 미국 라스베이거스에서 열린 세계 최대 전자쇼 'CES 2016'에서 아마존과의 제휴를 발표했다. 포드의 스마트카 시스템인 '싱크'와 아마존의 스마트홈 시스템인 '에코'를 연결하면 운전자가 차에 앉은 채로 차고 문을 열거나 집 안의 불을 켜고 끌 수 있다. 집에서 차 시동을 거는 것도 가능해진다. 독일 폭스바겐은 LG전자와 손을 잡았다. 차에 앉아 세탁기와 냉장고, 오븐, 오디오 등 가전기기를 제어하고, LG전자 스마트폰으로 차량을 조작할 수 있도록 할 계획이다.

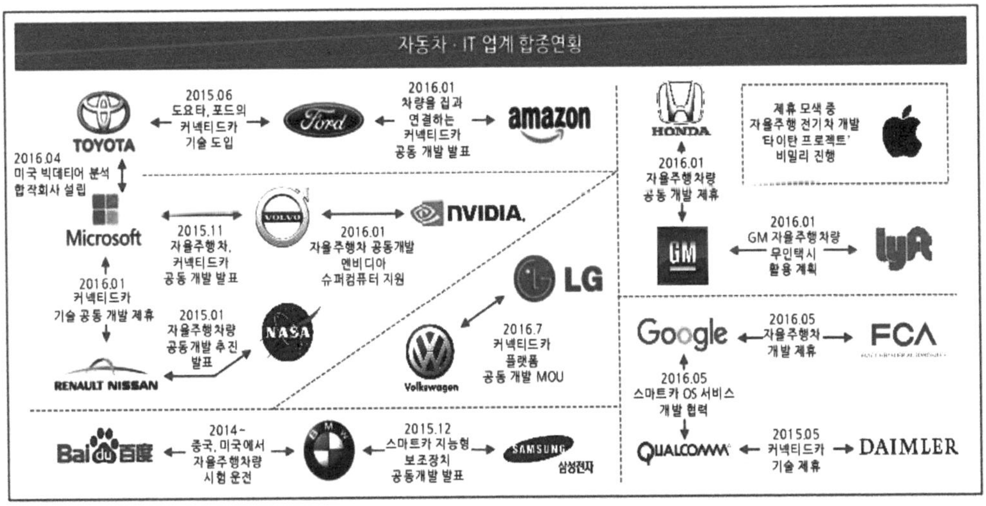

전기자동차의 전망

EV1 이후 세계 각국의 자동차 업체들은 간간히 쓸 만한 전기자동차를 내놓았지만 각종 규제 법규와 자동차 회사, 석유업체, 정부 등의 이해관계가 맞물려 본격적인 실용화는 되지 못했다.

하지만 2000년대에 들어 유가는 급격히 오르게 되고 특히 2008년의 세계금융위기는 유가 100달러/배럴 시대를 열게 된다. 그 이후로 우리나라 같은 경우 휘발유는 리터당 천 원대 후반, 디젤은 천 원대 중반을 유지하며 본격적인 고유가 시대를 열게 된다.

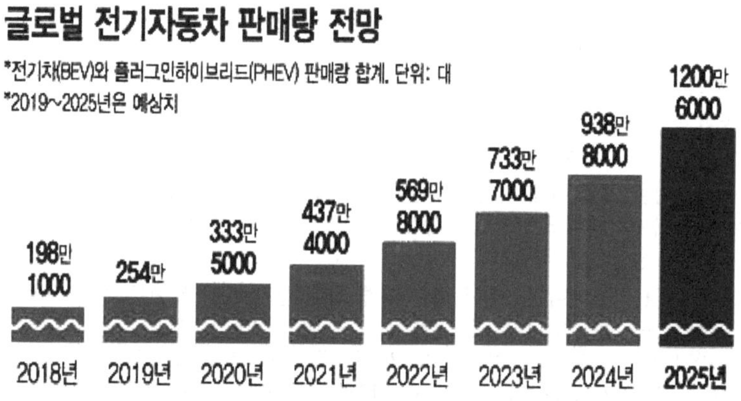

그림 2-44 글로벌 전기자동차 판매량 전망

그리고 지난 100년간의 화석연료 과잉 사용에 대한 결과는 우리나라를 비롯한 전 세계에 걸쳐 기상이변이라는 커다란 재앙을 가져오게 된다. 급기야 환경 재앙을 막기 위한 탄소배출 규제 및 화석연료 사용 규제 등의 회담이 열리게 되고 우리나라도 이젠 발등에 불이 떨어지게 되면서 그린정책을 펼치게 된다.

그린정책의 한 부분으로서 전기자동차도 다시 연구가 활발해지고 있다. GM은 스스로 폐기처분 했던 전기자동차를 다시 연구하기 시작했고 일본의 닛산은 프랑스의 르노와 협력하여 전기자동차를 개발하고 있으며 도요타와 혼다는 이미 실용적 하이브리드 모델을 판매하고 있으며 전기자동차도 선보일 예정이다.

전기자동차가 휘발유를 태우며 달리는 일반 자동차보다 저렴해질 것이라는 전망이 나왔다. **전기자동차의 동력에 해당하는 전지 가격이 가파르게 떨어지면서 2025년이면 미국과 유럽에서 자동차 가격에 역전이 일어날 것이라는 관측이다.**

전지는 전기자동차 가격의 절반가량을 차지한다. 때문에 전지 가격의 하락은 곧 차량 가격의 인하로 이어질 수밖에 없다. 블룸버그에 따르면 전지 가격은 2016년과 2030년 사이 77%에 달하는 하락을 기록할 전망이다. 테슬라부터 르노까지 관련 업체들이 전기자동차의 비용을 떨어뜨리기 위해 다각도의 연구와 투자를 단행하고 있고, 중장기적으로 커다란 결실이 나타날 것이라는 기대이다.

전지를 사면 차를 덤으로 준다?

- 갤럭시8에 들어가는 리튬이온 전지(3,600 mAh)를 한 개로 본다면
    - 하이브리드카(HEV) : 360개,
    - 플러그인하이브리드카(PHEV) : 3,000개,
    - 전기자동차(BEV) : 4,300개 해당
- 전기자동차에서 전지시스템이 차지하는 비용 비중은 약 30-40%에 달하기 때문에 소비자는 '차 대신 전지를 사는 것'이라는 우스갯소리가 나올 정도

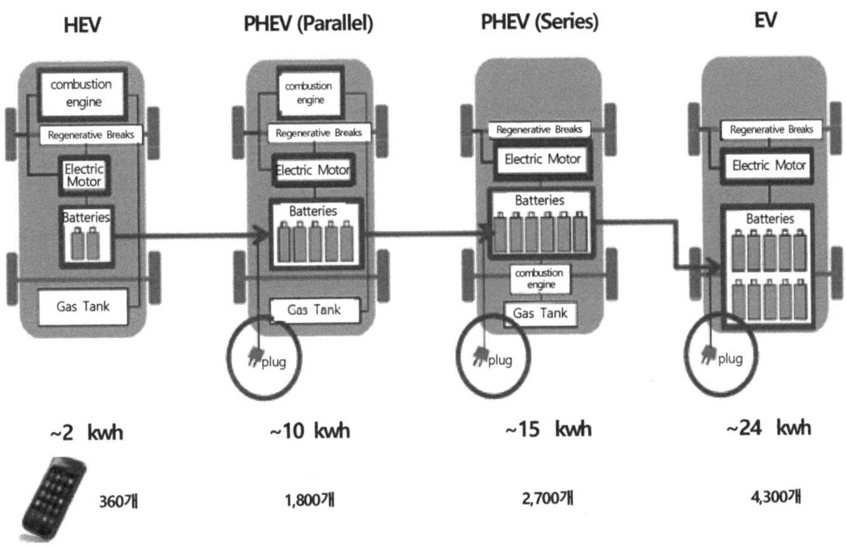

기술적인 측면에서 차량 가격을 떨어뜨릴 수 있는 돌파구가 더욱 확대될 것으로 보이는 한편 전기자동차에 대해 더욱 엄격한 규제가 한층 완화되면서 소비자층이 넓어질 것이라는 전망이다.

전지 가격이 지속적으로 떨어지면서 전기자동차의 가격이 점차 휘발유 자동차와 좁혀지다 역전될 것이며, 소비자들의 전기자동차 선호도가 상승하면서 가격 경쟁력이 보다 높아질 것이다.

[전기자동차의 역사]

년도	이 름	내 용
1824	**앤요스 제드릭/헝가리**	**· 전기모터를 이용한 전기자동차 발명**
1830	로버트 앤더슨/스코틀랜드 (Robert Anderson)	· 최초의 전기 자동차의 원형 설계 · 최초의 원유 전기마차 발명
1835	그로닌겐 스트라틴 /네덜란드 (Stratingh of Groningen)	· 소형의 전기 자동차 설계
1835	**크리스트 파벡카/네델란드**	**· 최초 전기자동차 제작**
1842	**토마스 다벤포트**/미국 로버트 데이빗/스코틀랜드	**· 최초로 실생활 이용 가능한 전기자동차 제작** · 재충전할 수 없는 타입의 전지 장착-실용적이 못함
1865	가스 톤 프란테/프랑스	· 재충전할 수 있는 축전지를 발명
1873	R. Davidson/영국	**· 전기자동차를 실용화함**
1876	오토	· 4행정 내연기관 발명
1881	카미르 파우레/프랑스	· 기존의 재충전용 축전지를 개량하여 전기 자동차에 처음 적용 · 전기 자동차의 비약적인 발전을 가져옴
1881	구스타프 트루베/프랑스	· 프랑스 파리에서 열린 국제전기박람회에서 삼륜자동차가 작동하는 것을 입증 · 이후 전기자동차는 급속도로 보급되기 시작
1884	토마스 파커 (Thomas Parker)/영국	· 마차를 연상시키는 외관갖는 전기자동차를 개발 · 기존의 유류 자동차를 개조해 전기자동차 개발
1886	칼벤츠	· 3륜 가솔린 자동차 발명
1891	라이카(A.L.Ryker)/미국	· 3륜의 전기 자동차를 만들었으며 윌리엄·모리슨이 6인승의 전기 자동차 왜건을 만들었지만 당시에 미국에서 전기 자동차의 인기는 없음
1893	디젤	· 디젤엔진 발명
1895	**라이카(A.L.Ryker)/미국**	**· 전기삼륜자동차가 개발되면서 미국에서도 전기자동차의 관심 높아짐** · 전기자동차는 기존의 다른 방식의 차량들과 비교해서 냄새가 적고, 진동이 적고, 소음도 작음 · 최고속도는 시속32 km에 불과하다는 단점

년도	이 름	내 용
1897	필라델피아 전기 자동차 회사	· 최초의 상업용 전기 자동차 · **뉴욕시의 택시 전 차량에 채용** · 당시 판매되었던 페톤이라는 전기 자동차는 주행거리 29km, 시속 22 km의 성능/가격은 약 2천 달러
1899	**까뮈 제나지**/벨기에	· **유선형 전기자동차** · **당시 세계 최고 기록인 시속 105 km** 
1900초		· 다른방식의 차량(휘발유 자동차, 증기 자동차 등)보다도 많이 팔림 · **1912년에 생산 및 판매 정점을 기록** · **1900년대 초반에는 전기자동차가 휘발유자동차보다 더 많음**
1916	우드사	· 전기 자동차의 기술력이 본격적인 궤도에 오름 · 가솔린과 전기를 함께 이용하는 하이브리드 카를 개발하기 시작하면서 **전기 자동차사에서도 가장 황금기**
1920년대		· **미국 텍사스의 원유 발견**으로 휘발유의 가격은 떨어지고, 내연기관의 대량 생산체제를 구축함에 따라 휘발유자동차는 500달러 ~ 1000달러 정도로 가격이 많이 떨어진다. · **전기자동차의 가격: 평균 1750달러** · **휘발유자동차 :평균 650달러** · 전기자동차는 극히 일부 교통수단으로 이용 · **휘발유자동차가 자동차시장에서 급부상하기 시작** · 1920년대부터 속도, 힘, 값싼 석유에 힘입어 가솔린자동차는 자동차의 주류
1930년대		· **비싼가격, 전지의 무거운 중량, 충전에 걸리는 시간 등의 문제 때문에 자동차시장에서 전기자동차가대부분 사라진다.**
공 백 기		
1990		· 자동차 배출가스로 인한 환경오염대책으로 미국의캘리포니아주가 **완전 무공해자동차(ZEV, zero emission vehicle)를 도입하는 정책을 법제화**
1990	EV1 /GM	· **1월 LA모터쇼에서 GM이 EV1** 이라는 이름의 전기자동차를 공개-사실 운행할 수 없는 무늬만 자동차 · 이때부터 모든 자동차메이커들은 전기자동차가 대세라고 판단하고 여기에 매달리기 시작
1996	EV1 /GM	· **양산 전기자동차 1호**로 미국 캘리포니아에서 운행 · **최고속도 : 150 km/h,** · **1회 충전당 주행거리 : 208 km**

년도	이 름	내 용
	옵신스키와 그의 부인	· 한 번 충전에 500 km를 달리는 전지를 발명했다가 회사가 GM에 적대적 인수된 뒤 석유회사에 매각
2003	**배기가스 제로법 철폐**	· **GM은 전기자동차가 전지에 문제가 많고 비용이 비싸다는 등 억지로 문제점을 퍼뜨림** · 온갖 로비를 통해 캘리포니아 주정부에 압박을 가해 공청회를 가진 뒤 결국 2003년에 '**배기가스 제로법**'을 **철폐**
2005	Who Killed The Electric Car?	· 법이 사라지자 **GM은 EV1 생산라인을 폐쇄**하고 관련 직원들을 해고한 뒤, **EV1을 소리 소문없이 회수** · GM은 차례로 EV1을 폐차하다가 마지막 남은 78대의 EV1을 2005년 사막 한가운데서 조용히 폐차
		· **자동차 업계, 석유업계, 자동차 부품 업계**는 전기자동차에 위기의식을 느꼈고 황당한 결과를 내놓았다. 전기자동차를 죽이기로 한 것.
2009	GM	· 파산신청 · **시보레 볼트(Volt) 발표**
2010 2011	GM	· **시보레 볼트(Volt)/PHEV 출시** · 연비 98 ㎞/ℓ, 최고속도 : 160 km/h, · 전지 동력만으로 1회 충전이동거리 : 64 ㎞
	닛산	· **세계최초 양산 전기자동차 '리프(LEAF)'**
2012	도요타	· 순수 전기자동차(BEV) 대신 **하이브리드(HEV)와 연료전지 자동차(FCV) 개발에 주력 발표** - 순수 전기자동차의 짧은 주행거리, 비싼 가격, 긴 충전시간 등 3가지 문제점이 주요 장애요인
	파리모터쇼	· '지금이 미래다' 신차 100여대 첫선
	현대차	· 블루온(i10)EV, 쏘나타 HEV, **투싼ix FCEV(주행거리424 km)**
	기아차	· K5 HEV, 레이 EV
2013	디트로이트모터쇼	· 고연비 대신 고성능이 주요 트렌드로 부상
	혼다	· 혼다 피트 HEV, 36.0 ㎞/ℓ
	현대차	· 기아 쏘울 EV
	BMW	· i3 (21 KWh/주행거리132 km)
	GM	· 스파크 EV

년도	이 름	내 용
2014	디트로이트모터쇼	· 최고출력 등 성능을 강조한 모델 공개
	도요타	· 미라이 FCEV
	폭스바겐	· e-Golf
2015	디트로이트모터쇼	· 친환경자동차(PHEV)의 대중화, 고성능차 공개
	현대차	· 소나타 PHEV
2016	디트로이트모터쇼	· 고성능차(슈퍼카) 부활
	GM	· 볼트(Bolt) EV(60 KWh/주행거리383 km)
	BYD다임러	· 덴자(DENZA)400
2017	디트로이트모터쇼	· '개스 거즐러' 들의 귀환, 스마트카보다 스트롱카 공개
	테슬라	· 모델3 EV(55 KWh/주행거리354 km)
	르노	· 조에(ZOE)
2018	디트로이트모터쇼	· 세단의 화려한 귀환, SUV의 변함없는 도전
	현대차	· 코나 EV(60 KWh/주행거리390 km)
	현대차	· 넥쏘 FCEV(주행거리609 km)
	닛산	· 리프 2세대(60 KWh/주행거리400 km)
2019	디트로이트모터쇼	· 전통 모터쇼보다 기술·가전 박람회에 집중하는 경향 · 고성능 차량의 부활
	현대차	· 기아 쏘울 부스터 EV(64 KWh/주행거리386 km)
2020	현대차	· 코나 EV(64 KWh/주행거리 406 km)
	GM	· 볼트(Bolt) EV(66 KWh/주행거리 414 km)
2021	현대차	· 아이오닉 5(72 KWh/주행거리 429 km)
	현대차	· EV 6(77 KWh/주행거리 475 km)
	테슬라	· 모델 Y EV(82 KWh/주행거리 511 km)

제 3 장
전기자동차 종류

전기자동차는 내연 엔진과 전기자동차의 축전지 엔진을 동시에 장착하거나, 차체의 무게를 획기적으로 줄여 공기의 저항을 최소화하는 등 기존의 일반 차량에 비해 연비 및 유해가스 배출량을 획기적으로 줄인 차세대 자동차를 말한다.

많을 경우 유해가스를 기존의 차량보다 90% 이상 줄일 수 있고, 대도시의 공기와 주변 환경을 개선할 수 있으며, 교통통제·도로계획 등과도 잘 맞기 때문에 환경자동차(Eco-car)라고도 부른다.

하이브리드 전기자동차는 엔진+모터와 같이 두 개 이상의 동력원을 가진 자동차로 정의될 수 있고, 전기자동차는 순수 축전지를 사용하는 자동차로 정의될 수 있다. 특히 전기자동차는 배기가스가 전혀 배출되지 않으며, 내연기관에 비해 부품수가 현저히 감소하고 낮은 속도에서도 더 높은 토크를 낼 수 있다. 궁극적으로는 하이브리드 전기자동차가 전기자동차의 과도기적 성격을 지니고 있다는 점에서 전기자동차를 하이브리드 전기자동차를 포함한 넓은 의미로 쓰기도 한다.

그림 3-1 친환경자동차(Eco-car)

3-1 전기자동차의 구분

그림 3-2 전기자동차의 종류

전기자동차 구분

- 전기자동차를 4종류로 나누어 보면 HEV, PHEV, EV(NEV), FCEV로 나눌 수 있다.
- **HEV(Hybrid Electric Vehicle)** : 하이브리드 전기자동차. 일반적인 내연기관과 모터 그리고 축전지가 장착되어 화석연료의 에너지와 전기 에너지를 사용하여 구동되는 형식의 자동차로서, 기존 내연기관 자동차에 비하여 연비가 높고 공해물질 및 이산화탄소의 배출량이 적은 것이 장점이다. 엔진과 모터 그리고 구동축의 연결방식에 따라 크게 직렬/병렬/직병렬 방식으로 구분할 수 있으며 구동축과 전기코터가 직접 연결되어 잇는 방식이면 직렬, 구동축에 전기모터와 엔진이 같이 연결되어 있으면 병렬, 그때 그때 전기모터, 엔진, 모터+엔진의 방식으로 구동할 수 있으면 직병렬 방식으로 분류된다. 병렬형 HEV를 기준으로 장점을 설명하자면, 가속 또는 등판시엔 모터에서 동력을 보조 받을 수 있기 때문에 동급의 엔진이라도 일반차량에 비해 가속/등판력이 좋으며 감속시엔 버려지는 에너지를 모터가 회생시켜 축전지를 충전하고 자동차가 정지시엔 엔진이 정지할 수 있어 연비 개선 및 이산화탄소 배출 저감효과가 있다.

- **PHEV(Plug-in Hybrid Electric Vehicle)** : 가정이나 충전소에서 쉽게 충전 할 수 있는 전기 플로그가 장착되어 있는 하이브리드 전기자동차를 의미하며, 가정 등에서 충전한 전기로 주행을 하다가 충전된 전기를 소모해 감에 따하 엔진을 동작시켜 추가로 전기 에너지를 보충시키는 방식으로, 충전된 전기로 주행하는 구간에서는 EV와 같이 오염물질 및 이산화탄소 배출량이 없으며 엔진을 동작시켜 운행하는 구간에서도 HEV와 같은 높은 연비와 저공해 주행이 가능하다. 현재 출퇴근용 정도의 거리는 전기자동차모드로 주행이 가능하다.

- **EV(Electric Vehicle)** : 내연기관 없이 모터와 축전지가 엔진과 화석연료의 역할을 대신하는 자동차를 말하다. 주행시 오염물질 및 이상화탄소배출량이 없어 무공해차량으로 불리며 이러한 특징들 때문에 HEV, PHev와 같은 과도기적 혹은 혼합식의 구조는 향후 축전지 기술의 발전에 따하 사라지고 EV화 될 것으로 기대되고 있다. 많은 완성차 제조업체들과 신생 벤처기업들에서 전기자동차를 출시하거나 이를 계획하고 있으며 작년 일본에서 i_MEV라는 전기자동차가 첫 상용화 되었다.

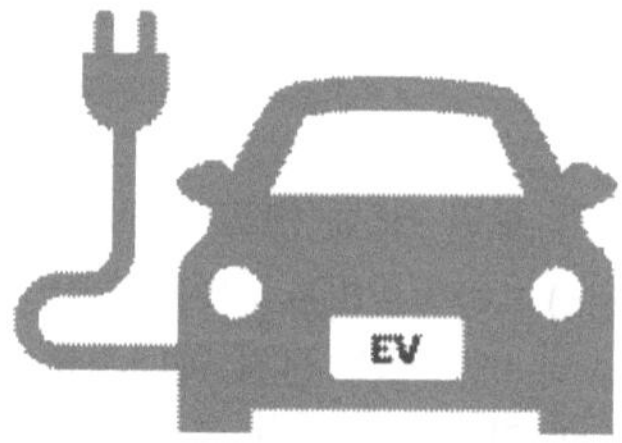

- **NEV(Neighborhood Electric Vehicle)**: 저속전기자동차라 불린다. 저속전기자동차는 아직은 부족한 축전지의 용량과 비싼 가격에 대응하기 위한 시도로써 PHEV와는 접근 방법을 달리한다. PHEV가 내연기관을 통해 전기 발전으로 부족한 주행거리를 극복한다면 NEV는 차체의 경량화 및 소형화를 통해 소모전력을 줄여 성능을 보완하며 판매가격을 낮추게 된다. 보통의 경우 60~70 Km/H를 최고 속도로 하며 100 Km내외의 주행거리를 보이게 된다. 배달용, 관공서용 도시에서의 Second Car의 개념으로 시장 창출이 기대되는 분야이다.

NEV

- **FCEV(Fuel cell Electric Vehicle)** : FCEV는 EV의 전지가 갖는 문제점을 극복하는 과정에서 나온 것이다. EV는 전지문제만 극복되면 세상에서 가장 완벽한 자동차이다. 전지문제란 가볍고, 부피가 작고, 반영구적이며 값이 싼 전지를 만들어야 한다는 것이다. 무엇보다 충전시간이 짧아야 한다. FCV는 EV의 전지 충전문제를 해결하기 위해 수소만 공급해 주면 계속 전기가 생산되는 연료전지를 사용한다.

전기자동차는 동력원의 전기화 정도에 따라 구분해 볼 수 있다. 즉 HEV는 동력원으로 전기모터와 내연기관을 동시에 쓰는 자동차, PHEV는 동력원은 전기만 쓰지만 충전에 필요한 내연기관을 내장한 자동차, BEV는 순수 전기로만 움직이는 자동차를 말한다.

[표 3-1 전기자동차의 종류 및 특징]

구분	하이브리드차 (HEV)	플러그인 HEV (PHEV)	전기자동차 (EV)	연료전지차 (FCEV)
동력계 구조		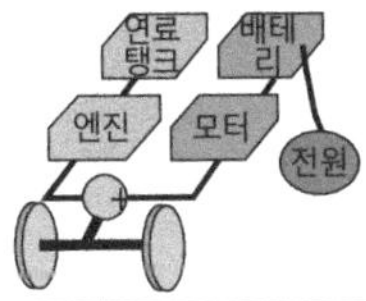	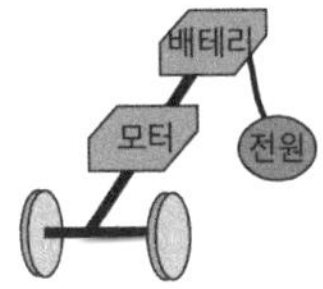	
구 동 원	· 엔진 + 모터	· 모터 · 엔진(방전시)	· 모터	· 모터
에너지원	· 화석연료 · 전기	· 전기 · 화석연료(방전시)	· 전기	· 수소
특 징	· 구동시 내연기관/모터 적절히 작동시켜 연비 향상 · 별도 인프라 필요 없음	· 단거리 전기로만 주행 · 장거리 주행시 엔진 직구동 · HEV대비 전지 용량 증대	· Zero-Emission	· 수소/산소반응으로 전기를 생산하여 모터 구동 · Zero-Emission · 수소탱크, 스택 등 장착(레이아웃불리) · 시스템 고가
구매비용	다소 고가	다소 고가	고가	초고가
전지 용 량	· 0.98 ~ 1.8 KWh	· 4 ~ 16 KWh	· 16 ~ 100 KWh	· 10 KWh 내외
운영비용	다소 저비용	다소 저비용	저비용	고비용
운전편의	내연기관 대비 동일	내연기관 대비 거의 동일	내연기관 대비 불편(충전 필요)	내연기관 대비 불편(수소충전 필요)
적용사례	· 프리우스(도요타) · 시빅(혼다) · 소나타(현대) · K5(기아)	· VOLT(GM) · 프리우스(도요타) · F3DM((BYD) · i8(BMW)	· BOLT(GM) · 모델S(테슬라) · ZOE(르노) · 코나(현대)	· 미라이(도요타) · 클래리티(혼다) · 투싼ix(현대) · 넥쏘(현대)

[표 3-2 전기자동차 구분]

구 분	특 징	
하이브리드 전기자동차	· Hybrid EV. HEV	· 동력원으로 전기모터와 내연기관을 동시에 쓰는 자동차
플러그인 하이브리드	· Plug-in Hybrid EV. PHEV	· 동력원은 전기만 쓰지만 충전에 필요한 내연기관을 내장한 자동차
전기자동차	· Battery Electric Vehicle. BEV	· 순수 전기로만 움직이는 자동차.
연료전지자동차	· Fuel cell EV. FCEV	· 연료전지를 통해 얻어지는 전기로 움직이는 자동차

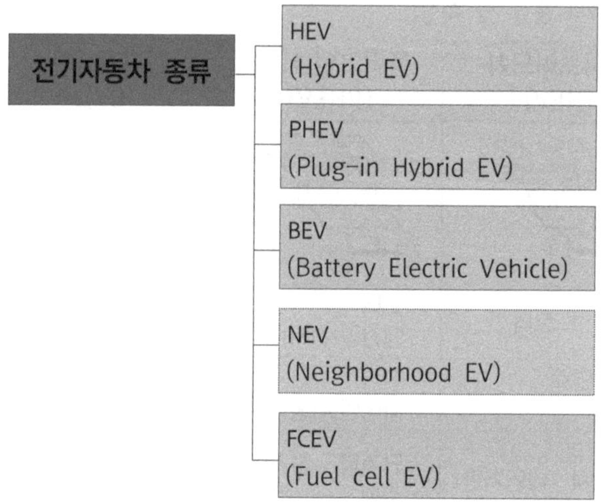

그림 3-3 전기자동차 종류

1) 기존의 엔진과 변속기를 동력원으로 사용하는 내연기관(Internal Combustion Engine)
2) 정지시 엔진이 정지되어 연료를 저감하는 Micro(Mild) HEV
3) 기존 엔진에 모터로 보조하는 Soft(Power assist) HEV
4) 전기 모터가 출발과 가속시에만 역할을 하는게 아니라 주행에 주된 역할을 하는 Hard(Full) HEV
5) 기본적으로 전기모터로 움직이지만 축전지 범위를 넘어서는 거리는 엔진을 이용해 발전기를 돌리는 방식인 Plug-in HEV
6) 순수 축전지로만 운행하는 EV 또는 수소연료전지를 이용하는 FCEV 등의 순서로 구분이 가능하다.

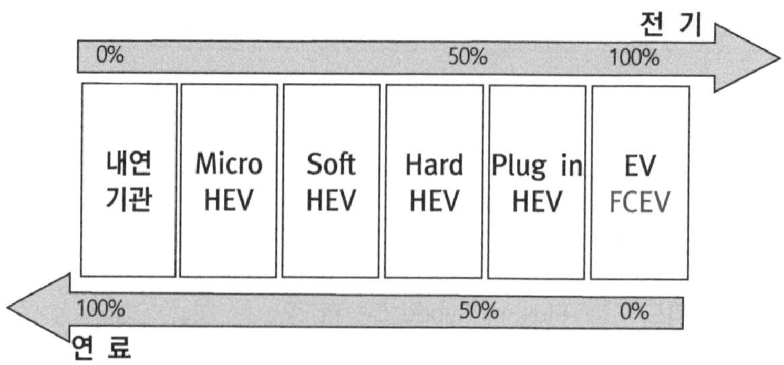

그림 3-4 에너지 사용률에 의한 분류

하이브리드 전기자동차의 경우, 두가지 이상의 동력원을 사용하기 때문에 전기자동차에 비해 여러 가지로 분류가 되는데 동력전달 방식에 따라 직렬형(Series), 병렬형(Parallel), 혼합형(직·병렬형)(Series/Parallel)이 있으며, 모터 사용정도에 따라 Micro(Mild) HEV, Soft(Power assist) HEV, Hard(Full) HEV로 분류된다.

플러그 인 하이브리드 전기자동차(PHEV)기본은 하이브리드 전기자동차 이지만, 축전지 용량을 하이브리드 전기자동차와 전기자동차의 중간 크기로 하고, 비상시에는 다시 충전해 두는 것으로 단거리는 전기자동차로서 활용하는 형식이다. 가정 전원이 이용 가능하고 어디서도 충전할 수 있다는 간편성을 염두해 둔 방식이다. 트럭에 비해 단거리 이용이 많은 승용차의 특성에 주목하여, 전동 주행을 단거리 이용으로 줄여서 전지 코스트를 줄인 가솔린 자동차와 전기자동차의 하이브리드 방식이다.

PHEV는 하이브리드 전기자동차와 마찬가지로 동력계 구조에 따라 바퀴축과 발전기가 연결된 직렬 하이브리드 시스템(Serial Hybrid System), 병렬 하이브리드 시스템(Parallel Hybrid System), 직병렬 하이브리드 시스템(Serial Parallel Hybrid System)으로 구분된다. 각 방식의 차이는 엔진과 전기모터가 어떤 역할을 맡고 있는지가 핵심이다.

전기자동차에 전기를 공급하는 방법은 무엇이 있을까? 방법은 연료전지와 축전지 두 가지다. 외부로부터 전기를 충전, 저장해야 하는 축전지방식은 수백 파운드의 무거운 축전지팩이 필요한데다 운행거리에 제한이 따르고 3～6년에 한 번씩 축전지를 교환할 때 많은 돈이 든다. 그래서 자동차 업계에서는 연료전지 방식에 더 주목하고 있다. 특히 수소연료전지는 축전지에 비해 작고 가벼우며 빠른 시간에 재충전된다는 것이 장점이다. 또 수증기만을 방출하기 때문에 가장 깨끗한 미래형 동력원이 될 것으로 보인다.

연료전기자동차의 경쟁자인 전기자동차는 엄밀한 의미에서 무공해차로 분류하기는 어렵다. 왜냐하면, 주행시 배기가스를 배출하지는 않지만 화력발전으로 전기를 생산한다면 화석 연료를 사용하기 때문이다. 연료전지(Fuel Cell)는 수소와 산소의 화학반응으로 생기는 화학 에너지를 직접 전기 에너지로 변환시키는 기술을 이용한 전지이다.

수소연료전기 자동차가 가장 친환경에 가깝지만 아직 개발되어야 할 기술과 생산 단가를 많이 낮춰야 하는 문제점이 있다. 수소 연료전기자동차는 수소 연료 전지로 발전하고 모터를 구동하는 타입으로 수소를 직접 연소하여 이용하는 수소자동차와는 에너지를 내는 방법이 다르다.

알코올 연료 전기자동차는 알코올을 직접 연료전지에 공급하는 방식과, 연료 개질기를 사용하여 알코올에서 수소를 얻어, 수소 연료 전지에 공급하는 방식이 있다. 발전이후의 시스템은, 모터를 구동하는 전기자동차와 거의 같다. 알코올을 연료로 하여 직접 내연기관에서 연소시키는 자동차와는 다르다.

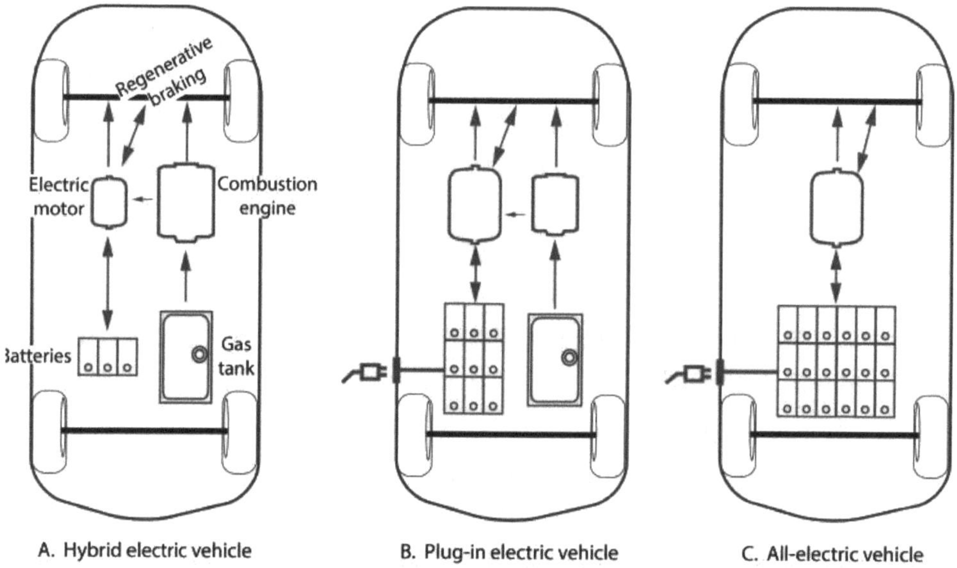

그림 3-5 전기자동차 종류별 구조 특성

3-2 하이브리드 전기자동차(HEV)

3-2-1 정의

하이브리드 전기자동차(Hybrid Electric Vehicle, HEV)는 하나의 자동차에 2 종류 이상의 엔진을 장착한 자동차를 말하는데, 가솔린 엔진과 전기모터, 수소연소 엔진과 연료전지, 천연가스 가솔린 엔진과 디젤엔진과 전기모터 등 두 개의 동력원을 함께 쓰는 차를 말한다.

이 자동차는 플라이휠, 축전지, 대용량축전지와 조화를 이루는 연료전지, 가스터빈, 디젤, 가솔린 엔진 등 많은 hybrid 시스템 개념이 있다.

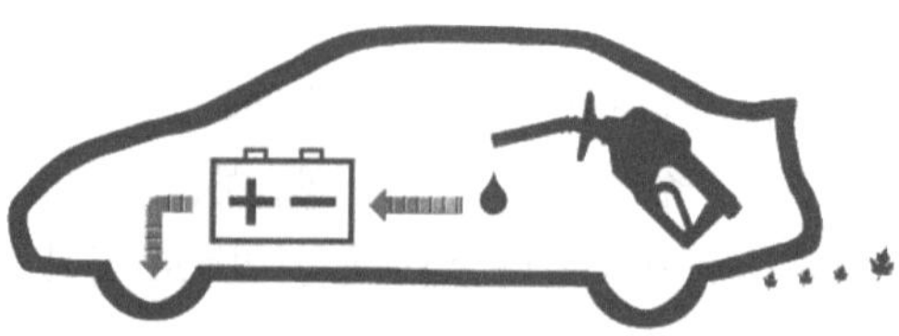

그림 3-6 하이브리드 전기자동차

기존 휘발유, 디젤 등의 내연기관 엔진과 전기 모터를 동시에 장착한 형태가 대표적이다. 현재의 하이브리드 전기자동차는 출발 등 저속 주행시 전기 모터를 사용하고 높은 출력이 필요할 경우 내연기관 엔진을 가동시키는 방식이 주류를 이루고 있다.

전기 모터 구동에 필요한 전력은 차량 내에 장착된 2차 전지를 통해 얻는데, 브레이크 페달을 밟을 때 나오는 잉여의 에너지로 충전하거나, 주행시 바퀴의 회전을 통해 충전하는 방식으로 운행 전 오랜 시간 동안 충전해야 하는 전기자동차와 구별된다.

LPG, 천연가스, 알코올 등과 같은 연료는 엔진을 크게 손보지 않아도 되기 때문에 실용화하기 어렵지 않은 반면 태양열을 이용하는 차는 실용화가 어렵다. 빼어난 장점 때문에 집중적으로 수소자동차를 연구하는 메이커도 있지만 기술적으로 가장 기대를 모으는 것은 전기를 이용하는 자동차다.

기존의 화석연료인 가솔린이나 디젤연료를 사용하여 동력을 얻는 엔진과 전기로 구동시키는 전기모터를 결합하여 만들어진 하이브리드 시스템은 현재의 내연기관 엔진에 비하여 배기가스를 현저하게 저감시키고, 저속에서 연비를 좋게 개선하는데 효과가 있다.

하이브리드 전기자동차

- 하이브리드(hybrid)는 잡종, 혼합이란 뜻
- 2개 이상의 동력원을 이용하여 구동되는 자동차
- 동력원
    - 가솔린 엔진 + 전기모터
    - 엔진 + 회생시스템
    - 전기모터 + 회생시스템
    - 가스터빈 + 전기모터
    - 디젤엔진 + 전기모터

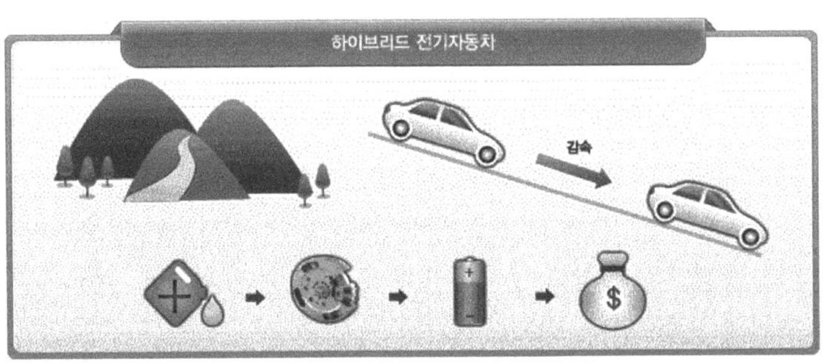

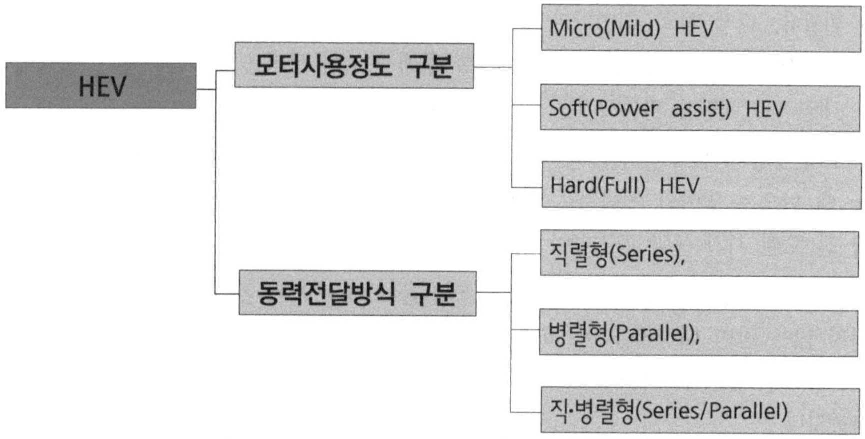

그림 3-7 하이브리드 전기자동차(HEV)의 구분

3-2-2 전기자동차와의 관계

전기 모터와 내부 연소 엔진을 사용하는 전형적인 예가 하이브리드 전기자동차이다. 이 차는 전기로만 작동하도록 고안되지는 않았다. 하이브리드 전기자동차는 전기 에너지를 축전지에 충전시켜 사용함으로서 자동차의 에너지사용에서 가솔린 연료사용 부분을 부분적으로 대체하고 있다. 이러한 기술이 하이브리드 전기자동차에 적용된 차량을 하이브리드 전기자동차라 하고 만약 축전지가 외부로부터 충전할 수 없다면, 즉 전기 에너지를 저장할 매체가 없는 차량은 하이브리드 차로 분류된다.

짧은 주행거리와 높은 가격의 문제를 안고 있는 전기자동차에 대한 대안으로 하이브리드 전기자동차(HEV)를 내세우고 있다. HEV는 가솔린과 전기를 함께 동력원으로 사용하기 때문에 연비 개선, 배기가스 저감(가솔린 자동차의 절반수준) 측면에서 긍정적인 평가를 받고 있다. 이러한 HEV도 가솔린 자동차와의 가격 차이를 어떻게 극복하느냐가 관건으로, 2차 전지 탑재량을 EV의 1/3수준까지 낮출 수 있어 연료전지 전기자동차(FCEV)로 가기 위한 징검다리 역할을 할 것으로 기대된다.

일본 도요타의 프리우스(Prius)와 혼다의 인사이트(Insight)가 HEV의 대표적인 차종으로, 프리우스는 2000년 말 세계 최초로 양산화에 성공하였다. 연료 효율이 높고, 가솔린 엔진과 전기 엔진의 장점만을 결합해 운전하면서 도로와 주변 환경에 알맞게 자동으로 가솔린 엔진과 전기 엔진의 변환이 가능하다.

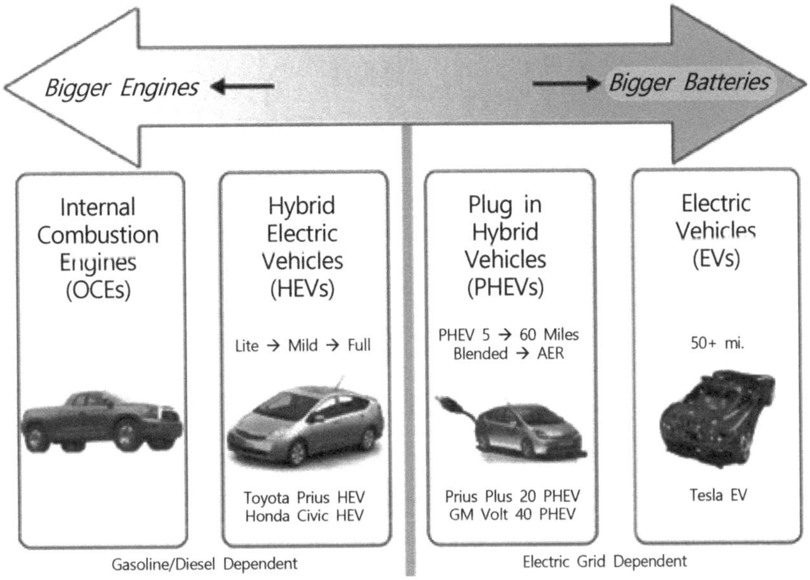

그림 3-8 자동차 구분

[표 3-3 동력원 조합방법으로 분류한 하이브리드 전기자동차]

종 류	동력원	장 점
하이브리드 전기자동차	· 가솔린 엔진 + 전기모터	· 총 주행거리의 확대 · 축전지 중량의 경감 · 에너지 절약
하이브리드 회생자동차	· 엔진 + 회생시스템 · 전기모터 + 회생시스템	· 에너지 절약 · 저 배출가스
하이브리드 가스터빈자동차	· 가스터빈 + 전기모터	· 가스터빈의 연료 다양성 · 열효율과 배출가스 특성
하이브리드 디젤 전기보조식	· 디젤엔진 + 전기모터	· 고 부하시 다량으로 나오는 가스억제

인사이트는 가솔린 엔진이기는 하지만, 차체를 알루미늄으로 만들어 기존의 차량보다 40% 정도 무게가 가볍고, 세계 최경량인 1리터 린번 VTEC 엔진을 사용해 공기의 저항을 획기적으로 줄였으며, 연비 성능을 입증함으로써 차세대 환경 스포츠카로 자리 잡았다.

하이브리드 전기자동차는 축전지의 전기 외에 통상적인 휘발유/디젤 엔진뿐만 아니라, 화학작용에 의해 전기를 생산하는 연료전지로도 구성할 수 있다. 그러나 연료전지에 관한 기술에 많은 연구가 필요하기 때문에 전통적인 엔진을 보조 에너지원으로 이용하는 경우가 대부

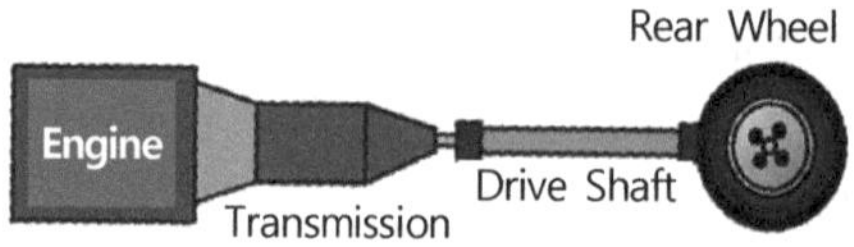

그림 3-9 일반엔진 동력전달 시스템

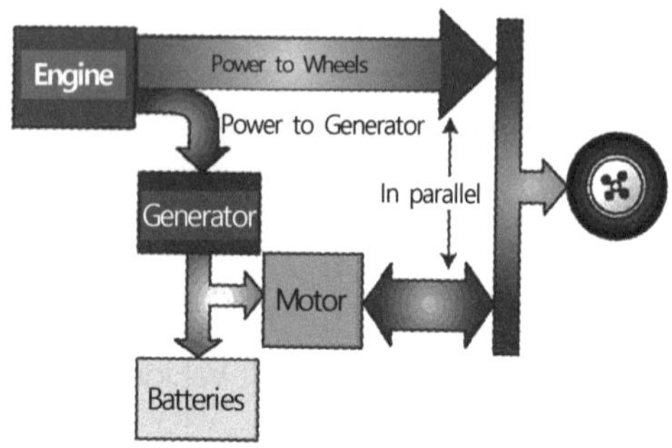

그림 3-10 하이브리드 전기자동차 동력전달 시스템

[표 3-4 하이브리드 전기자동차와 일반차의 비교]

종 류	장 점	단 점
가솔린 자동차	· 주행 성능이 좋다. · 차량가격이 싸다	· 연비가 낮다.
하이브리드 전기자동차	· 연비가 높다(연료소모 50% 감소) · 환경 친화적이다 · HC, CO, NOx 90% 감소 · CO_2 50% 감소	· 정비가 복잡하고 수리비용 높다. · 구조가 복잡해진다. · 가격이 비싸다 · 구동계가 복잡하고 무겁다. · 고압 축전지의 수명이 짧고 비싸다

분이다. 일반적인 하이브리드 전기자동차는 바퀴를 돌리기 위한 모터, 모터의 회전력을 바퀴에 전달하는 변속기, 모터에 전기를 공급하는 축전지, 그리고 전기 또는 동력을 발생시키는 엔진으로 구성된다.

3-2-3 HEV의 모터 사용 정도에 의한 분류

하이브리드 전기자동차는 모터 사용정도에 따라 Micro(Mild) HEV, Soft(Power assist)HEV, Hard(Full) HEV로도 분류된다.

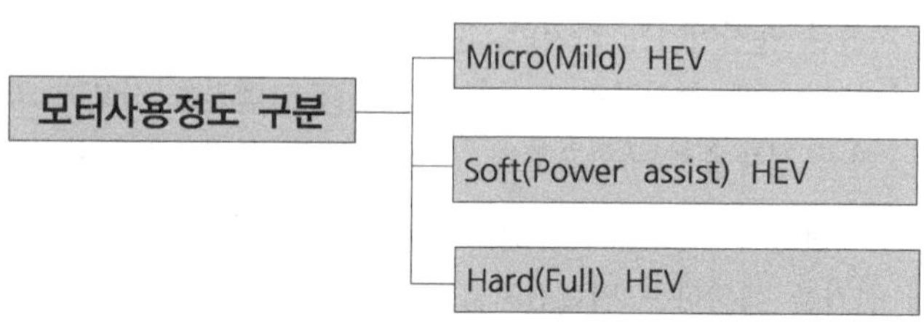

그림 3-11 하이브리드 전기자동차(HEV)의 구분

Increasing Electrical Capability

	IC Engine Stop/Start	Brake Energy Recovery	Electric Motor Assist	Pure Electric Drive
Micro-Hybrid	✓	✓	✓	
Mild/Medium Hybrid	✓	✓	✓	
Full-Hybrid	✓	✓	✓	✓
Plug-in Hybrid	✓	✓	✓	✓
Range Extender	✓	✓	✓	✓
Electric Vehicle		✓		✓

그림 3-12 동력전달장치의 전기화 정도에 따른 구분

(1) Micro(Mild) HEV

Micro(Mild) HEV는 공회전시 시동이 자동으로 꺼지고 출발시 엑셀레이터를 밟으면 시동이 켜지는 idle stop & go system을 장착한 차량으로 모터는 이때 보조역할만 하는 단순한 시스템이다. 기존의 내연기관에 부착하거나 제약조건이 많은 소형차량에 적합한 방식이다.

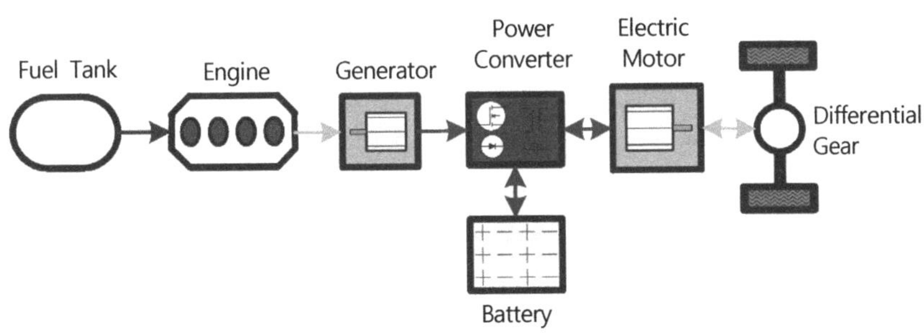

그림 3-13 Micro(Mild) HEV

(2) Soft HEV

Soft HEV의 경우 Micro(Mild) HEV 방식보다는 모터의 보조역할이 더 크다. 대부분의 병렬형 방식이 Soft 타입으로 현대자동차의 아반떼 LPI 하이브리드 및 혼다자동차의 시빅 하이브리드와 같이 엔진 + 전기모터 한 개 + CVT로 구성되어 있다. 이 경우 엔진과 변속기 사이에 모터가 삽입되어 있으며 모터가 엔진의 동력 보조역활을 수행하게 된다. 전기모터 단독으로 차를 움직일 수 있지만 모터는 단지 추진의 보조역할을 한다.

Soft 하이브리드 시스템은 전기적인 비중이 적어 가격이 저렴한 장점이 있지만 순수 전기모드 구현이 불가능하여 배기가스 저감 및 연비개선에서 상대적으로 불리하게 된다. Soft 타입은 시동이나 가속순간에만 모터가 엔진을 보조하고 정속 주행 시는 일반 자동차와 동일하게 엔진으로만 구동하는 타입이다. 그래서 하드타입에 비하여 연비가 나쁜 것이다.

이 하이브리드는 보조 모드와 회생 제동 모드 만 지원한다. 전지 크기는 완전 하이브리드보다 낮으며 충전 유지 영역에서만 작동한다. 볼보 7900 하이브리드는 하이브리드 유형의 예이다.

Soft 하이브리드 차량의 운전을 위하여 8개의 운전모드를 설계하였다 ECU(engine control unit), TCU(transmission control unit) 및 각종 센서 등에 의해 측정된 신호를 바탕으로 차량의 상태에 따라 운전모드를 결정하고 그 모드에 맞게 모터 및 전지 제어가 수행된다.

1) STOP MODE : 차량의 모든 장치들이 정지 되어 있다.

2) INITIAL CRANKING MODE : 운전자가 시동을 거는 시점으로, 모터가 엔진의 시동을 걸기 위하여 작동 한다.

3) IDLING MODE : 엔진이 아이들링을 하기 위하여 드로틀 제어가 이루어진다. 모터는 전지 SOC(state of charge)에 따라 충전을 하기도 한다.

4) DRIVING MODE : 운전자가 가속페달을 밟아 차량이 가속하게 되는 모드이다.

5) HYDRAULIC BRAKING MODE : 차속, 전지 SOC, 제동 페달값 등에 따라 회생제동을 할 수 없는 경우 유압브레이크만으로 차량을 제동한다.

6) REGENERATIVE BRAKING MODE : 차량의 효율을 높이기 위해 모터의 발전부하를 이용하여 차량을 제동하는 모드이다 모터의 용량이 작아 유압제동이 함께 이루어진다.

7) IDLE STOP MODE : 차량이 정차한 뒤 운전자의 가속의지가 없지만 차량의 시동이 걸려 있는 경우 차량은 엔진 아이들링을 하게 된다 이때 차량의 엔진을 정지시키는 모드로서, 아이들링시 소모되는 연료소모량을 제거하여 차량의 효율 증가를 도모한다.

8) RESTART MODE : IDLE STOP MODE에서 운전자가 가속의지를 보이거나 다시 엔진을 작동 시켜야 하는 경우 모터를 이용하여 엔진을 크랭킹 하는 모드이다. 운전자가 가속페달을 밟아 차량을 가속해야 하는 경우 전지 SOC 상태에 따라 모터만으로 차량이 작동할 수 있도록 한다. 이 모드에서 IDLING MODE 또는 NORMAL DRIVING MODE로 전이되게 된다. 운전모드는 차량의 상태에 따라 결정되며, 결정된 운전모드는 MCU(motor control unit), BMS(battery management system), ETCU(electric throttle control unit)등 에 전달되어 엔진, 변속기, 전지, 모터 등이 제어된다.

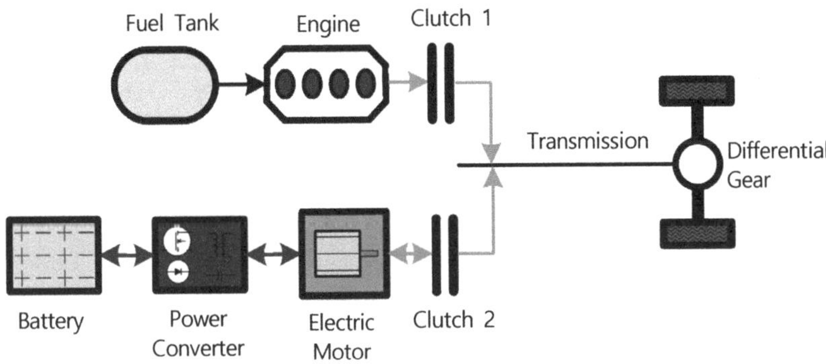

그림 3-14 Soft(Power assist) HEV

(3) Hard(Full) HEV

Hard(Full) HEV은 전기 모터가 출발과 가속시에만 역할을 하는게 아니라 주행에 주되게 사용되는 방식이다.

다른 하이브리드와의 주요 차이점은 순수 EV 모드이다. 이 유형의 하이브리드 자동차는 전지 및 모터가 있어 차량을 순수 EV 모드로 얼마 동안 주행한다.

직렬형과 혼합형(직·병렬형)이 이 방식에 속한다. 도요타의 프리우스가 대표적이며 이러한 방식이 하이브리드의 주류가 될 것으로 보이지만 기술과 비용 측면에서 모든 차량이 Hard(Full) HEV로 가려면 좀 더 기간이 필요해 보인다.

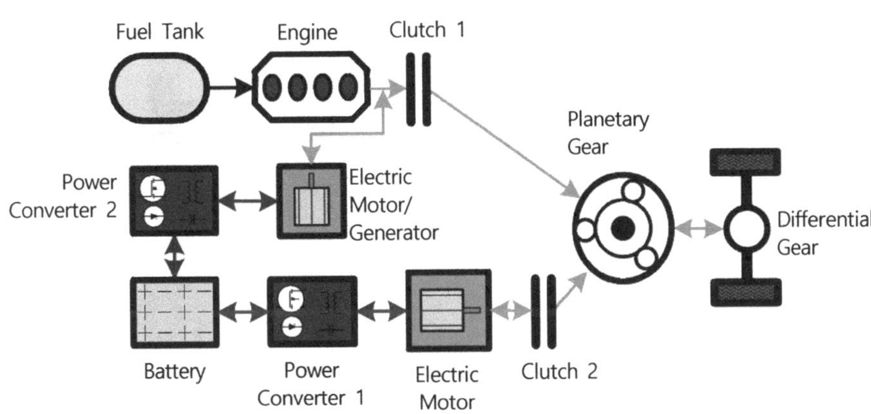

그림 3-15 Hard(Full) HEV

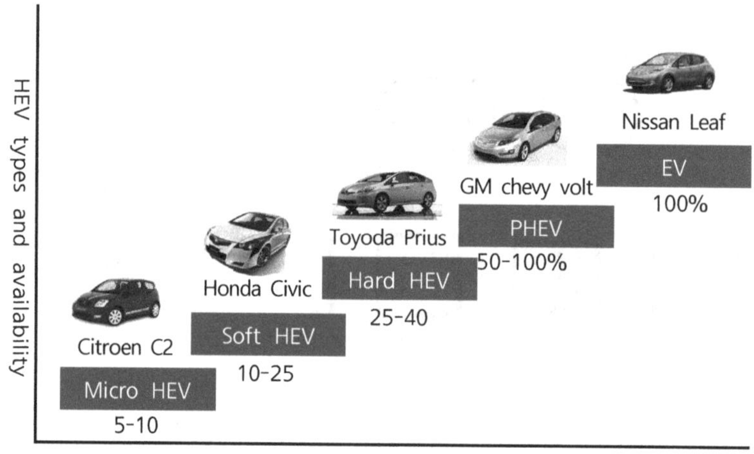

그림 3-16 HEV의 종류별 연료효과 및 CO_2 감소율

Hard 하이브리드 시스템은 대용량 모터와 추가 모터 등 2개 이상의 모터와 제어기가 필요하고 대용량 축전지가 필요하여 soft 타입에 비하여 전용부품이 1.5~2배 이상 고가인 단점이 있지만 회생제동 효율이 우수하고 연비가 좋은 장점도 가지고 있다.

Hard 하이브리드는 도요타자동차의 프리우스처럼 엔진에 전기모터 2개를 가지고 있으며 CVT로 구성된 하이브리드 시스템이다. 이 경우 엔진, 모터, 발전기의 동력을 분할/통합하는 기구인 유성기어를 채택하여 효율적으로 동력을 배분하고 있으며 모터 2개가 유기적으로 작동하여 동력보조 역할도 수행하면서 순수 전기자동차로 작동도 가능하다.

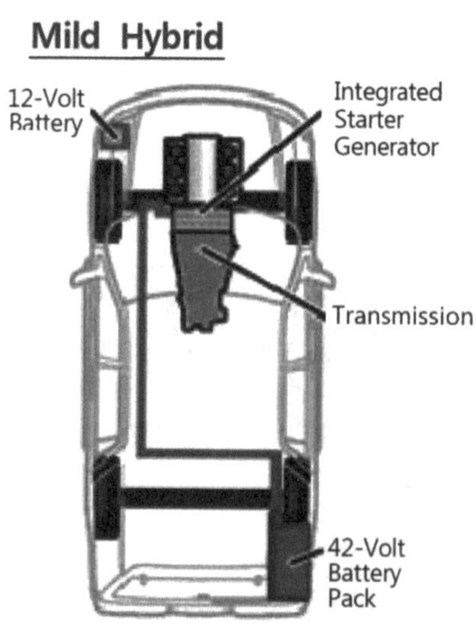

그림 3-17 Micro 하이브리드 시스템

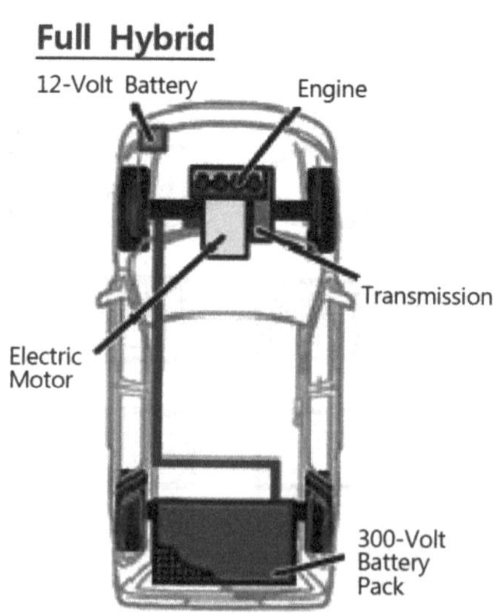

그림 3-18 Hard 하이브리드 시스템

Hard 하이브리드는 저속구간인 약 60km/h까지 급가속을 하지 않으면 고전압 축전지의 전압을 이용 모터로만 자동차를 구동하는 방식이다. 급가속 순간 시에는 엔진 출력을 보조하는 소프트 타입과 동일한 작동을 한다.

기존의 Hard 하이브리드 시스템에 대용량 축전지를 추가하고 집에서 축전지를 충전하여 주행하게 되면 스트롱 하이브리드 보다 연료를 적게 소비하면서 멀리 주행하게 되는데 이러한 자동차를 플러그 인 하이브리드 전기자동차(PHEV)라 한다.

[표 3-5 동력원의 전기화 정도에 따른 구분]

<table>
<tr><th colspan="2">구 분</th><th>특징</th><th></th></tr>
<tr><td colspan="2">내연기관</td><td>· 기존의 엔진과 변속기를 동력원으로 사용</td><td>· 엔진</td></tr>
<tr><td rowspan="3">HEV</td><td>Micro(Mild) HEV</td><td>· 공회전시 엔진이 정지
· 모터는 보조(재시동)역할만 하는 단순시스템
· 소형차량에 적합한 방식
· Citroen C2</td><td>· 엔진+모터(보조미비)</td></tr>
<tr><td>Soft(Power assist) HEV</td><td>· 기존 엔진에 모터로 보조
· 전기 주행모드가 없다.
· 새시동이나 가속순간에만 모터가 엔진을 보조
· 대부분의 병렬형 방식
· 현대자동차아반테 LPI HEV 및 혼다자동차의 시빅</td><td>· 엔진(주) + 모터(보조)</td></tr>
<tr><td>Hard(Full) HEV</td><td>· 전기 모터가 출발과 가속시에만 역할을 하는게 아니라 주행에 주된 역할
· (저속시)전기 주행모드가 있다.
· 하이브리드의 주류가 될 것
· 직렬형/혼합형(직·병렬형)
· 도요타의 프리우스 대표적 예</td><td>· 모터(주) + 엔진(보조)</td></tr>
<tr><td colspan="2">PHEV(Plug-in HEV)</td><td>· 기본적으로 전기모터로 움직이지만 축전지 범위를 넘어서는 거리는 엔진을 이용해 발전기를 돌리는 방식
· 동력원은 전기만 쓰지만 충전에 필요한 내연기관을 내장한 자동차
· 가정용 콘센트를 이용해 자동차를 충전시키는 구조</td><td>· 모터(주)+엔진(전지 충전)</td></tr>
<tr><td colspan="2">BEV</td><td>· 순수 전기로만 움직이는 자동차.</td><td>· 모터(전지)</td></tr>
<tr><td colspan="2">FCEV</td><td>· 연료전지에서 발생하는 순수 전기로만 움직이는 자동차.</td><td>· 연료전지 +모터</td></tr>
</table>

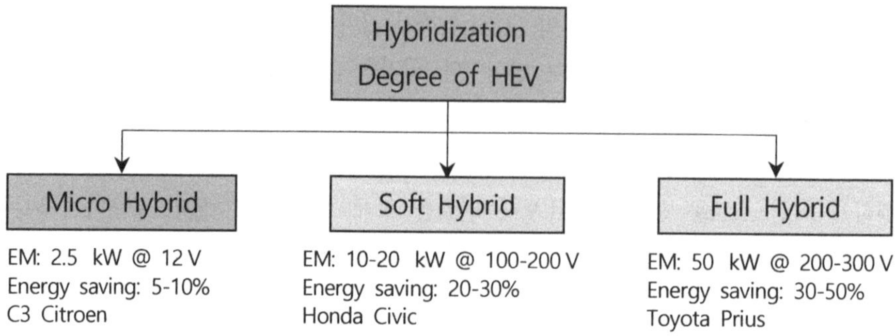

그림 3-19 하이브리드화 정도에 따른 전기 자동차의 분류

[표 3-6 동력전달장치의 전기화 정도에 따른 구분]

구분	Engine Stop/Start	Regenerative Braking	Electric Motor Assist	Pure Electric Drive
내연기관	가능	최소	NO	NO
Micro(Mild) HEV	YES	YES	재시동	NO
Soft(Power assist) HEV	YES	YES	재시동+가속	NO
Hard(Full) HEV	YES	YES	재시동+가속	YES
PHEV(Plug-in HEV)	YES	YES	재시동+가속	YES
BEV	NO	YES	NO	YES

3-2-4 HEV의 동력전달 방식에 의한 분류

하이브리드 전기자동차는 바퀴를 돌리기 위한 모터, 모터의 회전력을 바퀴에 전달하는 변속기, 모터에 전기를 공급하는 축전지, 그리고 전기 또는 동력을 발생시키는 엔진으로 구성된다.

이들 중 엔진과 모터의 연결방식에 따라 ①**직렬형**(Series type) ②**병렬형**(Parallel Type) ③**직·병렬형**(Series-Parallel type)으로 구분된다.

직렬형과 병렬형은 둘 모두 모터가 바퀴를 돌린다는 점은 같다. 직렬형에서 엔진은 축전지를 충전시키기 위한 장치로 사용하고, 병렬형은 엔진이 변속기에 직접 연결되어 차체를 움직이고, 축전지의 충전에 관여하는 것이 주목적은 아니다. 따라서 직렬형과는 달리 발전기가 필요없다. 병렬형은 엔진과 모터의 배열에 따라 다양한 종류의 방식이 가능하다.

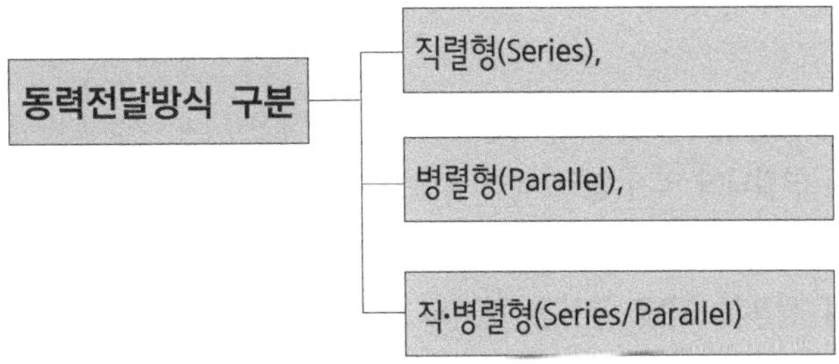

그림 3-20 하이브리드 전기자동차(HEV)의 구분

직·병렬형은 발진시와 경부하시에는 축전지로부터의 전력만을 가지고 모터로 주행하고, 통상 주행시에는 엔진 직접구동과 발전기에서 얻어진 전력을 사용한 모터구동 두 가지가 된다. 그리고 가속, 추월, 등판시 등 큰 동력이 필요한 경우, 통상 주행시에 추가하여 축전지로부터 전력을 공급하여 모터의 구동력을 증가시킨다. 감속시에는 모터를 발전기로 변환시켜 감속에너지로 발전하여 축전지에 충전하여 재생한다.

직렬형 하이브리드 전기자동차는 순수 전기자동차(Pure Electric Vehicle)에 더 가깝고 병렬형 하이브리드 전기자동차는 전통적인 내연기관 엔진의 변형으로 이해할 수 있다. 병렬형 하이브리드 전기자동차가 기존의 내연기관 자동차에 더 쉽게 적용될 수 있는 이유다.

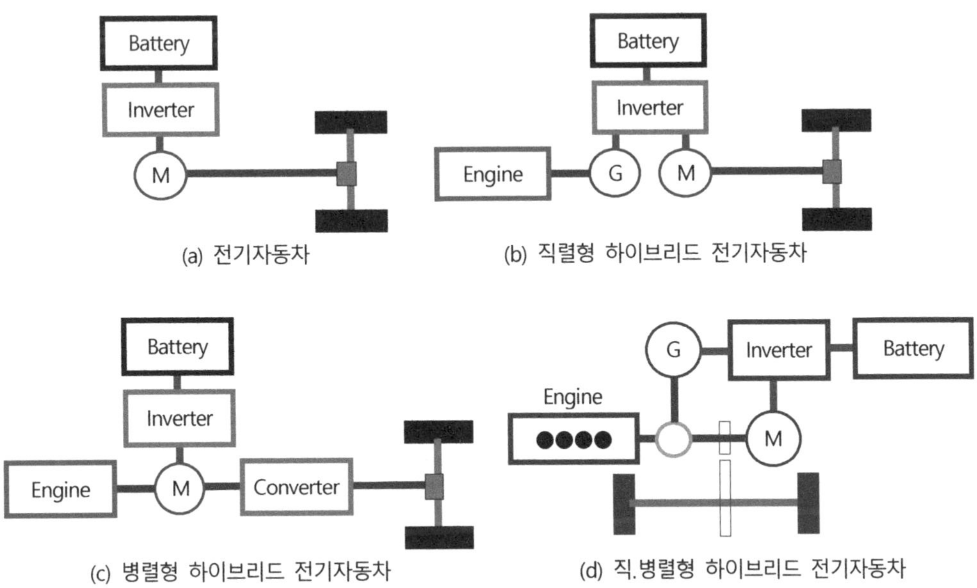

* M: Motor, G: Generator

그림 3-21 전기자동차 및 하이브리드 전기자동차 구조

(1) 직렬형

직렬형은 엔진이 발전기를 돌리고, 발생한 전기에 의해 모터가 구동축(바퀴)를 움직이는 방식이다. 엔진이 구동축에 연결되어 있지 않고 엔진과 발전기가 직접 연결되어 있어 직렬형이라고 부른다.

태양열이나 태양광 자동차에서 주로 쓰이고 있고 내연기기관보다 엔진이 더 효율적이다. 다만 이 방식의 상용화 최대 핵심은 전기의 힘으로만 기계적인 추진력을 얻어야 하기 때문에 대용량 축전지가 필요하다는 것이다. 그래서 현재로서는 하이브리드 트럭이나 버스와 같이 중량이나 면적에서 제약 조건이 적은 타입이 유리하다.

그림은 앞바퀴 굴림 방식의 직렬형 하이브리드 전기자동차의 구성을 나타낸 것이다. 앞바퀴 사이에는 변속기가 있고, 모터는 이 변속기를 통해 동력을 바퀴에 전달한다. 그리고 모터에 공급하는 전기를 저장하는 축전지가 달렸다. 직렬형에 사용되는 엔진은 바퀴를 돌리기 위한 것이 아니라 축전지를 충전하기 위한 것이다. 따라서 엔진에는 발전기가 연결되고, 이 발전기에서 발생되는 전기는 축전지에 저장된다. 이러한 직렬형은 엔진과 구동바퀴 사이에 동력전달 구조가 필요 없다는 점에서 여러 가지 특징을 찾을 수 있다.

첫째, 엔진과 바퀴 사이에 동력전달을 위한 기계적인 연결이 필요 없어 엔진의 레이아웃이 자유롭다. 엔진이 좁은 엔진룸에 함께 있을 필요가 없고 적당한 공간에 설치함으로써 차의 운동특성을 개선하기도 손쉽다.

둘째, 엔진과 바퀴의 회전은 전혀 무관하므로 항상 최적의 상태로 엔진을 구동할 수 있다. 통상적으로 내연기관 엔진의 회전수에 따라서 발휘되는 힘, 출력, 연비 등이 달라지는데, 충전하기 위해 가장 적은 배기가스를 배출하는 상태로 엔진을 구동시킬 수 있는 것이다. 일반적인 휘발유/디젤 자동차와는 달리 비효율적이고 배기가스가 많이 배출되는 아이들링 상태로 엔진 회전수를 유지할 필요가 없다. 반면 직렬형 하이브리드 엔진의 단점도 만만치 않다. 가장 큰 단점은 차체의 구동이 게다가 엔진은 엔진대로, 모터는 모터대로 별개로 제어할 수 있으므로 제어논리가 간단해진다는 것도 장점이다. 충분한 성능을 지닌 모터가 얹힌다면 4단, 5단 따위의 다단 변속기도 필요 없다.

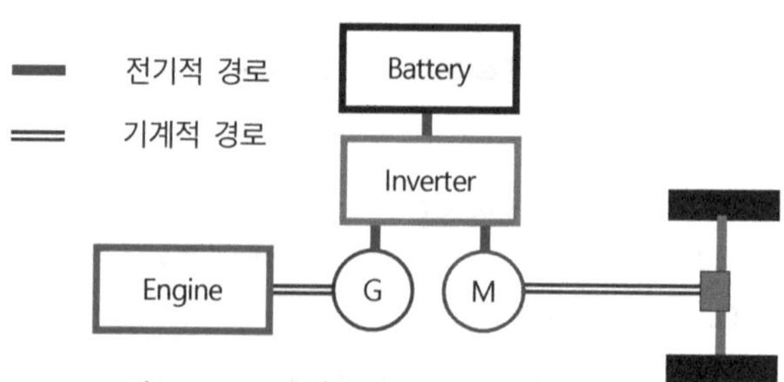

그림 3-22 직렬형 하이브리드 전기자동차

모터의 출력특성은 내연기관 엔진과 비교해 회전수에 크게 좌우되지 않기 때문이다. 전적으로 모터에 의존한다는 것이다. 직렬형을 위해서는 성능이 뛰어난 모터가 필요하지만 자체 힘만으로 무거운 차체를 가뿐히 움직일 만한 성능 좋은 모터는 아직 찾을 수 없는 실정이다. 이러한 모터가 있다면 하이브리드 대신 순수 전기자동차를 내놓는 것이 더 유리할 수도 있다.

축전지의 용량이 문제이기 때문에 리튬축전지 기술 상용화가 더 진전되면 강력한 도전자가 될 것으로 평가되고 있다. 특히 가정에서 충전이 가능한 플러그인 하이브리드의 경우, 기본적으로 전기로 운행을 하지만 전기모터의 범위를 넘어서는 거리는 엔진을 이용해 발전기를 돌리는 방식이기 때문에 직렬형 하이브리드 방식이 플러그인 하이브리드의 주요 방식이 될 것으로 기대된다. 2010년말 GM이 출시한 플러그인 하이브리드 전기자동차인 시보레 볼트가 이러한 방식이다.

직렬형 하이브리드 전기자동차

- 직렬형 하이브리드 전기자동차는 엔진, 발전기, 모터가 직렬로 연결되어 있으며, 엔진을 항상 최적점에서 작동시키면서 발전기를 이용해 전력을 모터에 공급하고, 순수하게 모터의 구동력만으로 차를 주행시키는 방식이다.
- 제어가 비교적 간단하고, 배기가스 특성이 우수하며 별도의 변속장치가 필요 없다는 것이 장점.
- 전체시스템의 에너지효율이 병렬형에 비해 낮고, 차량의 주행성능을 모두만족시킬 수 있는 고성능의 모터개발이 필수적이며, 동력전달구조 자체가 크게 바뀌므로 기존차량에 적용하기는 어렵다는 단점이 있다.

(2) 병렬형

병렬형은 엔진과 모터가 각각 독립적으로 구동하는 방식을 말하며, 주로 하이브리드 전기자동차라고 할때 지칭하는 방식이 병렬형이다. 주 동력원은 엔진을 이용한 기계적 추진력이고, 엔진을 더욱 가속할 때나 출력이 부족할 때 주동력원을 모터가 보조하는 방식이다.

직렬형이 지닌 한계 때문에 양산이 되었거나 혹은 선보일 예정인 하이브리드 전기자동차는 대개 병렬형을 선택하고 있다. 그림은 앞바퀴굴림 방식의 병렬형 하이브리드 전기자동차 구조를 나타낸다. 축전지의 전기로 구동되는 모터가 변속기를 통해 바퀴를 돌린다는 점에서 병렬형은 직렬형과 동일하다. 그러나 병렬형의 엔진은 변속기에 직접 연결되어 차체를 움직이고, 축전지의 충전에 관여하는 것이 주목적은 아니다. 따라서 직렬형과는 달리 발전기가 필요 없다.

구체적으로 병렬형의 동력시스템은 축전지 모터 변속기 바퀴로 이어지는 전기적 구성과 연료탱크 엔진 변속기 바퀴의 내연기관 구성이 변속기를 중심으로 병렬적으로 연결된다. 엔진과 모터 각각이 바퀴에 직접 연결되므로 동력전달 효율이 뛰어난 것은 물론이다.

엔진과 모터가 출력을 동시에 바퀴에 전달할 수 있으므로 엔진의 크기를 줄이는 만큼의 성능을 발휘하는 모터만 갖추면 기존의 내연기관 자동차에 손색없는 동력성능을 이끌어낼 수 있다는 점이 눈길을 끈다.

작은 엔진을 고효율 영역에서 운전하도록 하여 공해를 줄인다는 점 외에도 모터가 병렬로 연결되는 것은 숨은 장점이 있다. 통상적으로 엔진에서 배출되는 출력 중 차체를 움직이는 힘으로 사용되는 비율은 크지 않고 나머지는 대부분 버려지는데, 병렬형 하이브리드 전기자동차에서는 엔진의 힘이 운전자가 요구하는 동력 이상으로 발휘될 수 있을 때는 여유동력으로 모터를 구동시키고 이 때 모터는 발전기 역할을 하며 전기를 저장한다.

축전지에 저장된 모터에서 발생된 전기는 엔진과 모터의 힘을 합한 큰 동력성능이 필요할 때 모터를 움직인다. 따라서 병렬형 하이브리드 전기자동차는 엔진에서 발생되는 에너지를 효율적으로 사용할 수 있다. 또 연료탱크 엔진 변속기 바퀴의 내연기관 구성은 기존의 자동차와 다를 바 없어 현실적으로 적용하기도 쉽다.

엔진과 모터의 복잡해진 구조를 종합적으로 제어해야 하는 탓에 제어논리(logic)가 복잡해지지만 이러한 장점들 때문에 다수의 개발중인 모델들은 병렬형을 채택하고 있다.

이미 선보였거나 앞으로 선보일 대부분의 하이브리드 전기자동차는 병렬형을 기본으로 하고 있지만 GM의 프리셉트(PRECEPT)는 복합형이라는 독특한 구조를 사용하고 있다. 프리셉트는 모터가 앞바퀴를 돌리고, 뒷바퀴는 엔진이 돌린다. 네바퀴 굴림 병렬방식이지만 직렬방식이 유리할 때는 엔진이 충전장치로 사용된다. 복합형은 장점도 많지만 직렬과 병렬방식 사이의 전환과정과 기타 복잡한 주행환경에서 적절하게 동력원을 제어하는 것이 어렵다. 또 병렬형에 비해 고성능의 모터가 필요하다는 것도 단점이다.

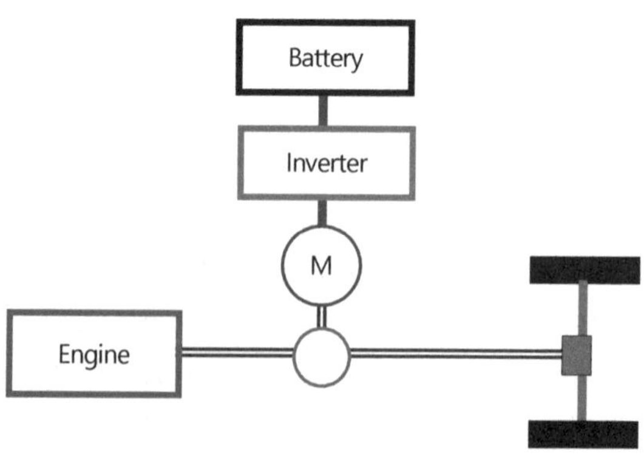

그림 3-23 병렬형 하이브리드 전기자동차

모터는 추가의 개념이기 때문에 기존의 내연기관에 추가로 요구되는 시스템은 단순한 편이며, 무게와 비용면에서도 제약조건이 많지 않다. 이 때문에 현재 하이브리드 형태 중 가장 널리 적용되는 방식이다. 혼다의 시빅 하이브리드가 병렬형의 대표적인 모델이다.

쏘나타 병렬식 하이브리드 시스템

- 변속기의 전후에 엔진 및 모터를 병렬로 배치하여, 주행상황에 따라 최적의 성능과 효율을 갖게끔, 차량구동에 필요한 동력을 엔진과 모터에 적절히 분배하는 방식.
- 엔진의 힘이 운전자가 요구하는 동력 이상으로 발휘될 수 있을 때는 여유동력으로 모터를 구동시켜 전기를 저장한다(모터는 발전기 역할).
- 엔진과 모터의 힘을 합한 큰 동력성능이 필요할 때 모터를 움직인다.
- 병렬형은 기존차량의 구조를 이용 가능하므로 제조비용면에서 직렬형에 비해 유리하다는 장점이 있으나, 동력전달구조 및 제어가 복잡하다는 단점이 있다.
- 유럽 등의 도시규모가 작은 지역에서는 전기자동차로 주행하고, 도시간의 고속주행이 요구되는 경우는 엔진주체의 주행으로 하는 방식.

(3) 직·병렬형

혼합형(직·병렬형)은 직렬형과 병렬형을 혼합한 방식으로 엔진과 모터가 동시에 작동되거나, 모터 단독 또는 엔진 단독으로, 그리고 엔진과 회생제동을 통해 발전기를 돌려 구동축을 움직이는 방식을 말한다.

엔진효율이 좋은 주행상태에서는 엔진으로 발전기를 돌려 축전지에 충전하여 두고자함이 주요 동작과정이다. 바퀴 회전속도를 측정하여 엔진구동이 효율적이라고 판단되면 엔진으로 바퀴를 직접 구동하도록 하고, 이 보다 엔진-발전기-모터의 효율이 좋다고 판단되면 엔진은

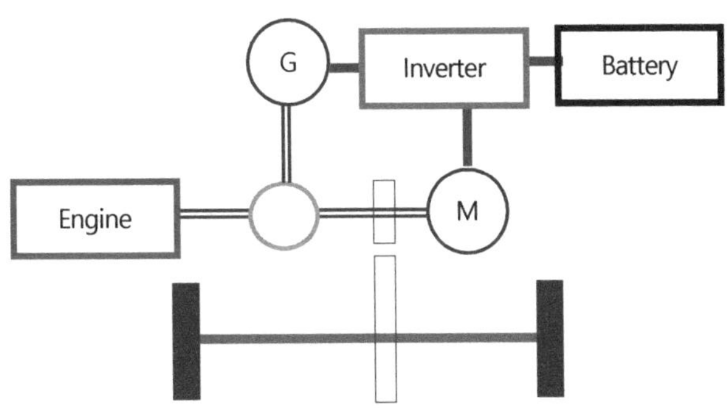

그림 3-24 직·병렬형 하이브리드

발전기가 된다. 엔진은 일정속도 회전시가 효율이 가장 좋다. 이 엔진출력이 주행에 소요되는 구동력을 초과할 경우에는 남는 에너지로 발전하여 축전지에 저장한다. 보다 큰 구동력을 요할 때에는 엔진, 엔진-발전기-모터, 축전장치-모터의 구동력이 함께 동원되어 강력한 힘을 발휘한다.

프리우스에 채용한 하이브리드 시스템(Toyota Hybrid System: THS)은 병렬형 방식을 기본으로 직렬형 방식을 부가한 것이다. 절충형 유닛구조를 채용했다. 엔진구동에 의한 주행을 기본으로 하면서 주행상황에 따라 엔진동력을 차량 구동용과 발전용으로 분할, 모터구동력을 병용하면서 차를 달리게 하는 것이다.

하이브리드 시스템(THS)의 작동원리는 다음과 같이 요약할 수 있다.

① 발진시와 경부하시에는 엔진을 정지하고, 축전지로부터의 전력만을 가지고 모터로 주행한다.

② 통상 주행시에는 엔진 직접구동과 발전기에서 얻어진 전력을 사용한 모터구동 두 가지가 된다.

③ 가속, 추월, 등판시 등 큰 동력이 필요한 경우, 통상 주행시에 추가하여 축전지로부터 전력을 공급하여 모터의 구동력을 증가시킨다.

④ 감속시에는 모터를 발전기로 변환시켜 감속에너지로 발전하여 축전지에 충전하여 재생한다.

작동원리는 그림과 같다.

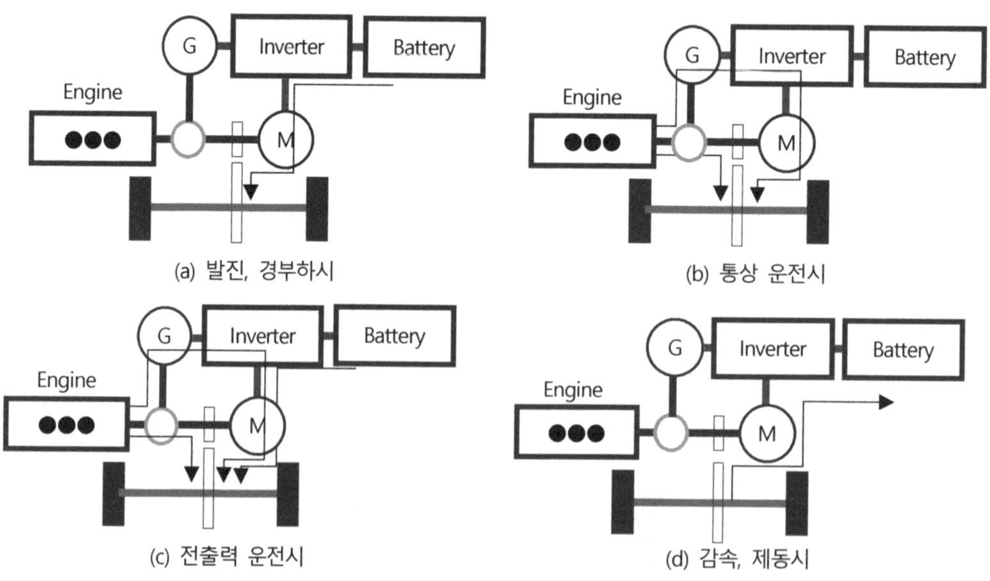

그림 3-25 Prius의 구동력 전달

혼합형 하이브리드 전기자동차 작동원리

(a) Starting or Light Load : 엔진이 최대효율로 작동하지 않으므로 모터에 의해서만 차량을 구동
(b) Normal Driving : 엔진이 바퀴를 구동하고, 나머지 출력은 모터 구동용 전기를 발생 - 최대효율을 얻을 수 있도록 각 경로에 분배되는 출력비율을 제어
(c) Full Acceleration : 엔진 / 모터 동시사용 축전지에서 모터에 전력 공급 (축전지에서 모터에 전력 공급)
(d) Decelerating or Braking : 바퀴의 관성에 의해 발전기가 구동되고, 발전기에서 발생된 전기는 축전지에 저장 역할.
(e) Idling : 엔진 정지 .단, 축전지의 재충전이 필요한 경우에는 가동

이러한 복잡한 제어를 변속충격 없이 실현시켜주는 시스템이 도요타(Toyota)가 자체 개발한 유성기어(Planetary-Gear) 전기식 무단변속기와 제어시스템이다. 따라서 하이브리드 시스템(THS)에는 무단계변속기(CVT: continuously variable transmission) 등의 기계식 변속기가 장착되어 있지 않다.

하이브리드 시스템의 트랜스미션은 발전기, 동력분할장치(유성기어), 및 모터로 구성되어 있고, 엔진으로부터의 동력은 유성기어로 직접 모터와 차륜으로 전달되는 기계적 경로와 발전기를 구동하여 전기로 전달되는 전기적 경로로 분할된다.

이 동력분할장치는 엔진과 발전기 및 모터 각각의 회전수를 단계 없이 연속적으로 변속할 수 있는 전기적 CVT의 기능을 갖는다. 차축과 연결되어 있는 모터의 회전속도가 주행상태에 따라 여러 가지로 변하여도, 발전기의 회전속도를 제어함으로써 엔진은 항상 효율이 좋은 영역에서 운전이 가능하게 된다.

혼합형(직·병렬형)은 연비향상과 파워풀한 드라이빙을 가능하게 하는 장점이 있으나 복잡한 구조와 전장기술 때문에 비교적 비용이 높아지는 단점도 있어서 중형급 이상의 차종에 적합한 방식으로 평가된다. 도요타의 프리우스가 혼합형(직·병렬형)의 대표적인 모델이다.

GM, Daimler, Chrysler와 BMW 등도 혼합형(직·병렬형) 방식을 개발했지만 도요타가 지난 10년간 하이브리드 상용화를 통해 얻은 다수의 혼합형(직·병렬형) 기술 노하우를 가지고 있기 때문에 선도적인 업체로 볼 수 있다.

프리우스의 개요

- 최초의 양산형 HEV 자동차(1997)
- SPLIT 방식(직렬/병렬 조합)
- 이산화탄소 배출량 약 ½(50% 감소)
- CO, HC, Nox 배출량 : 규제치의 1/10(90% 감소)
- 연비 : 35.5 km/L

프리우스 세대구분

[표 3-7 동력전달 방식 HEV 분류]

구 분		특징	
직렬형	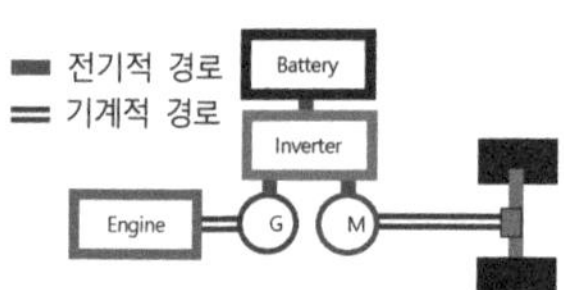 직렬형	· **엔진이 발전기를 돌리고, 발생한 전기에 의해 모터가 구동축(바퀴)를 움직이는 방식** · 최대 핵심은 전기의 힘으로만 기계적인 추진력을 얻어야 하기 때문에 **대용량 축전지가 필요** · 하이브리드 **트럭이나 버스와** 같이 **중량이나 면적에서 제약 조건이 적은 타입**이 유리	· 시보레 볼트 (플러그인)
병렬형	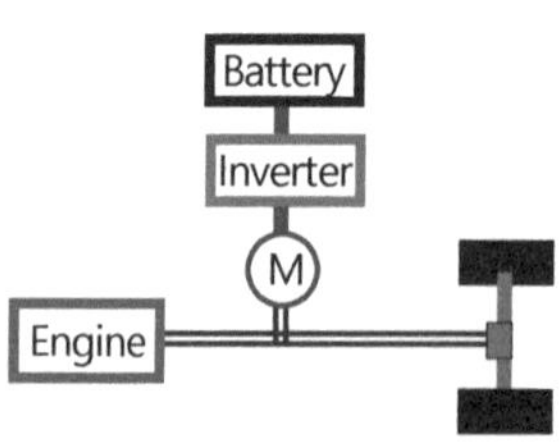	· **하이브리드 형태 중 가장 널리 적용되는** 방식 · **엔진과 전기모터가 동시에 구동축에 힘을 전달**하는 방식(**엔진과 모터가 각각 독립적으로 구동**) · 주행상태에 따라 엔진과 모터로 최적상태 구동 - **큰 동력필요시** : 엔진 + 모터 - **여유 동력시** : 엔진→모터구동→전지 충전(모터는 발전기 역할).	· 혼다 시빅 · Soft 방식 · 현대차 방식

구 분		특징	
혼합형	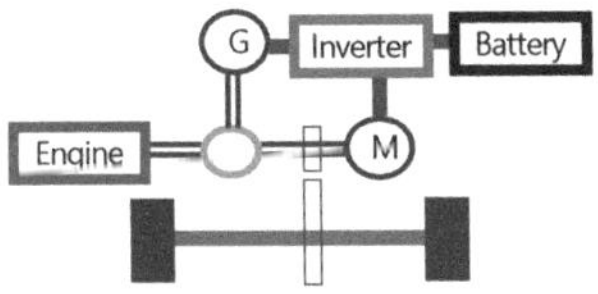 혼합형(직·병렬형)	· 엔진과 모터가 동시에 작동되거나, **모터 단독 또는 엔진 단독**으로, 그리고 엔진과 회생제동을 통해 **발전기를 돌려 구동축을 움직이는 방식** · **복잡한 구조와 전장기술** 때문에 비교적 비용이 높아지는 단점 · **중형급 이상**이 차종에 적합한 방식 · **발진, 경부하시** : 모터주행(엔진정지) · **통상 주행시** : 엔진구동 + 모터구동 · **감속시** : 모터를 발전기로 변환 · 감속에너지 축전지충전 · 엔진효율이 좋은 주행상태에서는 엔진으로 발전기를 돌려 축전지에 충전하여 두고자함이 주요 동작과정이다.	· 도요타 프리우스 · Hard 방식

일반 자동차와 하이브리드 전기자동차의 구조 비교

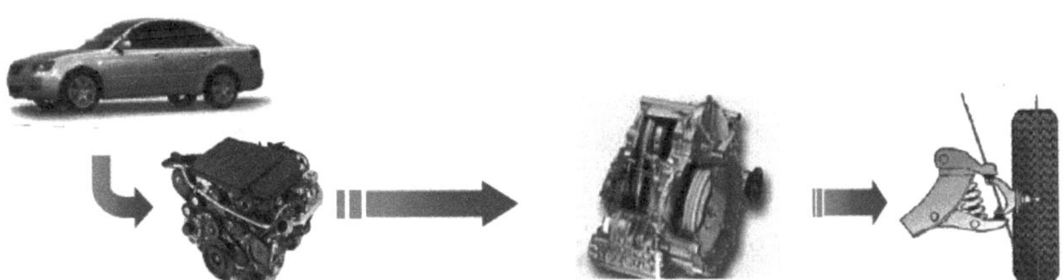

일반자동차의 구조(무단변속기 장착용)

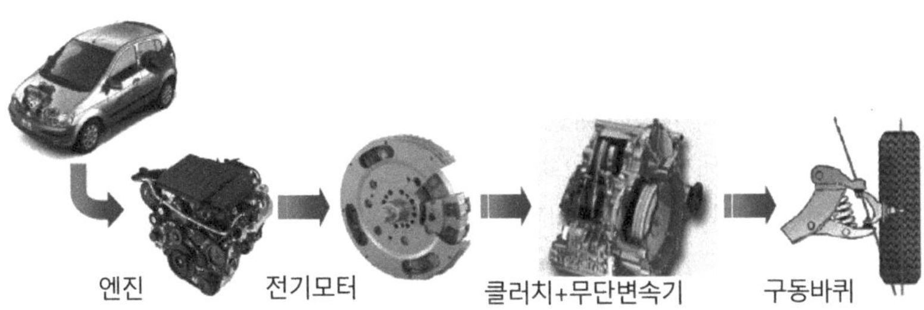

하이브리드 전기자동차의 구조

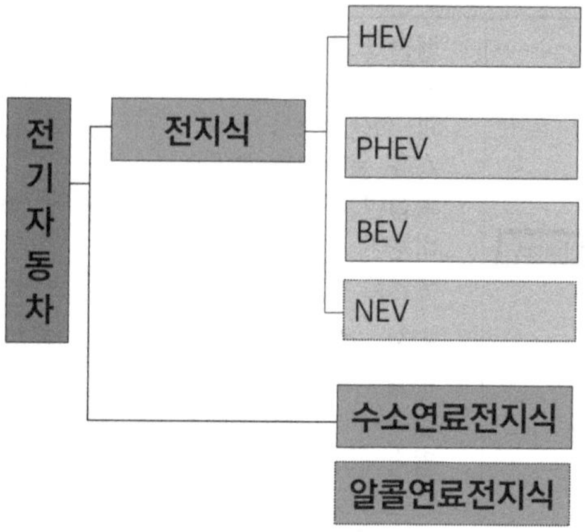

그림 3-26 전기자동차 구분

하이브리드 전기자동차는 이 낭비되는 에너지를 다시 흡수해 재사용할 수 있도록 하는 장치가 내연기관에 덧붙여진 형태라고 보면 된다.

감속과 정차시에 운동에너지를 회수해 다시 가속과 주행과정에서 사용하기 위해서는 발전기와 축전지, 전기모터가 첨단 컴퓨터에 의해 유기적으로 연결돼 작동한다.

따라서 기존의 내연기관 자동차에 비해 연비가 크게 개선되는 효과가 있다.

그러나 하이브리드 전기자동차는 `과도형'이다. 언젠가는 고갈될 화석연료를 주에너지원으로 사용하기 때문에 궁극적인 미래형 자동차로 발전되기엔 한계가 있기 때문이다. 하이브리드 전기자동차의 주동력원은 휘발유와 경유 등 화석연료를 사용하는 내연기관이다. 여기에 보통 발전기보다 성능이 높은 발전기와 대용량의 고압 축전지가 연결돼 있다.

중량 감소를 위해 발전기와 모터는 일체형으로 결합돼 구동계에 연결된다.

발전기는 특히 운전자가 가속기에서 발을 떼고 감속하는 과정에서 운동에너지를 흡수할 수 있도록 컴퓨터로 정밀하게 제어된다. 출발과 저속주행은 전기모터가 맡는다. 일정속도 이상이 되거나 가속시에는 엔진이 기동돼 내연기관과 전기모터가 함께 힘을 공급하고, 감속시에는 자동차가 가던 힘으로 발전기를 돌려 축전지를 충전하게 된다. 아이들링이 필요 없어 정차시에는 엔진이 꺼지며 엔진은 항상 재시동이 쉽도록 크랭크축이 일정위치에서 정지하게 설계된다.

발전기와 전기모터는 교류로 작동하고, 축전지는 직류인 데다 서로 사용전압이 달라 인버터라는 전압. 전류 변환장치와 이들 장치를 유기적으로 연결시켜 효율을 극대화해주는 전자제어장치가 핵심부품으로 들어간다.

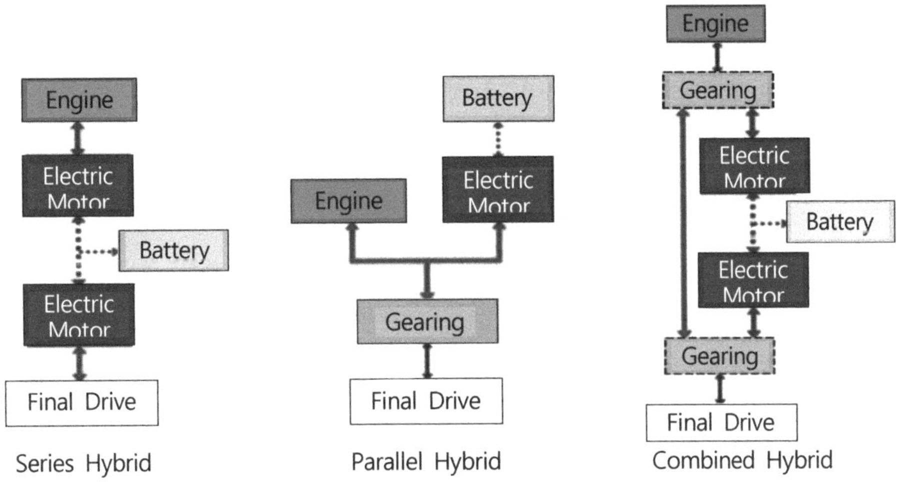

그림 3-27 동력전달방식에 따른 구분

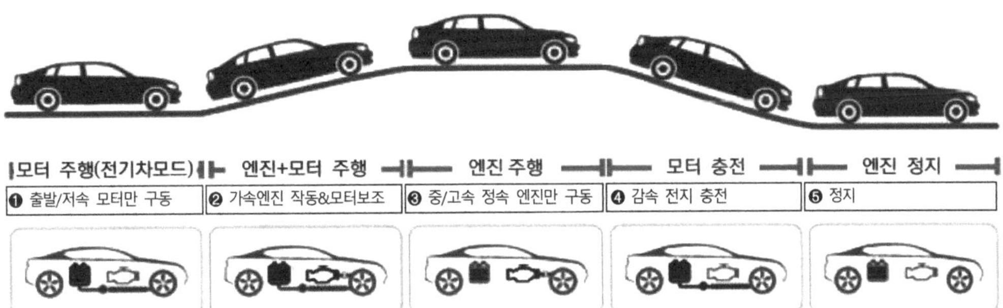

그림 3-28 현대차 병렬형 하이브리드 시스템 동작특성

3-3 플러그 인 하이브리드 전기자동차(PHEV)

플러그 인 하이브리드 전기자동차(PHEV)의 기본은 하이브리드 전기자동차 이지만, 축전지 용량을 하이브리드 전기자동차와 전기자동차의 중간 크기로 하고, 비상시에는 다시 충전해 두는 것으로 단거리는 전기자동차로서 활용하는 형식이다.

가정 전원이 이용 가능하고 어디서도 충전 할 수 있다는 간편성을 염두해 둔 방식이다. 트럭에 비해 단거리 이용이 많은 승용차의 특성에 주목하여, 전동 주행을 단거리 이용으로 줄여서 전지 코스트를 줄인 가솔린 자동차와 전기자동차의 하이브리드 방식이다.

하이브리드 전기자동차는 디젤 엔진에 비해 그 연료 효율성 면에서 장점이 크지 않다. 물론 신기술이 많이 사용되어 엔진과 모터를 동시에 사용하고 적정한 동력 분배 전략을 구사하면서 연료 효율성을 높이는 것은 큰 장점이다. 하지만 많은 개발 비용과 복잡한 시스템을 볼 때 비슷한 연비를 뽑아주는 디젤 엔진이 더 나은 선택이 될지도 모른다. 하지만 미국, 적어도 캘리포니아에서 차를 팔아야 한다면 의무적으로 친환경 자동차를 팔아야 일반 자동차를 팔 수가 있다.

수소 연료전기자동차가 가장 친환경에 가깝지만 아직 개발되어야 할 기술과 생산 단가를 많이 낮춰야 하는 문제점이 있다.

이에 자동차 회사들은 하이브리드 전기자동차라는 중간 단계를 이용하고 있는 것이다.

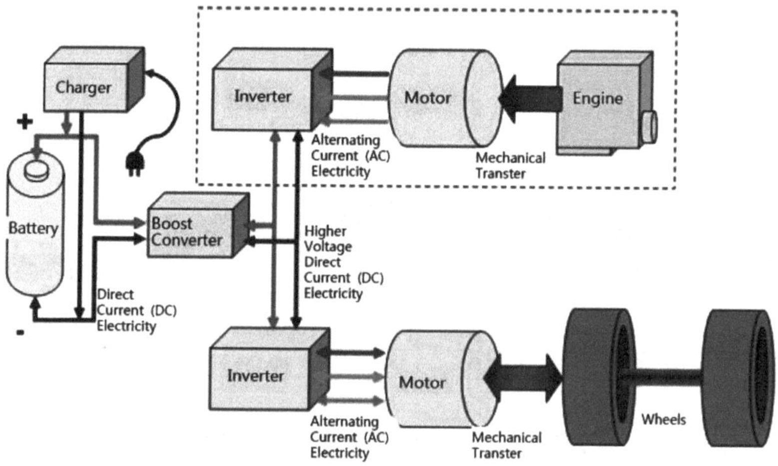

그림 3-29 PHEV의 구조

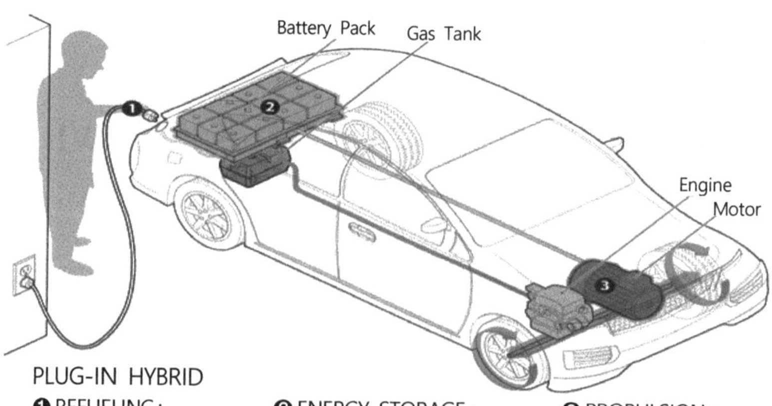

그림 3-30 PHEV 추진장치 구조

기존 대부분의 HEV의 경우 차량에 탑재된 축전지의 전기 에너지를 이용하여 저속운전 영역에서 약 1km~2km 이내의 짧은 거리만 순수 전기구동이 가능했던 반면, PHEV는 전기 에너지를 이용하는 운전 영역을 고속영역까지 대폭 확대시킴과 동시에 순수 전기구동 주행거리를 수십 km 이상으로 확장함으로써, 내연기관의 사용을 최소화하고 효율을 극대화하여 CO2의 배출량 및 연료 연료소모량을 저감하고, 대기 환경부하 저감 등의 효과를 기대할 수 있는 환경친화적인 자동차이다.

(1) 동력전달 방식에 의한 분류

PHEV는 하이브리드 전기자동차와 마찬가지로 동력계 구조에 따라 바퀴축과 발전기가 연결된 직렬 하이브리드 시스템(Serial Hybrid System), 병렬 하이브리드 시스템(Parallel Hybrid System), 직병렬 하이브리드 시스템(Serial Parallel Hybrid System)으로 구분된다. 각 방식의 차이는 엔진과 전기모터가 어떤 역할을 맡고 있는지가 핵심이다.

직렬 하이브리드 시스템은 엔진이 발전기를 돌리고, 발전기가 전기모터에 전류를 공급해 구동축을 움직이는 방식이다. 구동축을 움직이는 역할은 전기모터가 하며 엔진은 전기모터에 전력을 공급하는 역할만 한다. GM 시보레 볼트가 이 방식을 사용하고 있다.

병렬 하이브리드 시스템은 엔진과 전기모터가 동시에 구동축에 힘을 전달하는 방식이다. 엔진이 구동축에 바로 연결되기 때문에 직렬 하이브리드 시스템과 달리 엔진에서 얻어진 기계적 에너지를 전기 에너지로 바꾸지 않아도 된다는 것이 장점이다. 혼다 인사이트, 시빅 하이브리드 등이 병렬 하이브리드 시스템을 사용하고 있다.

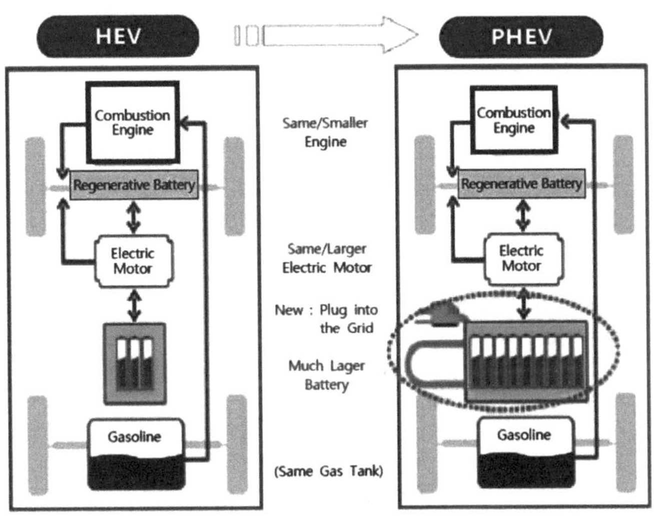

그림 3-31 HEV와 PHEV의 구성비교

직병렬 하이브리드 시스템은 직렬방식과 병렬방식을 상황에 따라 유연하게 바꿔가며 사용할 수 있는 방식이다. 엔진 힘이 구동축에 직접 전달되기도 하고 전기모터만으로 사용할 수 있기도 해서 편리하다. 저속에서는 직렬 시스템을 사용하고, 고속에서는 병렬 시스템을 사용하기 때문에 연비와 출력 모두 장점을 가질 수 있다. 도요타 프리우스, 렉서스 하이브리드 차량 등에 직병렬 하이브리드 시스템이 사용된다.

하지만 각 방식은 주행상황에 따라 장단점이 존재한다. 직렬 시스템 경우에는 정지와 운행이 반복되는 도심 운전에서는 연비가 우수하지만, 고속도로 주행에서는 연비가 오히려 낮다. 병렬 시스템은 도심 운전에는 연비가 낮지만 고속도로 주행에서는 연비가 높다. 직병렬 경우 양쪽 장점을 가지고 있지만 대형 발전기와 축전지 팩이 필요하기 때문에 원가가 높다는 것이 단점이다.

플러그인 하이브리드 전기자동차는 낮은 유지비, 친환경 등 여러 가지 경쟁력을 가지고 있어 GM, 포드, 도요타 등 글로벌 자동차업계가 사활을 걸고 개발하고 있다.

이제 가까운 미래에는 일을 마치고 집에 돌아가면 휴대전화 보다 자동차를 먼저 충전해야 하는 일이 발생할지도 모른다.

도요타의 프리우스 플러그인 하이브리드는 간단히 말해 기존의 프리우스 하이브리드 전기자동차에 축전지 용량을 늘려 전기 에너지만으로 구동되는 거리를 늘린 하이브리드 전기자동차이다.

[표 3-8 플러그인 하이브리드 전기자동차 비교]

구분	구동방식	비고
직렬 PHEV	· 대표적인 구조 · 엔진이 발전기를 돌리고, 발전기가 전기모터에 전류를 공급해 구동축을 움직이는 방식 · 구동축을 움직이는 역할은 전기모터가 하며 엔진은 전기모터에 전력을 공급하는 역할만 한다.	· 시보레 볼트
병렬 PHEV	· 엔진과 전기모터가 동시에 구동축에 힘을 전달하는 방식 · 엔진이 구동축에 바로 연결되기 때문에 직렬 하이브리드 시스템과 달리 엔진에서 얻어진 기계적 에너지를 전기 에너지로 바꾸지 않아도 된다는 것이 장점	· 혼다 인사이트 · ·혼다 시빅
직병렬 PHEV	· 직렬방식과 병렬방식을 상황에 따라 유연하게 바꿔가며 사용할 수 있는 방식 · 엔진 힘이 구동축에 직접 전달되기도 하고 전기모터만으로 사용할 수 있기도 해서 편리 · 저속에서는 직렬 시스템을 사용하고, 고속에서는 병렬 시스템을 사용하기 때문에 연비와 출력 모두 장점을 가질 수 있다. 등에 직병렬 하이브리드 시스템이 사용	· 도요타 프리우스 · 도요타 렉서스

이 자동차에 사용된 축전지를 5,2 kWh 의 용량을 갖고 있다. 최대 속도 100 km/h로 23 km를 주행할 수 있다. 이 말은 만약 출 퇴근 거리가 왕복 20 km내외라면 기름 한방울 사용하지 않고 출퇴근을 할 수 있다. 저녁때 퇴근을 하면 물론 가정의 플러그로 충전을 해야 한다. 충전시간은 100 V 의 전기로는 180분 200 V로는 100분이 소요된다.

시보레 볼트는 전통적인 직렬형 하이브리드 방식을 채택하고 있다. 여기에 대용량의 축전지를 채용하여 내연기관의 도움없이 전기 에너지만으로 약 60 km를 주행 할 수 있다. 내연기관은 축전지의 충전량이 저하 되었을 경우 작동되며 내연기관에서 발생된 동력은 발전기를 구동시켜 100% 축전지를 충전하는데 사용된다.

다시 말해 도요타 프리우스 플러그인 하이브리드와의 가장 큰 차이점은 바퀴를 굴리는데 필요한 동력은 100% 전기 에너지를 사용한다는 것이다.

볼트는 16 kWh의 리튬이온 축전지를 사용하고 있고 축전지의 전기 에너지만으로 64 km를 주행할 수 있는데 이는 미국 사람들 중 75%에 해당하는 50 km의 통근거리를 커버할 수 있는 거리이다. 축전지를 충전하는 내연기관은 1400 cc 엔진을 사용하며 모터는 111 kw (149 hp)의 힘을 낸다.

시보레 볼트는 기본적으로 엔진이 구동하지 않을 때는 전기 에너지만으로 구동이 되기 때문에 일반 내연기관과 달리 자동차 구동 소음이 매우 작다. 이는 보행자에게 자동사가 다가오고 있다는 인지를 줄 수 없으므로 일반 도로를 주행하기 위해 적당한 소음을 만들어 내야 한다.

일반 내연기관을 동력으로 사용하는 자동차의 경우 소음을 줄이기 위해 노력하는 반면 전기 자동차는 소음을 내기 위해 노력한다.

시보레 볼트의 경우 전기 모터가 만들어낸 동력은 구동 바퀴에 동력을 전달하기 위해 일반 내연기관 자동차와 같이 트랜스미션을 사용하게 된다. 하지만 여기서 좀더 발전한 전기자동차가 바로 인휠 모터 방식의 자동차이다.

볼보의 플러그인 자동차는 인휠 모터를 채용하고 있다. 인휠 모터는 각 바퀴를 구동하는 동력을 각 바퀴 안쪽에 설치된 모터를 사용한다. 휠 안에 모터가 있다고 하여 인휠 모터라고 불린다. 가장 큰 장점은 각 바퀴로 연결되는 드라이빙 샤프트를 없애 구조의 간단화를 꾀할 수 있다. 이는 드라이브 바이 와이어의 관점에서 보면 완벽한 드라이브 와이어의 구현으로 표현할 수 있다. 극단적인 예를 들면 하나의 인휠 모터 시스템을 갖고 따로 큰 기계 구조 설계 변경 없이 다양한 차종에 부착할 수 있을 만큼 큰 범용성을 갖을 수 있다.

축전지에 저장된 전기 에너지는 각 바퀴로 공급되어 인휠 모터를 구동하여 자동차를 움직인다. 전기 에너지를 전달해주는 배선만 있으면 쉽게 4륜구동을 구현할 수 있어 구조의 극단적인 단순화를 꾀할 수 있다.

인휠 모터의 장점을 조금 더 생각해보면, 차량 자세 안정 시스템인 ESP, 조금 더 발전된 차량의 안정화를 시켜주는 X-drive 와 같은 시스템의 구현을 추가적인 기계부품 없이 구현 할 수 있다.

X-Drive와 같은 차량의 주행 안정성을 높여주는 시스템은 복잡한 메커니즘이 기반이 된 토크 벡터링이 구현되어야 한다.

하지만 아주 큰 단점이 있다. 바로 알고리즘의 정밀한 제어가 그것이다. 사실 기술적으로는 이미 당장 양산을 해도 되지만 비상안전장치(Fail safe) 기능에 대한 대처가 약하다는 점이다.

최근의 자동차 급발진 사고의 원인으로 자동차의 전자화가 문제가 된다고 지목하는 전문가들도 있다. 인휠 모터는 구동방식 자체도 정밀한 전자제어가 필요한 방식이다. 쉽게 말해 4바퀴의 회전을 정밀하게 제어하지 못하면 쉽게 할 수 있는 자동차의 직진주행 조차 어렵게 될 수 있다.

그림 3-32 인휠 모터 방식을 채용한 플러그인 하이브리드 전기자동차

[표 3-9 Plug-in HEV의 장단점]

구 분	장 점	단 점
Plug-in HEV (PHEV)	· 가솔린 스탠드를 이용 가능하며, 충전 스탠드 정비가 진행될 때 까지는 편리하게 사용할 수 있다. · 전지로 장거리 주행을 타협하고 있으므로, 전지 코스트/중량이 전기자동차보다 저렴하다. 그 때문에 전지 가격 저하까지는 종합 경제적으로 유리하다. · 대형 승용차에 전기자동차보다 우월한 연비를 보인다. · 가솔린차와 동등 이상의 항속성능을 보인다.	· 13 km정도 이상의 주행은 하이브리드 전기자동차와 비슷한 정도의 환경부하가 있다. · 장거리 주행, 또는 지속적인 대출력이 필요한 버스, 트럭 등에는 쓸 수 없다. · 전기자동차와 가솔린 자동차의 전환기구가 필요하고 부품 수가 많아서, 전지의 코스트 다운이 진행된 경우는 경제적 이득을 잃게 된다.

그림 3-33 PHEV인 VOLT의 구조

자동차나 비행기 기차 배와 같은 운송수단이 궁극적으로 추구하고자 하는 완벽한 X-by wire 시스템은 정밀한 제어와 완벽한 비상안전장치 알고리즘이 뒷받침 되어야 한다.

직렬형 하이브리드 방식에 기초한 플러그인 히이브리드의 대표적인 예는 시보레 볼트이며 이는 축전지의 발전으로 인해 양산되고 있다.

플러그-인 하이브리드 전기자동차의 성능, 연비 및 주행거리 등은 에너지 저장장치에의 특성과 용량에 따라 결정적인 영향을 받게 된다. PHEV용 에너지 저장장치는 HEV용 저장장치와는 다른 상대적으로 가혹한 운전조건에시 사용되게 되므로, PHEV의 보급은 자동차용 에너지 저장 시스템의 새로운 기술 개발 및 도입을 촉진시키는 촉매제 역할을 할 것으로 기대된다.

한편 각국의 전문가로부터 친환경자동차의 기술개발과 양산 가능성에 대한 의견을 종합한 한 보고서에 따르면, 현재 시장에서 판매되고 있는 HEV의 후속 양산 가능 기술로서 PHEV를 꼽고 있다. 이는 PHEV를 구성하는 시스템이 에너지 저장시스템과 차량에 대한 운용 제어로직을 제외하고는 HEV를 구성하는 시스템과 상당히 유사하기 때문에, 이를 근간으로 상용화를 위한 개발이 상대적으로 용이할 것으로 판단하고 있는데 따른 것으로 보인다.

현대차 소나타 PHEV

- 쏘나타 PHEV의 가장 큰 특징인 두 가지 '주행 모드' 이다. 엔진 없이 모터로만 주행하는 전기자동차 모드(CD 모드)와 필요에 따라 엔진과 모터를 모두 사용하는 하이브리드 모드(CS 모드), 쏘나타 PHEV에서는 두 가지 '주행 모드'의 매력을 모두 만나볼 수 있다.

□ 전기자동차 모드(CD mode: Charge Depleting): 엔진은 쉬고 모터를 이용해 주행

- LF쏘나타 PHEV는 충전된 전지가 일정량 소진될 때까지는 모터로만 주행하는 CD 모드를 유지한다. 말 그대로 급가속 등 특별한 상황을 제외하곤, 연료를 사용하는 엔진을 쉬게 해주는 시간인 것이다.

□ **하이브리드 모드(CS mode: Charge Sustaining) : 엔진과 모터로 주행**

- 쏘나타 PHEV는 일반적으로 시동을 걸고 출발할 때 CD모드, 즉 전기자동차 모드로 운행되다가 강한 가속이 필요하거나 전지가 소진됐을 때 모터와 엔진, 두 개의 심장을 함께 사용하는 CS모드로 진입한다.

(2) 개발동향

2006년부터 본격적으로 미국을 중심으로 하여 차세대 친환경자동차로서 플러그-인 하이브리드 전기자동차가 부각되기 시작하였다. PHEV는 외부 전원계통으로 부터 전력을 공급받아 충전장치를 통해 차량에 장착된 에너지 저장시스템에 전기 에너지를 저장하고, 차량 주행에 저장된 전기 에너지를 사용함으로써 내연기관 즉, 화석연료의 사용을 최대한 억제하는 실질적인 무공해 자동차(Practical Zero Emission Vehicle)라고 할 수 있다.

자동차 업체들은 전기자동차 보급에 가장 큰 걸림돌인 높은 전지 가격이 낮아진다고 해도 짧은 주행거리 문제가 해결되지 않기 때문에, 대안으로 전원을 직접 연결해 전지를 충전할 수 있는 플러그인 하이브리드카 개발에 주력하고 있다.

글로벌 자동차 업체들은 리튬 전지를 사용하는 플러그인 하이브리드카 부문을 강화하고 있다. GM은 쉐보레 볼트를 도요타는 기존 하이브리드카 프리우스를 개량한 플러그인 프리우스를 시판하고 있다.

BMW는 미래형 이동수단을 표방하는 'i' 브랜드를 선보이며, 'i3', 'i8' PHEV 모델을 차례로 출시하였다. 저배기량 엔진과 리튬 전지를 탑재한 i3는 전지만으로 160km를 주행할 수 있다. BMW는 'i' 브랜드 차량을 단순히 연비를 높인 교통수단이 아니라 교통 정보와 연계한 효율적 주행과 지능형 주차 시스템 등을 결합해 자동차 패러다임을 바꾸겠다는 전략이다.

이외에도 포드, 폭스바겐, 혼다, 마쓰다 등 다른 자동차 업체들도 플러그인 하이브리드카를 이미 출시했거나, 출시한다는 계획을 가지고 있다. 특히 중국 자동차 업체 BYD도 플러그인 하이브리드카 부문에 연구개발 투자를 늘리고 있다.

시보레 볼트(GM)

볼트(Volt)는 일반 PHEV와 구조적인 면에서 거의 동일하지만, 눈에 띄는 특징 하나가 있다. 바로 볼텍 추진 시스템이다. 이는 모터2개가 필요에 따라 개별적 혹은 함께 작동 하여 힘과 토크는 극대화 하는 동시에 전기사용은 최적화 하여 효율적인 주행을 가능하게 해준다. 48 KW의 듀얼 모터 시스템을 사용하여 드라이브 유닛의 효율을 높인다. 주로 엔진은 전지를 충전하는데 쓰이고, 동력은 모터가 주로 담당한다. 기존의 PHEV와 가장 큰 차이점이다.

그림 3-34 GM의 쉐보레 '볼트(Volt)' PHEV

브랜드	토요타	쉐부레	현대치
차량명	프리우스 프라임	볼트	아이오닉 플러그인
배터리용량	8.8kWh	18.4kWh	8.9kWh

그림 3-35 미국시장 PHEV 3파전 모델비교

저속에서는 1개의 모터가, 고속과 추월에서는 2개의 모터가 효율적으로 작동하면서 결과적으로 효율과 성능 두 마리 토끼를 다 잡을 수 있다. 최대 149마력에 40.6 kg·m 토크를 가지면서도 17.8 Km/L의 연비, 그리고 676 km를 달릴 수 있는 스펙을 가진다.

GM의 쉐보레 '볼트(Volt)' PHEV는 미국내 가장 많이 팔리는 PHEV에 등극했다. 쉐보레 볼트는 1회 전기 충전에 89 ㎞를 간다. 보통 PHEV가 1회 전기 충전에 40 ㎞ 주행 가능한 점과 비교하면 2배 이상이다.

프리우스(도요타)

HEV 절대 강자 토요타가 전기자동차로 전략 수정한 배경은 무엇일까?

지금까지 토요타자동차는 하이브리드자동차(HEV)와 연료전지차(FCEV)를 미래 친환경차량의 중심축에 놓고 집중적인 투자를 해 왔다. 그런데 미래를 주도할 차세대 차량의 불확실성 때문에 전기자동차 사업에 참여키로 방침을 정했다. 토요타는 2017년부터 내부 기획개발팀을 신설하고 1회 충전으로 300 km 이상 주행하는 전기자동차 출시 목표로 프리우스나 코롤라의 플랫폼을 활용한 SUV 전기자동차를 개발한다. 토요타는 원칙적으로 오는 2050년까지 내연기관 생산을 중단하고 중간 단계로 내연기관과 전지를 병행 사용하는 하이브리드 차량으로 시장을 주도하다가 궁극적으로는 연료전지차로 모두 대체해 나간다는 전략을 추진해 왔다.

그런데 세계 주요 국가와 자동차업체들이 전기자동차를 메인으로 내세우면서 전기자동차 개발경쟁이 생각보다 빠르고 치열해지자 전기자동차 부문에서 뒤쳐질 경우 낙오될 위험성이 높다고 판단, 전기자동차를 포함한 모든 환경기술에 전 방위적으로 대응할 수 있도록 전략을 전환키로 한 것으로 보여진다.

유럽 자동차업체들의 경우, 클린 디젤을 축으로 플러그인 하이브리드와 전기자동차에 올인하고 있으며 미국 업체들은 하이브리드와, 플러그인 하이브리드, 전기자동차 개발에 집중적으로 투자하고 있는 경향이 있다.

토요타의 경우는 가정용 전원으로 충전이 가능한 플러그 인 하이브리드 차량(PHV)을 시판한다.

전기자동차는 비싼 전지 가격과 200 km를 넘지 못하는 짧은 항속거리, 긴 충전시간 때문에 일반 보급에는 시간이 많이 걸릴 것으로 판단해 왔다. 그러나 최근 들어서는 전기자동차의 전지 성능이 생각보다 빠르게 향상됨에 따라 약점인 주행 거리와 차량 가격에서 경쟁력을 갖추기 시작하자 전 세계가 일제히 전기자동차를 차세대 메인 차량으로 지지하기 시작했다.

미국 캘리포니아주에서는 판매되는 차량에 대해 새로운 규제가 도입, 일정 비율의 전기자동차를 판매해야만 다른 차량을 판매할 수 있게 되고 한국에서도 전기자동차 의무 판매제 도입이 논의되고 있으며 중국과 독일에서도 전기자동차에 엄청난 규모의 보조금이 도입되고 있다.

게다가 충전 설비의 표준화나 확대 및 정비계획도 유럽과 미국 등지로 확산되고 있다. 이 때문에 토요타 자동차와 선두 다툼을 벌이고 있는 독일 폴크스바겐(VW)은 2025년까지 30개 차종 이상의 전기자동차를 투입, 연간 200만 대 이상의 판매를 목표로하고 잡고 있다.

또, 닛산자동차는 중국에서 저가용 전기자동차 투입을 검토하고 있고 혼다차도 미국에서 전기자동차 세단을 시판한다.

전기자동차 부문에서 가장 앞서 있는 미국 테슬라 모터스 등 신흥 강자들도 3천만 원 대 고성능 저가 전기자동차를 내놓기로 하는 등 전기자동차 시장을 둘러싼 자동차업체들의 경쟁이 한층 치열해지고 있다.

F3DM((BYD)

순수 전기자동차를 가장 많이 판매한 곳은 연일 뉴스거리를 뿌리고 있는 테슬라가 아니다. 출시 5년 동안 20만대가 판매된 전기자동차의 스테디셀러 리프를 만드는 닛산도 아니다. 중국 업체 BYD가 1위를 차지했다. 지난 해 총 판매량은 6만여대를 기록했다. 테슬라가 5만여대로 뒤를 이었다. 하지만 중국 제품을 보면 우리는 항상 평가절하를 하며 말한다. "14억 명에게 하나씩만 팔아도 1등 아니겠어?" 맞는 말이다. 중국의 자동차 시장 규모는 세계에서 가장 크다. 이미 2009년도에 미국을 제치고 7년째 1위를 하고 있다. 그러나 단순히 시장이 크기 때문에 BYD가 어부지리로 승리한 것은 아닐지 모른다.

BYD의 주력은 전기 버스다. 전세계에서 전기 버스를 대량 생산하는 곳은 BYD가 유일하다. 주력 모델인 K9은 12 m길이의 40인승 버스다. 324 kW의 전지를 탑재하고 약 250 km를 달릴 수 있다. 충전 시간은 4시간 밖에 걸리지 않는다.

BYD는 전기자동차 전지 업계에서 점유율 2위를 기록하고 있다. 지금 만들어 지는 전기자동차 4대 가운데 1대는 BYD의 전지를 사용하고 있다.

BYD의 전지는 무겁고 비싸다. 그런데 어떻게 계속 점유율이 오르고 있는 걸까? 비결은 BYD의 독점 커스텀 기술로 만들어진 'LiFePO 4' 전지다. BYD의 리튬 인산철(lithium-iron-ferrous-phosphate) 진지는 4,000회 이상 충전에도 70% 이상의 효율을 보장한다. 과열로 인한 폭발에 대한 안전성도 뛰어나다.

아직 상용 모델에 적용된 기술은 아니지만 망간을 추가한 'LiMnFePO 4' 전지는 에너지 밀도 증가, 전지 충전 속도를 획기적으로 단축할 수 있다. BYD의 고속 충전기를 사용하면 20분이면 80%, 40분이면 100% 완충을 할 수 있다. BYD의 전기자동차 전지 수명은 30년이고 보증 기간은 무려 12년이다.

그림 3-36 F3DM((BYD)

i8(BMW)

국내에서 강세를 보이는 독일 완성차 업체들이 경쟁적으로 PHEV 출시에 나서고 있다. 독일차의 경우 토요타로 대표되는 일본 완성차 업체들이 선점한 하이브리드차를 건너 뛰고, 바로 PHEV로 진입하고 있다. PHEV 시장을 장악하면 다음 단계인 완전한 전기자동차 시장 평정도 유리할 수 있기 때문이다.

BMW는 PHEV인 스포츠카 'i8'을 선보인데 이어 PHEV인 SUV 'X5 xDrive40e'를 선보인다.

BMW의 제조 공장은 세계 여러 곳이 있지만, i8 모델은 독일에서만 제조하며, 스포츠카 성능을 자랑한다고 알려져 있는 모델이다. 전기 충전 또는 재생 시스템으로 충전되기 때문에 다른 자동차보다 무게가 많이 나가게 되어 있는 모델이다. BMW 기술을 담아 조금 더 무게를 줄이기 위해서 탄소섬유, 세라믹, 알루미늄 등 적용하여 1485 KG 무게를 실현하며 출시하게 되었다.

AWD구동으로, 동적 벡터링 시스템은 eDrive 적용하여 최고의 드라이브를 즐길 수 있도록 민첩한 휠 스핀과 코너링에서 각기 다른 휠 스핀을 적용해 안정적인 코너링을 도와주는 시스템이다. 최고출력(362ps/ rpm), 최대토크(58.2 kgm/rpm), 1회 충전, 전기모드에서 120 Kmh 속도로 37 ㎞ 주행 가능하다.

그림 3-37 i8(BMW)

3-4 연료전지 전기자동차

전기자동차에 전기를 공급하는 방법은 연료전지와 축전지 두 가지다. 외부로부터 전기를 충전, 저장해야 하는 축전지방식은 수백 파운드의 무거운 축전지팩이 필요한데다 운행거리에 제한이 따르고 3～6 년에 한 번씩 축전지를 교환할 때 많은 돈이 든다. 그래서 자동차 업계에서는 연료전지 방식에 더 주목하고 있다. 특히 수소연료전지는 축전지에 비해 작고 가벼우며 빠른 시간에 재충전된다는 것이 장점이다. 또 수증기만을 방출하기 때문에 가장 깨끗한 미래형 동력원이 될 것으로 보인다.

연료전기자동차의 경쟁자인 전기자동차는 주행 시 배기가스를 배출하지는 않지만 화력발전으로 전기를 생산한다면 화석 연료를 사용하기 때문에 엄밀한 의미에서 무공해차로 분류하기는 어렵다.

연료전지 전기자동차는 화학적 축전지 대신 작은 발전소에 비유할 수 있는 연료전지(Stack)를 싣고 다닌다. 연료전기자동차는 수소를 연료로 사용하는데 아직은 수소 저장 및 운반 기술이 미흡하고, 충전소도 많지 않아서 상용화되지 못하고 있다. 그러나 연구는 활발하게 이루어지고 있다.

연료전지는 가장 주목을 받고 있는 대체에너지 기술 중 하나로, 환경오염 문제를 해결하고 전력 수요 및 에너지 수요에 효율적으로 대비할 수 있는 일종의 전기화학 장치이다. 연료전지는 원료인 수소를 산소와 반응시켜 열과 전기를 얻는다. 물을 전기분해해 수소와 산소를 만들어내는 원리를 반대로 생각하면 쉽다.

[표 3-10 전기자동차와 수소연료전지자동차의 성능비교]

	전기차/수소차 비교	
전기차(전기)	**비교항목(연료)**	수소연료전지차(수소)
354 km(테슬라 모델3)	**주행거리**	609 km(현대차 넥쏘)
20분~8시간	**충전시간**	3~5분
가격저렴, 생산과정 단순 기존 충전 인프라 활용	**장점**	짧은 충전시간, 긴 주행거리 미세먼지제거/상대적)
짧은 주행거리, 긴 충전시간 원자재(리튬,코발트)고가	**단점**	비싼 충전소, 높은 생산단가 연료전지용 백금 촉매 가격

* 주행거리는 출시연도, 국가별 인정기준에 따라 다를 수 있음

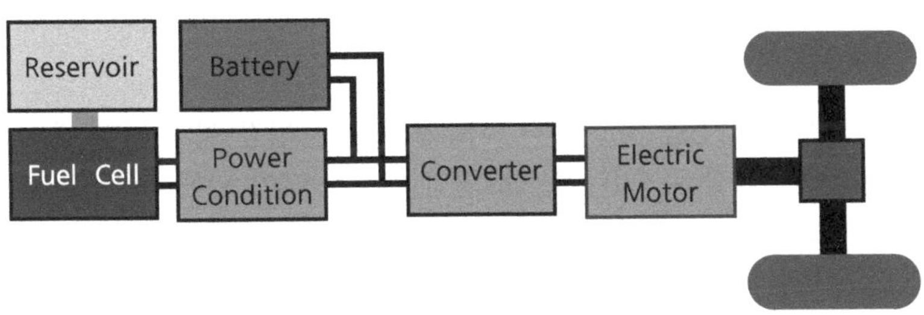

그림 3-38 연료전지 전기자동차 구조

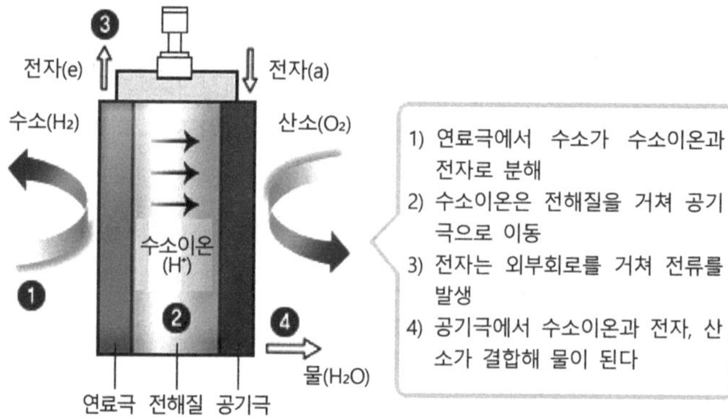

그림 3-39 연료전지의 전기발생원리

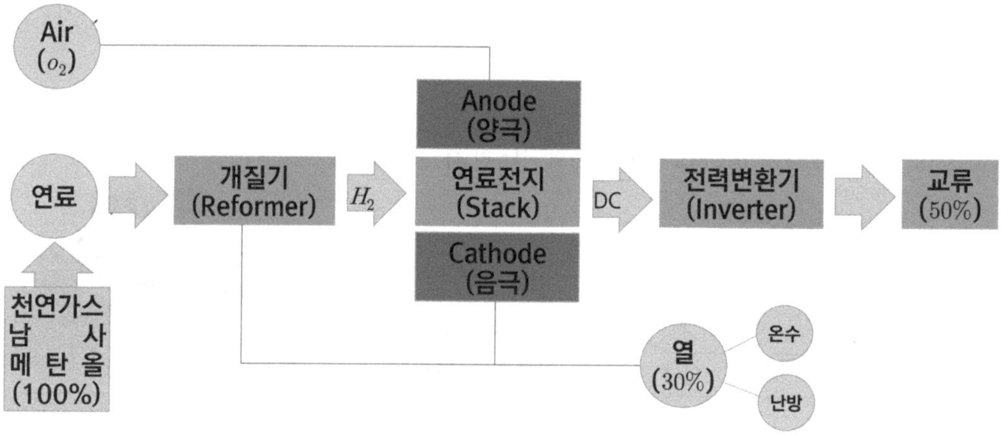

그림 3-40 연료전지 발전시스템 구성도

연료전지는 연료극(anode), 공기극(cathode), 그리고 이온전도성 전해액으로 구성된다. 연료극에서 수소가 이온화되어 수소이온의 형태로 전해액을 통해 공기극으로 이동하고, 이온화시 발생한 전자는 외부회로를 통하여 공기극으로 흘러가게 된다. 공기극에서 만난 산소, 수소이온 그리고 전자가 반응하여 물을 생성한다. 즉, 연료전지는 수소와 산소를 전기화학적 방법으로 반응시켜서 전기를 생산하는 장치이다. 이때 생성물은 물이며, 부수적으로 반응열도 생성된다.

연료전지는 다양한 장점을 갖고 있다. 가정용의 경우 발전 뿐 아니라 발전 과정에서 나오는 열을 난방에 활용할 수 있다. 발전효율만 해도 35%에 달해 기존 발전시스템보다 높다. 여기에 난방효율까지 더하면 전체 효율은 80%에 달해 압도적인 우위를 자랑한다. 효율이 높으면 높을수록 연료 사용이 줄어든다. 화석연료를 이용한 기존의 방식에 비하여 훨씬 더 효율적으로 사용할 수 있는 것이다.

(1) 수소 연료전기자동차

수소 연료 전지로 발전하고 모터를 구동하는 타입으로 수소를 직접 연소하여 이용하는 수소자동차와는 에너지를 내는 방법이 다르다.

[표 3-11 수소 연료전기자동차 장단점]

구 분	장 점	단 점
수소 연료 전기자동차	· 자연 에너지 발전의 이용보다, 수소는 물에서 무한대로 생산 가능하여 지속 가능하다. · 주행시 CO_2나 NO_X가 발생하지 않는다. · 항속거리가 전지식 전기자동차 보다 길다. · 내연수소자동차보다 연료를 절감할 수 있다.	· 다른 방식의 수소 자동차와 같은 단점 · 인프라 정비에 비용이 든다. · 수소흡장합금 탱크나 고압수소 탱크를 탑재하므로 차량 내부 공간이 협소하고 무게는 증가한다. · 수소연료 전기자동차에 사용하는 백금 등에 의해 연료 전지 자체가 고가여서, 내연 수소 자동치 보다 취득 비용이 든다. · 화학 반응을 이용하는 발전이로, 이온 교환 수지의 마모에 의한 성능 저하를 피할 수 없으며, 몇 년마다 연료 전지를 교환해야한다.

(2) 알코올 연료 전기자동차

알코올을 직접 연료전지에 공급하는 방식과, 연료 개질기를 사용하여 알코올에서 수소를 얻어, 수소 연료 전지에 공급하는 방식이 있다. 발전이후의 시스템은, 모터를 구동하는 전기자동차와 거의 같다. 알코올을 연료로 하여 직접 내연기관에서 연소시키는 자동차와는 다르다.

[표 3-12 알코올 연료 전기자동차 장단점]

구 분	장 점	단 점
알코올 연료 전기자동차	· 화재시 물로 소화가 가능하다. · 항속 거리가 전지식 전기자동차에 비해 길다. · 연료 가격은 비교적으로 싸다. · 전기자동차와 설계의 공통화를 도모할 수 있다.	· 알코올의 제조 단계에서 CO_2가 발생한다. · 알코올 연료는 가솔린이나 경유에 비해 인화 가능한 공기중의 혼합비의 범위가 넓고, 안전성이 떨어진다. · 메탄올은 금속을 부식 시켜 취급 자격이 필요하다. · 연료 전지 스택이 비싸다. · 부식성 때문에 알코올 직접 공급식 연료 전지는 수소 연료 전지 보다 수명이 짧다.

한·일 친환경차 개발 경쟁

- 한국과 일본 자동차 회사들의 친환경차 투자 경쟁이 본격화하고 있다. 양국 대표 자동차 기업인 도요타, 현대·기아차는 친환경차와 자율주행차 관련 기술 개발에 수십조원이 넘는 투자를 예고했다.
- 도요타는 수소연료전지차(FCV)와 플러그인 하이브리드카 개발에 집중하고 있다. 수소연료전지차는 도요타가 '궁극의 친환경차'로 생각하는 모델이다. 도요타는 2014년 12월 수소연료전지차 '미라이'를 선보였다. 충전 시간은 3~5분, 한 번 충전으로 650 km를 달린다.

도요타 수소연료전지차(FCV)

- 현대·기아차도 친환경차 경쟁에서 밀리지 않겠다는 의지를 내보였다. 현대차그룹 회장은 친환경 자동차 라인업을 확대해 시장을 주도하자고 말했다. "끊임없는 혁신만이 불확실성의 시대에도 생존할 수 있는 방법"이라고도 했다.
- 수소연료전지차의 새로운 모델도 구상 중이다. 수소연료전지차를 세계 최초로 개발한 만큼 수소차 경쟁에서도 앞서가겠다는 것이다. 현대·기아차는 2010년에 '투싼ix FCEV'를 처음 내놨다. 한 번 충전으로 424 km를 달리는 친환경차다.

[현대차 투싼과 도요타 미라이의 제원 및 성능 비교]

도요타		현대차
미라이	**차 량**	투싼ix FCEV
502	**주행거리(km)**	426
4인승 세단	**차 종**	5인승 SUV
150	**마력(PS)**	129
4890×1816×1534	**크기(전장×전폭×전고mm)**	4895×1875×1475

/ 주행거리는 출시연도, 국가별 인정기준에 따라 다를 수 있음

[현대자동차 수소전기자동차 넥쏘 주요제원]

구분		제원
	1회 충전주행거리(km)	609 Km
	완전충전 시간	5분
	적재공간	839 L
	모터최대출력	135.0 KW
	최대토크	395.0 N·m
	가속성능제로백	9.2초
	복합연비	96.2 Km/Kg

/ 주행거리는 출시연도, 국가별 인정기준에 따라 다를 수 있음

3-5 종류 및 발전동향

화석 연료 매장량의 한계 및 환경 보호라는 대명제는 인류에게 무공해 연료의 필요성을 부각시키고 있다. 특히 고유가 등으로 인한 대체 에너지 개발 중요성이 크게 대두되고 있으며, 환경오염에 따른 각종 규제로 인해 현재의 화석 연료가 아닌 새로운 대체 에너지로 구동되는 자동차의 개발의 중요성이 더 커지고 있다.

향후 10년~20년 내에 친환경 자동차의 산업은 비약적으로 발전할 것이다. 따라서 시장으로서 아직 도입 단계이고 관련 기술은 향후 가장 유망한 자동차 기술 중의 하나로 예상되므로, 우리나라에서도 국내 실정에 적합하며 세계 경쟁력을 지닌 하이브리드 전기자동차 및 관련 부품 기술을 개발할 필요가 절실히 요구되고 있다.

[표 3-13 전기자동차 구분]

구 분	특 징
하이브리드 전기자동차	내연기관과 전기모터 두 종류의 동력을 조합·구동하여 기존 내연기관 자동차보다 고연비·고효율 실현
플러그인 하이브리드	가정용 전기축전지에 충전해서 쓸 수 있는 하이브리드차
전기자동차	축전지와 전기모터의 동력만으로 구동하는 자동차
연료전지자동차	연료전지로 움직이는 자동차
클린디젤차	일반 디젤차보다 배출가스를 현저하게 줄이면서도 동급 가솔린차 대비 20~30% 효율이 높은 초고효율 디젤 시스템 장착

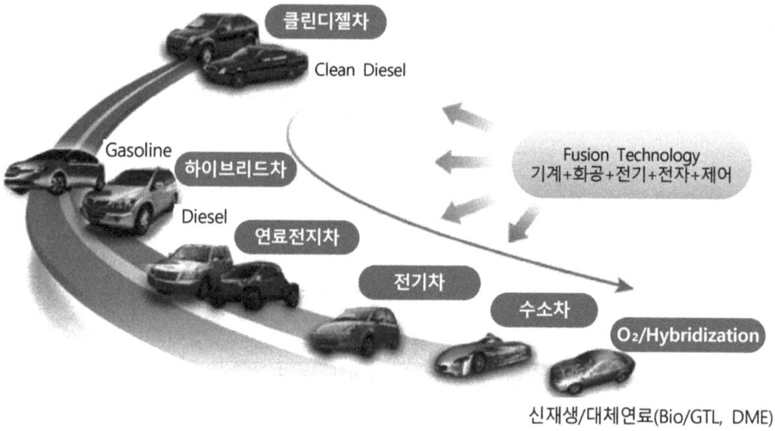

그림 3-41 그린카의 발전동향

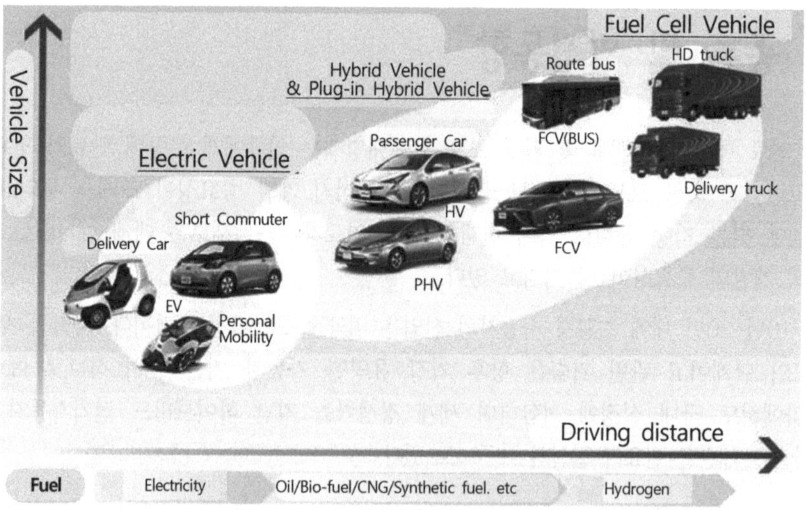

그림 3-42 그린카의 적용 차종

친환경적 자동차는 2010년 이후 내연기관 자동차를 대체하기 시작하여 2040년에 완전히 대체할 것으로 전망된다.

자동차 산업의 단계는 2008년 금융위기와 유가 폭등으로 비롯되었다. 자동차 산업의 패러다임이 바뀌고 있는 시점이다. 유가폭등은 친환경 차에 대한 욕구를 폭발 시켰다. 자동차 산업의 핵심 기술이 내연기관이었는데 이 내연기관을 바꾸지 않으면 안 되는 단계에 온 것이다. 순수한 전기자동차냐 아니면 연료전기자동차냐 등으로 바뀌고 지능형 자동차에 대한 욕구도 증대되고 있는 것이다. 사실 이제는 자동차가 이동용 로봇에 가까워지고 있다.

자기 제어 로봇처럼 주인이 원하는 목적지를 말하면 그것에 안전하게 데려다 주는 것이다. 연료도 알아서 태양에너지로 만들고 말이다. 이런 꿈의 자동차가 곧 등장하는 시기에 온 것이다. 문제는 기술의 문제보다도 현재의 남아 있는 설비와 장비 또 인력의 문제 때문에 그 시기를 조절하고 있는 시점에 있는 것이다.

현재의 기술에서도 충분히 개선을 하면 적어도 10년 이상은 비즈니스를 영위할 수 있다는 것이고 아직까지는 미래의 기술이 경제성을 가지지 못하고 있다는 것을 의미한다. 사실 그렇게 전 세계 자동차 기업들이 질박하지도 않았기 때문이다. 그러나 이제는 상황이 달라지고 있다. 준비된 회사는 먼저 시장 점유를 할 것이기 때문이다.

그렇기에 금융위기가 발생되어도 줄이지 않고 끝까지 투자 하는 부분이 바로 미래형 자동차 개발 분야인 것이다.

전기자동차의 변천과정

내연기관 자동차는 엔진의 구동에 의하여 구동바퀴가 회전하며 이에 의하여 자동차가 이동하는 구조로 되어 있다.

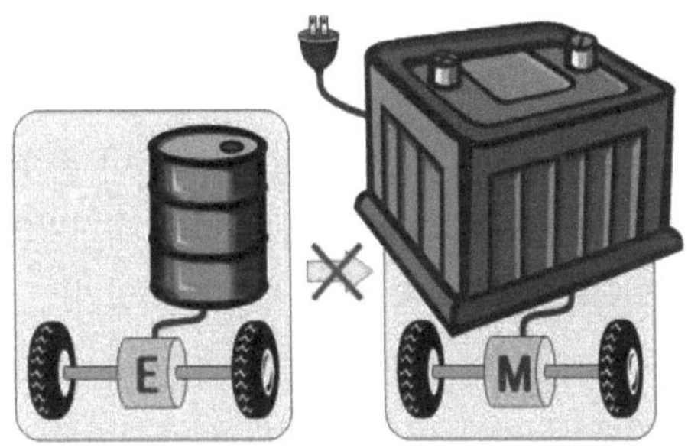

그림 3-43 전기자동차의 변천과정

전기자동차는 축전지를 동력원으로 사용하는 모터에 의하여 모터가 구동바퀴를 회전하는 구조로 되어 있다. 전기자동차는 모터의 특성상 공회전이 필요 없고 회생제동(속도를 줄이면 모터가 발전기 역할을 하여 전지를 충전한다)이 가능하는 등 에너지 측면에서 여러 가지 장점을 가지고 있다.

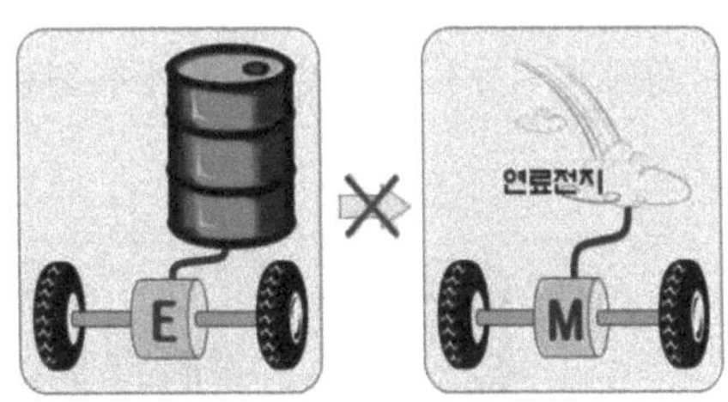

그림 3-44 전기자동차의 변천과정

전기자동차를 현실화 하는데 가장 큰 걸림돌은 축전지의 용량 부족이다. 축전지의 용량 부족 현상은 연료전지를 사용하면 해결 가능하다.

연료전지란 수소, 알코올 등의 연료가 외부원소와 작용하여 전기를 발생시키는 장치를 말한다. 그러나 아직 연료전지의 기술개발 미비로 이하여 연료 전기자동차의 상용화에 많은 어려움이 있다.

순수한 전기자동차의 대용량 전지 개발 이전에 필요한 전지의 부족분을 충당할 수 있는 전기자동차의 한 형태가 hybrid 자동차이다.

그림의 "MG"는 엔진이 회전할 때에는 발전기로 동작하여 축전지를 충전시키고, 엔진이 회전하지 않을 때는 모터로 동작한다. Hybrid 자동차의 형태는 "석유-엔진", "축전지-모터"의 두 동력원을 기계적으로 결합한 형태이므로 기계적으로 상당히 복잡하다.

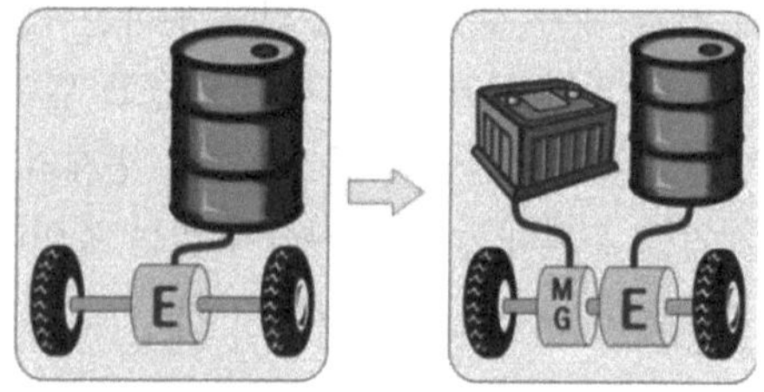

그림 3-45 전기자동차의 변천과정

축전지 용량이 좀 더 커지면 회전은 모터에 의해서만 하고 "석유-엔진"에 의해 발전을 하는 전기적 결합 방법이 가능해진다.

이 방식은 축전지의 충전 에너지에 의해 모터를 회전시키는 "순수 전기자동차"의 보조 전원으로 석유 발전기를 붙인 형태로 생각할 수 있다.

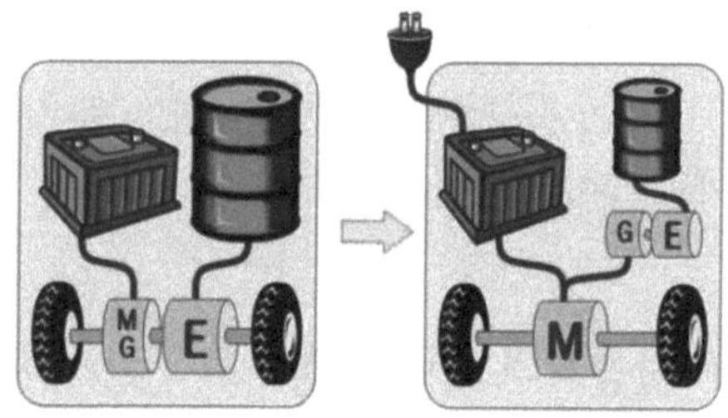

그림 3-46 전기자동차의 변천과정

용량이 큰 전지가 개발된다면 보조 동력원이 엔진이 필요없게 되므로 순수 전기자동차로 만들 수 있다.

현재 세계 각국의 자동차업체들이 순수 전기자동차의 개발을 위하여 혼신의 노력을 기울이고 있다. 순수 전기자동차를 위하여 축전지의 대용량화는 필수요건이다. 축전지 용량 문제가 해결되더라도 한 가지 큰 문제가 남아있다.

현재 세계 각국의 자동차가 소비하는 에너지는 전 세계 생산 전력의 3배에 육박하고 있다. 전기자동차가 구동을 위하여 충전기를 통하여 전지를 충전한다면 결국 충전을 위한 전력은 어딘가에서 발전해야 한다. 현재 개발 중인 순수한 자연 전력원인 풍력발전, 태양광 발전 등으로 발전할 수 있는 전력은 한계가 있다. 그렇다면 이러한 문제를 해결해 줄 수 있는 새로운 형태의 자동차는 무엇일까? 아마 연료전지전기자동차가 답일지도 모른다.

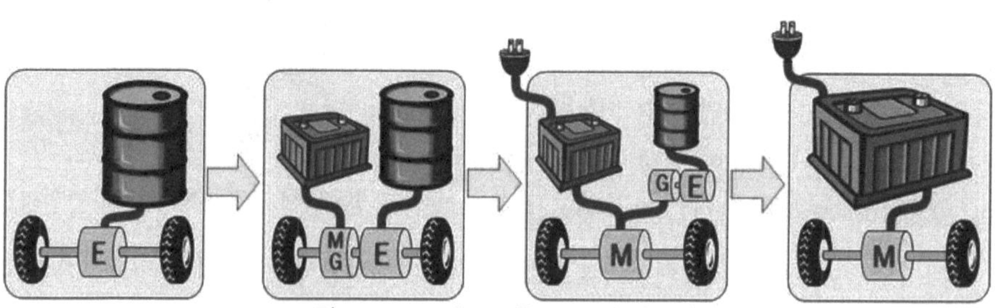

그림 3-47 전기자동차의 변천과정

전기자동차의 미래

내연기관으로 인한 석유고갈, 지구오염, 온난화 현상 등의 해결방안으로 대체 에너지에 대한 연구가 활발하다. 미래에는 어떤 자동차가 내연기관을 대체할 수 있을까!

전기자동차는 사실 생각보다 오래전에 발명되었다. 하지만 2차전지에 대한 기술부족으로 사장된 기술이었다. 최근에 리튬이온전지가 발명된 후로 내연기관을 대체할 전기자동차가 급부상되었다. 전기자동차의 장점은 싼 연료비와 소음과 매연이 없고 부품도 적게 들어간다. 내연기관의 자동차가 30,000여개의 부품이라면 전기자동차는 18,000여개의 부품이면 완성된다. 하지만 전기자동차의 큰 단점이 있다. 바로 전지 가격이다. 전지의 핵심 원료인 리튬은 우주에는 흔하지만 지구에서는 희귀원소이다. 최근들어 사용량이 급증했으며 10년 동안에 가격이 4배 이상 증가하였다. 지금의 사용량으로는 20년 안에 고갈이 예측된다. 리튬은 전지 외에 원자로 제어봉이나 전투기의 합금으로도 쓰이기 때문에 사용량이 급증해서 고갈될 위기에 처했다. 가격에 대한 해결책은 새로운 전지기술이다. 최근들어 탄소나노튜브로 전지를 만들면 10배 이상 전기를 더 저장할 수 있다고 하니 대중화되면 전지 가격이 많이 떨어질 것이다.

또 다른 문제점은 충전 인프라이다. 미국과 같이 개인차고가 있으면 모를까 우리나라 같이 개인차고 없이 충전하는 것도 큰 문제이다.

충전방식의 문제는 최근 기술인 전자기공명장치를 이용한 무선충전방식이다. 주차장에 세워만 둬도 자동으로 충전되는 방식이다. 하지만 지금 기술로는 효율이 50%미만이고 거리에도 한계가 있어 기술발달이 더 요구되고 초기 인프라 구축에 막대한 자금이 들어갈 것이다.

수료연료전지 자동차는 연료가 수소이온이다. 수소와 산소가 만나면 물이 되는데 이 과정에서 전기가 발생한다. 이 원리를 적용한 기술은 전기자동차의 단점인 짧은 주행거리를 보안한 기술이다. 그리고 매연을 전혀 배출하지 않는다는 장점을 가진 반면에 치명적인 단점이 있다. 수소연료의 확보이다. 지구상에 수소가스는 거의 존재 안한다. 하지만 물은 풍부하다. 물에서 수소를 추출하려면 전기분해가 필요한데 이 역시 에너지가 필요하다. 우리나라의 경우 발전량의 상당부분은 화석원료를 사용한다. 하지만 원자력이나 수력으로 전기를 생산한다면 아주 유용한 기술이다. 하지만 원전건설 비용 등으로 인하여 당장 대체하기엔 매우 힘들다. 그래서 최근에 미생물을 이용한 수소 생산연구를 활발히 진행 중이지만 그 생산량에 대한 채산성이 아직까진 낮다. 그리고 인프라 구축에도 많은 자금이 들어가서 당장에는 실용화되기 힘든 기술로 간주된다.

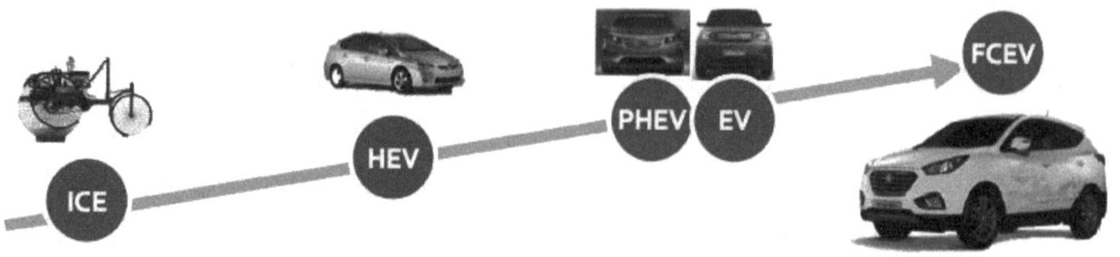

그림 3-48 친환경차·고연비 –친환경차 기술발전 방향

[표 3-14 차종별 장단점 비교]

구분	장점	단점
ICV	· 가격이 가장 저렴하고 현재 점유율이 압도적으로 높음 · 에너지로 석유를 쓰기 때문에 편리	· 배출가스가 많아 환경을 오염시킴 · 지구온난화에 악영향 디젤은 퇴출위기
HEV	· 전기모터가 구동을 도와 연비가 좋고 친환경적	· 가격이 내연기관차보다 높음
PHEV	· 하이브리드에 외부 충전 기능 더한 것 · 일정거리는 모터만 주행	· 내연기관+전기자동차 시스템까지 이중의 동력 계통을 갖춰야 하기 때문에 하이브리드보다 비쌈
BEV	· 전지의 전기로 모터 돌려 주행 · 배출가스 없음 · 전지·모터의 배치 자유로워 자율주행차에 잘 맞음	· 급속충전/15–30분, 완속충전/8–9시간 · 한번 충전 후 주행거리 짧음
FCEV	· 충전시간 5분 정도로 전기자동차보다 짧음 · 한번충전으로 600 km 이상 주행	· 대당 원가가 내연기관차의 3~5배 수준 · 수소충전소 아직 미비

선진 각국에서는 순수전기자동차의 조기 실용화를 위하여 정부 차원의 대규모 투자와 아울러 강제 보급 정책을 추진하고 있다. 자동차 제작회사들도 이에 적극 참여하고 있으므로 전기자동차의 개발 및 실용화와 더불어 수소연료전지자동차(FCEV)에 대한 연구도 활발히 진행되고 있다.

제 4 장

전기자동차 구조

4-1 전기자동차 주요부품

4-2 인버터

4-3 컨버터

4-4 모터제어기

4-5 회생제동장치

4-6 전지시스템(BMS)

4-7 전기자동차와 내연기관 자동차와의 비교

전기자동차의 보급은 자동차 산업 전반의 큰 변화를 이끌고 있다. 지금까지 내연기관 자동차는 엔진을 생산하는 완성차 제조업체를 중심으로 변속기와 클러치 등을 공급하는 업체의 협력으로 만들어졌으며, 다소 복잡한 생산구조를 이루고 있다. 그러나 **2차 전지와 모터로 구동하는 전기자동차는 변속기가 필요 없어지는 등 구조가 간단해지고 내연기관차에 비하여 부품개수가 압도적으로 줄어든다.**

자동차 구조만 단순해지는 게 아니다. 산업구조도 자동차 업체를 기준으로 하는 계열회에 의한 수직통합형에서 전지·전자 등을 중심으로 하는 수평통합적인 구조로 완만하게 변화할 것이다. 다시 말하자면 관련계열 이외의 기업도 참여할 수 있는 여지가 생기는 것이다.

가솔린 자동차의 경우, 기존의 유압기구였던 부품의 전동화가 진전돼 지금은 한 대에 100여개 이상의 모터가 탑재된다. 하이브리드 자동차의 경우 전자부품 사용이 증가해 모터의 탑재 수는 더욱 늘고 있다. 전기자동차화의 추세가 그야말로 탄력을 받고 있는 상황이다.

가솔린 자동차의 구동력은 엔진에서 나오지만 전기자동차는 모터에서 나온다. 가솔린 자동차의 엔진 회전수와 출력은 액셀레이터로 조절하지만 모터는 이 기능을 위해 컨트롤러를 부착해야 하는데 이것이 간단한 문제가 아니다.

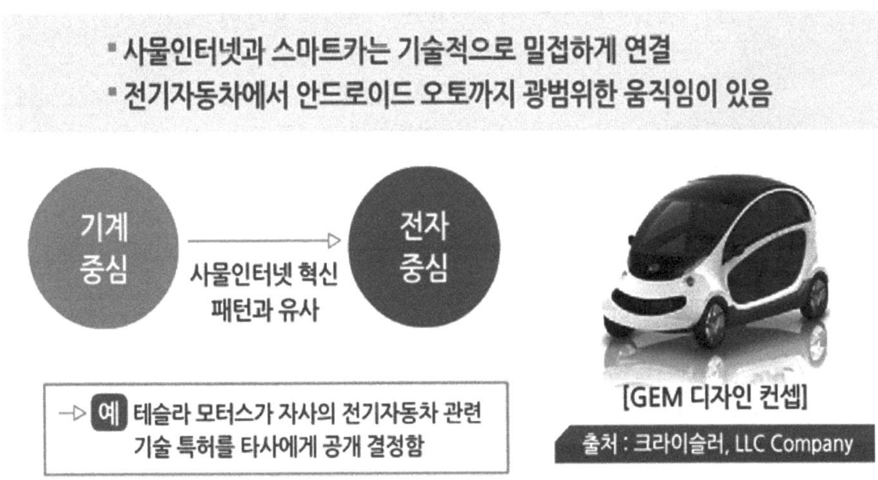

그림 4-1 자동차산업의 변화

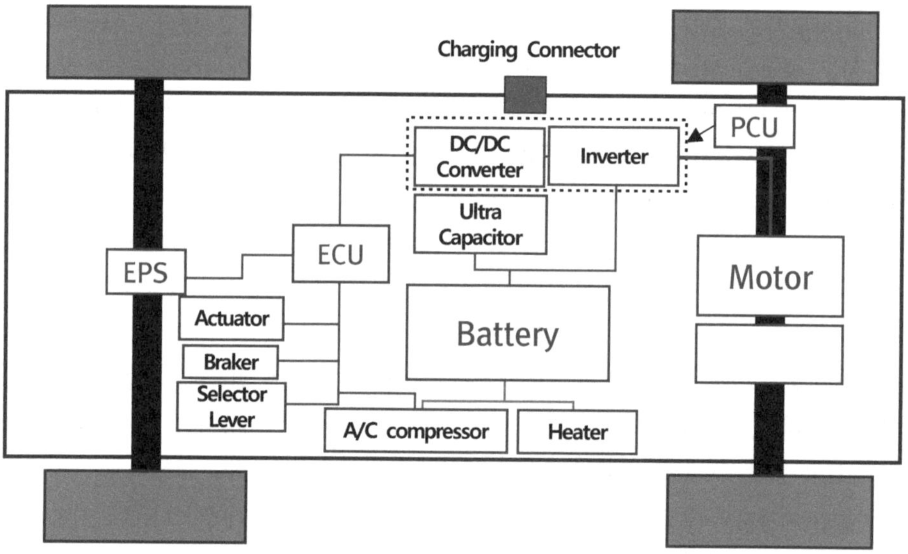

EPS: Electronic Power Steering
PCU: Power Control Unit(Converter+Inverter)
ECU: Electronic Control Unit

그림 4-2 전기자동차의 주요 부품구성도

자동차 이동성의 원천, 파워트레인

- 자동차에서 파워트레인은 동력장치에서 생산한 동력을 바퀴에 전달하는 과정에서 필요한 시스템을 지칭한다.
- 전기자동차 파워트레인은 동력을 만드는 모터와 전기의 특성을 제어하는 파워일렉트로닉스, 그리고 전기 에너지를 저장하는 전지팩으로 구성된다. 연료를 저장하고 배출하는 내연기관차의 연료탱크는 파워트레인에 포함되지 않지만, 전기자동차의 전지팩은 에너지의 저장 및 효율적 관리 역할까지 하므로 파워트레인 구성 요소에 포함된다.
- 전기자동차와 내연기관차 파워트레인의 가장 큰 차이는 동력을 만드는 방법에 있다. 내연기관차의 동력을 엔진이 만든다면, 전기자동차의 동력은 모터가 만든다. 엔진을 구동하려면 휘발유 등 연료가 필요하고, 모터를 돌리려면 전기가 필요하다. 동력을 전달하는 방식도 전기자동차와 내연기관차는 다르다. 전기자동차가 동력을 만들고 전달하는 방식은 내연기관차에 비해 간단한 편이다. 따라서 **전기자동차 파워트레인은 내연기관차보다 구조적으로 훨씬 단순하고, 부품수도 최대 80%까지 줄어든다.**
- 내연기관차의 성능은 파워트레인 구성 부품인 엔진과 변속기의 개별 성능, 그리고 부품간 효율적 연계 수준에 달려있다. 전기자동차에서도 파워트레인의 성능은 중요한 경쟁 요소다. 원가 측면에서도 파워트레인의 비중은전기자동차 부품 중에서 가장 높다. 전기자동차 모델간 경쟁의 핵심이다.

내연기관차 (폭스바겐 Golf)			전기차 (GM Bolt)		
파워트레인	$ 6,800	36%	**파워트레인**	$ 16,078	56%
- 엔진	$ 3,400	18%	- 전지	$12,300	43%
- 엔변속기	$ 1,200	6%	- 모터	$1,200	4%
- 파워트레인 기타	$ 2,200	12%	- 파워일렉트로닉스	$1,802	6%
			- 파워트레인 기타	$776	3%
기타	**$ 12,000**	**64%**	**기타**	**$ 12,600**	**44%**
합계	**$ 18,800**	**100%**	**합계**	**$ 28,678**	**100%**

파워트레인 부품가격 비중

4-1 전기자동차 주요부품

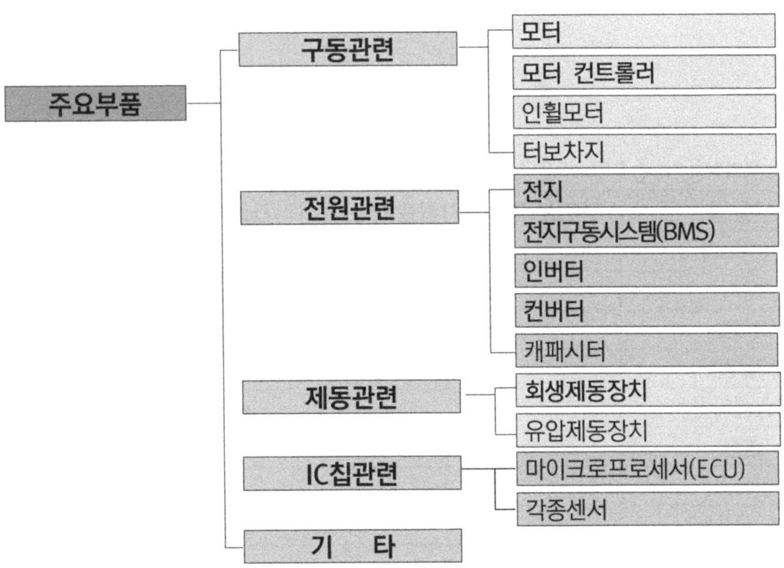

그림 4-3 전기자동차의 주요부품

전기자동차의 주요부품은 전지, 모터, 인버터/컨버터, 회생제동장치, 전지관리시스템(BMS) 등 이다. 전지는 재충전이 가능한 2차전지가 이용되며 전기자동차 품질에 가장 큰 영향을 미치며, 모터는 전지를 통해 구동력을 발생시키며 인버터/컨버터는 직류와 교류를 변환시키는 역할을 한다. 전지 관리 시스템은 전지의 충전, 방전을 조절하고 보호하는 역할을 하여 전지의 품질을 향상 시킨다.

모든 부품들은 하이브리드차, 수소연료전지차 등 타 그린카에도 공통적으로 사용되나, 전기자동차의 경우 고성능 전지 및 고속충전 기술이 추가적으로 필요하다. 바퀴를 구동은 전기모터를 사용하며 모터에 공급하는 전원에 따라 직류모터와 교류모터로 나뉜다. 그리고 이들 모터를 이용하여 궁극적으로 바퀴를 구동하기 때문에 모터와 바퀴의 연결을 효율적으로 할 수 있는 인휠모터와 같은 연구가 필요하다.

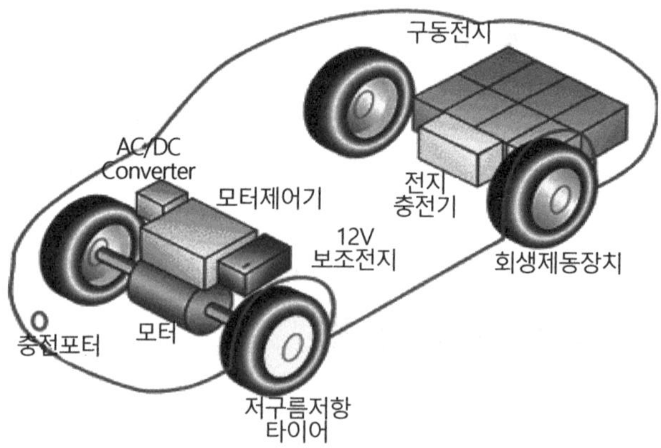

그림 4-4 전기자동차의 구조

[표 4-1 전기자동차 종류별 주요구성부품]

부품명	하이브리드전기자동차	전기자동차(EV)	수소연료전기자동차
전기모터	●	●	●
전지	●	●	●
BMS	●	●	●
인버터/컨버터	●	●	●
차량제어기	●	●	●
엔진	●	–	–
변속기	●	–	–
수소저장탱크	–	–	●
연료전지	–	–	●

[표 4-2 내연기관차 VS 전기자동차 부품수 비교]

구분	내연기관차 부품수		전기차에 필요없는 부품수		전기자동차 부품수	
엔진부품	**6,900 개**	**23%**	**6,900 개**	**23%**	-	-
구동,전달 및 제동장치	5,700 개	19%	2,100 개	7%	3,600 개	12%
차체	4,500 개	15%	0	-	4,500 개	15%
현가(서스펜션) 및 제동	4,500 개	15%	0	-	4,500 개	15%
전장품, 전자부품	3,000 개	10%	2,100 개	7%	900 개	3%
기타	5,400 개	18%	0	-	5,400 개	18%
합계	30,000 개	100%	11,100 개	37%	18,900 개	63%

모터 제어 기술은 전기자동차의 핵심이 되는 기술이며 요즘에는 회전자와 고정자의 위치 관계를 정확히 알아서 교류전류를 흘리는 방식이 개발돼 마치 브러시 없는 직류모터와 같은 성능을 낼 수도 있다. 그리고 모터에 걸리는 전압은 회전수와 전류 양쪽에 관계된다. 즉 전기자동차로 평지를 달리며 속도를 높이려면 전압을 올리면 되고 고갯길에서 같은 속도로 달리고 싶으면 전압을 올리고 회전수를 유지한 채 전류를 증가시키면 된다.

전기자동차는 전지, 전지관리시스템, 전기모터 및 감속기, 인버터 및 충전기 등으로 구성되어 있으며 엔진이 없고 외부로부터 전지에 선기를 충전하여 그 전기를 사용하여 운행하는 친환경 자동차이다. 전기자동차의 모터는 전기 에너지를 기계에너지로 변환하여 드라이브 라인에 동력을 공급한다. 모터는 구동전원의 형태에 따라 직류모터와 교류모터로 구분할 수 있는데, 교류모터는 직류모터에 비해 구조가 비교적 간단하여 모터의 크기를 소형화, 경량화 할 수 있어 현재 전기자동차에는 주로 교류모터가 사용되고 있다.

전기자동차의 전지는 핵심기술로서 기존의 납전지에서 니켈-수소전지, 리튬이온전지, 리튬이온폴리머전지 등 성능 및 안전성 등에서 개발과 발전을 거듭해오고 있다. 그러나 전기자동차의 활성화를 위해서는 더욱 에너지밀도를 높이고 공급가격을 낮출 수 있는 기술개발이 필요하다.

전기자동차는 전지의 힘으로 모터가 장착된 바퀴를 구동하는 구조로 되어 있으며 전지가 모터를 구동하기 위해서는 전기의 형태를 변환 시킬 수 있는 시스템이 요구되며 이를 자동차 전력전자라고 일컫는다.

대개 소형 중형 전기자동차에 사용되는 에너지 저장 장치는 400 V 전지를 사용하며 차량 내에 장착된 충전기를 이용하여 충전할 수 도 있고 외부에 대형 급속 충전 장치를 통하여 충전 할 수도 있다. 전지 절체 장치는 전지와 연결되어 있는 안전장치를 말하며 차량 화재나 폭발의 위험성이 있을 때 전지와 연결된 시스템을 연결하거나 끊을 수 도 있다. 고전압 DC버스는 인버터와 컨버터에 연결하여 전력을 전달하며 충전시에는 AC/DC변환을 거쳐 전기 에너지를 받아들인다. 차량 내에 사용되는 저전압 장치를 구동하기 위해 12 V 전원장치를 DC/DC 컨버터를 이용하여 만들어 낸다. 저전압 전원 시스템은 전기자동차 혹은 하이브리드 자동차의 제어 시스템에 전력을 공급하게 된다. 주 제어기는 시스템의 전반적인 동작 상황을 모니터링 하는 역할을 담당하고 HMI와 상호 작용을 한다. 그림에서의 각각의 블록은 자체 내에 제어기를 내장하고 있어서 제어 및 주제어기와 연동하여 동작을 한다. HV DC 버스는 HV도체를 사용하여 EMI노이즈를 차폐하고 메인 샤시와 분리시켜 설치하는 방법이 일반적이다. 자동차에 사용되는 전력 장치는 대부분 이러한 구조하에서 전지를 연결하여 변환하고 바퀴모터를 구동하는 구조로 만들어져 있다.

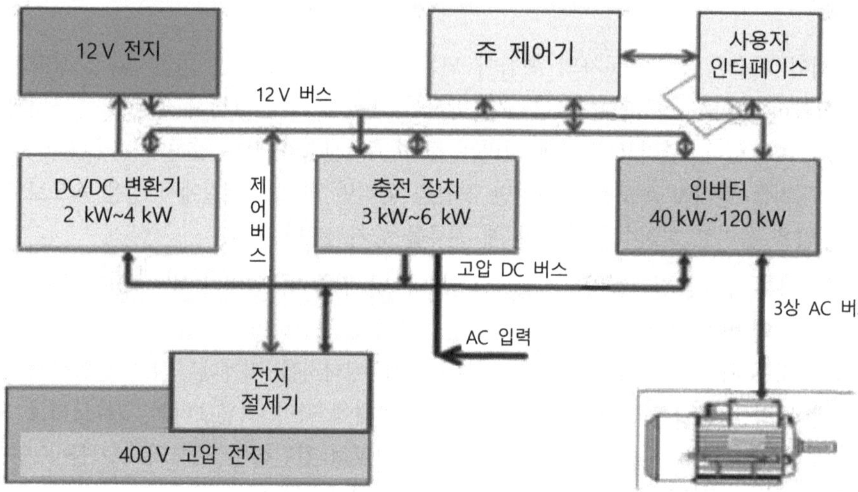

그림 4-5 자동차 전력전자 구조

[표 4-3 전기자동차의 주요 구성품]

주요 구성품	특 징
모 터	· 모터에는 직류모터와 교류모터가 있다. · 교류모터는 브러시가 필요 없으나 교류의 타이밍을 모터로 얻고 싶은 토크나 회전수에 맞춰 조정하는 것이 어려워 효율이 낮다. · 요즘에는 회전자와 고정자의 위치관계를 정확히 알아서 교류전류를 흘리는 방식이 개발돼 마치 브러시 없는 직류모터와 같은 성능을 낼 수 있다. · 모터에 걸리는 전압은 회전수와 전류 양쪽에 관계된다. 전기자동차로 평지를 달리며 속도를 높이려면 전압을 올리면 되고 고갯길에서 같은 속도로 달리고 싶으면 전압을 올리고 회전수를 유지한 채 전류를 증가시키면 된다. · 최근에는 브러시리스 DC모터라고 불리는 유도식 교류모터가 개발돼 각광을 받고 있다.

주요 구성품	특 징
전 지	· 가솔린 자동차와 달리 현재의 전기자동차는 주행거리가 짧기 때문에 가솔린 자동차의 감각으로 운전하다가는 길거리에서 멈추기 십상이다. 그래서 남아 있는 전력량을 아는 일이 매우 중요하다. · 보통 전지액의 비중 또는 전압을 측정하는 두 가지 방식이 있다. 그런데 전지 중 주위 온도에 따라 남아 있는 전력량이 달라지는 것도 있어 계기를 만드는 일이 쉽지 않다.
DC/AC Converter	· 인버터는 컨버터와 같은 작용을 하면서 직류를 교류로 변환시키는 기능 · 직류를 교류로 만들기 위해 변조기가 사용 · 인버터는 컨버터에 비해 구조가 복잡
모터제어기	· 엑셀 패달 조작량 및 속도를 검출해서 거기서 의도한 구동 토크 변화를 가져올 수 있도록 차속이나 부하 등의 조건에 따라 모터의 토크 및 회전속도를 제어한다. · 직류모터라면 전류의 크기를 제어 · 교류모터는 진폭이나 주파수/위상을 바꾸어서 자동차의 주행상황 변경한다.
회생제동장치	· 전기자동차의 에너지 소비를 줄여 주는 데 있어 매우 중요한 역할을 하는 것이 회생 브레이크다. · 전기자동차 모터는 발전기와 구조가 같아 전류를 흘리면 회전하고 반대로 밖에서 힘을 걸어 회전시키면 발전기가 됨 · 차를 감속시키거나 제동을 할 때 그 힘으로 모터를 회선, 전기를 발전시켜 전지로 보내는 장치를 만들면 전기소모량을 많이 줄일 수 있다. · 엔진차를 전기자동차로 개조하는 경우 : 엔진 위치에 모터를 장착하고 트랜스미션과 디퍼렌셜기어를 그대로 사용하는 일이 많다. · 전기자동차에 사용되는 모터들은 저속에서 고속까지 무단으로 부드럽게 변환시킬 수 있기 때문에 반드시 변속기와 감속기가 필요하지는 않다. · 실제로 최근에 오리지널 전기자동차로 개발된 차들은 바퀴를 각각 하나씩 돌리도록 여러 개의 모터가 장착된다.

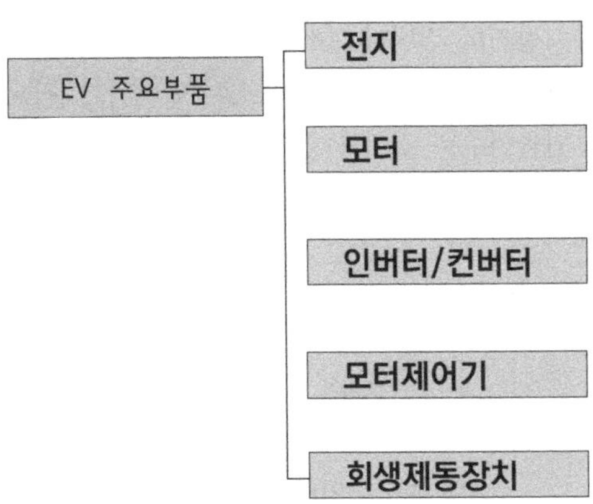

그림 4-6 전기자동차 주요부품

[표 4-4 친환경자동차 주요부품]

구분	주요부품
구동관련	HEV, EV구동 시스템
	모터
	인휠모터
	터보차지
전원관련	전지
	캐패시터
	인버터
	DC-DC컨버터
	승압회로
제동관련	아이들링 정지
	전동컴퓨레셔
IC칩관련	파워모듈
	파워소자
	각도센서
	전류센서
기 타	HEV, EV전원 하네스
	차제마이콘

4-2 인버터

인버터(Inverter)는 직류전력을 교류전력으로 변환하는 장치, 즉 역변환장치이다. 전지에서 얻은 직류전압을 조정하는 장치로 컨버터(Converter)라고 부른다. 교류모터의 경우는 직류전압을 교류전압으로 바꿔주며 전압을 조절해야 하므로 인버터가 필요하다. 직류전압을 손쉽게 조절하는 방법은 저항을 만들어주는 것이나 에너지손실이 많아 보다 효율이 높은 반도체 소자가 개발되고 있다.

그림 4-7 인버터(Inverter)의 기능

인버터의 원리는 직류 전지의 전원을 전력용 반도체(Diode, Thyristor, Transistor, IGBT, GTO 등)를 사용하여 교류전원으로 변환시킨 후, 다시 임의의 주파수와 전압의 교류로 변환시켜 유도모터의 회전속도를 제어하는 것이다. 이때 유도모터의 자속밀도를 일정하게 유지시켜 효율변화를 막기 위하여 주파수와 함께 전압도 동시 변화시켜야한다. 일반적으로 인버터는 모터 제어용 전력을 통제하는 장치기 때문에 모터 제어 회로와 밀접한 관계가 있다.

4-2-1 정의

사전적 의미로는 DC전원을 AC전원으로 변환하는 전원변환장치를 일컫는 것이지만, 일반적으로는 AC전원의 전압 및 주파수를 제어하기 위한 전력변환장치를 통칭한다. 실제 구성은 상용 AC전원을 DC전원으로 변환하는 컨버터 부분과 DC전원을 재단하여 전압 및 주파수가 변화된 AC전원으로 변환하는 인버터 부분으로 복잡하게 형성되어 있으나 간단히 인버터라 호칭하고 있다.

과거 공장에서 교류모터의 회전 속도는 기어박스에 의하여 조정되었다. 그러나 이 경우는 회전속도를 연속적으로 조정할 수 없기 때문에, 연속 조정이 필요한 경우는 회전속도 조정이 용이한 지류모터를 사용하였다.

현재는 교류를 직류로 바꾼 후 다시 교류로 변환 시키는 조그만 전자장치인 인버터를 사용하여 연속 조정이 가능하다. 그러므로 일반적인 경우는 인버터가 없을 경우의 수단이겠지만, 인버터가 있음으로써 전지의 직류를 교류로 쉽게 바꾸어 줄 수 있으며, 교류발전기와 교류모터의 장점으로 인하여 자동차의 긴 수명, 저중량, 고효율, 공회전 시의 문제점 해결, 극한 환경에서의 성능 발휘, 변하는 회전 운동에도 일정한 운전 조건 확립 등이 가능하게 된 것이다.

인버터란 3상 교류를 직류로 변화하는 컨버터부와 그 직류를 가변전압, 가변주파수의 교류로 만들어 출력하는 인버터부로 구성되어 3상 농형유도모터를 속도제어하는 장치이다.

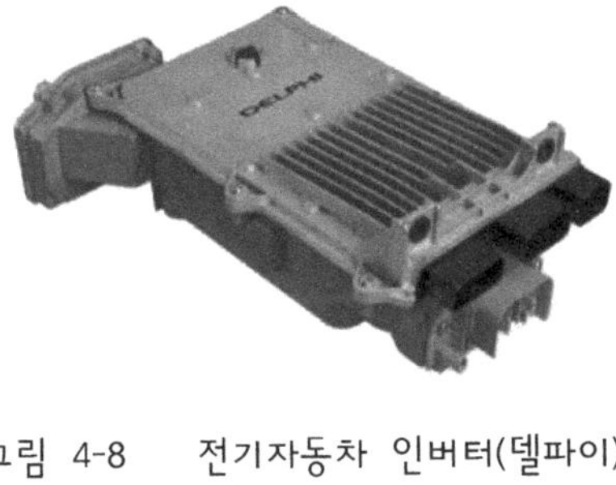

그림 4-8 전기자동차 인버터(델파이)

그림 4-9 전기자동차 인버터

인버터는 컨버터와 같은 작용을 하면서 직류를 교류로 변환시키는 기능을 해야 한다. 직류를 교류로 만들기 위해 변조기가 사용된다. 그래서 인버터는 컨버터에 비해 구조가 복잡하다. 자동차용 모터는 토크와 회전수를 조절하기 쉽고 전체적으로 가벼운 것이 이상적이다.

인버터[inverter]와 컨버터

□ **인버터[inverter/뒤바꿈]**

- 인버터(Inverter) : 직류전력을 교류전력으로 변환하는 장치(역변환장치). 사이러트론·수은 정류기 등이 주로 사용되었으나, 직류송전과 같은 대용량 고전압회로를 제외한 일반 인버터는 대부분 사이리스터로 바뀌었다.
- 인버터를 동작방식으로 분류하면 자려식과 타려식이 있다. 자려식은 회로 자체의 진상장치(경류장치)에 의해 전류하고, 외부로부터는 무효전력의 보상을 받지 않는 것이며, 회로방식에는 직렬형과 병렬형이 있다. 타려식은 외부로부터는 무효전력의 보상을 받는다. 회로로서는 단상·다상 정류회로가 그대로 인버터를 형성하고 있다.

□ **컨버터[converter/변환기]**

- 컨버터(converter) : 신호 또는 에너지의 모양을 바꾸는 장치. 회로망·변환기라고도 한다.
- 신호변환의 경우에는 흔히 트랜스듀서센서(transducer sensor)라고 하며, 전력분야에서는 교류와 직류간의 변환, 교류의 주파수 상호변환, 상수의 변환 등을 하는 장치를 말한다.
- 좁은 뜻으로는 교류→직류의 변환을 컨버터, 직류→교류의 변환을 인버터(inverter), 어느 주파수에서 다른 주파수로의 변환을 사이클로컨버터(cycloconverter)라고 하여 구별한다. 이들 변환회로에는 사이리스터(thyristor) 등의 전력용 반도체를 사용하는 경우가 많다.
- 통신·고주파 분야에서는 어느 고주파 신호를 그보다 낮은 중간 주파수로 변환하는 부분을 컨버터라고 한다. 이 밖에 직류신호를 교류로 변환하는 단속기, 진공열전쌍을 써서 교류전류를 직류전압으로 변환하는 장치 등도 컨버터라고 한다.

4-2-2 인버터의 구조

차량용 인버터를 사용해야 하는 이유는 무엇인가? 발전기에서 생산되는 전기는 모두 교류 전기의 특성을 가지고 있다. 교류 전기는 주파수 특성이 있다.

자동차의 발전기에서 생산되는 전기도 물론 교류 전기이다. 하지만 발전된 전기는 바로 모터를 구동하지 않고 전지에 저장해야 한다. 따라서 전지에 저장하려면 이 전기를 직류로 바꿔 줘야 한다. 그리고 모터를 구동하기 위해서는 전지에서 제공하는 직류 전기를 모터 구동용 교류 전원으로 바꿔야 한다. 이때 사용하는 전기기기가 인버터 이다.

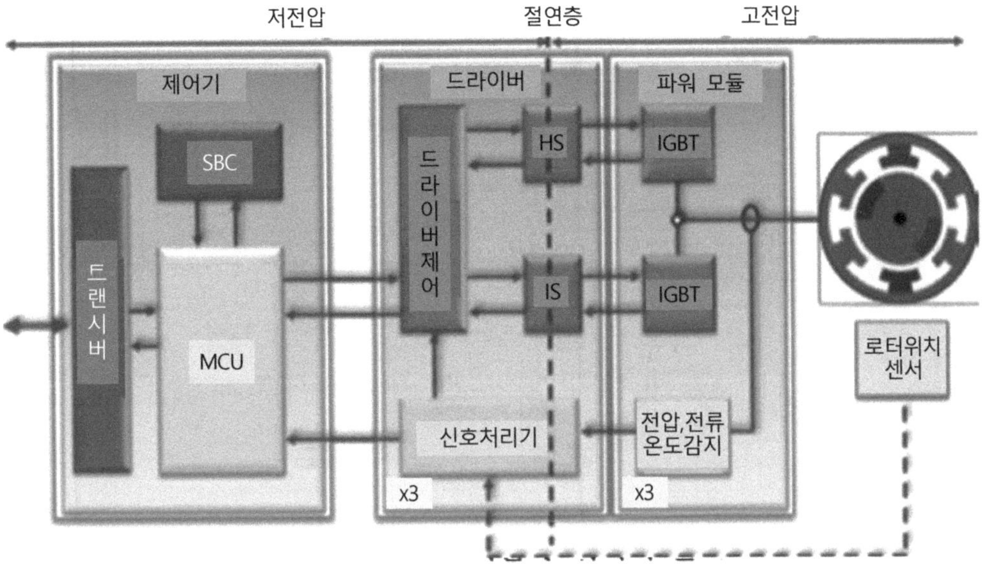

그림 4-10 자동차 인버터 구조

자동차에서 사용되는 인버터는 양방향성을 가지고 있다. 즉 구동전지에서 제공해주는 고압을 모터 구동용 3상 AC 전압으로 변환해 주어야 하는 기능을 가지고 있으며 동시에 감속 구간 때 바퀴에서 만들어지는 회생 전력을 전달하여 전지에 저장해야 하는 기능도 동시에 가지고 있다.

일반적인 인버터의 구조는 제어부로 연결된 저압부와 구동소자를 통제하는 격리부와 파워 스위치를 구동하여 모터에 전력을 전달하는 고압부로 나뉘어져 있다.

그리고 대개 인버터에는 0.5에서 수밀리패럿 용량을 가지는 대용량 커패시터가 연결되어 있어서 효과적으로 DC전원을 안정화시키고 전압 오버슈트 및 스위칭 소자의 단속에서 생겨나는 리플을 효과적으로 제거한다. 이들 두 개의 전원이 전기자동차의 에너지 공급원으로서 동작하게 된다. 또한 이를 이용하여 DC전원을 조절하게 단속시켜 교류로 변환하여 모터를 통제하게 된다. 전기자동차에서 가장 일반적으로 사용되는 인버터 구조는 3상 브리지 형태이며 3상으로 스위칭 소자를 두 개씩 연결하여 위상에 따라 제어하는 구조로 배열되어 있다.

이러한 토폴로지는 다단계로 전압을 조절 할 수 있는 다단계 형태의 인버터로 도 구성된다. 하지만 이러한 형태의 인버터는 복잡하기도 하고 다수의 소자로 연결되기 때문에 가격 측면의 고려가 필요하다. 이 다단계형 인버터를 사용하면 필요에 따라 모터를 구동하는 전압을 다단계로 변화시킬 수 있어 교류모터의 구동 전압을 변형시켜 속도를 조절하는 응용에 사용될 수 있다.

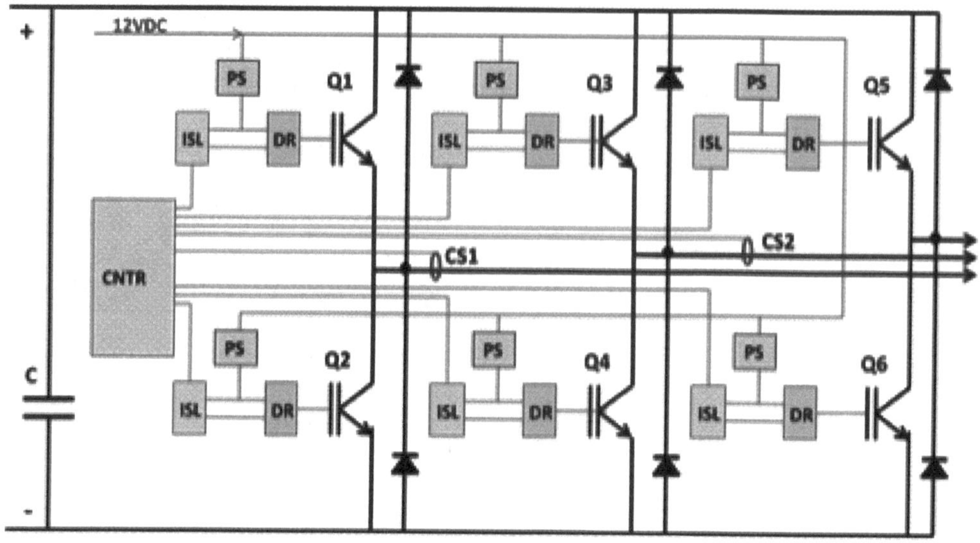

그림 4-11 일반 3상 브리지 인버터

인버터에는 다수의 스위칭 소자가 사용되는데 이때 반도체 소자를 사용하게 된다. 그리고 반도체 소자는 에너지 소모를 줄이고 소자를 보호하기 위해 펄스폭 변조라는 형태를 띄게 된다. 펄스폭 변조는 신호를 비교기를 사용하여 구형파 형태로 스위칭 소자를 제어하는 방법이므로 스위치의 선형동작으로 만들어지는 에너지손실을 줄일수 있으며 펄스폭을 이용하여 모터에 공급하는 전압을 조정할 수 있는 장점이 있으며, 스위칭 방법의 다양한 형태로 PWM을 만들 수 있다.

스위칭 구조는 AC모터에서 사용하는 정현파 형태의 전압을 만들기 위해 비교기를 사용한 2레벨 PWM을 만들게 된다. 발생할 수 있는 스위치 노이즈를 제거하기 위해 고주파로 구동하게 되는데 4배 및 12배를 많이 사용한다.

현재에는 이 스위칭 주파수를 정밀하게 하여 부하 구동의 부담과 스위치의 효율을 높이는 방식이 많이 연구되고 있다. 그리고 표준 인버터는 대개가 승압형 DC/DC변환기와 연결되어 구동하는 것이 일반적이며, 구동 형태도 수동소자와 결합에 따라 전압 기반 구동형과 전류 기반 구동형으로 구분 된다.

전압형은 주로 정류부에서 일전 DC전압을 만들고 인버터로 전압과 주파수를 동시에 가변하는 구조를 가지고 있으며 최근 대부분의 인버터에 채용되고 있는 방식이다.

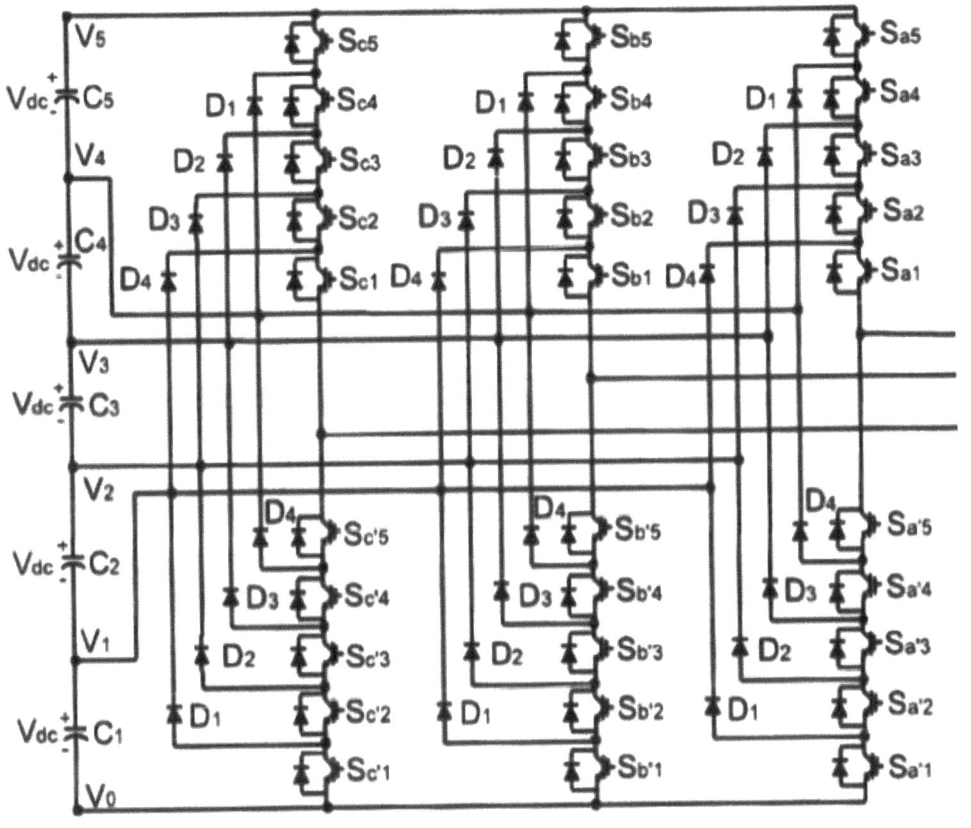

그림 4-12 다단계 3상 인버터

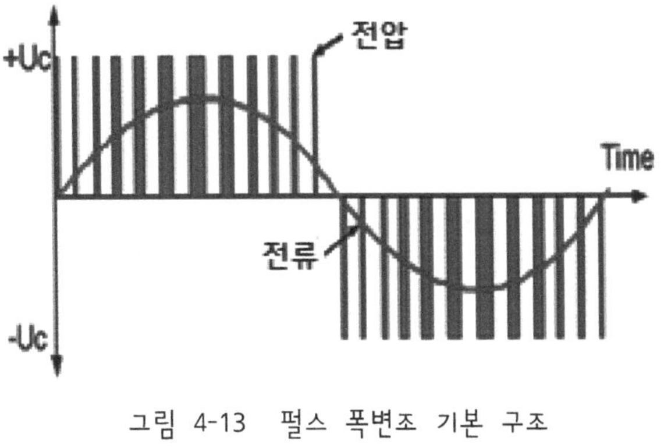

그림 4-13 펄스 폭변조 기본 구조

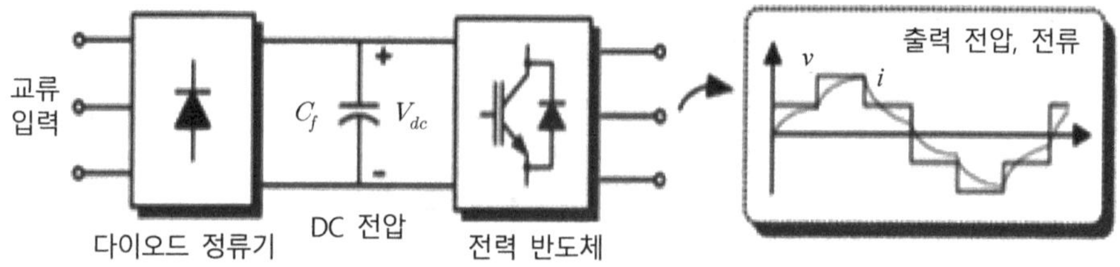

그림 4-14 전압형 인버터

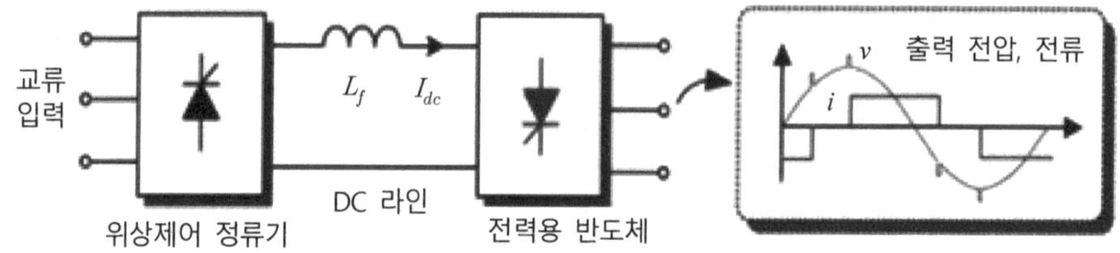

그림 4-15 전류형 인버터

전류형 인버터는 전류를 가변하여 평활용 리엑터를 연결하여 일정 전류로 만들어 인버터의 주파수를 가변하는 구조의 인버터 방식이다. 주로 대용량의 인버터를 만들 때 사용하는 방식이다.

전압형 인버터는 순간적인 단락의 문제를 가지고 있으며 전류형 인버터는 반대로 개방 회로 문제를 가지고 있는 단점이 있으므로 무부하 운전이 불가능하므로 이를 고려하여 설계해야 한다.

[표 4-5 회로구성에 따른 Inverter 분류]

<table>
<tr><th colspan="2">구 분</th><th>동작 특성</th><th>비 고</th></tr>
<tr><td colspan="2">전류형
(Current Source)</td><td>· 정류부(Rectifier)에서 전류를 가변하여 평활용 Reactor로 일정 전류를 만들어 인버터로 주파수를 가변함.</td><td>· 대용량에 채용</td></tr>
<tr><td rowspan="2">전압형
(Voltage Source)</td><td>PAM</td><td>· 정류부(Rectifier)에서 DC전압을 가변하여 콘덴서로 평활전압을 만들어 인버터부로 주파수를 가변함.</td><td>· 초기에 사용된 기술로 현재는 단종 됨.</td></tr>
<tr><td>PWM</td><td>· 정류부(Rectifier)에서 일정 DC전압을 만들고 인버터로 전압과 주파수를 동시에 가변함.</td><td>· 최근 대부분의 인버터에 채용</td></tr>
</table>

PWM : 펄스 폭 변조, Pulse Width Modulation
PAM : 펄스진폭변조, Pulse Amplitude Modulation

4-3 컨버터

전기자동차의 에너지원인 전지 및 슈퍼 커패시터는 3상 전기모터를 구동하기 위해 고전압 직류버스를 경유하여 인버터에 연결되어 있다. 따라서 에너지원은 동작중에 전원의 변동이 일어나기 쉬우며 경우에 따라 브레이크 시스템에서 들어오는 회생전력을 효과적으로 흡수해야 하기 때문에 이를 위한 효과적인 DC/DC 변환기가 필요하다. 컨버터는 이러한 직류 전압을 또 다른 직류 전압으로 변환하는 전압 변환기의 형태라 할 수 있다.

4-3-1 컨버터의 개요

전기자동차에서 사용되는 컨버터는 외부 에너지원인 3상 전원을 받아들여 자동차내의 전지를 충전할 수 있는 충전부에 사용되거나 바퀴를 구동하는 모터를 위한 인버터에 제공하는 고전압 DC를 만드는 부분에 사용된다. 또한 자동차내의 전기 장치를 구동하기 위한 에너지원으로 쓰이는 저전압용 DC전원을 만드는 컨버터 모듈이 동시에 필요하다. 전력망을 통해 DC전원을 만들 수 있고 이를 충전기에 저장하고 효율적으로 모터 전원으로 공급되게 된다.

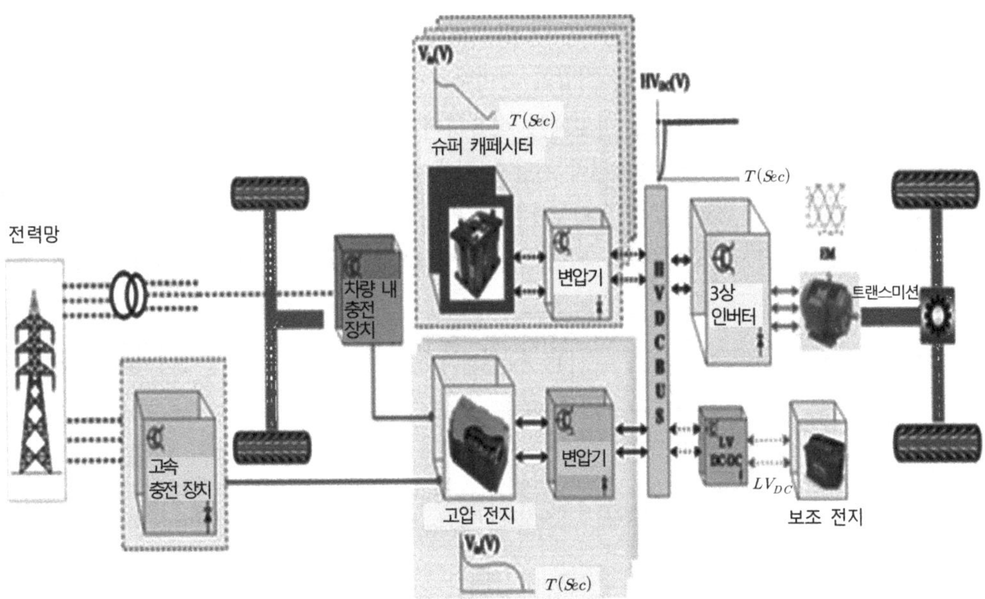

그림 4-16 차량용 전압 컨버터 구조

여기서 에너지원은 전지와 슈퍼캐패시터의 다른 형태가 동시에 존재하기 때문에 두 개의 특성을 만족시킬 수 있는 형태로 만들어져야 한다. 슈퍼 캐패시터로 사용시는 충전 모드와 방전 모드의 절환이 빠르게 일어나게 하기 위해 가능한 적은 수의 수동소자로 구성되어야 하지만 전지로 사용할 때는 30분에서 몇 시간 까지 장시간 연결하기 때문에 빠르게 동작할 필요는 없다. 이러한 동작에서의 차이는 있지만 일반적으로 전기자동차에 사용하는 DC/DC변환기는 다양한 전압을 다룰 수 있는 일반적인 변환기 형태로 설계된다. 전지 전압과 슈퍼 캐패시터의 단자 전압은 낮지만 스위칭 소자와 수동소자를 이용하여 고전압으로 변환이 가능하며 설계 시 이러한 구조를 선호한다.

고전압 DC로 만들기 위해서는 AC로 변환하여 변압기를 이용하여 만들어 질수도 있지만 DC/DC변환기가 경량이면서 작은 크기로 만들 수 있고 가격도 저렴하여 선호하고 있다. 만일 고전압 전지를 이용하며 이를 관리하기 위한 전지 운용시스템(BMS)가 필요하기 때문에 DC/DC변환기를 이용하면 전지 셀을 줄일 수 있을 뿐만 아니라 BMS의 복잡도도 줄일 수 있다.

하지만 고전압 DC/DC 변환기를 사용하면 고속 스위칭이 필요하기 때문에 효율을 높이기가 힘들다. 이를 제거하기 위한 영 전류 스위칭 및 영 전압 스위칭 방식이 사용되기도 한다.

4-3-2 컨버터의 구조

전기자동차에 사용되고 있는 컨버터 구조는 형태에 따라 구성 및 구성 방식에 따라 다양하게 구성된다. 이중 전기자동차에 적합한 컨버터의 구조는 그림과 같이 표현 할 수 있다.

컨버터의 기본 구조는 전력용 반도체를 이용하여 절환시키는 구조를 가지고 있으며 동작 원리 및 동작 모드, 전원 크기 및 전력 전달 방식에 따라 분류 된다. 일반적으로 전기자동차에 사용되는 전원은 대략 250 V부터 360 V까지 이며 슈퍼 캐패시터를 이용하는 경우는 150 V에서 400 V까지 만들어 진다. 그리고 모터는 대략 400 V부터 750 V까지 구동하기 때문에 전지

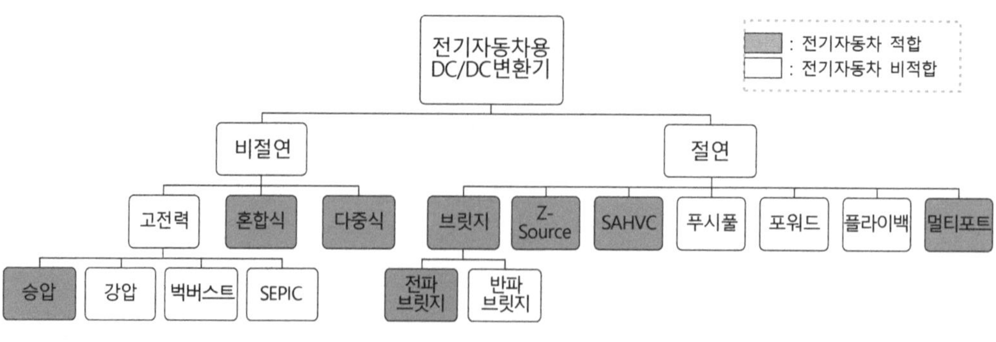

그림 4-17 일반적인 컨버터 구조도

전원을 올리는 승압형 구조를 가지고 있다. 컨버터를 만들기 위해서는 스위칭 소자를 이용하여 코일이나 콘덴서를 이용하여 에너지를 저장하고 방전하는 과정을 거치면서 전압을 승압시키거나 필요한 전압으로 강압하던지 전원의 극성을 바꾸기도 한다.

(1) 승압형 DC/DC변환기(BC)

이 변환기는 입력 전류를 낮추는 대신에 입력 전압을 승압시키는 전력 변환기이다. 이를 위하여 적어도 한 개의 에너지 축적소자를 사용하고 두 개의 반도체 소자를 사용한다.

입력 측에는 적어도 한 개의 전류 리플을 줄이기 위해 캐패시터를 설치하고 출력 측에는 전압 변동을 줄이기 위해 개패시터를 설치한다. 이 변환기는 적당한 전압이득을 가져오며 스위치 구동회로를 만들기가 쉽다. 다른 종류의 변환기에 비해 단순한 구조를 가지고 있으며 가격 또한 저렴하다. 하지만 출력 측에 리플을 없애는 캐패시터가 너무 큰 것이 필요하며 이에 따라 큰 스위칭 디바이스가 필요하다.

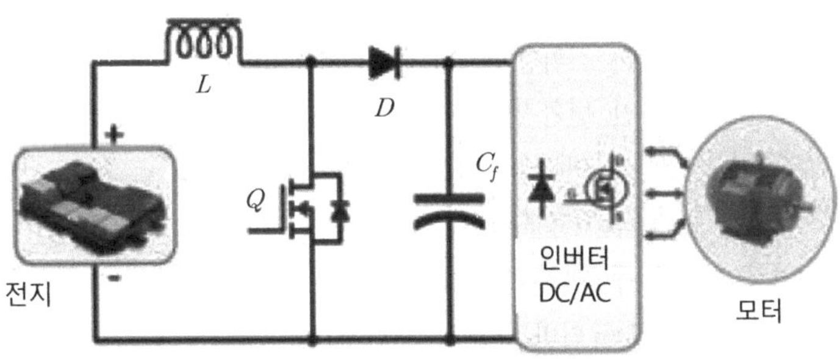

그림 4-18 승압형 변환기

(2) 4상 승압 변환기

이 변환기는 입력 전류 리플과 출력 전압 리플을 동시에 줄일 수 있으며 전압을 4배까지 승압시킬 수 있다. 4개의 동일한 코일을 입력에 연결하여 구성하고 있으며 스위칭소자는 위상을 달리하여 회로를 연결하는 구조를 가지고 있다.

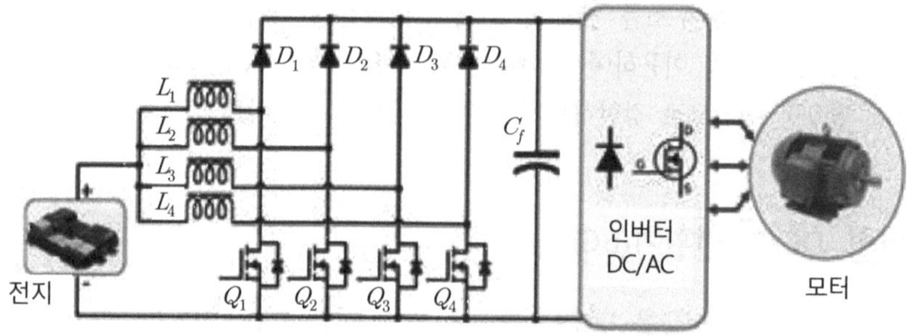

그림 4-19 4상 승압 변환기

이러한 구조는 4개의 동일한 회로가 전압원을 공유하고 있으므로 연결되는 코일이나 캐패시터 사이즈를 줄일 수 있다. 그리고 주파수를 N배 높게 구동함으로써 리플을 줄일 수 있다.

(3) 공진형 승압 변환기

대부분의 DC/DC변환기는 스위칭 손실문제가 발생하며 이를 극복하기 위해서는 소프트 스위칭 기법이 사용된다. 일반적인 변환기의 손실은 주로 스위칭 소자의 하드 스위칭에 기인하는데 스위칭 전압과 전류가 제로일 때 스위칭 함으로서 손실을 줄일 수 있다. 결국 이때 전력 손실이 줄어들며 컨버터에 사용되는 방열판크기를 획기적으로 줄일 수 있다.

소프트 스위칭 기법은 두 개의 스위치를 가지는데 하나는 메인 스위치 Q_1이며 보조스위치 Q_2가 있다. 메인스위치의 듀티비는 보조 스위치 보다 높고 평균 출력 전압을 결정하게 되며 보조 스위치는 메인스위치가 소프트 스위칭이 되게 만든다.

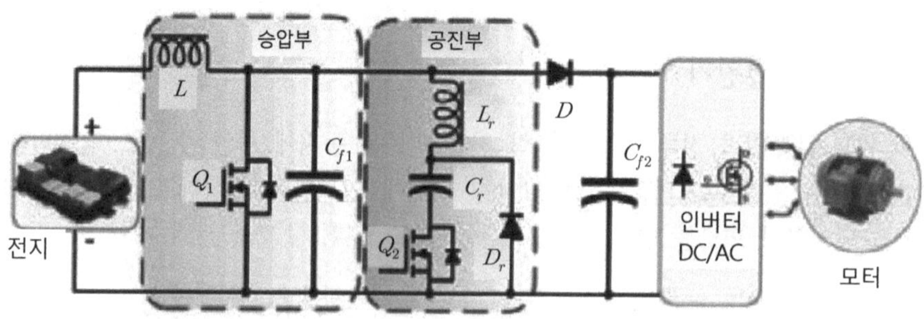

그림 4-20 공진형 변환기

(4) 브릿지 승압 변환기

이변환기는 3개의 스테이지로 구성되어 있다. 하나는 인버터이며, 또 하나는 고주파변압기를 사용하는 부분과 정류부분으로 나뉜다. 이 변환기의 가장 큰 특징은 입력부와 부하사이에 전기적인 절연을 만들 수 있다.

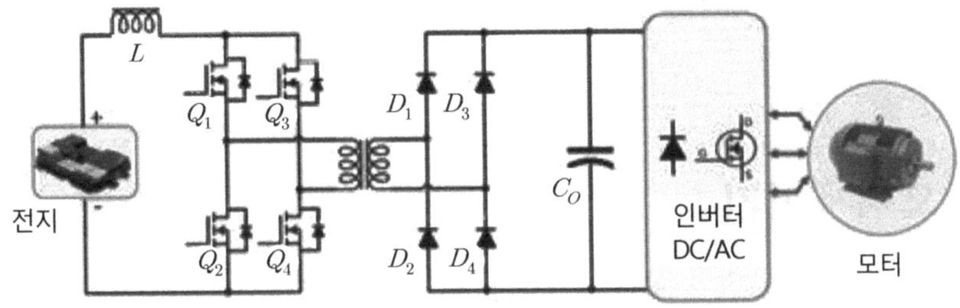

그림 4-21 브릿지 변환기

(5) 멀티포트 절연형 변환기

이 변환기는 여러개 입력 전압원을 가진 장치에 사용되며 입력과 부하사이에 전기적인 절연을 수행할 수 있다. 하이브리드 전기자동차에는 다양한 에너지원이 있으며 이를 각기 연결하여 전압을 만들 수 있다.

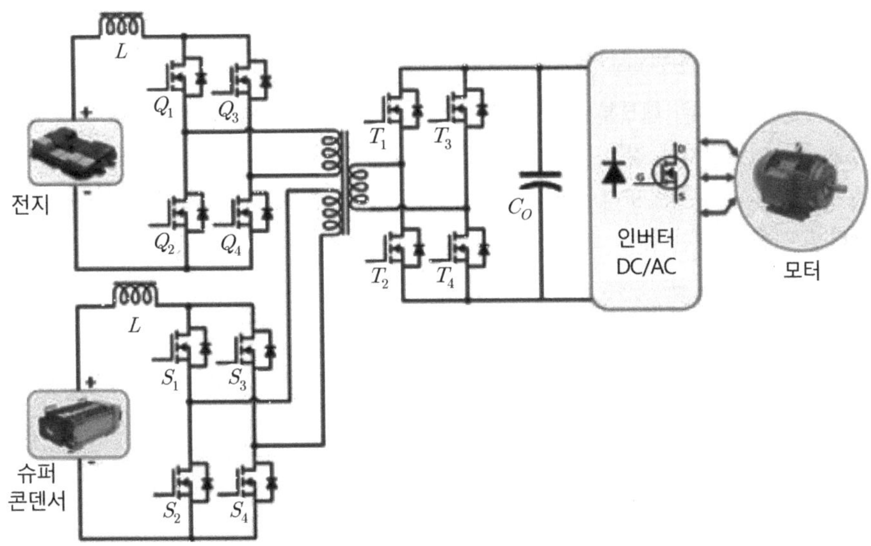

그림 4-22 멀티포트 변환기

이러한 구조를 사용하여 양방향의 전력을 통제할 수 있다. 특히 회생 전력을 만들 때 에너지원을 설정하여 저장할 수 도 있기 때문에 효율성을 높힐 수 있는 장점이 있다. 반면 변압기가 사용되기 때문에 무게가 늘어나며 부하에 따라 스위치를 통제하는 듀티싸이클이 복잡해져 과도나 정상상태 해석이 어려워지는 단점이 있다. 이 외에도 다양한 방식의 전력 변환 DC/DC 컨버터가 있으며 상황에 따라 각각의 구조를 합친 구조의 동작을 수행하기도 한다. 이외에도 다양한 방법으로 전지와 변압기와 수동소자를 연결하는 구조로 제시되고 있다.

4-4 모터제어기

전기자동차의 모터 제어 시스템은 엑셀 패달 조작량 및 속도를 검출해서 의도한 구동 토크 변화를 가져올 수 있도록 차속이나 부하 등의 조건에 따라 내장된 모터의 토크 및 회전속도를 제어한다. 이때 사용하는 모터의 종류에 따라 다양한 방법의 제어 방식이 사용된다.

기본적인 제어 방식은 운전자의 오른발의 움직임에 따라 모터의 토크와 회전속도를 제어하는데 있다. 여기서 전원은 전지이며, 일정전압의 직류전류를 얻을 수 있다. 직류모터라면 전류의 크기를 제어하기만 하면 되지만 교류모터일 경우에는 우선 교류로 변환하고, 다시 진폭이나 주파수/위상을 바꾸어서 자동차의 주행 상황에 따라 제어 방법을 바꿀 필요가 있다.

일반적인 모터 구동 시스템은 전원, 모터, 전력 변환 장치, 제어기 등으로 구성된다. 구동하려는 바퀴와 요구되는 제어 성능이 주어지면 이에 적합한 모터 구동 시스템을 설계해야 한다. 이 경우 이용 가능한 전원으로 부터 요구되는 구동 성능을 얻을 수 있도록 알맞게 구성해야 한다.

모터 구동 시스템은 대부분 단상이나 3상 교류 전원으로부터 전력을 공급을 받는다. 최근에는 전지나 연료전지와 같은 에너지원으로부터 주어지는 직류 전원을 이용하는 구동 시스템이 증가하고 있다. 구동 모터로는 부하에서 요구되는 속도-토크 특성에 부합하는 성능을 갖는 모터를 사용해야 한다.

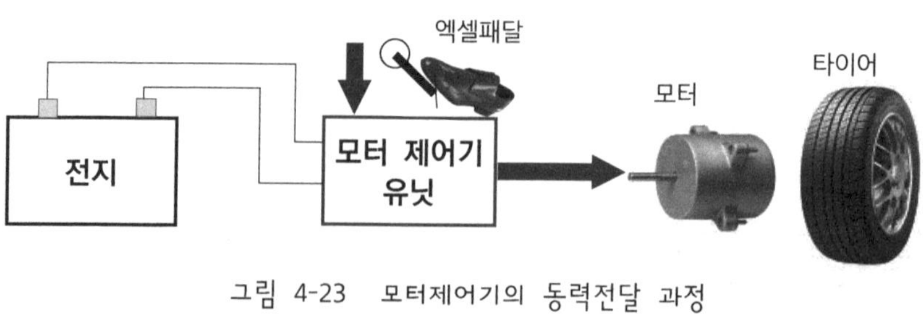

그림 4-23 모터제어기의 동력전달 과정

직류 모터 또는 유도모터와 동기 모터의 교류 모터 및 브러쉬리스 직류 모터 중에서 운전 속도 범위, 출력 토크 특성, 효율, 가격, 신뢰성, 크기 등을 고려하여 결정한다. 그리고 이용할 전지 전원과 구동 모터가 결정되면 이에 맞추어 전력 변환 장치가 결정된다.

직류 모터의 구동을 위해서는 제어정류기 또는 초퍼 등의 직류 진력을 가변할 수 있는 전력 변환 장치가 사용되는데 초퍼의 경우가 보다 우수한 제어 성능을 발휘한다. 이들 전력 변환 장치에 사용되는 스위칭 소자로는 GTO(Gate Turn-off Thyristor), IGBT(Insulated Gate Bipolar Transistor), Power MOSFET(Metal Oxide Semiconductor Field Effect Transistor) 등이 있는데, 어느 소자를 적용할 것인가는 통상 처리해야할 구동 시스템의 전력 용량과 스위칭 속도에 의해 결정한다. 처리할 수 있는 전력은 GTO가 대용량, IGBT는 중용량, MOSFET는 소용량이며, GTO, IGBT, MOSFET의 순서로 빠른 스위칭 속도를 얻을 수 있다. 통상 스위칭 속도가 빠르면 좋은 제어 성능을 얻을 수 있다는 것이 일반적이다.

모터 구동 시스템에서 가장 핵심이 되는 부분은 모터를 구동하는 제어 알고리즘을 수행하는 제어기라 할 수 있다. 직류 모터나 BLDC 모터와 같이 비교적 제어가 간단한 경우에는 16비트급 고정 소수점 제어기가 주로 사용되며, 고성능을 위한 벡터 제어 유도모터나 영구자석 동기 모터와 같이 복잡한 제어가 필요한 교류 모터의 구동기는 32 비트급 부동 소수점 제어기가 사용 된다.

모터의 우수한 구동 성능을 얻기 위해서는 속도나 전류의 폐루프 제어가 필요하며 이를 위해 속도, 위치나 전류 정보가 요구된다. 따라서 구동 시스템에는 이들 정보를 얻기 위한 센서가 필요한데 전류 센서로는 션트(shunt) 저항이나 홀 소자가 사용된다. 절연과 높은 검출 정밀도를 얻기 위해서는 홀소자를 사용하는 것이 바람직하다. 위치, 속도 센서로는 대부분 엔코더나 레졸버를 사용한다.

홀 효과 센서는 반도체에서 발생하는 홀 효과를 이용하여 자기장의 세기를 측정할 수 있는 장치로 이러한 홀 소자의 전압을 측정하므로써 영구자석의 위치와 극성을 검출할 수 있다. 따라서 브러쉬리스 DC 모터나 영구자석 동기 모터의 회전자 위치를 검출하는 데 사용될 수 있다. 또한 홀 센서의 출력 전압으로부터 자속을 발생시키는 전류의 크기와 방향을 알 수 있다. 이렇게 전류를 센싱해서 그 값을 제어기로 보내 제어를 수행 한다. 엔코더는 회전각에 따라 디지털 신호를 출력하는 장치이며 출력의 형태에 따라 회전각의 절대위치 정보를 제공하는 절대형과 회전각의 변동분만을 제공하는 증분형으로 나뉜다. 증분형 엔코더는 회전각 변동을 펄스열로 출력하고 이러한 펄스를 계수하여 위치, 속도, 방향의 검출을 하게 된다. 제어대상이 되는 구동 모터는 크게 나눠서 직류 모터와 교류 모터로 나뉘게 되며 교류 모터는 유도모터와 동기 모터로 나뉜다.

4-4-1 직류모터 제어

가장 기본적인 모터로써 일반적인 브러쉬 구조의 직류모터는 자동차 바퀴 구동용으로 적당하지 않기 때문에 브러쉬가 없는 브러쉬리스 직류모터(BLDC)를 사용한다. BLDC 모터는 회전자의 위치 정보를 사용하여 직류 모터의 정류자와 브러시 기능을 반도체 스위치로 구현함으로써 직류 모터의 결점을 해결한 모터이다. 이 모터는 일반적으로 많은 도체로 이루어진 무거운 전기자가 회전하는 구조인 직류 모터에 비해 영구자석이 회전하는 구조이기 때문에 회전자의 전기적인 관성이 작게 되어 빠른 가감속을 할 수 있다. 또한 권선이 고정자측에 배치되어 있어 방열이 용이하므로 온도에 따른 전기자 전류의 제약이 있는 직류모터보다 최대출력 토크 발생에 유리하고 기계적인 접촉이 없기 때문에 고속회전에 유리하므로 많이 사용하고 있다.

이러한 BLDC모터의 기본 구동 방법은 회전자를 일정한 방향으로 회전하도록 회전자의 영구자석위치에 따라 전류를 흘러서 자속을 발생시킬 고정자 권선을 바꾸어 주어 회전자에 힘을 연속적으로 발생하게 하는 것이다. 따라서 홀소자를 이용하여 회전자의 위치를 알아내어 1회전에 회전자의 구간을 6개로 나누어 전류를 흘러야 할 두 상을 결정하여 인버터를 구동하여 회전 시킨다.

이렇게 회전자의 위치 정보를 이용하여 적절한 상전류 전환을 통해 모터를 구동하는데 인가전압에 따라 회전속도를 얻는 일반적인 DC모터의 특성과 동일하게 구동할 수 있다. 하지만 이런 제어 방법은 간단하기는 하지만 속도 지령이 크게 변동하는 경우 인가 전압도 크게 변동하게 되고 이에 따라 모터 전류가 적절한 범위내에 제어되기 힘들기 때문에 과전류가 발생하거나 좋은 동특성을 얻기 힘들다. 따라서 우수한 속도 제어 특성을 얻기 위해서는 토크 또는

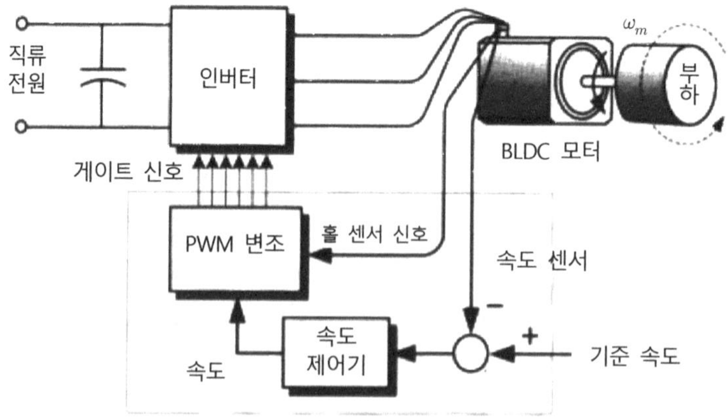

그림 4-24 BLDC속도 제어 시스템

전류를 제어하여 속도를 제어할 필요가 있다. 즉 전류 센서를 이용하여 전류를 제어함으로써 토크를 동시에 제어하게 된다. 전체 BLDC모터의 속도 제어 방식은 다음과 같다.

제어 방식은 모터의 속도를 엔코더를 이용하여 계측하고 기준 속도에 맞춰 제어 신호를 만들어 PWM변조를 수행한다. 이때 로터의 위치를 홀센서를 이용하여 감지하여 변조시 기준 신호로 사용한다.

일반적으로 순시토크를 제어를 위해 3상 전류의 크기와 위상을 모두 제어하는 교류 모터와는 달리 BLDC는 3상 전류의 크기만 제어하면 된다. 출력 토크가 상전류의 크기에만 비례하기 때문이다. 상전류 크기는 개별적으로 제어하지 않고 인버터에 들어가는 DC전류에 비례하기 때문에 직류전류를 직접적으로 제어를 하게 된다.

4-4-2 유도모터 제어

유도모터는 고정자 3상 권선에 교류 전류를 흘러 생성된 회전자계와 회전자 전자석의 상호 작용으로 인해 토크가 발생하게 만드는 모터를 말한다. 회전자의 전자석은 교류 전원에 의해 만들어지는데 이를 위해 별도의 독립된 교류 전원을 사용하지 않으며 변압기와 유사하게 고정자로부터 유도 작용에 의해 얻어진 교류 전원을 이용한다.

유도모터는 튼튼하며 저가이고 구조적으로 단순하여 제작이 용이하다는 장점이 있으나 영구자석형의 동기 모터에 비해 제어 성능 및 속응성이 떨어지는 단점이 있다. 일반적으로 상용전원에 의해 구동되는 일정 속도 모터로 사용되고 있으나 전기자동차에 사용하기 위해서는 자동차 속도에 맞는 인버터에 의한 가변속 구동을 할 수 있게 설계 된다.

유도모터는 일정 전압과 일정 주파수의 전원에 연결되어 거의 동기 속도에 가가운 속도로 회전하는 일정 속도 모터이지만 인버터를 이용하여 다양한 속도에서 운전될 수 있다. 유도모터의 속도를 제어하는 방법은 두 가지로 분류 된다. 첫 번째는 비효율적이고, 제한된 속도 제어 범위를 가진 슬립제어(전압 조정, 회전자 저항 조정), 두 번째는 효율적이고, 폭넓은 속도 제어 범위를 가지는 동기속도제어(주파수 조정)이 있다. 슬립 제어는 고정자 주파수가 일정한 상태에서 슬립을 조절하여 속도를 변동하는 것으로, 슬립을 가변시키기 위해 고정자 전압 또는 회전자 저항을 제어한다. 인가된 고정자 전압의 제곱에 비례하므로 고정자 전압을 제어하면 출력 토크가 변동되어 속도가 조절된다. 그러나 속도가 고정자 전압에 비례적으로 변동하지 않으며, 그 변동 가능한 속도 범위도 크지 않다. 고정자 전압 제어와 회전자 저항 제어 방법들은 근본적으로 동기속도는 고정된 상태에서 슬립 변동에 이해 속도가 가변되는 것이라고 볼 수 있다. 이 경우 속도 감소에 따라 슬립이 증가하므로 효율이 저하되는 것은 피할 수가 없게 된다.

유도모터는 근본적으로 인가된 고정자 주파수의 속도로 도는 회전자계를 따라 회전하는 모터이므로 보다 정밀한 속도 제어를 위해서는 고정자 주파수를 조절하여 동기속도를 제어하는 것이 가장 효과적이다. 속도 제어를 위해 고정자 주파수를 변동시키는 경우 고정자 전압이 일정하다면 속도뿐만 아니라 발생 토크도 달라지는 문제가 발생한다. 발생 토크는 인가 주파수의 제곱에 반비례로 감소하는데 이러한 현상은 고정자 전압이 일정한 상태에서 주파수를 변동시키면 공극 자속이 변동하기 때문에 발생하는 것이다. 자속은 일정한 전압 하에서 주파수를 증가시키면 공극 자속은 감소하며, 반면에 주파수를 감소시키면 자속은 증가하나 포화 현상으로 크게 증가하지는 못한다. 따라서 고정자 주파수를 변동시켜 속도를 제어하는 경우 발생 토크와 회전자 전류를 일정하게 유지하기 위해서는 주파수의 변동에 따라 고정자 전압을 비례하여 변동시켜 공극 자속을 일정하게 제어해야 한다.

일정 토크 영역에서 유도모터는 직류 모터와 유사하게 자속은 일정하게 유지되며, 발생 토크는 슬립 각주파수를 가변함으로써 제어된다. 속도 증가를 위해 운전 주파수를 증가시키는 것과 동시에 자속을 일정하게 유지하기 위해 고정자 전압을 증가시키는 일정 전압/주파수(V/F)동시 제어를 해야 한다.

유도모터는 제어가 용이한 모터는 아니지만 직류 모터처럼 빠른 순시 토크 응답을 얻을 수 있도록 제어 할 수 있다. 자속을 발생시키는 전류와 토크를 발생시키는 전류 모두 고정자 3상 권선을 통해 한꺼번에 공급 받기 때문에 순시토크 제어가 자동으로 이뤄지는 DC모터와는 다르다. 이를 위해 자속과 토크 성분을 독립적인 성분으로 분해하여 90도를 유지하는 형태로 좌표축을 설정하여 한족을 자속 성분의 기준축으로 하고 나머지를 제어하는 형태의 좌표계 시스템을 이용한 제어를 할 수 있다. 이때 좌표를 직교좌표축 형태를 사용하고 d축을

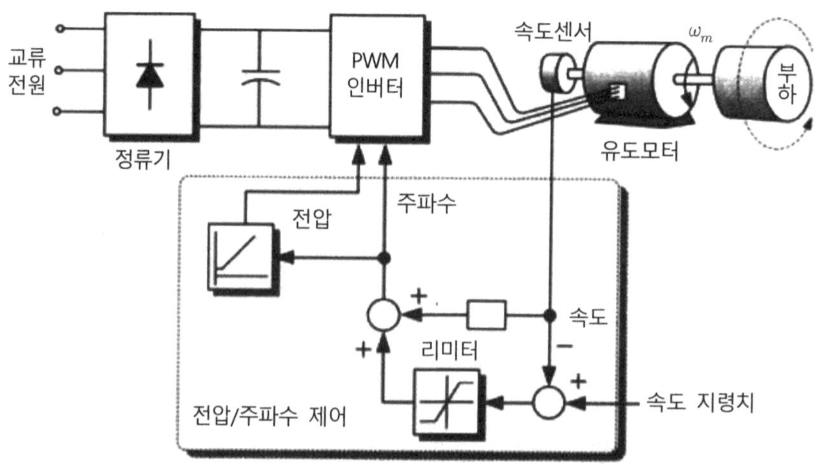

그림 4-25 유도모터 V/F 속도 제어

자속 성분을 제어하는 전류로 q축을 토크 성분을 나타내는 전류로 간주하고 제어를 한다. 이때 고정자와 회전자간의 상대 좌표 변환을 해야하고 이때 필요한 물리량이 자속각이다. 이렇게 하는 제어 방법을 자속기준제어(FOC) 혹은 벡터 제어법이라고 부른다.

벡터 제어 기법을 사용하면 모터의 속도 및 토크 제어를 보다 정밀하게 할 수 있지만 제어 연산량이 복잡해지고 제어기의 부동 소수점 연산 기능이 반드시 제공이 되어야 하는 점등이 요구된다.

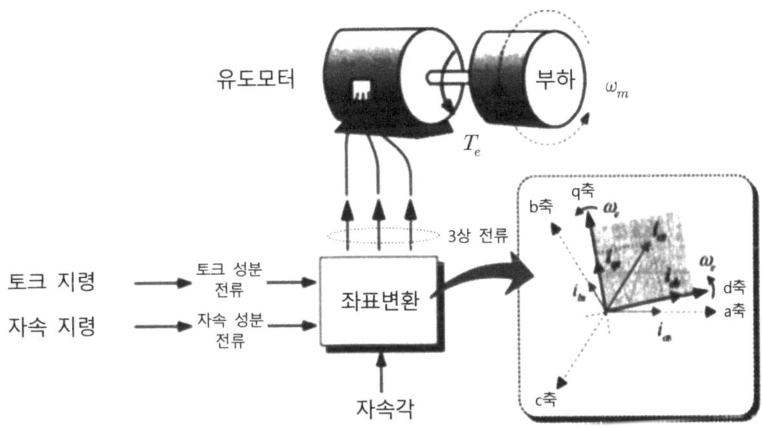

그림 4-26 벡터 제어 개념

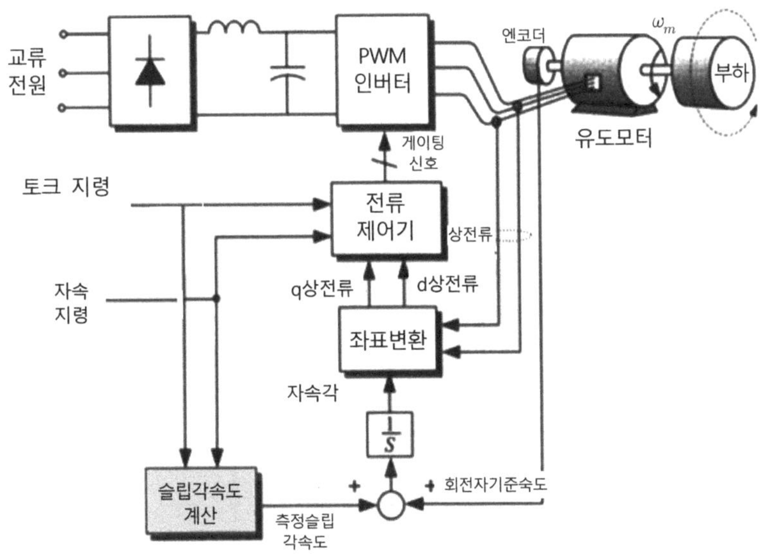

그림 4-27 유도모터 벡터 제어

벡터 제어를 이용한 유도모터의 벡터 제어 기법은 토크 지령과 자속 지령을 따로 주어 개별적으로 제어를 하게 만들어서 모터의 토크 및 속도를 제어한다. 기본적으로 슬립각을 추정하여 벡터제어를 하게 된다.

전체 명령은 토크 지령으로 주고 있으며 자속 명령을 같이 사용하여 제어해야 하기 때문에 복잡한 삼각함수 연산이 필요하며 제어 알고리즘의 계산 속도를 향상 시킬 수 있는 하드웨어 구조 또한 요구된다. 하지만 유도모터의 구조의 간결성으로 인하여 전기자동차에 사용하는 모터로서는 적합한 구조를 가지고 있어서 많이 시도하는 모터 형태라 볼 수 있다.

4-4-3 동기모터 제어

영구자석 동기모터는 여러 특성이 유도모터나 직류 모터 보다 우수하기 때문에 순시토크 제어가 필요한 고성능 모터 제어 분야에 사용이 증가 되고 있다. 이러한 모터를 제어하기 위해서 벡터 제어 기법이 사용되는데 유도모터의 벡터 제어보다는 간단하다. 이는 회전자의 위치가 바로 벡터제어의 기준이 되는 자속의 위치이기 때문에 유도모터처럼 자속각을 구하기 위한 절차가 따로 필요 없다. 따라서 유도모터와 달리 자체적으로 자속과 토크 성분 전류 각각을 독립적으로 제어 할 수 있는 구조로 되어 있다. 자속은 영구자석에 의해 발생하며 이와 별개로 토크 성분 전류는 고정자 전류에 의해 주어지기 때문이다. 전체적인 벡터 제어 기본적인 구조는 유도모터 제어 구조와 유사하다.

리졸버를 이용하여 위치와 자속각을 추출하고 상전류를 측정하여 좌표 변환을 수행하여 각각 d상과 q상으로 분해한 후 토크 및 자속지령에 따라 인버터의 주파수를 조정하는 방식으로 제어를 수행한다. 이때 자속과 토크 성분이 항상 독립적으로 통제될수 있기 때문에 유도

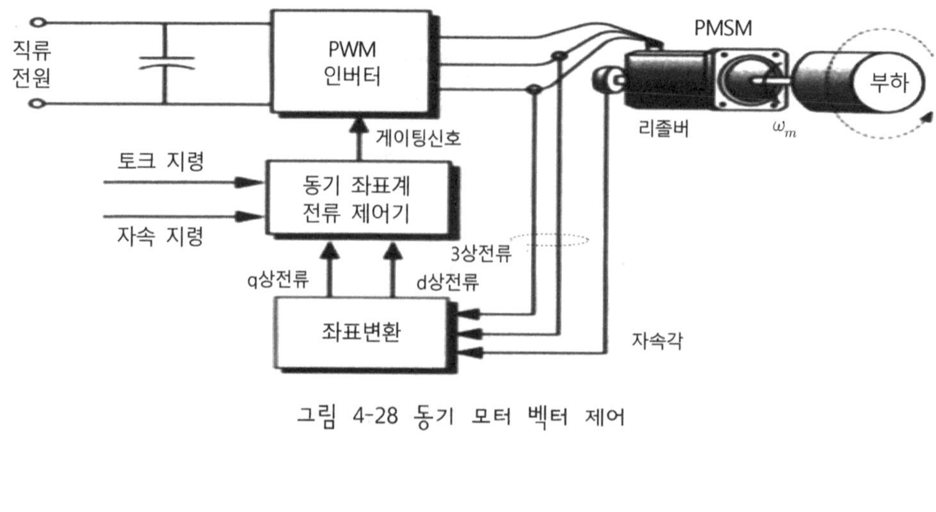

그림 4-28 동기 모터 벡터 제어

모터 보다 제어가 비교적 용이하게 만들 수 있다. 이러한 특성 때문에 동기 모터도 전기자동차의 바퀴를 구동하는 모터로서 각광을 받고 있다.

4-5 회생제동장치

회생제동장치(Regenerative Braking System)은 브레이크를 밟을 때 모터가 발전기의 역할을 하게 된다는 개념이다. 하이브리드 자동차(HEV)에 적용되는 연비 향상의 핵심 전략은 바로 회생제동 장치이다. HEV는 회생제동에 유압 마찰제동을 복합으로 사용한다. 기존 유압식 마찰제동은 자동차가 가지는 운동에너지를 마찰로 바꿔 공기에 방열하고 차속을 줄이는 장치다.

모터에 공급하던 전류를 차단하면 도로를 달리던 자동차는 바퀴가 모터를 돌리는 꼴이 된다. 이때 자동차의 관성에 의해 돌아가는 모터에서는 전류가 발생한다. 모터를 발전기로 만들어서 운동 에너지를 전기 에너지로 변환해서 전력을 회수해 제동력을 발휘하는 제동 방법이다.

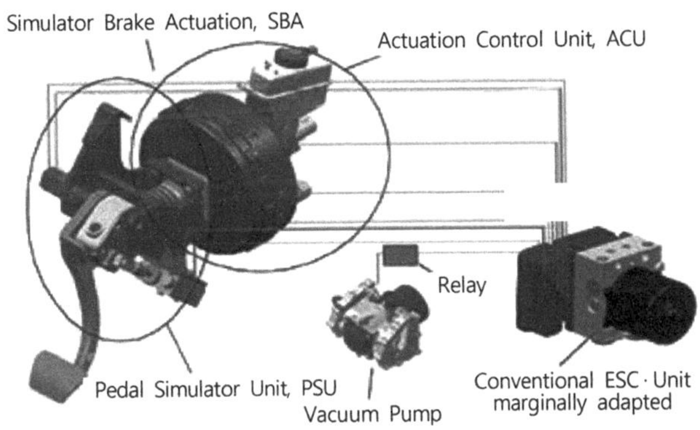

그림 4-29 회생제동 시스템 구성

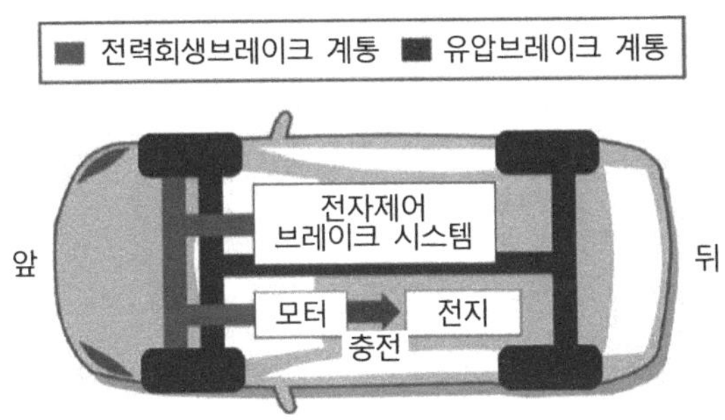

그림 4-30 도요타 프리우스 제동장치 개요

4-5-1 회생제동의 개요

내연기관의 엔진이 뿜어대는 에너지 등 차체를 움직이는데 사용 되는 것은 연료에 포함된 총 에너지의 약 16%밖에 안된다. 나머지 에너지는 엔진열과 마찰열로 사라지고 다른 부속장치(펌프류, 발전기) 등을 구동시키는데 사용된다.

전기자동차의 에너지 소비를 줄여 주는 데 있어 매우 중요한 역할을 하는 것이 회생브레이크다. **전기자동차에 사용되는 모터는 발전기와 구조가 같아 전류를 흘리면 회전하고 반대로 밖에서 힘을 걸어 회전시키면 발전기가 된다.** 차를 감속시키거나 제동을 할 때 그 힘으로 모터를 회전, 전기를 발전시켜 전지로 보내는 장치를 만들면 전기소모량을 많이 줄일 수 있다.

HEV의 가속 시 전륜 구동축이 바퀴를 회전시켜 노면과 바퀴에 견인력을 전달한다. 제동 시 구동륜이 발전기 로터 역할로 변화된다.

회생제동은 자동차의 운동에너지가 발전기(바퀴의 회전축)를 구동해 발생한 역기전력을 전지로 회수하고 제동을 수행하는 제동 기술이다. 발전기를 돌리려면 회전력이 필요한데 필요한 회전력은 버려지는 제동력(감속하는 바퀴 회전축)을 이용한다.

이때 운동에너지를 전기 에너지를 변환해 이를 2차전지에 저장 후 발진, 가속, 등판 시에 모터를 구동하며 에너지를 재이용하기 때문에 HEV의 전체 연비 개선량의 35% 달한다. 즉 가장 큰 장점은 전지 SOC(State Of Charge)의 증가로 가속, 감속을 반복하는 도심주행모드에서 연비 효율을 높일 수 있다.

또 회생제동으로 유압 마찰 제동량을 줄일 수 있어 브레이크 디스크 로터 및 브레이크 패드 등의 수명이 연장된다. 그러나 회생제동으로 제동 토크가 발생함에 따라 운전자는 기존 유압 마찰제동과 다른 이질감을 느낀다.

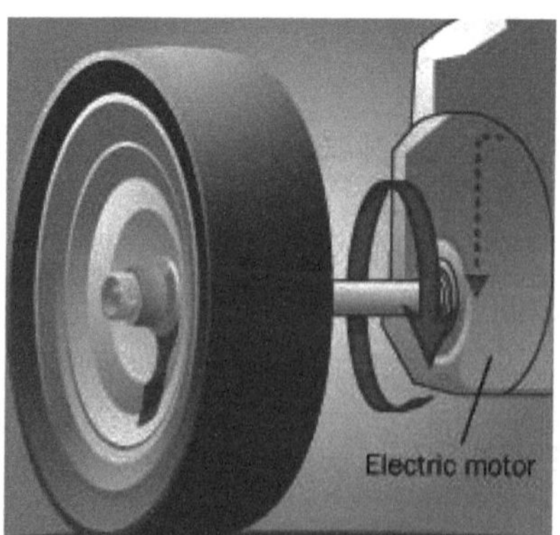

그림 4-31 가속(모터 구동)

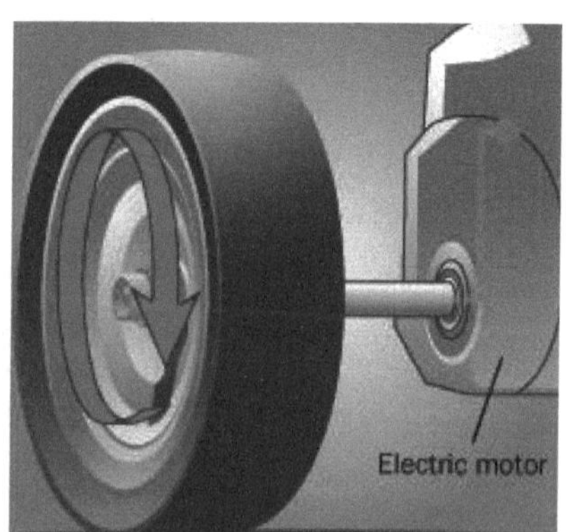

그림 4-32 제동(회생 제동)

기계식 유압 마찰 제동장치에서는 운전자의 페달 조작량에 대응하는 만큼 유압제동력이 발생한다. 하지만 FF 방식 HEV 제동 시 먼저 회생제동으로 인한 제동토크가 걸리고 일정한 조건을 만족하면 기계식 유압 제동으로 전환·작용한다.

HEV는 유압제동과 제동 회생을 적절히 배분해 회생 제동력을 최대화하고 유압제동을 최소화해 에너지 효율을 극대화 하는 것이다. 하지만 회생 제동의 추가로 전체 제동력이 불필요하게 증가해 운전자의 의도와는 달리 급격히 감속력을 유발시켜 편안하고 아락한 제동을 할 수 없세 된다.

4-5-2 회생제동의 원리

회생 제동 시스템에서 제동 컨트롤러는 모터의 전체 프로세스를 제어하기 때문에 시스템의 핵심이다. 이중 브레이크 컨트롤러의 기능은 휠의 속도를 모니터링하고 토크, 회전력 및 생성된 전기를 계산하여 전지로 다시 공급하는 것이다. 제동 작동 중에 브레이크 컨트롤러는 모터에서 생성 된 전기를 전지 또는 커패시터로 보내게 된다. 또한 모터 컨트롤러의 고급 알고리즘은 구동 및 회생 제동 모두에 대해 모터 토크를 제어한다. 토크 명령은 그림에서 스로틀 페달의 위치에서 만들어 진다. 모터 컨트롤러는 이 토크 명령을 적절한 3상 전압 및 전류 파형으로 변환하여 가장 효율적인 방법으로 모터에 명령하여 토크를 생성하며 토크가 차량 속도를 늦추는 역할을 할 때 에너지가 전지로 반환되고 재생이 이루어진다. 그림 4-31은 바퀴 구동용 교류 모터에 대한 일반 구동시의 동작 방식을 보여준다.

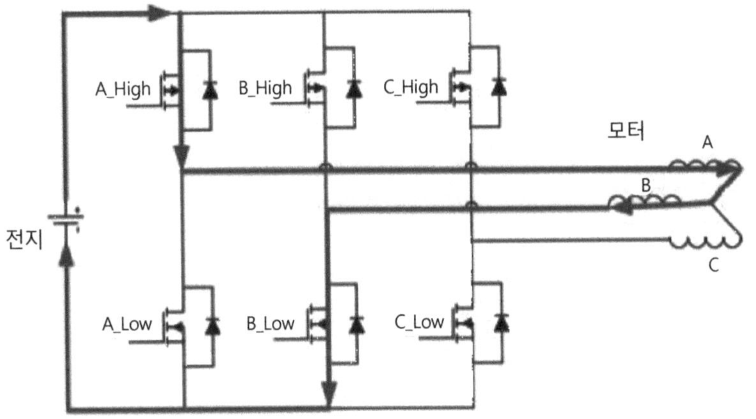

그림 4-33 3상 모터 구동 시 전력 전달

일반 정상 주행 모드 에서는 하이 사이드 스위치 및 로우 사이드 스위치가 펄스 폭 변조(PWM) 스위칭 모드에서 작동된다. 따라서 전지의 전력이 스위치를 통하여 교류 모터에 공급되어 바퀴가 회전하게 된다. 이때 하이 및 로우 사이드의 스위치는 제어기에서의 신호 체계에 따라서 3상 전력을 전달할 수 있게 제어된다.

반대로 에너지 재생 모드에서는 바퀴에 있는 모터를 기점으로 만들어진 전류를 프라이 휠 다이오드를 통해 반대로 전원 장치인 전지로 모아 지게 회로를 형성하게 한다.

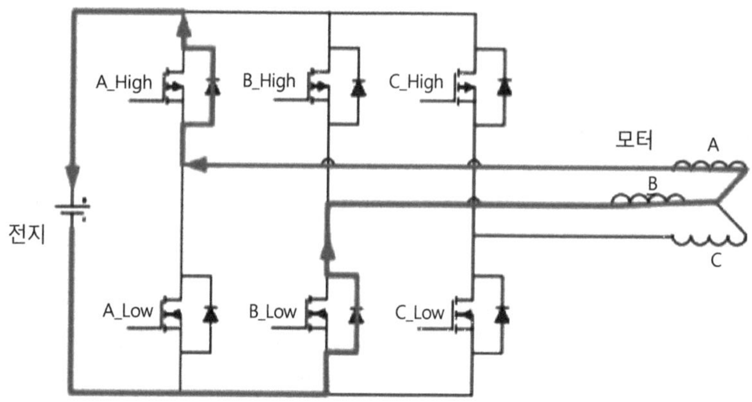

그림 4-34 회생 제동 시 전력 전달

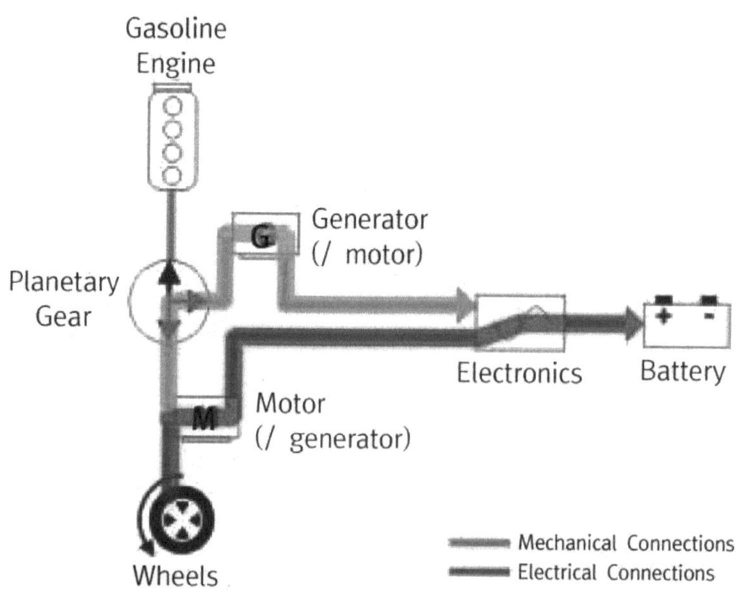

그림 4-35 프리우스의 회생제동시스템

이때 전지에 바로 전력을 저장할 수도 있으며 슈퍼 캐패시터를 이용하여 여유 전력을 확보하게 된다. 따라서 브레이크 작동으로 인한 구동바퀴에 있는 제동 에너지를 전기 형태로 변환 시켜 흡수함으로써 기계의 운동에너지를 흡수하여 제동을 하게 되는 동시에 전지에 제동 에너지를 흡수할 수 있게 된다.

4-6 전지시스템(BMS)

전지시스템(BMS)은 실시간으로 2차전지의 전류·전압·온도 등을 측정해 에너지의 충방전 상태와 잔여량을 제어하는 것으로, 타 제어시스템과 통신하며 전지가 최적의 동작환경을 조성하도록 환경을 제어하는 2차 전지의 필수부품이다.

4-6-1 기능

전지시스템이란 말 그대로 전지를 관리하는 시스템이다. 뉴스를 통해 노트북이나 휴대폰이 폭발한 사고를 들어 보았을 것이다. 2차 전지는 화학소재로 만들어져 전기를 담고 있는 셀들이 모여 구성된다. 전기 사용 용량에 따라 셀들이 조금만 모여도 쓸 수 있는 휴대폰용, 더 모이면 노트북용 2차전지가 되는데, 모인 셀들간의 전기 함축과 출력의 밸런스를 조절하지 못하면 폭발 사고가 일어나게 된다. 그만큼 까다롭고 또 핵심적인 기술이 BMS이다. 전기자동차는

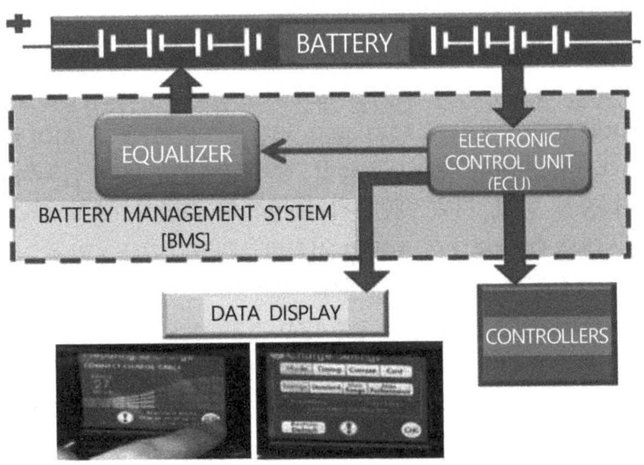

그림 4-36 전지시스템 구성도

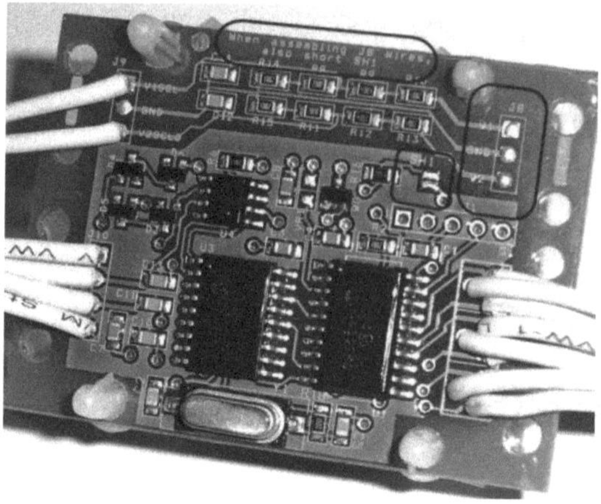

그림 4-37 전지시스템 보드

대용량 셀들이 노트북이나 휴대폰용과는 비교할 수 없을 정도로 많이 모여야 한다. 전지 관리 시스템에 문제가 발생할 경우 전기자동차가 폭발하는 사고까지 이어질 수 있기 때문에 2차 전지를 만드는데 있어 BMS는 핵심 기술이다.

우리나라에서는 LG전자, 삼성 SDI 등 기존 2차 전지 생산사는 물론 자동차 메이커들도 BMS에 높은 관심을 가지고 있다.

하이브리드 자동차 고전압 전지 관리시스템(BMS)

- 포르테 하이브리드 차량에는 180 V의 고전압전지를 적용하여 엔진과 변속기 사이에 있는 고출력 모터에 에너지를 공급함으로써 엔진에 출력을 도와주는 역할을 하고 있다.
- 고전압을 12 V로 낮추어 보조 전지를 충전하는 방식을 적용함으로써 엔진에 장착되는 발전기를 삭제하여 구동에 필요한 엔진 토크 손실을 저감하였다. 하이브리드 전기자동차(HEV)는 차량 내 타 시스템(하이브리드 총합 제어기(HCU), 모터 컴퓨터(MCU) 등)과의 통신을 통하여 전지 충전 상태, 파워 제한, 자기진단, 셀 밸런싱, 냉각 제어를 수행한다.
- 전기동력시스템은 DC 180 V의 고전압 전지와 AC 180 V/15 KW급 3상 교류 동기 모터, 모터 컴퓨터, 12 V 충전용 직류변환장치, 파워 케이블 등으로 구성되어 있다.
- 기존 차량에 장착되어 사용해 왔던 DC 12 V 전지(보조 전지)의 경우 하이브리드 전기자동차에서는 일반 바디 전장이나 각종 제어 컴퓨터(ECU) 동작을 위한 보조 전지이다.
- 정격 전압 180 V의 고전압 전지 시스템은 12 V 보조 전지와는 완전히 분리되는 독립적인 전원 시스템이다.

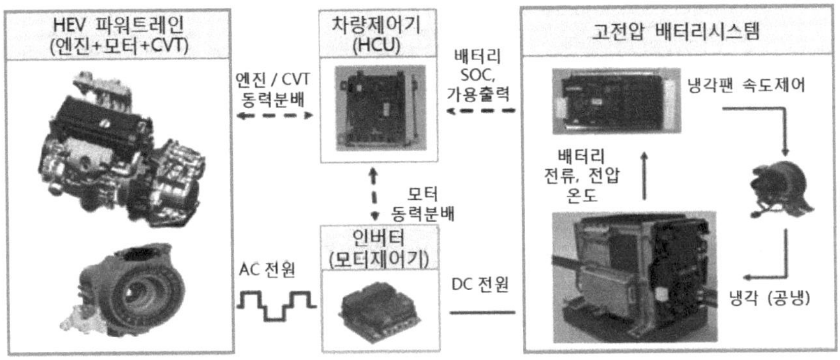

- 고전압 전지는 DC 180 V 정격의 리튬폴리머(Li-Pb) 전지(전류 차단 구조 적용으로 과충전 안전성 확보)로 차량 가감속 시 전기 에너지 저장 및 공급하는 기능을 한다.
- 하이브리드 총합 제어기(HCU)는 고전압 전지의 전지 충전 상태를 지속적으로 모니터링하고, 전지 충전 상태에 따라 각 주행 모드에서 충전 및 방전을 제어한다.
- SOC 게이지는 계기판에 설치된 두 가지의 하이브리드 전용 게이지로, 하나는 고전압 전지의 충전 상태를 표시해 주는 게이지이고, 나머지 하나는 모터의 충/방전 동작 상태를 보여주는 모터 게이지이다.
- 하이브리드 총합 제어기(HCU)는 모터의 충/방전 상태 정보를, 고전압 전지 관리 시스템(BMS)은 고전압 전지 충전 상태 징보를CAN 통신 라인을 이용해 계기판 측으로 송신하고, 계기판에 내장된 마이크로컴퓨터는 그 정보들을 수신하여 게이지 작동을 직접적으로 제어한다.

일반적으로 전기자동차에 대한 표준 BMS는 대개 전용 집적회로로 만들어진 칩과 연결되어 아래의 기능을 수행한다.

1) 전지를 이루는 개별 셀의 상태를 모니터링
2) 응급의 경우에는 회로로부터 전지를 분리 절체 동작 수행
3) 전지 체인 내에서 셀 매개 변수에 있는 불균형에 대한 보상(셀발란싱)
4) 전지 충전 상태에 대한 정보 제공(SOC)
5) 전지 상태에 대한 정보 제공
6) 드라이버 디스플레이 및 경보에 대한 정보를 제공
7) 전지의 사용가능 범위를 예측하고 경보를 발생
8) 관련 차량 제어 시스템(ECU)에서 제어 명령을 수행
9) 셀을 충전을 위한 최적의 충전 알고리즘을 제공

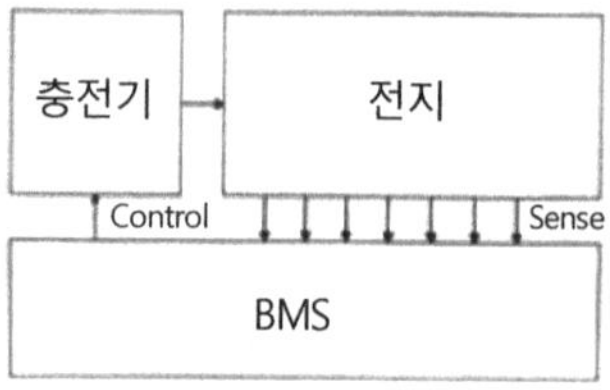

그림 4-38 BMS 동작 개념도

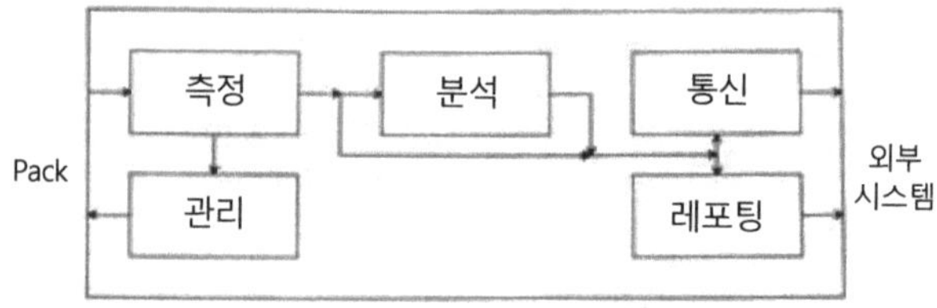

그림 4-39 BMS 내부 개념도

10) 제공하는 스위치와 돌입 전류를 제한하는 충전이 단계 전에 부하 임피던스 테스트를 수 있도록 사전 충전

11) 개별 셀을 충전에 대한 액세스 수단을 제공

12) 차량 운영 모드의 변화에 대응

실용적인 시스템에서는 BMS 따라서 단순히 전지 관리를 보다 차량 기능을 통합할 수 있으며, 가속 제동, 공회전 또는 중지 여부, 차량운영의 원하는 모드를 결정하고 관련 전력 관리 작업을 구현할 수 있게 한다. 기본적인 개념 및 동작 기능 블록을 아래와 같이 나타낼 수 있다.

전지 관리시스템의 주요 기능 중 하나는 관용의 주변 또는 운영 조건에서부터 셀을 보호하기위해 필요한 모니터링 및 제어를 제공하는 것이다. 이것은 자동차 애플리케이션에서 특히 중요하기 때문에 거친 작업 환경이다. 뿐만 아니라 각각의 셀 보호와 같은 자동차 시스템은 전지를 분리뿐만 아니라 오류의 원인을 해결하여 외부 오류 조건에 응답할 수 있도록 설계되어야 한다. 예를 들어, 냉각 팬이 망가졌을 경우 전지 가열 표시등이 켜진다. 과열이 과도하게 되면 전지가 분리될 수 있다.

전지 감시 장치(모니터링 유닛)는 하위 모듈을 통합하는 마이크로프로세서 기반의 단위이다. 이러한 하위 모듈은 각기 따로 관리 된다. 각각 셀의 모니터링의 비용을 줄이기 위해, 전지 모니터링 유닛은 단일 아날로그 또는 디지털 출력 라인을 차례로 각각의 셀에서 전압을 다중 스위칭 아키텍처를 포함할 수도 있다.

비용 절감은 아날로그 제어 및 디지털 샘플링 회로의 수를 줄이고 구성 요소를 최소화하여 실현될 수 있다. 단점은 하나의 셀 전압을 동시에 모니터링 할 수 있다는 것이다. 고속 스위칭 메커니즘은 모든 셀이 순차적으로 모니터링 할 수 있도록 각각의 셀에 출력 라인을 전환할 필요가 있다.

4-6-2 BMS의 토폴로지

BMS를 이용하여 전기시스템에 필요한 에너지 양, 전력, 전압 범위, 최대 전류 등을 달성하려면 많은 경우 여러 전지 셀을 결합하여 전지 팩을 만들어야 한다. 원칙적으로 이러한 종류의 전지에 대해 서로 다른 연결 토폴로지가 가능하며 원하는 용량과 전압을 만들어 낼 수 있다.

전지 팩 레벨에서 특정 전압 범위를 실현하여 주어진 전력 값에 대해 소모되는 전류를 줄이려면 셀을 식렬로 연결해야 하며(c), 병렬연결을 하면 용량을 증가시킬 수 있다(b). 최근 변형되어 만드는 방법 중 하나는 작은 용량의 여러 셀을 병렬로 사용하여 전체 용량이 더 높은 모듈을 형성 한 다음 전압을 높이기 위해 직렬로 연결 하는 구조를 사용하기도 한다(e). 또 다른 변형은 직렬로 연결된 고용량 전지 셀을 사용하기도 한다(c). 여러 개의 전지 셀 스트링을 병렬로 연결하면 병렬 스트링 수의 계수만큼 셀 전압 모니터링, 밸런싱 등에 대한 비용이 증가 할 수 있지만, 이렇게 하면 셀 당 하나의 전압 측정 채널만 n 셀의 병렬연결이 요구된다. 크기, 무게 및 전력 소비가 매우 중요한 일부 특수한 경우에는 전지 모듈이 단일 셀 모니터링 및 밸런싱 없이도 구축된다.

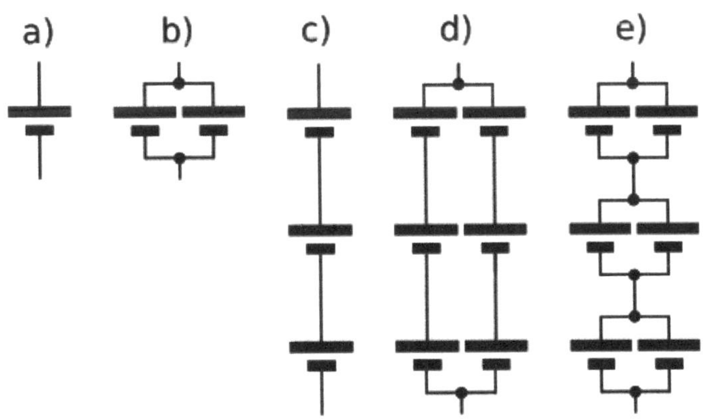

V_{cell} : 셀전압, Q_{cell} : 셀용량

	(a)	(b)	(c)	(d)	(e)
Voltage	V_{cell}	V_{cell}	$3 \cdot V_{cell}$	$3 \cdot V_{cell}$	$3 \cdot V_{cell}$
Capacity	Q_{cell}	$2 \cdot Q_{cell}$	Q_{cell}	$2 \cdot Q_{cell}$	$2 \cdot Q_{cell}$
Voltage channels	1	1	3	6	3

그림 4-40 단위셀 연결 토폴로지

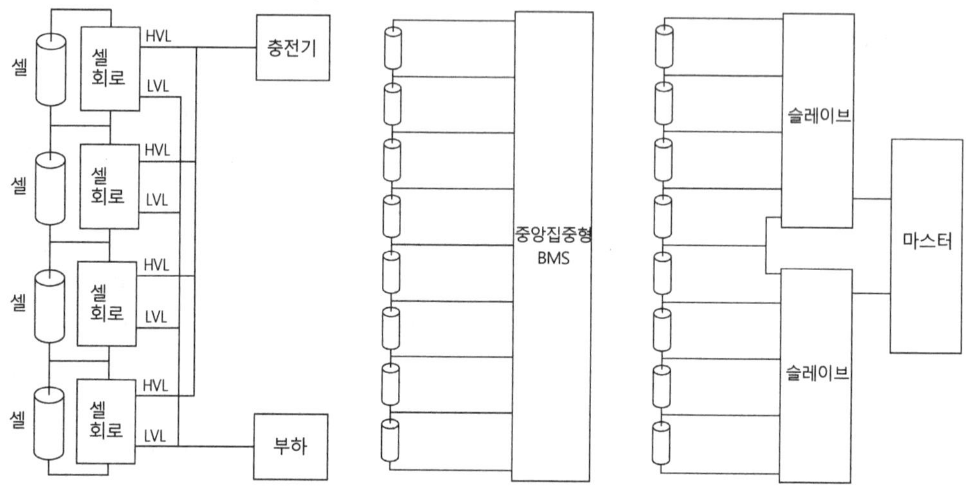

(a) 셀구조도 (b) 중앙 제어 (c) 분산 제어

그림 4-41 BMS 연결도

셀들은 동일한 재료를 사용하여 제작 되었지만 노화 정도가 상당히 다를 수 있기 때문에 제조 당시 완전히 동일한 것으로 보이는 동일한 생산라인에서 생산했을 지라도 저장 전압이 다를 수 있다. 특히 스트링 총 전압은 셀당 동일한 전압을 가정할 때 각 셀은 최대 허용 전압보다 훨씬 낮고 최소 허용 전압보다 높게 유지되므로 한 셀이 위험해질 가능성은 비교적 작다.

전지의 안전한 작동에 필요한 기본 모니터링 기능을 구현하기 위해 다수의 반도체 제조업체에서 주문형 집적 회로를 제공하는 경우가 많다. 더 높은 전력이 필요하거나 더 많은 에너지를 요구하는 애플리케이션의 경우 전지 팩은 여러 개의 셀로 구성되어야 한다. 한 번에 여러 셀에 대한 모니터링을 제공하고 단일 셀 시스템에서 필요하지 않은 균형 조정 방법을 제공하는 시스템에 BMS 반도체 칩을 이용하여 구현 가능하다.

이러한 종류의 시스템에서는 일반적으로 "BMS 마스터"라고 하는 하나의 중앙 모듈이 있으며 마스터가 주로 하는 것은 정교한 SOC 일정량의 처리 능력을 필요로 하는 추정하거나 소요 전력 예측하는 일들을 수행한다. 아날로그 프런트 엔드(AFE) 부분을 탑재 한 모듈을 종종 "BMS 슬레이브"라고 하는데 모니터링에 의해 수행되는 신호 수집, 필터링 등과 같은 기본 기능을 가지고 있다.

일반적으로 BMS를 구성하는 방법은 중앙에서 집중적으로 처리하는 칩이 있는 경우와 각각의 슬레이브를 마스터가 통제하는 방식으로 나뉜다. 그리고 각각 BMS의 중심에는 전지 관리 기능을 만들어주는 반도체 칩이 사용된다.

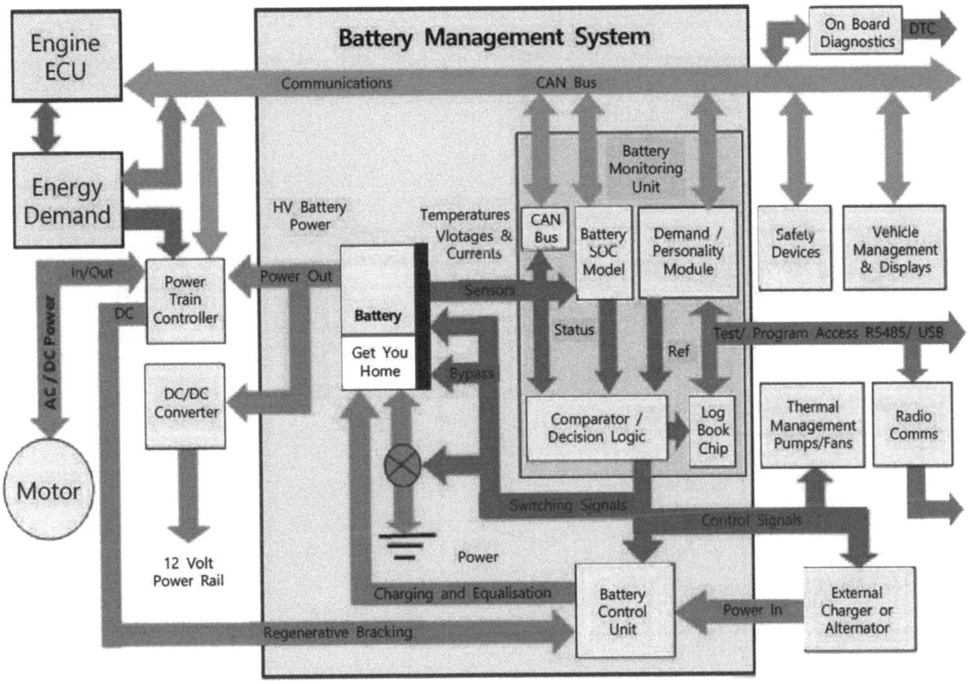

그림 4-42 BMS칩의 내부 동작 개념도

이런 반도체 칩으로는 Texas Instruments의 bq76PL536A(Tesla Model-S) 및 Linear Technology (Milpitas) LT6802G-2 (Mitsubishi Motors), Maxim Integrated의 MAX11068가 있다. TI bq76PL536A, MAX11068 및 LT6802G는 패시브 밸런싱을 제공하는 반면 AMS 디바이스는 패시브 밸런싱 토폴로지에 사용할 수 있을뿐만 아니라 외부 변압기를 사용하여 액티브 밸런싱 기능도 제공한다. 반도체 칩 내부에는 전지의 단위 셀을 통제하여 전류, 전압 ,온도를 체크하기도 하고 SOC를 측정하여 전압레벨을 감시하기도 한다. 또한 파워트레인의 고전압과 회생전력을 통제하는 인터페이스가 구성되어 있으며 충전장치와 연결하여 충전을 진행할 수 있게 설계 되어 있어서 이 반도체 칩을 다수 연결하여 BMS의 기능을 수행하게 된다.

일반적으로 프런트 엔드 반도체 칩은 데이지 체인 방식으로 연결되어 더 큰 셀 스택에서 사용할 수 있다. 또한 마이크로 컨트롤러에 연결하기 위한 전용 호스트 인터페이스를 제공하며 추가 디지털 절연기를 사용하여 여러 칩을 동일한 SPI 버스에 연결할 수 있다. 대부분의 경우 데이지 체인 연결은 하나의 PCB에 있는 여러 반도체 칩을 서로 연결하는 데 사용되며 저렴한 마이크로 컨트롤러를 이용하여 이를 통제한다. 그림4-40은 이러한 칩들이 연결되어 있는 구조를 나타낸 그림이다. 전지 셀을 각각 통제하는 셀 제어기가 있고 셀 제어기간은 CAN을 이용

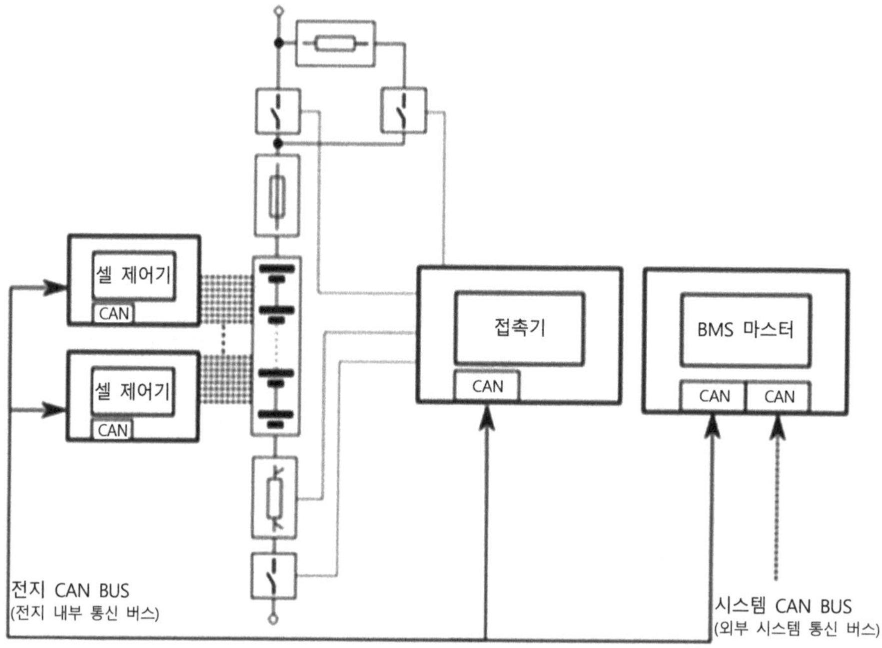

그림 4-43 BMS 네트워크 구조도

하여 연결하여 데이터를 주고 받으며 마스터 칩은 외부 ECU와 같은 중앙제어기에서 제어 명령을 받고 전지 상태를 전달해주는 구조를 가지고 있다. 전지의 동작은 절체기를 통하여 전력을 끊거나 연결할 수 있게 구성한다.

다른 PCB의 추가 모듈에 연결하고 BMS 마스터에 연결하기 위해 종종 CAN과 같은 필드 버스를 사용하여보다 강력한 통신을 제공하며 마스터와 나머지 시스템 간의 연결도 마찬가지이다.

4-6-3 셀 발란싱

여러 가지 이유로 인해 주어진 시간 SOC에서 값은 셀의 직렬연결에서 다를 수 있다. 따라서 셀 간의 전압 균형을 만들어 주는 역할을 수행하여야 한다. 이를 위해서는 전지의 전압을 항시 측정하고 충전회로를 선택적으로 연결하여 셀간 불균형을 제어할 수 있다.

셀 간 불균일성의 원인은 한편으로는 생산 관련 차이와 다른 한편으로는 다른 운영 및 환경 조건에 기인한다(예 : 온도). 이러한 원인은 서로 다른 초기 조건, 서로 다른 노화 및 서로 다른 자체 방전 속도로 이어질 수 있으며, 이로 인해 SOC, 용량 및 저항 값이 달라진다. 동일한 초기 용량과 동일한 부하 프로필로 스트레스를 받은 18,650개의 소비자 셀 배치에서 서로 다른 셀의 용량 변화를 검토하여 보면 모든 셀이 동일한 초기 용량을 갖도록 선택 되었음에도 불구하고 용량은 일정주기 후에 편차가 발생한다. 80%의 남은 용량이 수명 종료 기준으로 선택되면 테스트 된 18,650개의 셀은 약 1000에서 1500 사이클 사이의 사이클 수명을 보여주는 경우도 있다. 적어도 일부 전지의 경우 수명 초기에 동일한 전지 셀을 선택하는 것만으로는 사용 후 영구적으로 동일한 용량을 보장하기에 충분하지 않나. 이런 경우 각 셀의 용량을 모니터링하고 필요한 경우 처리해야 한다.

셀의 자기 방전율의 변화는 작업의 범위에 포함되지 않았지만 매개 변수에도 변동이 있다고 가정 할 수 있다. 상용 파우치 셀의 자체 방전 거동을 분석해 보면 동등한 자기 방전 저항이 도입되었고 4개의 셀이 40℃에서 보관되었을 때 셀 종류와 보관 조건이 동일하더라도 셀 자체 방전 저항은 가장 약한 셀에서 가장 강한 셀로 40% 증가한 10 kΩ에서 14 kΩ 사이에서 변하는 경우도 있다. 또한 20℃ 이후의 아레니우스(Arrhenius) 유사 온도 종속성이 표시되는데 전지 팩에는 항상 온도 불균일성이 있기 때문에 이 효과로 인해 한 팩에 들어있는 다른 전지 셀의 자체 방전율 편차도 관찰 된다.

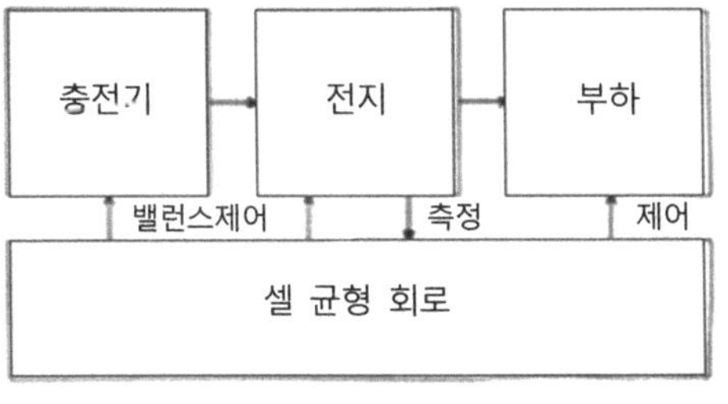

그림 4-44 셀 밸런싱 구조도

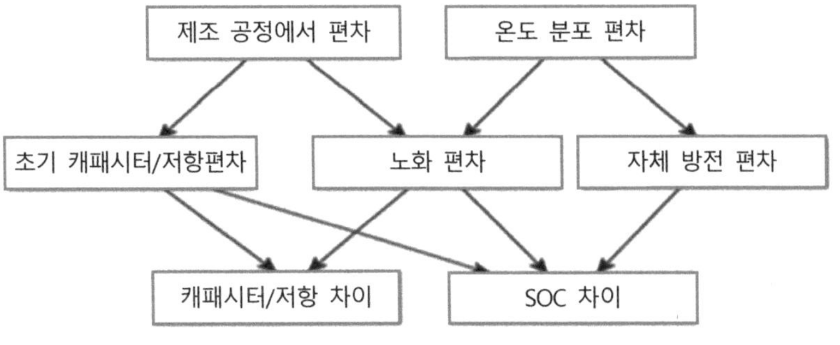

그림 4-45 셀간 편차 발생 과정

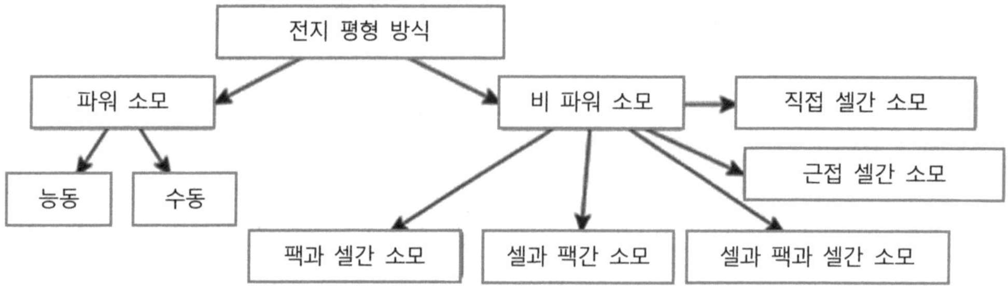

그림 4-46 셀간 평형 방법

SOC의 차이와 용량 및 내부 저항의 차이로 인해 전지 팩의 가용 에너지가 감소 할 수 있으며 밸런싱 회로로 해결할 수 있다. 그림 4-41은 가능한 변형을 보여준다. 제어 방법은 능동적 혹은 수동적 또는 상업적 가용성에 따라 다양한 균형 조정 방법을 분류되는데 특히 능동적 밸런싱 방법과 관련하여 다양한 솔루션이 존재한다.

그럼에도 불구하고 대부분의 상용 전지 팩은 제어 된 수동 밸런싱 시스템을 사용한다. 이러한 동작 시스템은 각 전지 셀 또는 전지 셀의 병렬연결에 대해 전지 셀에 병렬로 전환 될 수 있는 균형 저항을 이용해서 제어할 수 있다. 이 방식의 가장 큰 장점은보다 복잡한 능동 및 비싼 솔루션에 비해 단순성으로 볼 수 있다. 이 밸런싱 토폴로지로 방전 될 경우 SOC 변경만으로 처리가 가능하며 시스템이 100 mA 범위의 작은 밸런싱 전류를 사용하고 있으며 30 Ω ~ 40 Ω 범위의 작은 밸런싱 저항을 이용하여 4.2 V의 셀 전압을 만들기 위한 균형 전류를 흐르게 하는 방식으로 통제한다.

이 밸런싱 전류는 전지 팩에 사용되는 셀의 용량에 따라서 다르지 않고 전지 관리 시스템의 에너지 손실 또는 셀과 전지 감시 회로 사이의 케이블 직경에 의해서만 다르게 설계된다. 관찰된 모든 시스템은 4.2 V의 셀 전압을 가정 할 때 셀당 387 mW에서 430 mW 사이의 전력을 소비하게 대부분 설계된다. 좀 더 다양한 용량을 해결하기 위해 전력 전자 변환회로를 활용하여 전지 팩의 셀간에 에너지를 재분배하는 등의 보다 정밀한 접근 방식이 요구된다.

4-6-4 안정성 및 신뢰도 확보

BMS 사용의 주요 목적 중 하나는 전지 팩의 리튬 이온 전지 작동과 관련된 위험을 최소화하는 것이다. 이렇게 하기 위해서 주요 위험 요인을 감지하여 스위치를 통하여 절체하는 구조가 필요하다.

리튬 이온 전지 팩 내부의 주요 위험은 고전압에 노출되는 것이며 아크, 화재, 배기가스

가연성 및 배기가스 독성. 적절한 전지 팩 설계와 함께 BMS의 안전 기능은 이러한 이벤트의 발생 가능성과 심각도를 최소화해야 한다. 절연 모니터링 및 인터록 회로를 사용하여 전지 팩의 고전압 안전을 보장하게 만들 수 있다. 또한 아크 발생 위험을 낮추어야 하는데 전지 팩 내부에 오염이나 결로가 쌓이면 초기에 감지 할 수 있기 때문에 절연 저항에도 영향을 주게 된다. 절연 장치가 감전에 대한 충분한 보호를 제공해야하므로 "강화 절연"기준을 충족하는지 확인해야 하며 전통적으로 광 커플러는 갈바닉 신호 절연에 사용될 수 있다.

팩 내부에 온도 센서를 배치하고 임계 온도 값에 적절하게 반응하면 화재 위험을 줄일 수 있다. 또한 전기 화학적 임피던스 분광법과 같은 간접 감지 방법을 사용하는 센서리스 온도 감지 방법을 추가로 사용할 수 있다. 복잡한 전기 시스템 내에서 와이어 하니스를 따라 온도를 측정하는 방법을 사용하여 안전성을 추가 할 수도 있다.

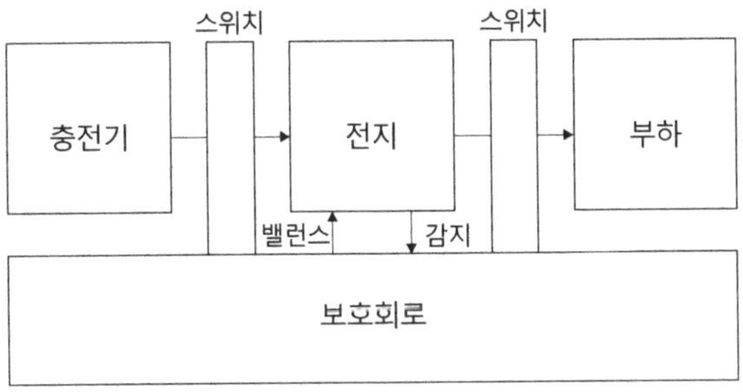

그림 4-47 셀 보호 방법

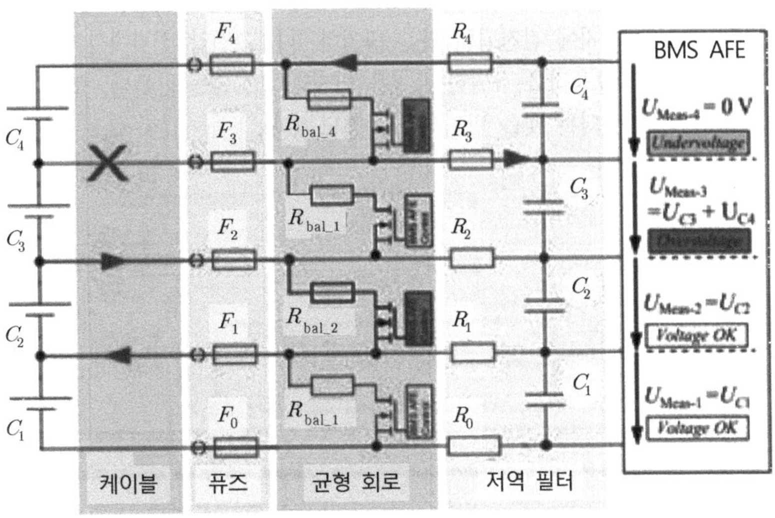

그림 4-48 셀 단선 체크

그리고 안전 상문제가 될 때는 접촉기를 사용하여 시스템에서 전지 팩을 분리 할 수 있다. 모든 컨택터는 유한 차단 전류 등급을 가지므로 용융 퓨즈를 추가로 사용해야 하여야 하며 고장 전류를 차단할 수 있도록 퓨즈와 컨택터의 작동 특성을 모두 고려해야 한다.

전지 팩 내부와 애플리케이션의 기생 커패시턴스 및 인덕턴스는 상승 시간과 단락 전류의 크기에 큰 영향을 미치기 때문에 퓨즈 정격 선택시 고려해야 한다. 셀의 본질적인 안전성은 셀의 정의 된 안전 작동 조건을 엄격하게 준수하는 데 달려 있으며 BMS는 정의 된 온도를 벗어나는 전지 충전을 억제해야 한다. 창문 특히 저온에서의 리튬 도금은 수상 돌기의 형성과 그에 따른 전지 내부 단락으로 이어질 수 있기 때문에 심각한 위험이 된다.

BMS의 하드웨어 및 소프트웨어 구현이 점점 복잡 해짐에 따라 소프트웨어 오류 및 센서 오류 가능성도 높아지며 셀 전압의 무결성도 체크해야 한다. 전지 셀과 셀 감시 장치 사이의 케이블을 감지하는데 감지 라인 케이블 단선은 전압 만 측정하여서는 감지 할 수 없다. 로우 패스 필터 커패시턴스, 단선 된 라인 또는 끊어진 퓨즈는 즉각적인 전압 강하로 이어지지 않는데 측정 아날로그 프론트 엔드 하드웨어 (BMS AFE)의 전압은 대기 전류의 크기에 따라 몇 분 또는 그 이상에 걸쳐 다소 느리게 감소하게 된다. 이는 셀 전압이 다음과 같기 때문에 중요한 안전 문제가 될 수 있다. 적어도 두 개의 인접한 셀을 더 이상 감독 할 수 없다. 셀 밸런싱 시스템 또는 전류 소스 회로를 사용하여 이러한 오류를 감지 할 수 있다. 밸런싱 회로를 활성화하면 인접한 셀에서 전압 변화가 발생하며, 그 크기는 정상보다 훨씬 크면 단선이라고 생각할 수 있다.

일반적으로 전기자동차의 고전압 시스템은 샤시에 내장되어 있다. 이때 샤시와 고전압 시스템간에는 적절히 절연되어 있어야 한다. 절연을 해야 하는 이유는 그림과 같이 운전자 혹은 정비사가 고전압 전지에 감전되는 것을 방지하거나, 고전압 전지에서 발생하는 노이즈가 차량 내 다른 제어기의 오동작을 유발하는 것을 방지하려고 만들게 된다. 또한 차량 시스템이 고전압 전지에 의해 손상되는 것을 방지하는 목적도 있다.

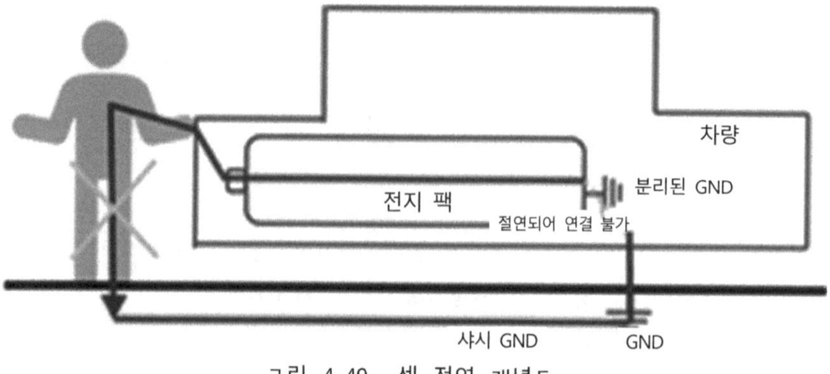

그림 4-49 셀 절연 개념도

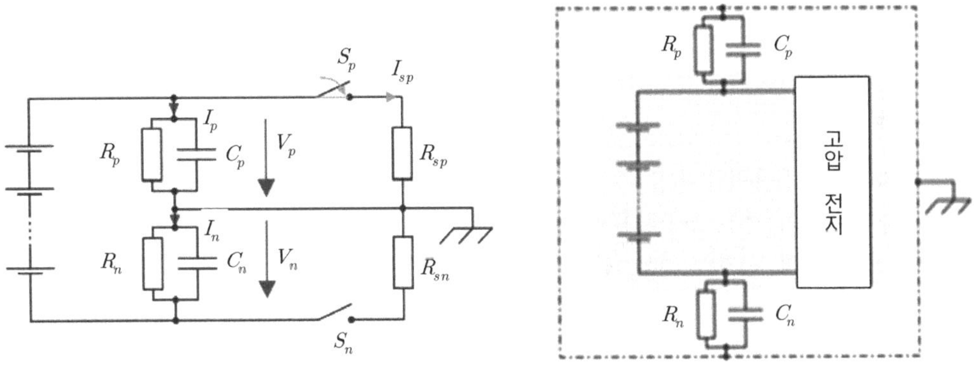

그림 4-50 셀 절연 체크 개념도

전체 전지 팩과 관련하여 전기 절연 또는 전기 절연 재료는 일반적으로 전기 저항을 가지고 있으며 이 절연 저항은 전체 전기 회로에 분포하여 샤시에 담게 되며 그림과 같이 표현된다. 또한 이 저항값은 절연 정도를 표현 할 수 있으며 이를 간접적으로 측정하여 절연 정도를 측정하게 된다.

여기서 R_p와 R_n은 양극과 음극 사이의 집중된 모델링된 절연 저항이며, 이와 동시에 고 전압 시스템과 샤시사이에는 캐패시턴스 C_p 및 C_n도 동일하게 존재하며 이는 기생 케이블 캐패시턴스와 배치 된 EMC 필터 캐패시턴스의 합계를 표현할 수 있다. 절연 저항을 측정하는 방법은 토로이달 코일을 장착하여 공통 모드 전류를 측정하여 구할 수 있다. 공통 모드 전류가 코일을 통해 흐르면 전압 측정과 함께 절연 저항을 계산할 수 있다. 그러나 이 방법이 작동하려면 주 전류 도체가 코일을 통해 흐른다는 조건이 필요하다. 또 다른 방법은 그림에서 볼 수 있듯이 절연 저항 R_p 및 R_n을 결정하기 위해 추가로 스위치 2개와 저항 2개를 사용하여 외부에 연결하여 측정한다. 여기 사용하는 저항은 아주 작은 저항으로 별도의 폐루프를 형성하게 하여 저항 양단에 걸리는 전압을 측정한다. 두 스위치는 고전압 시스템과 샤시의 전압을 각기 걸리게 하여 두 군데의 전압을 측정한다. 즉 스위치 S_p가 닫히면 전류 I_{sp}가 R_{sp}를 통해 흐르고 이 전류가 R_n을 통해 전류에 추가되기 때문에 전압 V_n이 증가하고 결과적으로 V_p가 감소한다. 따라서 샤시 전압과 고전압 전압 시스템의 전압을 측정하여 절연 저항을 계산할 수 있다. 이러한 방식으로 절연 상태를 측정하고 모니터링 할 수 있다.

이외에도 전지의 동작 상태를 모니터링하고 ECU의 명령에 따라 전지를 통제해야 하는 여러 가지 물리량이 있다. 이를 효과적으로 통제하기 위한 BMS장치의 고급화는 전기자동차의 안정된 동작을 하기 위해 필수 불가결하게 요구된다.

4-7 전기자동차와 내연기관 자동차와의 비교

(1) 운용비

전기자동차의 운용비와 휘발유로 작동하는 내연기관 자동차의 운용비를 비교해볼 수 있다. 내연기관 자동차의 경우, 1리터의 휘발유가 완전히 연소될 때 9.7 kWh의 에너지를 생성한다. 그러나 전기자동차 전지의 경우, 단지 2.7 kWh에너지로 1리터의 휘발유가 연소될 때 발생하는 에너지와 동등한 9.7 kWh에너지를 생성할 수 있다. 따라서 운용비는 전기자동차가 더 좋은 편이다. 서비스 비용은 전기자동차가 내연기관 자동차보다 더 작다. 내연기관 자동차의 NiMH(nickel metal hydrate)전지는 자동차 수명기간동안 지속될 수 있는 반면에, 납전지를 사용하는 전기자동차는 정기적인 전지 교체를 필요로 한다. 그러나 납전지의 전지기술이 발전하면서, 전기자동차의 일종인 도요타(Toyota)의 프리우스(Prius)자동차는 300,000 km 이상을 전지 교체 없이 가는 것으로 알려져 있다. 도요타는 10년/150,000 마일 혹은 8년/100,000 마일의 보증제도를 가지고 있고 새로운 전지의 가격은 계속 낮아질 전망이다.

(2) 에너지 효율성

전기자동차의 에너지 효율성은 전기 에너지의 충전과 방전 효율에 따라 정해진다. 보통 한번 충전하였을 경우 충전량의 약 70%에서 85%의 전기 에너지가 실제 사용이 가능하다. 또한 충전간에 약 9.5% 정도의 에너지손실이 일어난다.

보통의 전기자동차는 동력 소비의 대략 20%정도는 전지 충전의 비효율성 때문이다. 휘발유 자동차의 대부분 에너지는 열로 발산되어 없어진다. 즉, 휘발유 자동차 엔진은 열효율성이 20%밖에 안 되기 때문에 효율성이 낮다.

[표 4-6 동력원에 따른 효율 비교]

구분	Well to Tank	Tank to Wheel	Overall Efficiency
	연료생산효율(%)	차량효율(%)	총괄효율(%)
가솔린 내연기관	88	18	16
디젤 내연기관	89	22	20
하이브리드 자동차	88	30	24
전기자동차	42	80	31
연료전지 자동차	75	48	36

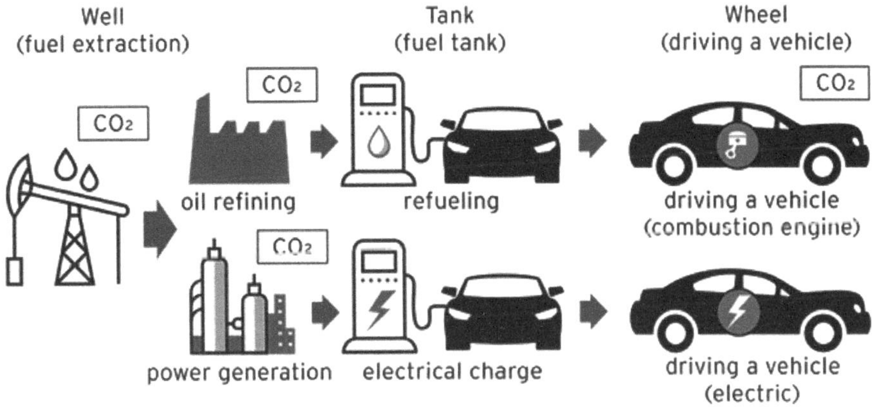

그림 4-51 Well-to-Wheel의 개념도

따라서 전기자동차의 에너지 효율성은 휘발유 자동차의 에너지 효율성보다 좋고, 심지어 하이브리드 자동차의 에너지 효율성보다 뛰어나다.

내연기관에서는 연료가 투입된 양이 100이라고 가정을 하면 엔진이 가동하면서 폭발에너지로 변화되면서 손실되는 효율이 88%로나 된다. 22%로만 에너지가 변화되는 것이다.

그 디음 폭빌에너시로 엔진이 구동하는데 당연히 변속기나 공회전, 엔진에 영향을 주는 부대장치(냉각수 펌프, 브레이크 등)에 의해서 다시 효율이 떨어지게 된다. 그 떨어지는 효율은 34%정도 된다는 것이다. 이렇게 되면 구동바퀴로 가는 효율은 결론적으로 16% 정도이다. 결국 내연기관의 경우는 석유 1리터 투입시 0.16리터가 바퀴의 구동력으로 나타난다는 것이다.

그렇다면 화력발전에 의한 전기기관의 효율은 어떻게 될까? 내연기관 에너지 효율과 동등한 기준을 위해서 등유로 발전이 가능한 발전시설을 통해 효율을 따진 것이다. 연료가 투입되어 발전/송전하면서 나오는 에너지 변환효율은 58%가 사라지도 42%가 남는 것이다.

이런 전기 에너지는 충전과 모터가 구동되면서 80% 정도 살아남는다. 결국 화력발전에 의한 전기기관은 석유1리터 투입 시 0.31리터가 바퀴의 구동력으 로 나온다.

결국 화석연료에 의한 전기라고 해도 내연기관보다 효율이 높은 것은 사실이다. **화력발전에 의한 내연기관과 전기자동차 에너지 효율을 비교다면 16% VS 31%, 즉 내연기관보다 전기자동차 에너지 효율이 2배 가까이 좋다.** 이러한 비교는 전기를 화력발전으로만 생산했을 때의 비교인데, 전기를 수력/풍력, 원자력으로 생산하게 된다면 효율이 더 뛰어나다.

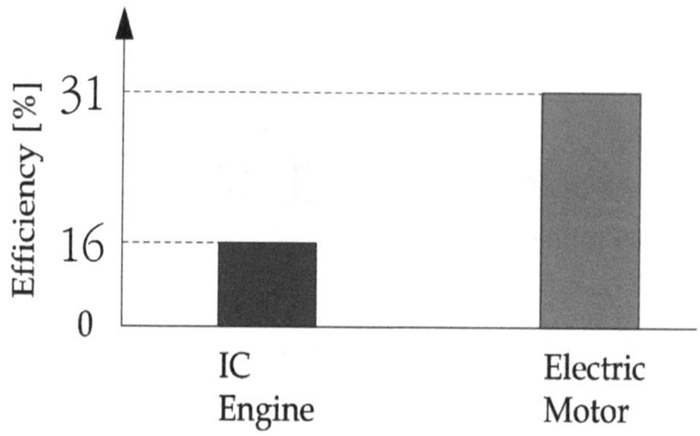

그림 4-52 내연기관과 전기모터의 에너지 효율 비교

전기자동차의 주요 구성부품은 전지, 모터, 인버터/컨버터, 회생제동장치, 전지시스템(BMS) 등이다. 전지는 재충전이 가능한 2차 전지가 이용되며 전기자동차 품질에 가장 큰 영향을 미치며, 모터는 전지를 통해 구동력을 발생시키며 인버터/컨버터는 직류와 교류를 변환시키는 역할을 한다. 전지시스템은 전지의 충전, 방전을 조절하고 보호하는 역할을 하여 전지의 품질을 향상 시킨다.

제 5 장

전기자동차 모터

전기자동차의 동력원은 모터이다. 전기자동차는 스마트폰에 사용되는 리튬이온 전지를 사용하고, 모터는 교류모터를 주로 사용한다. 일반적으로, **전지와 모터를 얼마나 잘 만드는지에 따라 전기 자동차의 주행성능이 결정된다.**

전기자동차의 모터는 차량의 특성이나 개발 방향에 따라, 다양한 형태로 적용된다. 현대기아자동차의 아이오닉 5나 테슬라 모델 S 등과 같은 경우에는 전기 모터를 전륜 차축과 후륜 차축에 각각 1기씩 탑재하여 듀얼 모터 시스템을 구성한 상시 사륜구동을 적용하고 있으며, 르노 조에나 닛산 리프, 쉐보레 볼트 EV 등은 전륜차축에 모터를 탑재하여 전륜구동 방식으로 구동한다.

수소를 연료로 사용하는 연료전지자동차의 경우에도 최종 구동에는 전기모터를 사용한다. 현대기아자동차의 수소연료전지자동차 넥쏘의 경우에는 전기모터를 전륜 차축에 배치한 전륜 구동계를 기반으로 하며, 일본 토요타자동차의 신형 수소차 미라이(MIRAI)의 경우에는 두 개의 전기모터를 전륜과 후륜에 각각 배치하여 상시 사륜구동 시스템을 구성한다.

전기모터는 와이퍼 시스템 등의 특정 차량 부품을 구동하는 데 적용되기 시작한 후 오랫동안 사용되어 왔으며, 이미 이러한 시장은 성숙된 상태이나, 차량 전기화 추세에 따라 계속 성장하고 있다. 향후 보다 많은 전기모터가 자동차 인테리어에 사용되고, 차량 안전, 안락감, 경제성, 클린 환경 그리고 전체적인 운전 품질에 대한 계속되는 요구가 시장성장을 견인하는 힘으로 작용하고 있다.

모터는 HEV 및 EV 구동력을 실현하는 중요한 부품이다. 승용차의 주행용으로 사용되는 모터의 경우, 출력은 10~60 kW 정도가 일반적이다. **시판 차량을 개조한 EV나 소형 EV에서는 DC 모터가 사용되지만, 주류는 AC 모터다.**

세계 각국에서 추진되고 있는 고효율 클린에너지 차에 공통 필요요건은 모터발전기와 저장장치(2차 전지 등)로 구성된 시스템이다. 이러한 자동차의 과제해결에는 지금까지보다 더 배기성능과 연비성능이 높은 레벨에서의 양립이 필요하다. 양립을 가능하게 하는 기술로 자동차 동력원 시스템의 전동화와 화학 플랜트화를 노리고 있다. 이들 공통 기술로 모터와 그 주변 기술의 더 많은 발전이 기대된다.

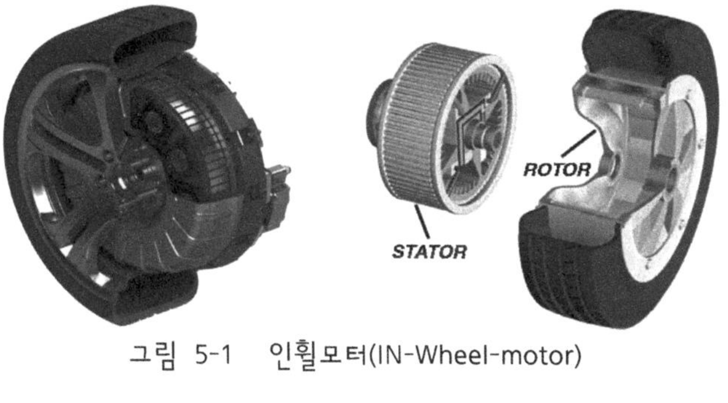

그림 5-1 인휠모터(IN-Wheel-motor)

5-1 전기자동차용 모터의 구비조건

전기자동차용 모터의 요구조건은 다음과 같다.

1) 전원은 축전지의 직류전원이다.
2) 시동시의 토크가 커야 한다.
3) 구조가 간단하고 기계적인 내구성이 커야 한다.
4) 속도제어가 용이해야 한다.
5) 취급 및 보수가 간편하고 위험성이 없어야 한다.
6) 소형이고 가벼워야 한다.

전기자동차에 사용되는 모터의 제어기술도 점점 발달하여 고출력, 소형이면서 효율이 높은 시스템이 개발되고 있다. 모터/제어계통의 주요 과제로서 최근 개발상황은 다음과 같다.

1) **고출력화** : DC모터를 AC모터로 변환함에 따라 출력과 EV의 동력성능(가속성능, 최고속도)이 크게 향상되어 가솔린차에 비하여 손색없는 수준에 도달하였다.
2) **경량·소형화** : 고출력화를 추진하면서 고회전화(~10,000 rpm이상)함에 따라 모터가 경량·소형화되어 탑재중량이나 용적도 크게 감소하였다. 최근에는 1 kW/kg의 출력 밀도를 초과하는 모터도 개발되고 있고, 모터와 동시에 감속기나 차동장치도 소형화되고 있다.

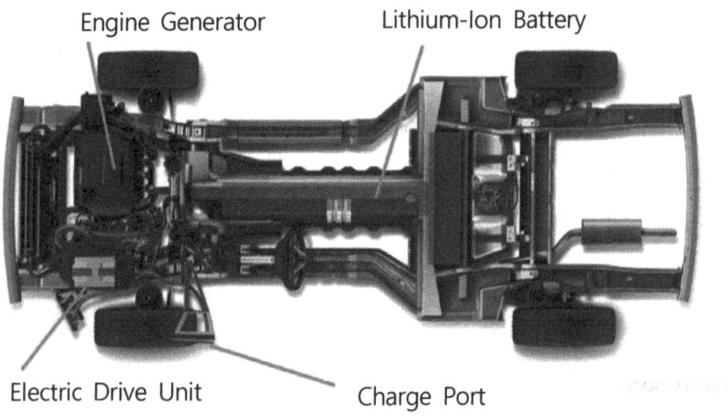

그림 5-2 전기자동차 구조

전기자동차 모터형식은 AC 유도기

전기자동차는 전지에서 발생하는 직류전기를 이용해서 직류모터로 사용하면 될텐데 왜 직류를 교류로 바꿔서 사용할까? 하고 의문을 가져보자.

전기자동차는 발전기(AC), 축전지(DC), 구동모터(AC)의 순으로 흐름이 연결된다. 그 이유는 교류발전기와 교류모터가 가격, 수명, 출력면에서 더 효율적이며, 직류를 교류로 바꾸는 것은 인버터라는 것이 있어 간단히 되기 때문이다.

한편에서는 브러시리스 DC 모터를 전기자동차 모터의 핵심으로 개발하기 위해 많은 업체에서 연구개발 중이다.

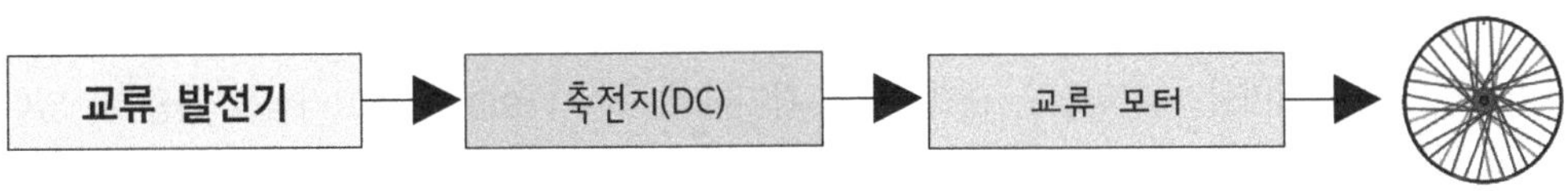

그림 5-3 동력전달

교류발전기가 직류발전기보다 우세한 점

교류식 발전기는 다이오드에 의하여 정류되기 때문에 정류자와 브러시라는 기계적 정류장치가 있는 직류식 발전기에 비해 출력 대비 가볍고 비용이 저렴하다.

발전 시 접촉 부위가 없기 때문에, 진동이나 열, 먼지, 수분 등에 강하며, 회전속도에 구애를 받지 않으며, 수명이 베어링의 수명에만 의존하기 때문에 수명이 길다. 여기에 자동차의 특성 즉 정지 운행의 반복되는 동안의 공회전 시에도 발전이 가능하다는 최대 장점이 있다.

교류모터가 직류모터보다 우세한 점

교류모터는 같은 출력을 내는 직류모터에 비하여 가격이 3배 이상 싸며, 크기에 비하여 모터의 효율이 크며, 토크가 비교적 크다. 또 보수 유지비용이 상대적으로 저렴하고, 수명이 더 길다.

전기자동차는 가솔린차에 비해서 세 가지 우위성을 가지고 있다.

첫째, 바퀴를 제어하는 모터의 토크 응답, 즉 차에 '힘을 내라'고 명령하면 그에 따라 힘을 내는 시간이 1000분의 1초로 가솔린 엔진의 10분의 1초에 비해 두 자리 숫자나 빠르다.

둘째, 바퀴 하나하나에 모터를 장착하기 쉽기 때문에 타이어 각각을 독립적이며, 정확히 고속으로 제어할 수 있다.

셋째, 모터의 전류 변화로부터 달리고 있는 노면의 상태를 파악할 수 있다.

[표 5-1 직류/교류모터 장단점 구분]

구 분	장 점	단 점
직 류	· 작은 부피 · 빠른 속도 · 크기에 비해 큰 힘	· 부하에 따라 속도변화가 심하다 · 속도가변이 힘들다. · 수명이 짧다(브러시). · 소음이 심하다
교 류	· 높은 효율 · 큰 힘 · 용이한 속도가변(주파수변화) · 수명이 길다.(보수유지비용 저렴) · 저렴한 가격	· 회전속도는 느리다

우선 모터의 토크 응답이 빠르면 그만큼 바퀴를 보다 고속으로 보다 정교하게 제어할 수 있다. 정말 타이어의 미미한 미끄러짐도 순간적으로 감지하여 즉시 타이어의 미끄러짐을 멈출 수 있다. 이에 따라 눈길에서도 보다 안정적으로 주행할 수 있다.

타이어의 제어 성능을 더욱 높이려면, 바퀴 하나마다 모터를 붙여서 독립적으로 제어하면 좋다. 가솔린차의 바퀴 하나하나마다 엔진을 붙이는 것은 비용 면에서 현실적이지 않지만, 모터라면 그다지 큰 부담이 되지 않는다. 그것에 의해 자동차의 자세 안정성이 좋아지고, 승차감도, 안전성도 좋아진다.

자동차가 정보센터로 자동 통보

모터는 전압을 모니터링 함으로써 현재 어느 정도 파워를 내고 있는지 정확히 알 수 있다. 파워를 보다 많이 내고 있다는 것은 노면의 상태가 좋지 않다는 것을 의미한다. 결국 전류 값으로부터 타이어와 노면의 점착 상태를 알 수 있기 때문에 노면의 상태를 추정할 수 있다.

예를 들어 노면이 얼어 있는 경우에 전류 값으로부터 '노면이 얼어 있다'고 하는 정보를 얻을 수 있다. 이 정보를 도로를 관리하는 도로정보센터에 자동으로 보내게 하면, 도로에 설치된 전광판에 '지금 이 도로는 동결되어 있습니다' 라는 경고를 표시하거나, 주변을 달리는 자동차에 메시지를 보낼 수도 있다. 자동차끼리 정보를 직접 주고 받아도 좋을 것이다. 결국 자동차 자신이 센서가 되어 얻은 노면에 관한 정보를 다른 자동차와 간단히 공유할 수 있다. 더욱이 GPS를 함께 사용하면 달릴 도로의 커브 상태나 경사를 사전에 알 수 있으므로 바퀴의 예측 제어도 가능해 진다. 결국 안전성이나 쾌적성이 한층 높아진다.

노면 상태나 지형에 따라 바퀴를 고도로 제어할 수 있다면 타이어 폭을 지금의 절반으로 줄이는 것도 불가능하지 않다. 그렇게 되면 연비는 단번에 몇 배나 좋아질 것이다. 또한 노면과 타이어의 마찰로 인해 생기는 소음도 훨씬 줄어든다. 결과적으로 항속거리를 늘릴 수 있을 것이다.

지구환경의 개선을 위해 전기자동차 개발이 주목받고 있다. 특히 2003년부터 캘리포니아 주에서 주내에서 판매하는 자동차의 10%를 ZEV(무배기자동차)로 하는 것을 의무화하는 규제, 이른바 캘리포니아 규제를 계기로 전기자동차, 하이브리드 전기자동차 개발이 급속히 추진되고 있다. 전기자동차는 현재의 가솔린차에 비해서 가속성능과 주행거리 면에서 문제가 있고 이 때문에 모터 및 인버터 등의 구동 시스템의 소형·경량화와 고효율화가 중요한 개발과제의 하나로 되어 있다.

전기자동차용 모터는 소형·경량화와 고효율화의 양립이 필요하기 때문에 교류 동기식모터가 주류가 되고 있다. (하지만 브러시리스 DC 모터도 전기자동차 모터의 핵심이다)

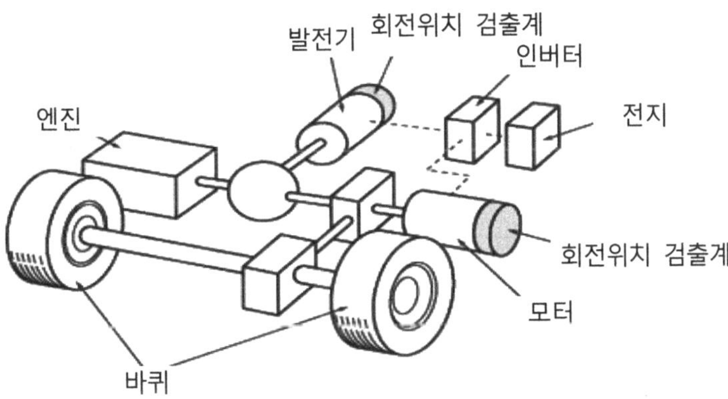

그림 5-4 모터 및 제너레이터의 회전 위치 검출

5-2 인휠 모터

휠 안에 절묘하게 배치한 전기모터

인휠 모터는 모터가 바퀴의 안쪽에 있어서 자력으로 바퀴를 직접 회전시킨다. 알기 쉽게 이야기하면 전기 모터의 회전자 자체가 바퀴가 되는 셈이다.

기존 자동차는 엔진의 동력을 차축이나 기어 박스를 통해 타이어에 전달하고 있다. 그러므로 중간에서 에너지 손실이 발생한다. 그러나 인휠 모터는 모터가 바퀴를 직접 구동하기 때문에 에너지 손실이 적다. 또한 차축이나 기어 박스 등이 없기 때문에 무게가 가볍고, 공간이 늘어난다.

일본 미쓰비시의 콜트 EV는 뒷바퀴만 인-휠 모터를 사용할 수 있었지만 랜서 에볼루션 MIEV는 네바퀴 모두에 인-휠 모터를 달았다. 전기모터는 일본 도요 덴키 세이조에서 제작한 것으로 최고출력이 50 kW(약 68마력)에 518 Nm(약 52.8 kg·m)의 토크를 각각 바퀴에 전달한다. 보닛 안의 터보 엔진은 사라져 트렁크 자리로 바뀌었고 드라이브 프로펠러 샤프트가 지나가던 자리는 전기모터에 전원을 공급하는 리튬이온 전지팩을 깔아 놓았다.

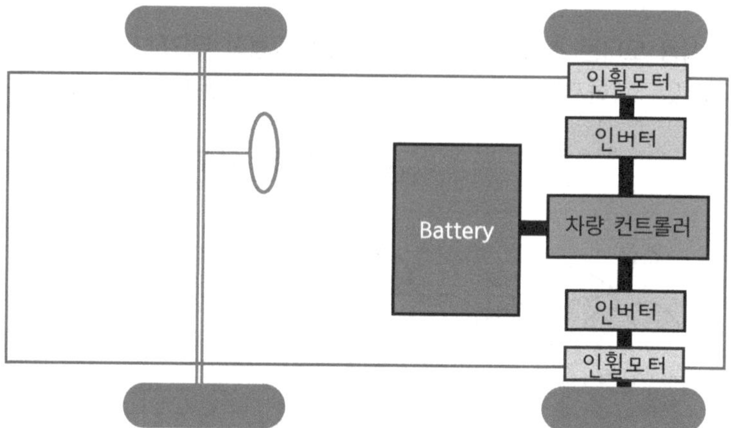

그림 5-5 인휠 드라이브의 원리

그림 5-6 인-휠 모터 장착한 미쓰비시의 랜서 에볼루션 MIEV

일반적인 전기모터는 바깥쪽 자석이 고정(stator)되어 있고 안쪽 로터(rotor)가 돌아가는 식이다.

하지만 **미쓰비시의 인-휠 모터는 일반모터와는 반대로 안쪽이 고정되고 바깥쪽이 돌아가는 방식을 사용한다.** 모터의 바깥쪽이 로터가 되어 돌아감으로써 파워와 토크를 올리기 쉬워졌다. 또한 높은 토크가 가능해 모터 회전 속도를 줄이는 장치가 필요 없고 이것으로 무게를 줄이고 동력 전달의 효율을 높였다. 휠 안에 자리한 전기모터 덕에 앞바퀴 조향장치와 간섭도 없어졌다. 안이 뚫린 형태의 인-휠 모터 구조는 그 자리에 브레이크 로터와 캘리퍼가 쏙 들어가면서 공간 효율을 극대화 했다.

인-휠 모터

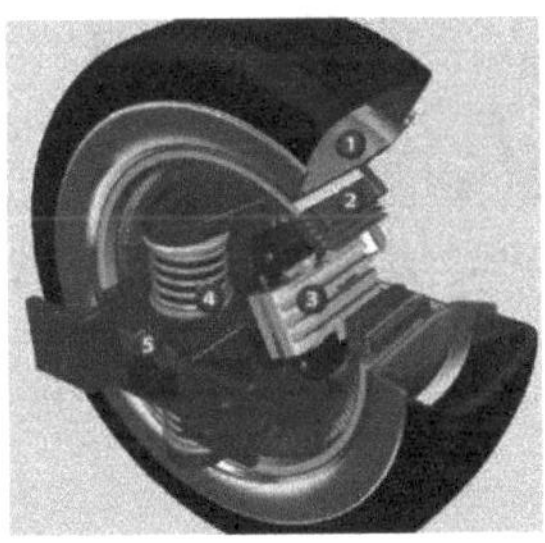

(1) : wheel rim
(2) : hub motor
(3) : electronic wedge brake
(4) : active suspension
(5) : electronic steering

그림 5-7 인휠모터 장착한 바퀴의 단면구조

미쓰비시 랜서 에볼루션 MIEV는 인-휠 모터 사용을 위해 양산형보다 큰 20인치 휠과 타이어를 사용한다. 인-휠 모터의 무게가 더해지면서 승차감과 접지력을 잃지 않도록 서스펜션 세팅을 다르게 했다. 바닥에 깔린 24개의 리튬이온 전지 팩은 현재 나온 전지 중에 강력한 에너지를 가지고 있지만 항속거리는 250 km 밖에 되지 않고 최고시속은 180 km로 베이스가 된 양산형 에볼루션 IX 성능에 아직 미치지 못한다.

도쿄모터쇼에서 선보인 미쓰비시 i MiEV 스포츠는 이전 MIEV보다 한 단계 진보했다. 앞바퀴에 각각 인-휠 전기모터를 한 개씩 넣고 양쪽 뒷바퀴를 담당하는 한 개의 모터를 뒷바퀴 액슬에 연결했다. 뒤쪽 모터는 전자 디퍼런셜의 일종인 E-AYC(Electric Active Yaw Control)를 통해 양쪽 바퀴로 자유자재 동력배분을 할 수 있다.

일반적인 내연기관 자동차 동력 과정을 살펴보면 피스톤-크랭크 샤프트-트랜스 미션-드라이브 샤프트-종감속 기어-등속 조인트-휠-타이어까지 많은 단계를 거쳐 전달된다. 이 과정을 거치면서 엔진 안에서 비싼 기름을 폭발시켜 만든 힘은 중간 중간에 조금씩 빠져나가며 결국 타이어에 도달하는 힘은 줄어들게 된다. 인-휠 모터의 장점은 이런 복잡한 단계를 거치지 않아 동력 손실이 적다.

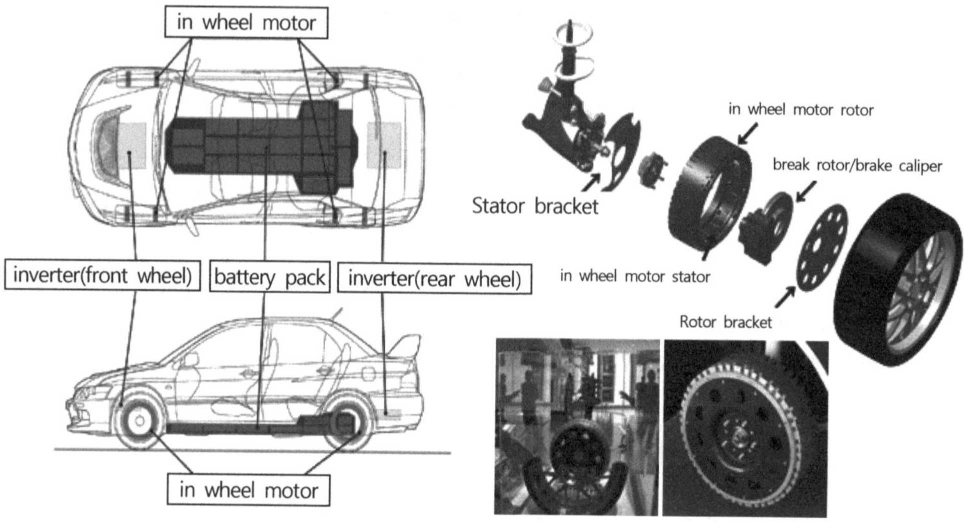

그림 5-8 인-휠 모터 장착차량의 휠과 타이어

제약이 없어진 자유로운 자동차 디자인

각각 바퀴 구동력과 브레이킹을 전기모터를 통해 독립적으로 조절함으로써 일정한 토크와 제동력을 전달하고 앞뒤 구동력을 자유자재로 변환시켜 네 바퀴 굴림 특성을 극대할 수 있다. 또한 좌우 바퀴의 가속과 브레이킹까지 독립적으로 제어하며 안정된 자세제어도 가능하다. 디자이너에게 엔진과 구동계통 배치에 대한 제약이 사라져 자동차 실내외 디자인이 한결 자유로워지고 넓은 실내공간 확보가 가능하다.

또한 앞바퀴에는 작은 용량의 내연기관 엔진과 뒷 바퀴는 인-휠 모터 방식을 섞어 사용하는 하이브리드도 가능하다. 그리고 수소와 산소가 만나 물(H_2O)이 되는 과정에서 발생하는 전기에너지를 이용한 연료전지 자동차에도 인-휠 모터를 사용하면 수소 탱크와 연료전지 스택(일종의 전지)의 위치를 자유롭게 배치할 수 있다는 이점도 있다.

하나의 엔진이 네바퀴를 굴려야 한다는 틀에 박힌 발상을 뒤엎고 각각의 바퀴 안에 전기모터를 사용해 따로따로 돌리는 MIEV 컨셉트카는 자동차 역사에서 혁신에 가깝다. 현재 전기자동차 양산의 걸림돌이 되는 전지 문제점이 해결된다면 인-휠 모터 전기 자동차는 새로운 자동차의 패러다임으로 각광받게 될 것이다.

5-3 모터의 종류 및 작동 원리

전기자동차에서 모터는 매우 중요한 역할을 담당하며, 또한 모든 동력의 근원이다. 모터는 공장의 기계, 전차, 엘리베이터, 에스컬레이터, 자동판매기, 냉장고, 세탁기 등 모든 기계장치 전기기기, 가전제품 등 구동원으로 사용된다.

복잡한 기계도 구동원은 모터(motor)나 솔레노이드(solenoid)이다. 모터는 전기적 에너지를 기계적 에너지로 변환시키는 유일한 동력원이다. 모터의 발명은 영국 물리학자 마이켈 파라데이(1791~1876)인데 전자기유도의 발견이 그 계기이다. 전자기 유도에 의하여 변압기를 만들고 더 발전하여 발전기를 만들었으며, 발전기의 반대개념이 모터로 유도모터가 모터의 원형이다.

모터를 한마디로 표현하면 '전기적 에너지를 기계적 에너지로 변환하는 장치'라고 표현할 수 있다.

모터는 사용에너지에 따라 유압식 모터, 공기압식 모터, 수압식 모터 및 전기식 모터 등으로 구분되는데 전기를 이용하고, 전기식은 전기를 이용하여 동력으로 변환시키는 것이다. 각종 모터 중 전기식, 공압식 및 유압식 모토의 소형모터에 대한 장단점을 표에 나타내었다. 물론 이들의 특징은 일반적인 개념에 의한 비교이기 때문에 실제의 사용환경과 조건에 따라 그 차이는 있을 수 있다. 메카트로닉스 시스템에서는 제어가 가능한 모터로 전기식 모터를 일반적으로 사용하기 때문에 이 장에서는 전기식 소형모터에 대하여 설명하고자 한다.

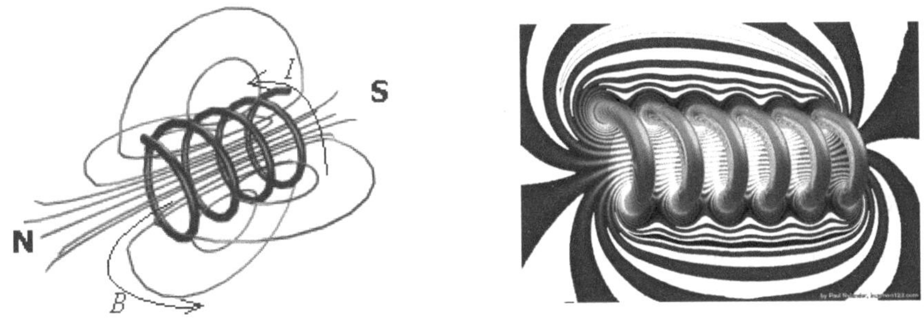

그림 5-9 솔레노이드(solenoid)

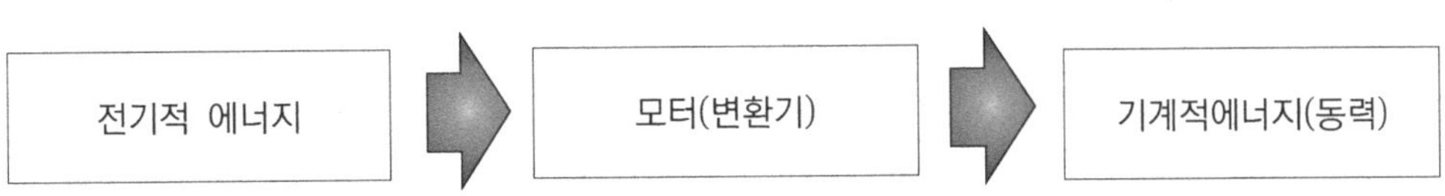

그림 5-10 모터의 개념

(1) 사용에너지에 따른 구분

1) 유압 시스템(hydraulic system) : 작은 관성과 작은 중량으로 큰 힘 제공, 속도가 빠름
2) 공압 시스템(pneumatic system) : 공기의 압축성으로 인해 시간지연
3) 전기 시스템(electric system) : 응답속도 느리나 제어용이

[표 5-2 각종 모터의 비교]

구분	장 점	단 점
전기식	· 소형이다. · 신호변환의 속도성이 좋다. · 위치결정 정밀도가 좋다. · 배선처리가 용이하다	· 외부의 노이즈 등 외란에 취약하다 · 전원고장이 직접적으로 영향을 준다.
유압식	· 힘과 토크가 크다. · 외부의 노이즈가 강하다 · 전원고장 시 어큐뮬레이터로 대용가능	· 온도에 의한 특성변화가 크다. · 환경오염의 문제가 된다. · 가격이 높다. · 소음이 크다. · 배관이 복잡하고 대형이다.
공압식	· 구조가 간단하다. · 보수성이 좋다.	· 부하에 대한 특성변화가 크다. · 배관이 복잡하다. · 원격조정이 곤란하다.

(2) 전기식 모터의 구분

1) DC 모터 :

① DC브러시 모터 :

일반적인 DC모터이다. 플레밍의 왼손법칙을 이용한 모터로서, 정류자의 전류를 흘렸다 끊었다 하는 일련의 과정마다 전류의 방향을 반대로 해 주어야 하기 때문에, 필시 브러시라는 기계적인 요소가 필요하다. 브러시는 정류자편에 전류를 공급해 주지만, 기계적인 요소라, 브러시가 닳아 없어지는 단점이 있다. 따라서 주기적으로 브러시를 교체하지 않으면 안된다. 또한 브러시가 닳아가면서 모터의 성능 또한 저하되고, 분진이 날리는 등 환경적인 문제가 대두된다.

- 장점은 제어가 간편하고, 토크가 전류에 비례하므로 단순히 전류제어만으로 토크 직접 제어를 행할 수 있다.

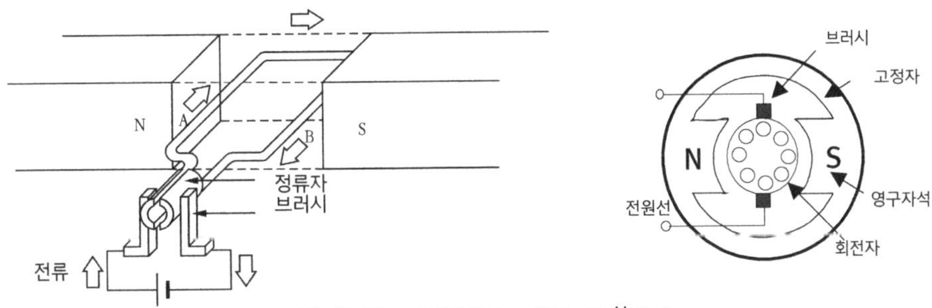

그림 5-11 DC브러시 모터 기본구조

② DC브러시리스(Brushless)모터 :

브러시가 부착된 DC 모터에서는 정류자와 브러시의 접촉에 의해서 코일에 전류를 흐르게 함과 동시에 전류시키는 기능을 하지만, 브러시가 마모되는 단점이 있다. 그러나 Brushless DC모터는 브러시를 사용하지 않고 비접촉의 위치 검출기와 반도체 소자로서 통전 및 전류시키는 기능을 바꾸어 놓은 모터이다. 따라서 Brushless DC 모터의 토크 발생 원리는 DC모터의 경우와 같은 형태이다.

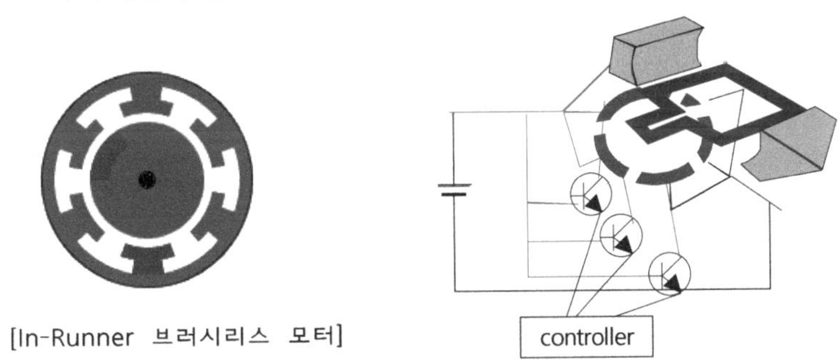

그림 5-12 DC브러시리스(Brushless)모터

- Brushless DC 모터를 구조면에서 분류하면 권선으로의 통전은 브러시 등 접동요소를 사용하지 않는 고정식으로 하기 때문에 자계를 만드는 마그네트 회전기를 어디에 배치하느냐에 따라서 자로의 구성방법, 권선의 배치방법이 변한다. 브러시가 없기 때문에, 브러시의 마모가 없는 것이 가장 큰 장점이고, 공간벡터제어(Space Vector Control) 기법의 상용화로 기존의 DC모터를 대체해가면서 DC모터와 유사한 방법으로 모터를 제어한다. 이 또한 토크 직접제어가 가능하고, 속도제어, 위치제어 등에서 탁월한 성능을 발휘한다. BLDC는 최근 많은 연구가 진행되고 있고, 상용화가 한창인 모터이다. PMSM이 주로 정밀 서보용인 반면에, BLDC는 고 토크 및 고속도 제어에 많이 이용된다. 미사일의 속도제어, 러닝머신의 벨트제어 등 여러가지로 이용된다.

2) AC 모터 :

① 유도모터(Induction Motor) :

유도모터는 변압기의 구조와 완전히 동일하며, 1차 측과 2차 측이 분리된 그러한 형태이다. 유도모터는 최초 3상 유도모터가 먼저 상용화 되었고, 후에 일반 단상유도모터가 상용화된다. 이유는 단상전원으로는 회전자계를 만들 수가 없었고, 3상은 각상이 120도의 위상차를 가지면서 공급되므로, 적절한 구조에 의해서 쉽게 3상회전자계를 구성할 수 있기 때문이다. 단상유도모터는 보조권선을 첨가하여 자기벡터를 전기벡터와 위상차가 생기게끔 해서 회전시킨다. 유도모터는 말 그대로 회전자에 전류를 유도시킨다. 회전자는 권선 또는 다람쥐 쳇바퀴 처럼 생긴(농형) 형태로 되어 있다. 회전자에는 자석도 없고, 따로 외부에서 전원을 공급해 주지 않지만, 고정자의 회전자계가 회전자를 훑고 지나가면 회전자에서는 발전기와 같은 역할이 되어서, 회전자도 자성체가 된다.

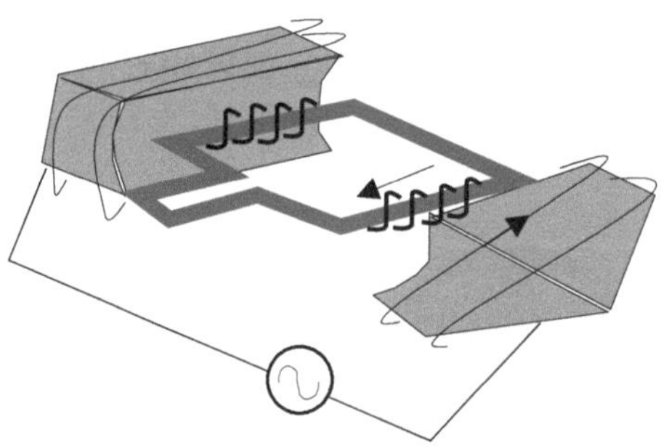

그림 5-13 유도모터(Induction Motor)

- 회전자는 슬립주파수(Slip Frequency)라는 게 있는데, 회전자의 회전속도는 고정자의 회전자계속도와 일치하지 않는다. 왜냐하면 완전히 일치하면 회전자계가 훑고 지나갈 수 없으므로 모터의 토크는 0이 된다. 따라서 늘 회전자계보다 조금 늦은 속도로 회전하게 된다.

② 동기모터(Synchronous Motor) :

고정자(stator)와 회전자(rotor)로 구성되어 있으며 고정자에 전류가 공급되며 회전자는 영구자석을 사용한다. 구조상의 형태는 **BLDC모터와 유사구조 및 작용을 갖는다.** 구동 시스템이 복잡하나 큰 힘을 낼 수 있기에 세탁기 등에 사용되어진다. 브러시와 정류자가 없기 때문에 수명이 길다.

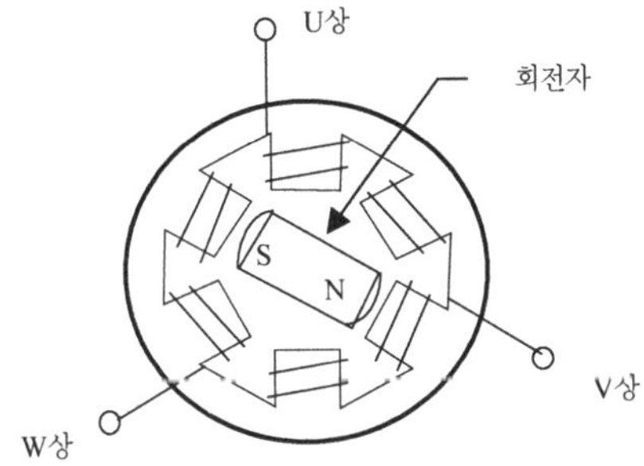

그림 5-14 동기모터(Synchronous Motor)

- Synchronous Motor는 발전기 및 제철소의 압연기 등의 일정한 속도를 요구하는데 많이 쓰이고, 영구자석으로는 도저히 만들 수 없는 초대형 모터에 주로 사용된다. 하지만 최근 희토류자석(현재 발견된 자성체중 가장 강한 자석이다)등의 저가화에 힘입어 메가와트급 모터도 영구자석으로 개발되고 있다.

3) Servo 모터 :

① 스테핑모터(Stepping Motor) :

스테핑 모터는 위에서 열거한 모터들과 크게 다르지 않으나, 단지 한 스텝씩 작은 회전을 정밀하게 하고 싶을 때 사용한다. 종류는, 리럭턴스타입, 영구자석타입, 하이브리드 타입이 있다. 스테핑 모터는 사무용기기 등에 많이 사용되며 위의 2번에서 4번까지의 모터가 각도를 알려주는 엔코더가 필요한 반면, 이 스테핑 모터는 엔코더가 없이도 사용이 가능한 장점이 있다. 최근에는 스테핑모터의 위치를 PMSM(Permanent Magnet Synchronous Motor)이 점차 잠식하고 있는 추세이다.

② 리니어 모터(Linear Motor) :

일반적인 모터가 회전운동을 하는 반면에 이 모터는 직선운동을 한다. 주로 PCB기판 자동화용 기기 및 반도체 제작장비 등에 많이 사용된다. 예전에는 볼네지 라는 스크류를 이용해서 일반적인 회전모터를 사용했지만, 볼네지의 백러쉬(Backlash) 및 마모문제로 마이크로미터 정도의 정밀한 단위에서 오차가 발생하고, 효율이 낮은 등의 문제가 있어서 요즈음 리니어 모터가 많은 각광을 받고 있다. 리니어 모터를 대형화하면 리니어모터식 전기철도가 된다.

그림 5-15 전기식 모터의 구분

[표 5-3 모터 종류별 특징]

	구분	구성회로	특 징
DC 모터	브러시 DC모터	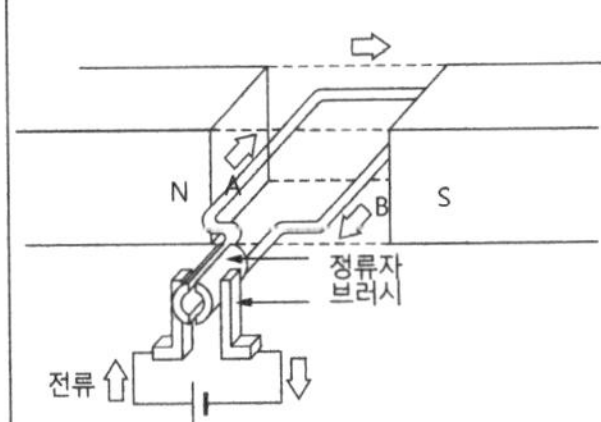	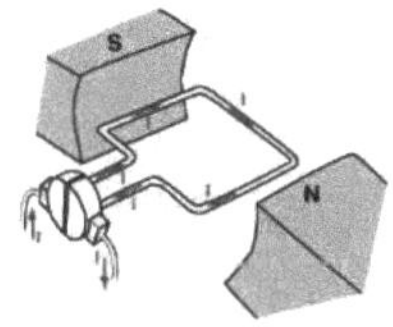 · 고정자 : 전자석 (혹은 영구자석) · 회전자 : 브러시 통해 일정 전류 공급 - **플레밍 왼손법칙** : 회전자 회전
	브러시리스 DC모터 (BLDC)	 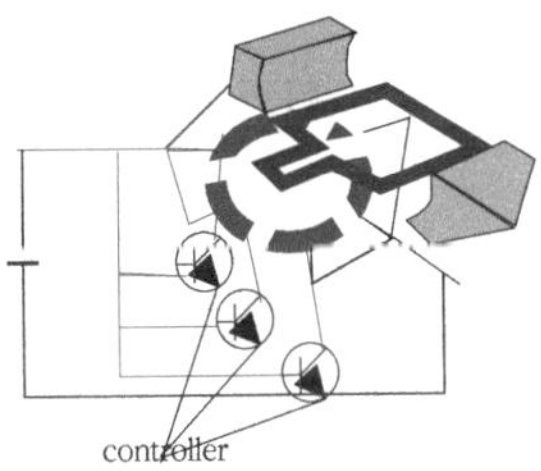	· 고정자 : 반도체소자 및 컨트롤러(트랜지스터, 싸이리스터)사용 - 순차적으로 자력을 발생 · 회전자 : 영구자석 - 순차적으로 변하는 고정자의 자력에 의해 매끄럽게 회전자 회전 · 특징: - 기계적 정류기구를 전자화(무접점화) - 전기적노이즈(불꽃), 기계적노이즈가 작다. - 신뢰성이 높고 수명이 길고 고속화가 용이하다. · **동기모터와 유사작용**
AC 모터	유도모터	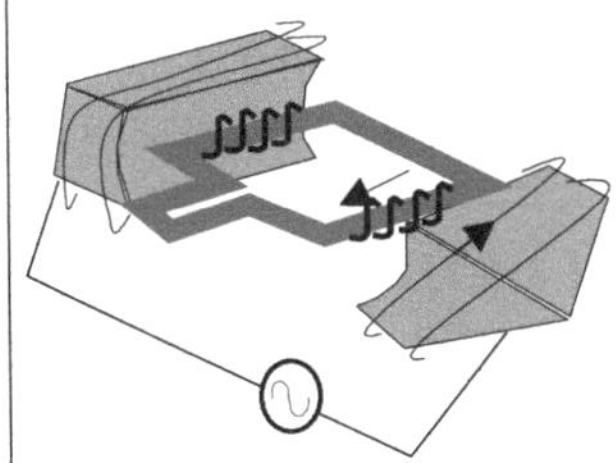	· 고정자 : 교류 공급(주파수에 비례 전류흐름 변화) · 회전자 : 고정자의 자장변화에 의해 전류 유도 (전자유도 작용/회전자에서 역기전력발생) → 회전력 발생 · 교류모터는 보통 유도모터 · 교류모터는 정류자가 없어서 수명이 아주 길다 · **변압기와 유사 작용**
	동기모터	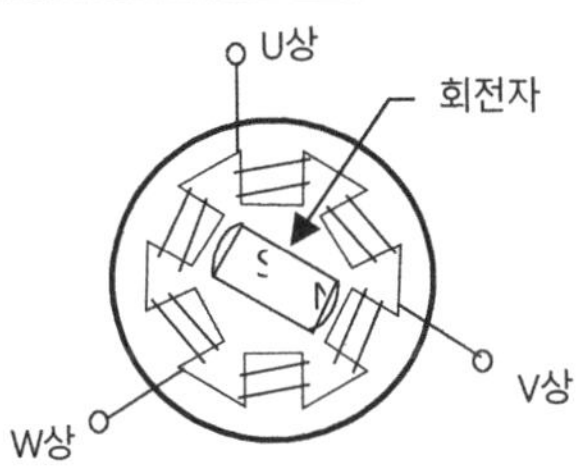	· 고정자 : 전류공급 · 회전자 : 영구자석 - 구동 시스템이 복잡하다 - 큰 힘을 낼 수 있다.(세탁기) - 방열특성이 좋다. · **BLDC와 유사작용**

	구분	구성회로	특 징
Servo 모터	회전형 모터	DC서보 모터 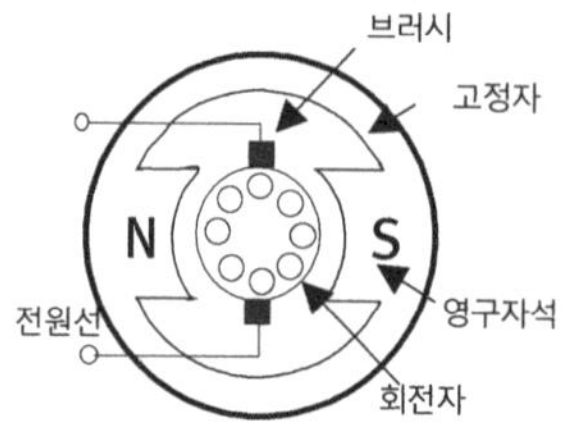	· 고정자 : 영구자석 · 회전자 : 전류공급 - 수명 짧다(브러시 소모) - 고성능 추종능력 좋다. - 값싸다.
		AC서보 모터 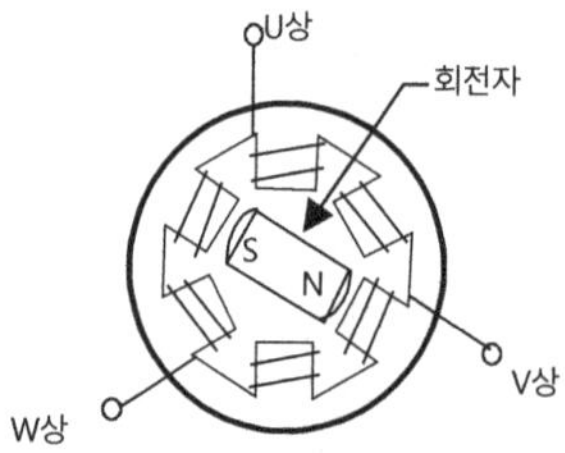	· 고정자 : 전류공급 · 회전자 : 영구자석 -구동 시스템이 복잡하다 -큰 힘을 낼 수 있다.(세탁기) -방열특성이 좋다. -수명이 길다(브러시와 정류자가 없음)
		스텝모터	· 한 단계 한 단계 짤라서 일정각을 회전한다.

직류전원과 교류전원

- 직류는 일정 방향으로만 전류가 흐르게 하는 것이다. 주로 들고 다니는 기기, 소형기기, 저소비 전력기기 등에 모두 직류가 사용된다. 하지만 직류 중에서도 전기자동차, 직류모터, 전동차, 탱크, 잠수함 등등의 직류는 직류인데 많은 전류가 필요로 하는 곳에서는 직류 축전지를 엄청 사용하고 이를 교류로 변환한 후 다시 직류로 바꿔서 각종 기기를 동작시킨다. 이를 역으로 인버터라고 한다.
- 교류를 사용하는 곳은 가정과 공장 등에 많이 사용하는 것은 알고 있다. 집에 있는 가전제품은 거의 교류를 쓰고 있다. 이유는 직류로 쓰게 되면 수시로 축전지를 바꾸어 주어야 하니 비용이 많이 들기 때문에 교류를 써서 내부에 정류회로라는 것이 있다. 이것의 기능은 교류를 직류로 바꾸어 주는 기능을 한다. 이렇게 변환된 직류를 만들어 이를 각 구성부품에 공급하여 동작하는 것이다. 이를 컨버터라 한다.(넓은 의미)
- 먼 거리에 전기를 공급하기 위해서는 직류보다는 교류가 좋다. 이유는 손실이 교류가 적기 때문이다.
- 발전소, 댐에서 교류전기 발전→송전선로/송전탑→변전소/변압기→220 V로 변환→공장설비/가전제품에 공급됨.
- 직류(축전지) → 낮게 낮춤어서 제품에 전원 공급(강하)→휴대용제품 → 높이 올려서 제품에 공급 (승압)→의료용, 특수기기용 → 교류로 변환시켜→부하에 공급 (포장마차의 전구 등)
- 결론적으로 교류는 힘이 좋고 멀리갈 수 있고 많은 전력을 공급할 수 있기 때문에 활용이 많이 되고 이것을 직류로 변환하여 실제 부하에 공급하는 것이다.

[표 5-4 모터의 제반지식]

구 분	설 명
회전수	· 모터의 회전속도를 표시하며 1분간에 몇 회전하는가를 나타내며 RPM(Revolution Per Minute) 로 표시
토크	· 회전력을 말하며 Kgf m 또는 Nm로 표시
관성	· 외력이 작용하지 않는 한 그물체가 운동상태를 유지하려고 하는 성질
회전자기장	· 모터를 회전시키기 위한 발생자기장을 말한다. 이동자계. 교번자계. 회전자계 등
회전센서	· 회전수를 검출하기 위한 장치로 광(光)식과 자기식 등
회전 불균일	· 1회전 또는 단시간에서의 회전변동
스립	· 동기속도 보다 회전이 늦어지는 율
기계적 시상수	· 모터가 기동한 뒤 정상회전수의 63% 에 도달할 때까지의 시간을 말한다. 이 값이 클수록 모터의 움직임이 늦다.
기동토크	· 모터가 시동할 때의 초기발생회전력을 말한다. 이힘이 클수록 모터의 움직임이 대형 모터에서는 기동전류를 적게 하는 기동장치나 회로가 필요하다. 기동용으로 콘덴서 모터나, Y－△ 기동장치 등이 사용
역기전력	· 모터가 회전 중 모터내부에 발생하는 유도전압
서보모터	· 제어를 목적으로 만들어진 특수한 모터
자극센서	· 마그넷 로터의 N극 S극 을 판별하기 위한 센서의 총칭으로 주로 홀센서가 이용
시트코일	· 포토에칭 기술을 이용하여 동판에 평면 모양의 코일패턴을 형성한 것. 이 코일은 박형모터를 만들 때 사용
타이밍 모터	· 전원주파수에 동기하여 회전하는 모터로 싱크로노스 모터나 PM형 스태핑 모터 등
타코 제네레이터	· 속도발전기를 말한다. 모터의 회전속도에 따라 발생전압이 달라지고 이를 이용하여 속도를 측정
탈조현상	· 스태핑 모터나 싱크로노스 모터가 공급주파수에 대응하지 않고 이상작동을 하는 것
초퍼제어	· 모터의 입력 전원을 ON OFF 함으로서 모터로의 입력에너지를 제어하는 전력 제기법
요크	· 모터에서 자력선을 통과시키기 위한 통로로 계철로서 고정자(STATOR)
로터	· 모터의 회전자 부위

구 분	설 명
커프링	· 모터의 회전자와 연결된 모터의 외부 회전축을 연결하는 장치로 커프링을 통하여 회전력과 속도가 연결
기어	· 모터의 속도를 높이거나 낮추어서 외부의 부하에 전달하는 기계적 장치로 감속장치에 해당. 자동차의 기어장치와 같은 의미
베어링	· 모터의 회전자가 회전하기 위해 모터의 외부(케이스와 기계적으로 분리하여 회전 시 적은 회전 마찰력을 갖도록 하기 위한 회전 기구장치.
브러시	· DC 모터에서 전기자에 전원을 연결해주는 접촉부위로 전기자 (로터)가 회전함에 따라 접촉면이 ON/OFF 를 계속한다. 이때 불꽃인 스파크가 일어난다. 브러시 재료는 카본을 많이 쓰고 이에 따라 브러시가 닳게 되어 정기적인 교환이 필요

모터의 기본법칙

- 오른나사법칙(=앙페르의 법칙) : 전류에 의해서 발생되는 자력선은 언제나 오른나사가 진행하는 방향으로 전류가 흐르면 자력선은 오른나사가 회전하는 방향과 일치하는 자력선이 발생되어 나오는 것을 자력선의 오른나사법칙 또는 앙페르의 법칙이라 한다.
- 오른손 엄지손가락 법칙 : 코일이나 전자석의 자력선 방향을 알려고 할 때 이용하는 법칙으로 오른손의 엄지손가락을 제외한 네 손가락을 전류의 방향에 맞추어 잡았을 때 엄지손가락의 방향으로 자력선이 나온다.
- 플레밍의 왼손법칙 : 자계의 방향, 전류의 방향 및 도체가 움직이는 방향에는 일정한 관계가 있으며 이것을 왼손을 이용하여보면 도체의 움직이는 방향으로 정확하고도 쉽게 알 수 있다. 왼손의 엄지손가락, 인지, 가운데 손가락을 직각이 되게 펴고 인지는 자력선방향에 가운데 손가락은 전류의 방향에 일치시키면 도체에는 엄지손가락 방향으로 전자력이 작용하는데 이것을 플레밍의 왼손법칙이라 한다.

앙페르

5-4 DC모터

DC 모터는 고정자로 영구자석(혹은 전자석)을 사용하고, 회전자(전기자)로 코일을 사용하여 구성한 것으로, 전기자에 흐르는 전류의 방향을 전환함으로써 자력의 반발, 흡인력으로 회전력을 생성시키는 모터이다.

큰 기동 토크, 입력전압의 변화에 대한 직선적인 회전특성, 입력전류에 대한 출력 토크의 직선성, 출력효율의 높이, 가격이 저렴하다는 등 제어용 모터로서 우수한 특성을 지니고 있다. 그 반면에 브러시나 정류자(commutator) 등 기계적 접점을 가지기 때문에 소음이나 수명 등의 문제가 있다.

모형 자동차, 무선조정용 장난감 등을 비롯하여 여러 방면에서 가장 널리 사용되고 있는 모터이다.

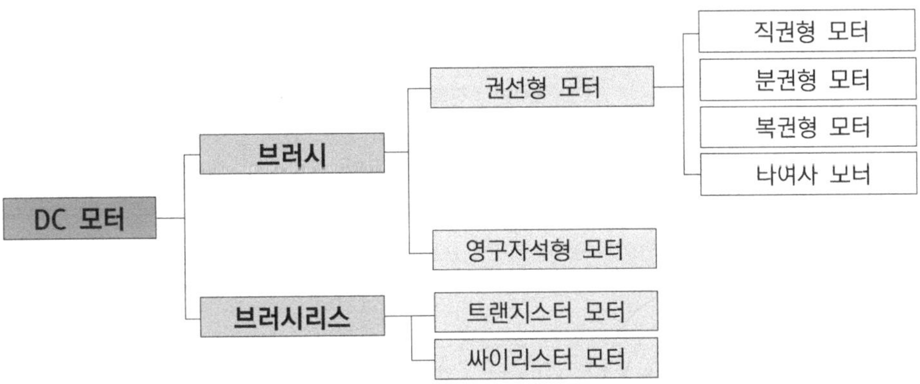

그림 5-16 DC 모터의 구분

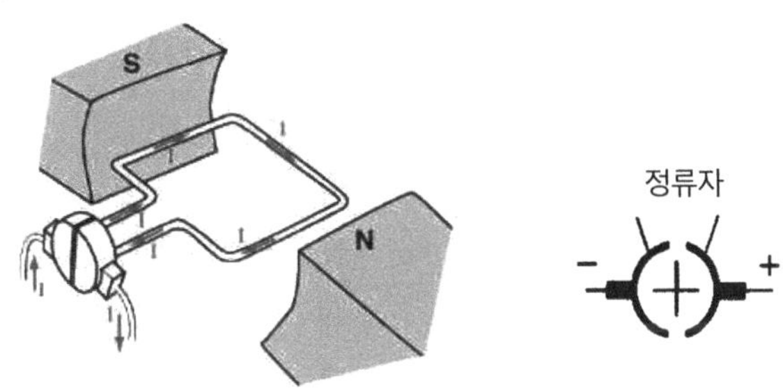

그림 5-17 DC 모터의 구조

(1) 직류 모터의 원리

그림 (a)와 같이 자석 사이에 회전할 수 있는 여자코일(도체)을 놓고 이 코일에 전류를 흐르게 하면 도체는 플레밍의 왼손법칙의 방향으로 힘이 발생한다. 즉, 직류 모터의 원리는 플레밍의 왼손법칙(Flemings left hand rule)에 의한 것이다. 그림과 같이 왼손의 세 손가락을 직각으로 펼치고 가운데 손가락을 전류, 집게손가락을 자력선의 방향으로 하면 엄지손가락이 힘(전자력)의 방향이 된다. 이것을 플레밍의 왼손법칙이라 한다.

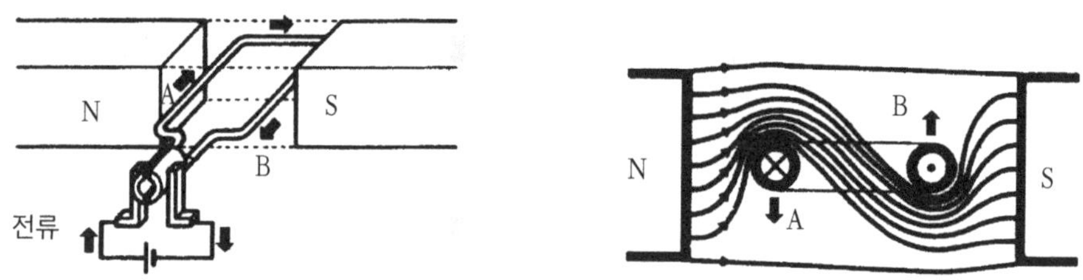

(a) 직류모터 원리 (b) 자력선 분포

그림 5-18 직류모터의 원리

이때 코일의 양쪽에 흐르는 전류의 방향이 반대로 되어 자력선이 형성되기 때문에 회전력이 작용하여 회전운동을 일으킨다.

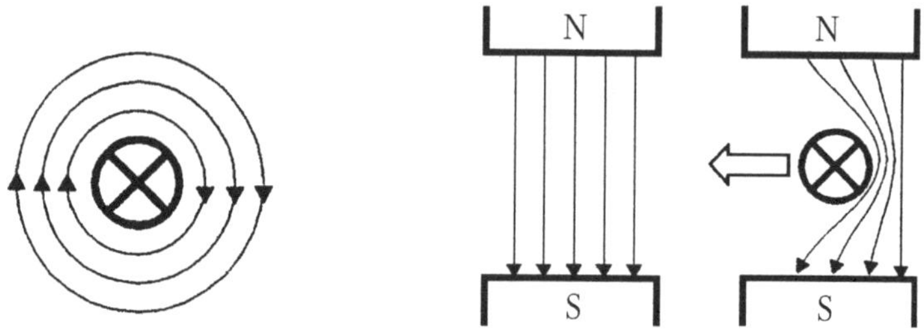

(a) 도체의 자장 (b) 자석의 자장 (c) 자장의 합성

그림 5-19 전자력

균일한 자장 안에 직선 도선을 놓고 이것에 ⊗방향의 전류를 보내면 자력선이 생겨서 외부 자장과의 합성에 의한 자력선 분포의 밀도가 위 부분이 크고 아래 도선은 F방향으로 힘을 받아서 움직인다. 이 힘은 전류 I의 주위에 시계방향으로 I에 의한 부분은 작기 때문에 F방향으로 힘을 받는다. 자력선은 서로 반발하기 때문에 밀도가 큰 윗 부분에서 밀도가 작은 아래 부분으로 움직이게 된다. 이와 같은 힘 F를 전자력(electromagnetic force)이라 한다. 힘 F의 방향은 자속의 방향과 전류의 방향을 직각으로 놓으며 이들에 대하여 직각이 된다.

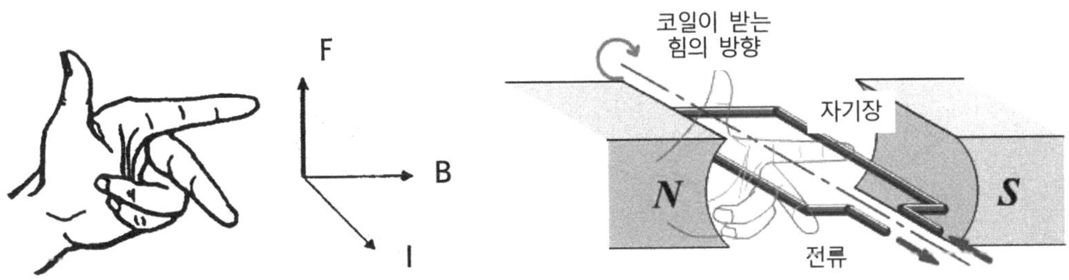

그림 5-20 플레밍의 왼손법칙

이 전자력 F는 자속 밀도 B와 전류 I의 곱에 비례하며 또 자장 안에 들어 있는 도선의 길이에도 비례한다. 자속 밀도(B[Wb/m^2])인 자장 안에 직각으로 길이 ℓ[m]의 도선을 놓고 도선에 I[A]의 전류를 흐르게 하면 전자력 F(N)는 다음과 같이 된다.

전자력[F] = 자속 밀도[B] × 도체의 길이[ℓ] × 전류[I]

이 전자력 F를 이용한 것이 모터이다. 그림 5-21은 모터의 원리를 나타내는 것이며, N·S극에 의하여 생기는 자장의 자속 밀도가 B[Wb/m^2]이고 길이 ℓ[m]의 도선에 그림과 같은 방향으로 전류가 흐르면 플레밍의 왼손법칙에 의하여 도체는 시계방향으로 회전하려고 한다.

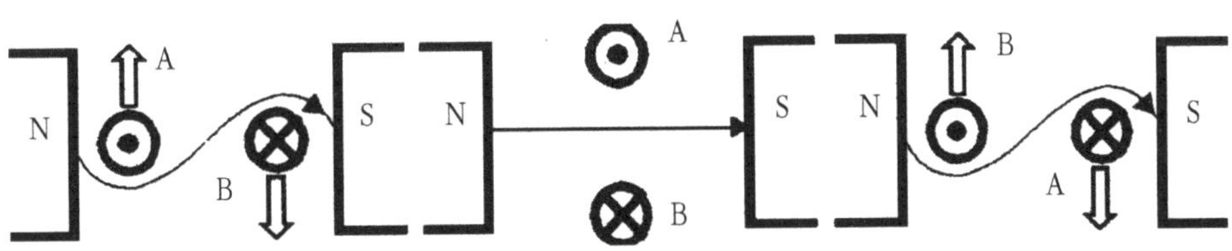

(a) 0° 위치에서 전자력 (b) 90° 위치에서 전자력 (c) 90° 이후에서 전자력

그림 5-21 모터의 원리

도체가 회전할 때 기계적으로 항상 N극 가까이에서는 ◉, S극 가까이에서는 ⊗의 방향으로 전류가 흐르게 하는 구조로 만들어 주면 계속적으로 일정한 방향으로 회전하는 직류 모터가 된다.

실제로는 토크를 크게 하기 위하여 코일을 많이 감는다. 일반적으로 도체에 전기 에너지를 공급하여 기계적 에너지로 바꾸는 기계를 모터라 하는데 전자력을 이용하여 동력을 얻는 편리한 기계이다. 플레밍의 왼손법칙(전자력 이용)은 직류모터, 전류계, 전압계 등에 이용된다.

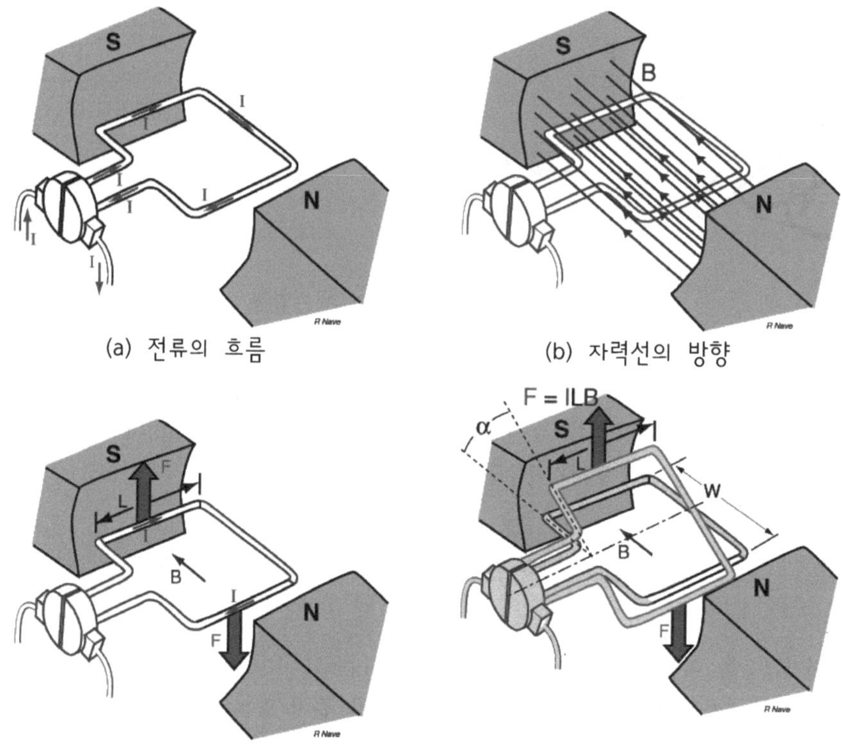

(a) 전류의 흐름 (b) 자력선의 방향

(c) 도체의 받는 힘 방향 (d) 직류모터의 회전

그림 5-22 직류모터의 동작원리

DC 모터의 특징

(1) 기동 토크가 크다.

(2) 인가전압에 대하여 회전특성이 직선적으로 비례한다

(3) 입력전류에 대하여 출력 토크가 직선적으로 비례하며, 또한 출력 효율이 양호하다.

(4) 가격이 저렴하다.

제어성의 장점을 실제 특성면에서 보면

(1) T-I 특성(토크 대 전류) : 흘린 전류에 대해 깨끗하게 직선적으로 토크가 비례한다. 즉, 큰 힘이 필요한 때는 전류를 많이 흘리면 되는 것이다.

(2) T-N 특성(토크 대 회전수) : 토크에 대하여 회전수는 직선적으로 반비례한다. 이것에 의하면 무거운 것을 돌릴 때는 천천히 회전시키게 되고, 이것을 빨리 회전시키기 위해서는 전류를 많이 흘리게 된다. 그리고 인가전압에 대해서도 비례한다.

이들 2가지 특성은 서로 연동하고 있기 때문에 3가지 요소는 이 그래프에서 관계를 지을 수 있다.

즉, 이들 특성에서 알 수 있는 것은 회전수나 토크를 일정하게 하는 제어를 하려는 경우에는 여하튼 전류를 제어하면 양자를 제어할 수 있다는 것을 나타내고 있다. 이것은 제어회로나 제어방식을 생각할 때, 매우 단순한 회로나 방식으로 할 수 있는 것이다. 이것이 DC 모터는 제어하기 쉽다고 하는 이유이다. 그러므로 회전특성을 중요시하는 제어 장치에는 우선적으로 DC 모터를 사용합니다.

DC 모터의 결점

DC 모터의 가장 큰 결점으로는 그 구조상 브러시(brush)와 정류자(commutator)에 의한 기계식 접점이 있다는 점이다. 이것에 의한 영향은 전류가 흐를 때 전기불꽃(spark), 회전 소음, 수명이라는 형태로 나타난다.

그리고 마이크로컴퓨터 제어를 하려는 경우는 "노이즈"가 발생하게 된다. 따라서 이 노이즈 대책이 유일한 과제가 될 수 있다. 이 노이즈 대책을 위해서는 각 단자와 케이스 사이에 0.01μF ~0.1μF 정도의 세라믹 콘덴서를 직접 부착한다. 이것으로 정류자에서 발생하는 전기불꽃을 흡수하여 노이즈를 억제할 수 있다.

DC 모터의 노이즈 대책에는 콘덴서를 케이스와 단자 간에 직접 부착한다. 콘덴서의 리드는 가급적 짧게 한다.

(2) 브러시 모터의 종류와 특성

직류 모터는 계자코일과 전기자 코일의 접속방법에 따라 직권, 분권 및 복권의 3형식으로 구분되며 자동차용은 직권모터가 주로 사용되고 있다. 그리고 그 특성은 부하 전류의 변화에 대해 속도의 변화를 나타내는 특성과 토크의 변화를 나타내는 특성이 기동모터의 종류에 따라 달라진다.

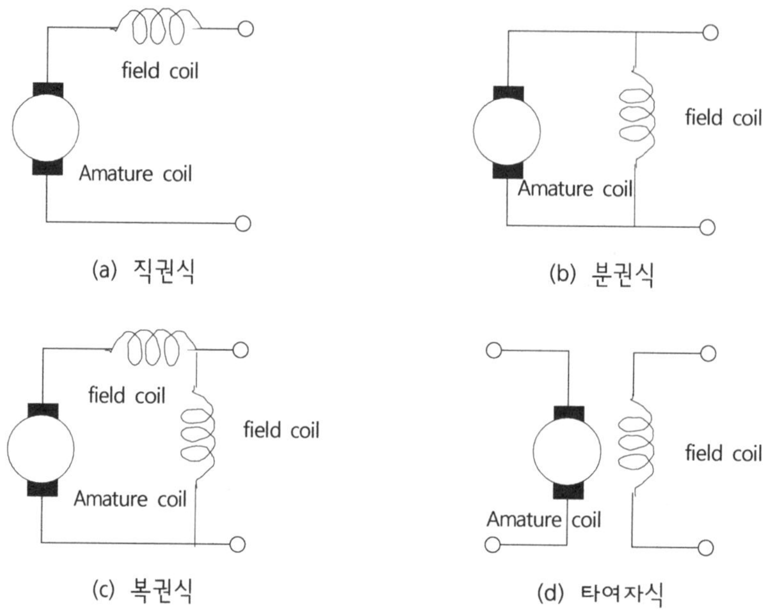

그림 5-23 직류 모터의 종류

(1) 직권식 모터(series winding type)

직권식 모터는 그림과 같이 전기자 코일과 계자 코일이 전원에 대해 직렬로 접속되어 있다. 자동차에서의 사용 예는 기동 모터의 경우이다.

전기자 전류와 자장의 세기에 비례하는데 자장의 세기는 계자전류에 의해 결정되고, 또 계자 전류는 전기자 전류와 같기 때문에 결과적으로 토크는 전기자 전류의 제곱에 비례한다. 즉 전기자 전류가 클수록 발생하는 토크도 크다.

전기자 전류는 모터에서 발생하는 역기전력에 반비례하고, 역기전력은 속도에 비례한다. 따라서 전기자 전류는 속도에 반비례하여 증감하며, 그림 5-25(b)와 같은 특성을 나타낸다.

그림 5-24 직류직권 모터-기동모터

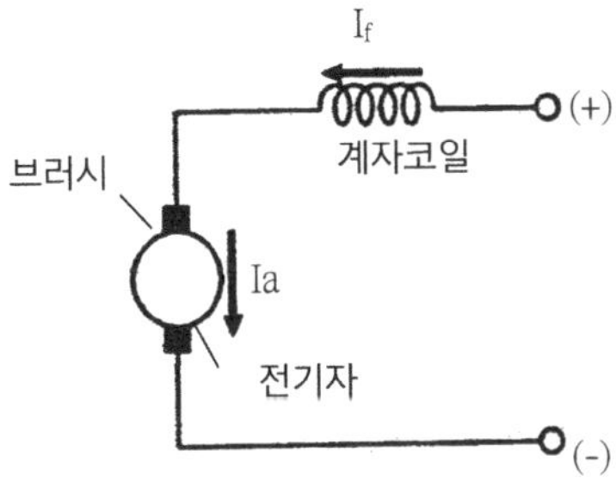

(a) 구조

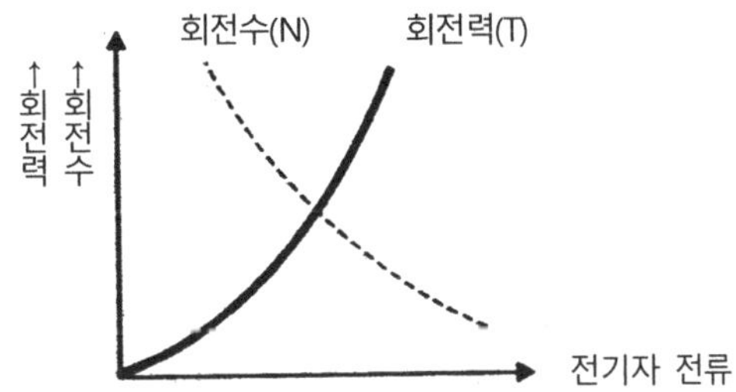

(b) 특성곡선

그림 5-25 직류 직권식 모터

직권식은 속도가 낮을 때, 즉 부하가 커지면 발생토크도 증가하고, 부하가 감소함에 따라 회전이 빨라지는 특성을 가지고 있어 기관의 시동에 요구되는 조건과 적합하기 때문에 일반적으로 직권식을 쓴다.

모터에 부하가 걸렸을 때는 회전속도는 낮으나 회전력이 크고, 부하가 작아지면 회전력은 감소되나 회전수는 점차로 커진다. 즉, 회전수가 부하에 따라 현저하게 변화한다. 때문에 보통의 용도에는 적합하지 않으나 짧은 시간 안에 큰 회전력을 필요로 하는 기동모터에는 가장 알맞다.

(2) 분권식 모터(shunt winding type)

분권식 모터는 그림 5-27과 같이 전기자 코일과 계자 코일이 전원에 대해 병렬로 접속되어 있으므로, 가해진 전원 전압이 일정하면 계자 전류도 일정하며 자장의 세기도 일정하다. 자동차에서의 사용 예는 팬 모터의 경우이다.

그림 5-26 팬 모터

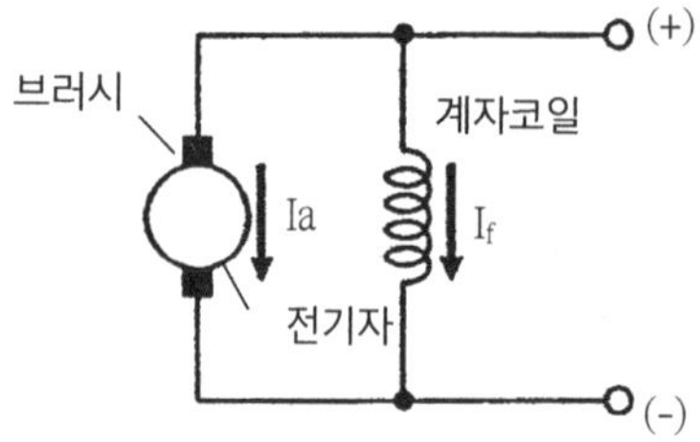

(a) 구조

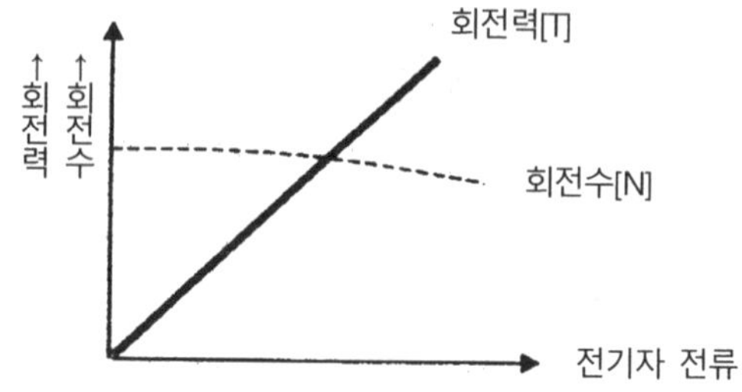

(b) 특성곡선

그림 5-27 직류 분권식 모터

직권모터와 마찬가지로 전기자 전류와 자장의 세기를 곱한 값에 비례하지만 자장의 세기가 변화하지 않으므로 결과적으로 토크는 전기자 전류에 비례한다. 즉 전기자 전류가 클수록 발생하는 토크는 커지지만 그 증가율이 직권식보다 낮으며 그림과 같은 특성을 나타낸다.

분권 모터의 회전수는 전원이 축전지라면 단자전압은 일정하므로 변화하지 않는다. 전기자 전류가 커지면 축전지 전압이 조금 낮아지나, 속도는 그림 5-27(b)와 같이 거의 일정하다.

(3) 복권식 모터(compound winding)

복권 모터는 그림 5-29와 같이 두 개의 계자 코일이 하나는 전기자 코일과 직렬로 접속되고, 다른 하나는 병렬로 접속되어 있다. 2개 계자 코일의 자속의 방향이 같은 것을 화동 복권이라 하고, 자속의 방향이 반대로 된 것을 차동 복권이라 하는데, 일반적으로 화동 복권이 많다.

복권식 모터는 직권과 분권의 중간 특성을 나타낸다. 즉 시동할 때에는 직권식과 같은 큰 토크 특성을 나타내고, 시동이 된 뒤에는 분권식과 같이 정속도 특성을 나타낸다. 자동차에서의 사용 예는 윈도우 와이퍼 모터의 경우이다.

그림 5-28 윈도우 와이퍼 모터

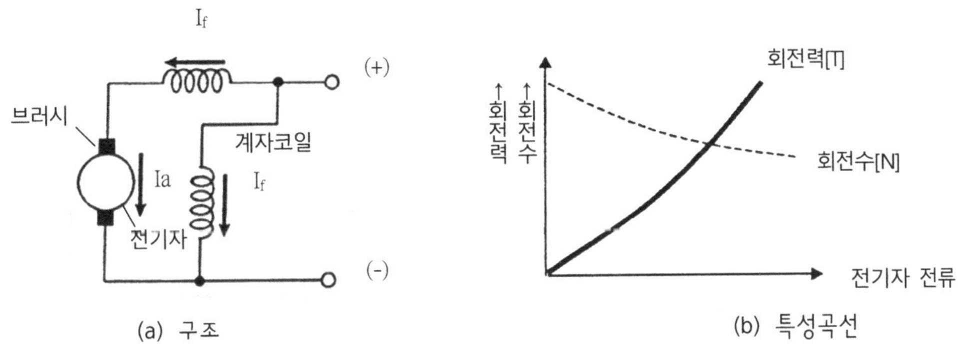

그림 5-29 직류 복권식 모터

[표 5-5 직류모터의 종류 및 특성]

구분	구성특성	특 성	사용장치
직류직권식	· 전기자 코일과 계자 코일이 전원에 대해 직렬로 접속	· 토크는 전기자 전류의 제곱에 비례. 즉 전기자 전류가 클수록 발생하는 토크도 크다. · 전기자 전류는 속도에 반비례하여 증감	· 기동모터
직류분권식	· 전기자 고일과 계자 코일이 전원에 대해 병렬로 접속	· 가해진 전원 전압이 일정하면 계자 전류도 일정하며 자장의 세기도 일정 · 전기자 전류가 커지면 축전지 전압이 조금 낮아지나, 속도는 거의 일정	· 팬모터
직류복권식	· 두 개의 계자 코일이 하나는 전기자 코일과 직·병렬로 접속	· 복권식 모터는 직권과 분권의 중간 특성을 갖음. 즉 시동할 때에는 직권식과 같은 큰 토크 특성을 나타내고, 시동이 된 뒤에는 분권식과 같이 정속도 특성을 나타냄.	· 윈도우 와이퍼 모터

(3) Brushless DC 모터

Brushless DC 모터의 정의

브러시(Brush)가 부착된 DC 모터에서는 정류자와 브러시의 접촉에 의해서 코일에 전류를 흐르게 함과 동시에 전류시키는 기능을 하지만, 브러시가 마모되는 단점이 있다. 그러나 Brushless DC모터는 브러시를 사용하지 않고 비접촉의 위치 검출기와 반도체 소자로서 통전 및 전류시키는 기능을 바꾸어 놓은 모터이다. 따라서 Brushless DC 모터의 토크발생 원리는 DC모터의 경우와 같은 형태이다.

브러시리스 모터의 특징

브러시리스 모터의 최대특징은 원리적으로 브러시리스로 인해 노이즈가 발생하지 않는다는 점이다. 여기에는 기계적인 접촉부가 없으므로 고속 회전형 모터, 장수명형 모터의 실현도 가능해진다.

한편, DC모터는 제어용 모터로 매우 뛰어난 특성을 가지고 있는 것으로 알려져 있다. 예를 들면 급격한 가속성, 큰 기동 토크, 전압 변화에 대한 선형 수하 특성, 출력 토크 대 입력 전류의 선형성 등이다.

이것은 매우 중요한 사항으로 제어용 모터에 요구되는 거의 모든 특성을 겸비한 모터라 할 수 있다. 그러나 이와 같이 뛰어난 모터에도 오직하나, 결정적인 결점을 지니고 있다. 그것은 브러시, 정류자에 의한 기계적인 접촉부이다. 이것은 DC모터가 기능하기 위해서는 필요불가결의 요소로서 이것으로 인하여 모터가 회전되는 셈이다. 그러나 모터가 끊임없이 섭동작용을 반복하므로 브러시, 정류자의 마모가 진행되고 이 이유 때문에 금속분말이나 흑연이 비산하여 현저히 모터의 수명을 줄인다.

또 마모가 진행되면 정류자간에 이상 아크가 발생하고 마침내는 플래시 오버 현상을 일으킨다. 그 구조상 회전 중에 아무래도 불꽃이 발생하므로 주변에 주는 영향이 크다. 특히 인화성이 있는 가스내에서는 방폭 대책이 큰 문제로 대두된다.

상기한 이유로 DC모터를 브러시리스화 한다는 것은 아주 큰 의미가 있다. 그래서 요즘의 경향은 DC모터의 브러시리스화가 연구, 검토되고 있는 것이다. 또한 무보수와 장수명 모터를 만들 수 있다는 것을 의미한다.

정리해 보면

[표 5-6 브러시리스 모터의 특징]

구 분	특 징
브러시리스 모 터	· 기계적인 브러시, 정류자가 없다.(마모, 먼지의 발생이 없다.) · 모터의 수명이 길다. · 센서를 이용한 전자 정류장치를 사용한다. · 로터의 자극 센서에 홀 소자가 많이 사용되고 있다. · 기계적인 노이즈가 발생하지 않는다. 베어링 부위는 제외 · 브러시부에 카본, 오일미스트 등의 오탁이 발생하지 않는다. · 전기적인 노이즈가 발생하지 않는다.(전파장애가 발생하지 않는다.) · 불꽃의 발생이 없다. · 플래시오버가 없다. · 고속 회전형의 모터를 만들기 쉽다. · 다극형 모터를 만들기 쉽다.(단상, 2상, 3상 등)

	· 정방향 및 역방향 회전에 강하다. · 모터의 제 특성은 종래의 DC모터와 동등하다. 다만 로터부의 관성이 크고 출력 효율도 저하한다. · 브러시가 없어 설계에 있어 자유롭다. · 구동회로가 필요하여 종래의 DC모터보다 가격이 비싸다. · 회로 기술에 의하여 브러시리스모터의 특성을 개선할 수 있다.

Brushless DC 모터의 구조

Brushless DC 모터를 구조면에서 분류하면 권선으로의 통전은 브러시 등 접동요소를 사용하지 않는 고정식으로 하기 때문에 자계를 만드는 마그네트 회전기를 어디에 배치하느냐에 따라서 자로의 구성방법, 권선의 배치방법이 변한다.

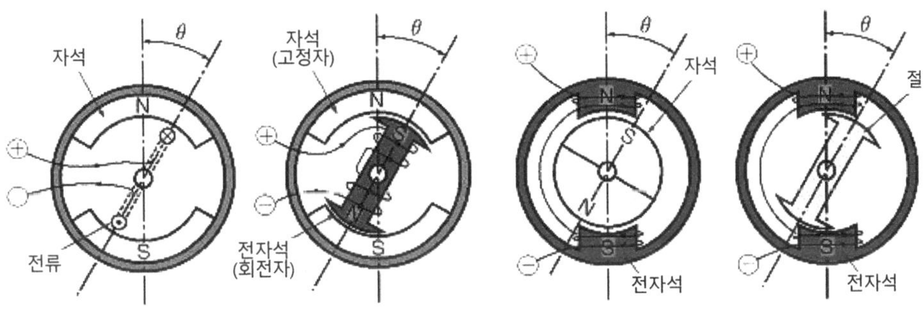

그림 5-30 Brushless DC 모터의 종류별 구조(inner형/outer형)

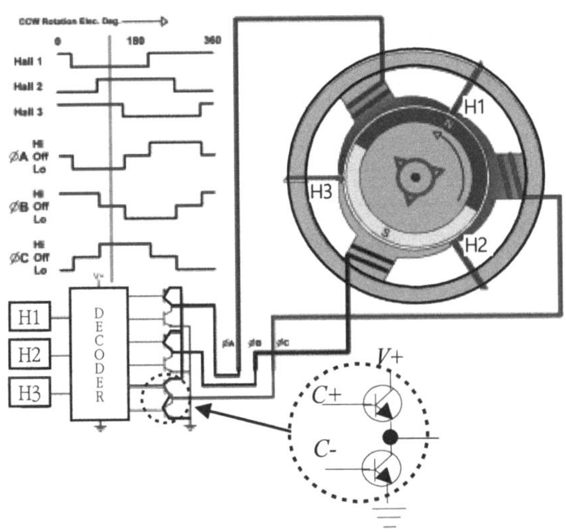

그림 5-31 Brushless DC 모터의 구조(Inner Rotor형)

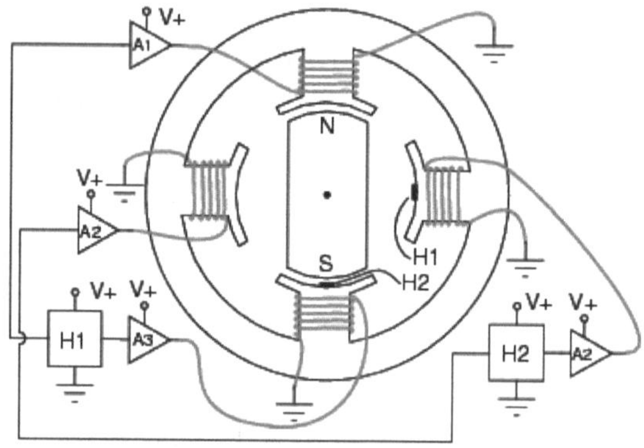

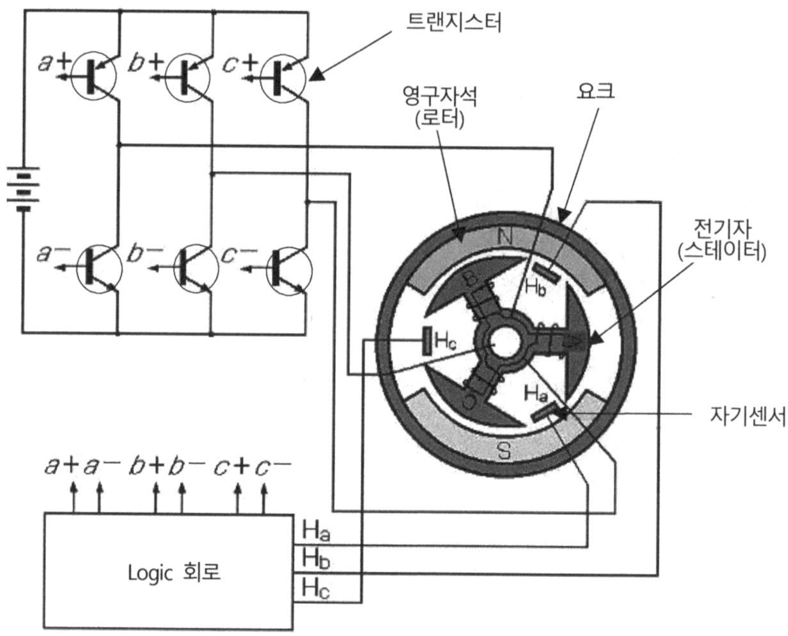

그림 5-32 Brushless DC 모터의 구조(Outer Rotor형)

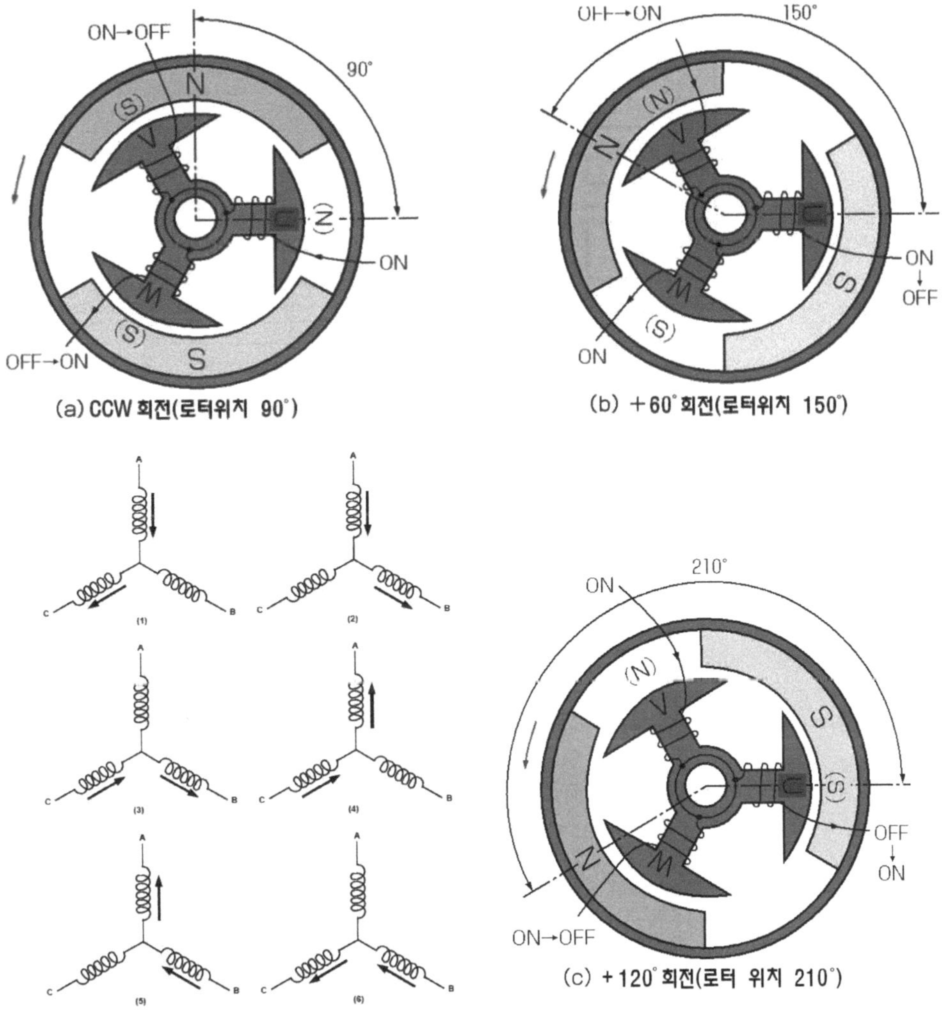

(a) CCW 회전(로터위치 90°)

(b) +60° 회전(로터위치 150°)

(c) +120° 회전(로터 위치 210°)

그림 5-33

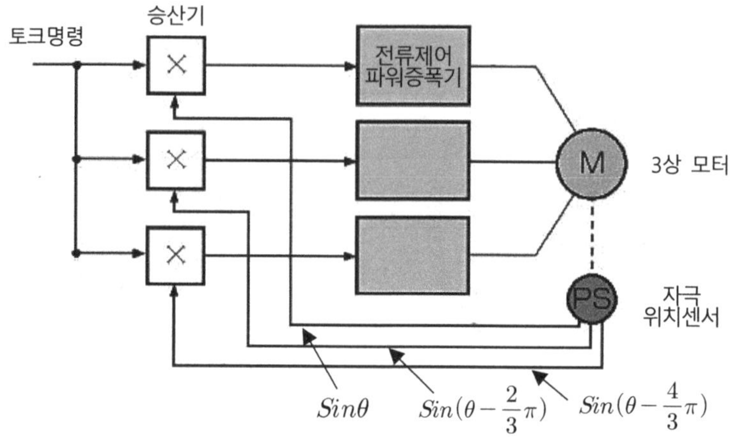

그림 5-34 BLDC모터의 180°정현파 전류구동 회로구성

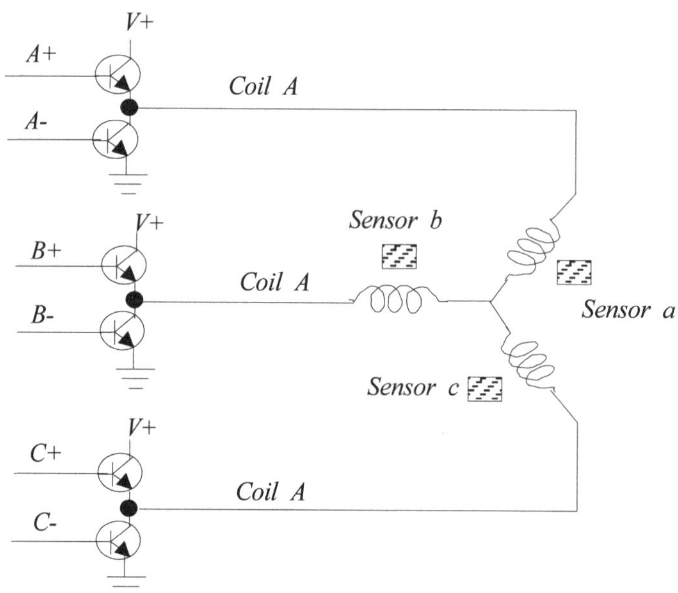

그림 5-35 Brushless DC 모터의 구성회로

(1) 회전기의 구조

Brushless DC 모터를 구조면에서 분류하면 권선으로의 통전은 Brush 등 접동요소를 사용하지 않는 고정식으로 하기 때문에 자계를 만드는 마그네트 회전기를 어디에 배치하느냐에 따라서 자로의 구성방법, 권선의 배치방법이 변한다.

브러시리스 모터를 로터구조에 의하여 분류하면 아우터 로터형, 이너 로터형, 디스크 로터형으로 나눌 수 있다. 아우터 로터형은 스테이터부가 내측에 있고 이것을 둘러싸는 것처럼 마그넷로터가 그 외측에 배치되어 있다. 즉 구조상, 그 외측에 로터가 있으므로 이너셔가 상당히 커진다. 따라서 급격한 동작을 빈번히 반복하는 용도에는 부적합하다. 용도 예로서는 레코드 플레이어의 터 테이블 구동, VTR의 실린더 모터, 헤이저 프린터의 스케너 모터 등이 있다. 이들은 무두 정속제어에 속한다.

[표 5-7 Brushless DC 모터의 종류 및 특징]

종류	구조	특징
Outer Rotor형 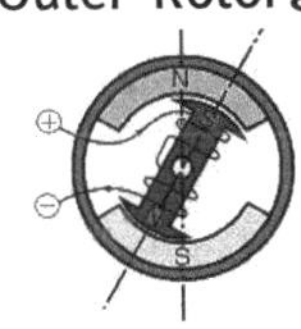	· 모터의 외주측으로 회전자를 배치 · 모터의 내부 측면으로 회전자계를 만든다.	· 회전자의 관성모멘트가 크므로 정속도 주행에 유리하다. · 마드네트를 비교적 크게 할 수 있으므로 고효율, 고토크화하기 쉽다. · 권선의 1코일 평균길이가 짧게 되어 손실절감, 고효율화 하기 쉽다. · 회전자 지지기구가 복잡하다. · 밀폐구조로 하기 어렵다.
Inner Rotor형 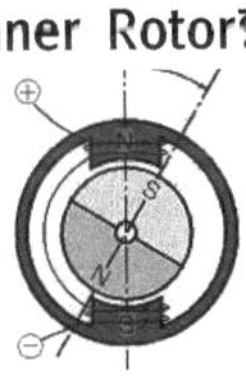	· 모터의 내주측으로 회전자를 배치 · 모터의 외주측으로 회전자계를 만든다.	· 회전자의 관성모멘트가 Outer motor에 비하여 작다. · 모터구조를 비교적 간단하게 구성할 수 있다.
Axial Gap형	· 축방향의 두께를 비교적 얇게 한 원판상의 모터 회전자의 전기자를 축방향으로 나열한 구조	· 축수간 간격이 짧기 때문에 공작의 정확을 요함, 축수구조도 복잡 · 권선과 전기자를 분리 Slotless구조로 함 · 회전율을 저감시킬 필요가 있는 곳에서 많이 사용되고 있지만, 권선의 배치정도와 권선형상의 밸런스를 작게 하여야 할 필요가 있다.

브러시리스(Brushless) 모터

- 브러시리스 모터는 최근 중국, 대만 등을 주축으로 여러 신규 업체의 시장개입에 따라 가격 하락을 주도하면서 모형항공기의 파워소스로 널리 채택되고 있다. 특히 모터의 구조와 특성상 높은 토크, 고효율 및 낮은 소음으로 일반 브러시 모터 보다 상대적으로 전동 매니아들이 선호하고 있다.

□ 모터구조

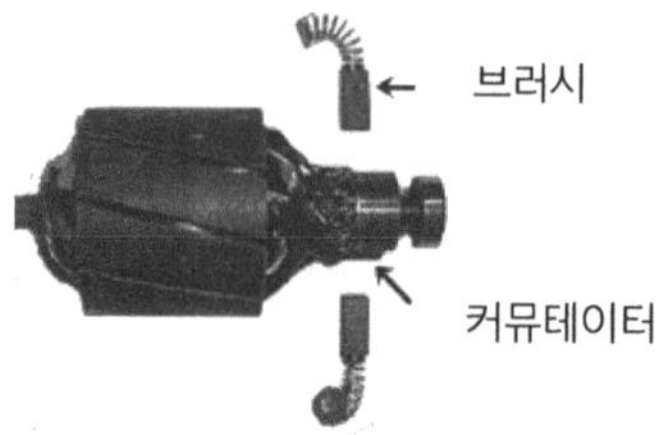

(a) 브러시 모터

(b) 브러시리스 모터

그림 5-36 모터 구분

(a) 브러시 모터

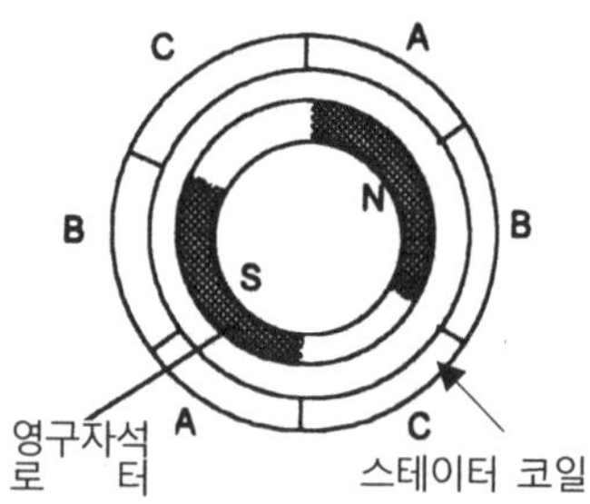

(b) 브러시리스 모터

그림 5-37 모터 구분

- 위의 그림에서 볼 수 있듯이 브러시리스 모터와 브러시 모터와 가장 큰 차이점은 브러시와 정류자(commutator)가 없다는 것이다.
- 브러시 모터의 일반적인 구조는 크게 회전코일(회전자)과 고정자석(고정자) 및 브러시와 정류자 부분으로 구성되어 있다. 브러시와 정류자는 아마튜어 코일에 공급되는 전류방향을 회전각도에 따라 전환시켜줌으로써 회전자를 회전시킬 수 있는 자극의 변화를 만들어 주는 중요한 장치이다.
- 브러시리스 모터에서는 컨트롤러(변속기)가 그 역할을 담당하기 때문에 브러시나 정류자가 필요하지 않습니다. 이로 인해 구조가 간단해지며, 회전마찰에 의한 열 발생 감소와 브러시 마모에 따른 교체가 이루어지지 않으므로 반영구적인 수명을 보장한다.

□ 회전원리

- In-Runner 브러시리스 모터의 경우에는 회전자가 코어안쪽에 위치하고 있으며, Out-Runner 브러시리스 모터는 보통 통돌이라고 하는데 회전자가 코어의 바깥쪽에 있는 것이 큰 차이이다. 브러시리스 모터는 기본적으로 3상구조를 가지며 회전 제어는 외부의 컨트롤러가 전담한다.

- 양극(+,-)의 DC전원를 3상으로 전환하여 모터에 공급하며 , 3개의 고정코일에 공급된 전압으로 고정자석의 위치를 감지하여 위상변화를 줌으로써 회전을 하는 방식의 구조이다. 이 제어구조를 센서가 없는 브러시리스(Sensorless Brushless)라고 한다.

[In-Runner 브러시리스 모터]

[Out-Runner 브러시리스 모터]

그림 5-38 브러시리스 모터

- 어떻게 3개의 입력신호로 모터를 구동할 수 있을까? 위의 그림은 외부제어기(변속기)에서 발생한 3상의 입력신호를 나타낸 다이어그램이다.
  변속기에서 발생한 3상의 출력은 브러시리스 모터의 입력신호로 연결되기 때문에 120도의 위상 차이를 갖습니다. 위의 회전 애니메이션에서 볼 수 있듯이 고정자가 순차적으로 자력을 발생시킴으로써 회전자의 매끄러운 회전을 유도한다.
- 브러시 모터의 경우에는 브러시와 정류자가 입력신호를 기계적으로 제어하지만 브러시리스 모터는 변속기는 직류 신호입력을 교류로 전환하는 역할을 담당한다.

(3) 회전자 위치 검출장치

Brush가 부착된 DC 모터와 같은 모양으로 전류의 방향과 자속의 방향을 직교시키기 위해 마그네트 모터 위치를 정확하게 파악해서 그 신호에 의해 권선에 전류를 흐르게 하기도 하고 차단하기도 할 필요가 있다. 그 기능이 회전자 위치 검출장치이다. 검출수단으로서는 광소자와 자기저항소자, 그밖에 다른 것들이 있지만 소형이면서 가격이 싸다는 점에서 홀소자가 가장 실용화되어 있다. 모터의 발열에 의해 고온하에 있기 때문에 온도특성이 좋은 갈륨비소와 같은 것이 주류이다. 홀소자는 반도체에 전류를 흘리고 전류와 직각방향으로 자계를 주면 직각방향으로 홀전압을 발생하는 것이다.

(4) 마그네트

Brushless DC 모터에 사용되는 마그네트로는 소형 모터에 있어서는 그 대부분이 성능과 가격면에서 페라이트 마그네트가 주류이지만 최근에는 그것보다도 한층 더 성능이 좋은 플라스틱 네어듐을 사용하는 체적효율(경박 단소화)을 보다 높인 방향이 보이고 있다.

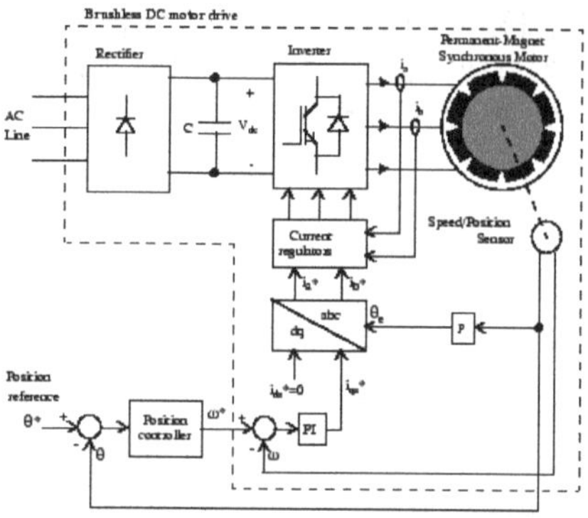

그림 5-39 Brushless DC 구동회로

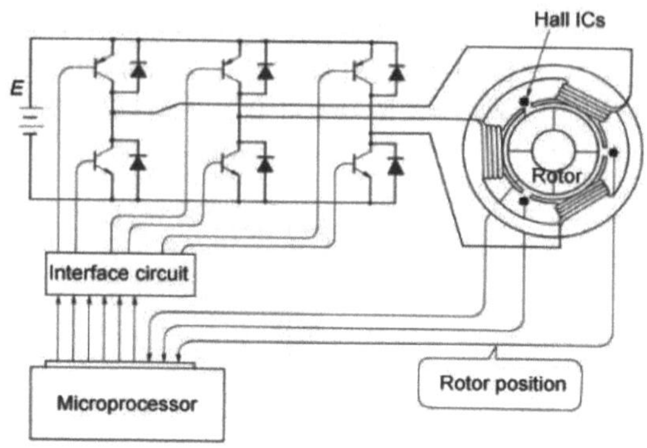

그림 5-40 Brushless DC 구동회로

(5) 구동회로

Brushless DC 모터는 통전, 전류의 기능은 반도체로 구성된 구동회로를 모터의 내부 또는 모터의 외부로 접속해서 최초로 회전한다. 회전의 논리는 위치검출을 해서 홀소자에서의 신호를 인버터용 트랜지스터의 베이스로 구동하기 위한 분배기능을 한다. 더욱 이 회전의 논리회로는 회전수에 비례한 펄스를 발생하고 동시에 회전수의 피드백 신호로 해서 이용할 수도 있다.

[표 5-8 BLDC 모터의 특징]

종류	특 징
장 점	· 기계적 정류기구를 전자화(무접점화)하여 전기적노이즈(불꽃), 기계적 노이즈가 작다. · 신뢰성이 높고 수명이 길고 고속화가 용이하다. · 기기의 고밀도화에 따른 요청에 용이하게 대응된다.(형상, 구조의 자유도화 → 경박단순화 → 기전일체화) · 기기의 다기능화에 쉽게 대응된다.(일정 속도제어, 가변 속도제어 등)
단 점	· 로터에 영구자석을 사용하므로 저관성화에는 제한이 있다. · 일반적으로 페라이트 자석을 사용할 경우가 많으므로 체적당 토크가 작다.(결점보완을 위해 희토류 자석을 사용하는데 비용이 높음) · 정류기구를 전산화하기 위해 반도체 회로를 필요로 하여 비용이 높아진다.(최근의 반도체 기술의 진보에 의해 개선됨)

[표 5-9 DC모터 종류 및 특징]

종류	특 징
브러시 DC모터	· 고정자 : 전자석(혹은 영구자석) · 회전자 : 브러시 통해 일정 전류 공급 → 플레밍 왼손법칙 : 회전자 회전
브러시리스 DC모터 (BLDC)	· 고정자 : 반도체소자 및 컨트롤러(트랜지스터, 싸이리스터)사용 → 순차적으로 자력을 발생 · 회전자 : 영구자석 → 순차적으로 변하는 고정자의 자력에 의해 매끄럽게 회전자 회전 · 장점 : - 기계적 정류기구를 전자화(무접점화) - 전기적노이즈(불꽃), 기계적노이즈가 작다. - 신뢰성이 높고 수명이 길고 고속화가 용이하다. - 기기의 다기능화에 쉽게 대응(일정 속도제어, 가변 속도제어 등)

모터 구조에 의한 분류

브러시리스 모터를 로터구조에 의하여 분류하면 아우터 로터형, 이너 로터형, 디스크 로터형으로 나눌 수 있다.

아우터 로터형은 스테이터부가 내측에 있고 이것을 둘러싸는 것처럼 마그넷로터가 그 외측에 배치되어 있다. 즉 구조상, 그 외측에 로터가 있으므로 이너셔가 상당히 커진다. 따라서 급격한 동작을 빈번히 반복하는 용도에는 부적합하다. 용도 예로서는 레코드 플레이어의 터 테이블 구동, VTR의 실린더 모터, 헤이저 프린터의 스케너 모터 등이 있다. 이들은 무두 정속제어에 속한다.

외관 형상에 의한 분류

외부 형상에 따라 플랫형, 원통형, 리니어형, 빌트인형, 시스템형 등으로 나눌 수 있다. 플랫형은 모터의 축 방향에 대하여 외경 치수가 훨씬 큰 것을 말하고 그 내부 구조는 디스크형 로터가 일반적이다. 또한 플랫형 모터를 편평형 모터라고도 한다.

위치센서에 의한 분류

브러시리스화하는 방법에는 광센서를 사용하는 방법과 자기센서를 사용하는 방법이 있다. 광센서를 사용하는 방법에는 발광 다이오드와 포토트랜지스터에 의한 이른바 포토 인터럽터 방식이 있다. 또 자기식에는 홀 소자, 홀 IC, MR소자, 기타의 자기 포화 소자에 의한 방법이 있다.

그런데 브러시리스 모터는 로터가 영구자석으로 구성되어 있어서, 홀 소자를 자극의 검출에 사용할 경우, 그대로 신호를 보낼 수 있다. 즉 홀 소자를 자극의 센서로 사용하변 다른 보조 부재를 필요로 하지 않는 것이다. 이에 대한 다른 방법으로는 모두 마그넷 로터의 자극 검출을 위하여 보조 재료를 사용할 필요가 있다.

5-5 AC모터

교류 전원으로 운전되며, 생활 주변에서 가장 널리 쓰이는 모터이다.

교류모터는 기본적으로 외부 고정자와 내부 회전자로 구성되어 있다. 교류전류가 고정자 권선에 공급되면 전자기유도에 의해 자기장이 변화한다. 이 때 회전자에서 회전하는 자기장에 의해 유도전류가 생기고 토크에 의해 회전자에 있는 축에서 회전력이 발생한다. 보통 50~60Hz의 교류전원을 사용하지만, 높은 회전속도를 얻고자 할 때에는 수백 Hz에 이르는 높은 주파수의 교류전원을 사용하기도 한다. 소형 모터의 회전자에는 단락된 권선을 사용하고, 대형 교류 모터에는 권선을 감아서 사용한다.

교류모터는 크게 단상식과 삼상식으로 나뉘며, 회전자의 유형에 따라 유도모터(Induction Motor), 동기모터(synchronous motor)로 분류한다. 일정한 주파수 전원으로 운전할 경우, 유도모터는 대체적으로 정속도를 유지하며, 동기모터는 완전한 정속도를 갖는다.

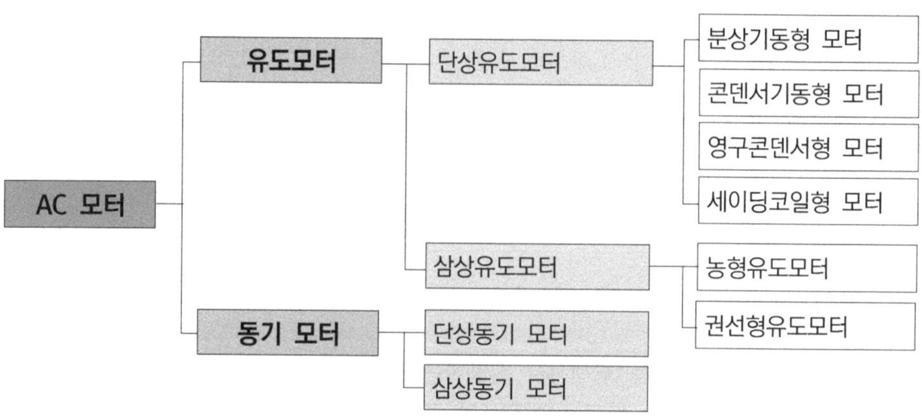

그림 5-41 AC 모터의 구분

교류모터의 용량은 수십 W의 소형에서 수백 kW의 대형에까지 이르며 선풍기, 세탁기, 냉장고, 펌프, 크레인 등 가정과 산업현장 전반에서 널리 사용되고 있다. 교류모터는 구조가 간단하고 브러시나 정류자와 같은 기계 소모부가 없고, 고속에서 순간 최대 토크를 출력할 수 있어 응답특성이 빠르며 무게당 토크가 크므로 소형 경량화할 수 있다는 장점이 있다. 그러나 직류모터에 비해 제어 방법이 복잡하다는 단점이 있다.

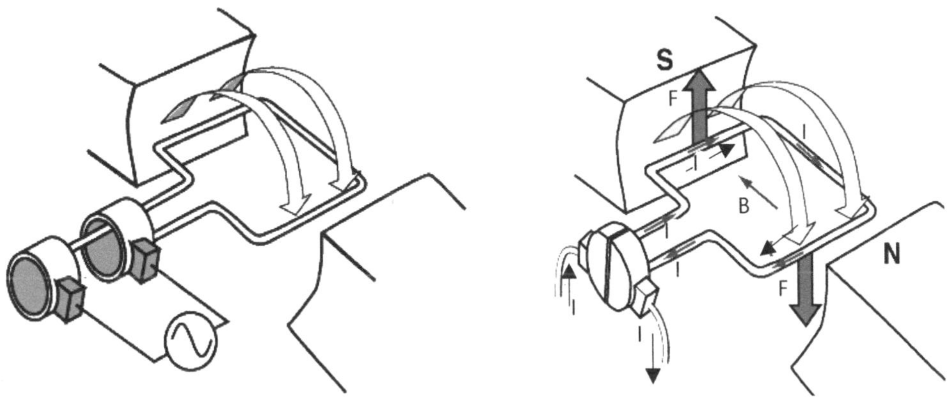

(a) AC모터 (b) DC모터

그림 5-42 모터의 구분

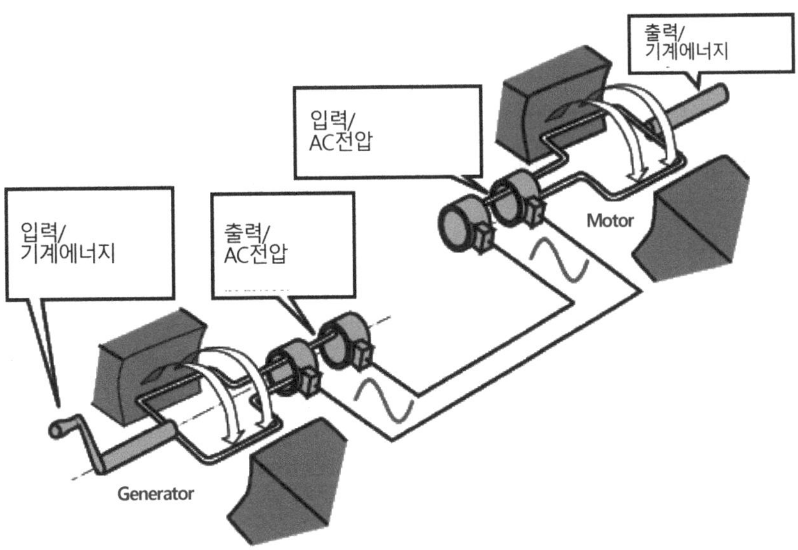

그림 5-43 AC모터와 발전기

(1) 유도모터(Induction Motor)

유도모터(인덕션 모터)는 ac모터의 일종으로서 회전자계형에 속한다. 그 구동 원리는 스테이터부에 발생하는 회전자계와 로터부에 생기는 유도자계와의 상호작용으로 회전력을 얻는다. 단상 뿐만 아니라 3상 유도모터, 3상 권선형 유도모터 등이 있다.

인덕션 모터는 AC모터 중에서도 가장 사용하기 쉬운 모터의 하나로서 일반 가정의 전기제품에 많이 사용되고 있다. 인덕션 모터는 부하에 대응하는 회전수로 회전하나 여기에는 어느정도의 정속성이 있다. 따라서 별로 정속성을 요구하지 않는 동력용 모터로서도 많이 사용된다. 인덕션 모터에도 여러가지 종류가 있으나 소형 중에서는 단상형의 콘덴서 모터가 가장 많이 보급되고 있다.

[표 5-10 유도모터의 특징]

종류	특 징
유도모터	· AC전원의 동력용 모터에 적합하다 · 구조가 심플하고 튼튼하다. · 어느 정도의 정속성이 있다. · 수하 특성을 갖게 할 수 있다.(로터의 도체 저항을 올려 주면 된다.) · 수명이 길다. · 가격이 싸다. · 경부하에서 효율은 일반적으로 낮다.

리버서블 모터(Reversible Motor)

- 리버시블는 인덕션 모터의 일종이며 우회전, 좌회전 어느 방향으로도 같은 특성이 얻어지는 모터이다.
- 특히 정회전, 역회전 전용으로 만들어진 모터를 가리킨다.
- 따라서, 빈번한 정•역 회전 기능과 큰 기둥 토크를 가지고 있는 점이 특징이다. 주요 용도는 세탁기의 펄세이터용, 사무기, 자동기 등의 구동원이다.
- 빈번한 정역전에 적합
- 브레이크 특성이 좋다.(전자식)
- 단시간이면 크기에 비해 큰 출력이 얻어진다.
- 기동 특성이 뛰어나다.

유니버설 모터(Universal Motor)

- 유니버설 모터(Universal Motor)는 직류나 교류로 회전시킬 수 있는 정류자 모터를 말한다. 유니버설이라는 말은 "여러가지 목적에 사용되는 만능"이라는 뜻이며 이 모터를 직류나 교류로 사용할 수 있기 때문에 이 명칭으로 불려지고 있다. 이 모터의 구조는 직류 직권모터와 같으며 스테이터 코일과 로터 코일에 동일 전류를 흐르게 하며 회전력을 발생시킨다.

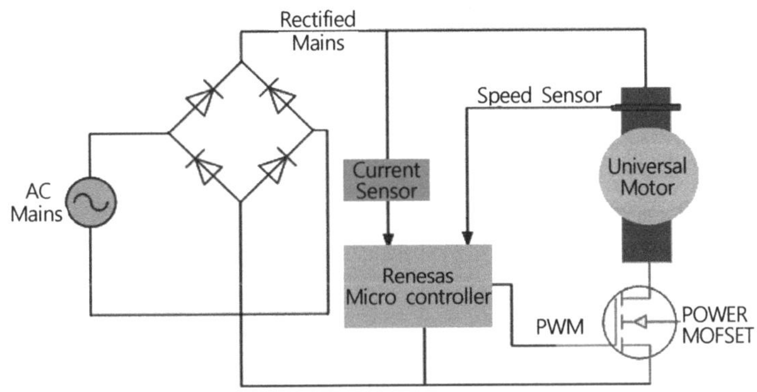

- 따라서 직류나 교류에서 토크의 발생 방향이 일정하게 되어 항상 일정한 방향으로 회전할 수 있게 된다. 또 유니버설 모터는 입력 단자에 공급하는 전압의 극성을 바꾸어도 회전 방향은 변하지 않는다. 유니버설 모터를 교류 전원으로 사용하는 경우 전원주파수의 2배로 맥동하는데 50/60 Hz 정도의 주파수이면 그 맥동은 별로 문제가 되지 않는다.
- 특징은 시동 토크가 크고 고속 회전이 쉽게 얻어진다는 것이다. 그 때문에 전차 등의 구동 모터로 많이 사용되고 있다. 한편, 결점으로는 브러시와 정류자가 있기 때문에 전기 노이즈, 기계 노이즈가 크고 수명도 그다지 길지 않다는 점 등을 들 수 있다.

3상 유도모터는 바깥쪽의 고정자와 안쪽의 회전자가 모두 얇은 강판으로 쌓아올려서 만들어져 있으며 거기에 각각 슬롯을 내고 있다. 고정자 슬롯에는 코일을 넣는다. 3상의 각 상이 1개의 코일인 예는 없으며 적어도 몇 개의 코일을 사용하기 때문에 고정자의 슬롯 수는 24, 36, 48, 64 … 등이며 많은 것은 수백에 달한다. 각 상의 코일은 공간에서 120° 씩 이동시켜서 배치한다. 회전자에는 피복되지 않은 동봉이나 알루미늄의 주물을 슬롯 속에 넣는 농형(squirrel cage induction motor)이라 불리는 것과 3상 권선으로 하는 권선형이 있다.

2극 모터는 2극의 회전자계를 발생하는 경우인데, 코일의 넓이를 반으로 줄이고 코일 수를 2배로 하면 4극의 회전자기장을 발생한다. 코일의 폭을 더욱 좁혀서 6극과 8극 등을 만들 수 있으며 수십 극을 만드는 예도 있다. 극수가 많을수록 회전자기장의 속도가 늦어지며, 회전자의 속도도 이에 따라서 저속도로 회전한다. 고정자의 3상 권선에 3상 전압을 가하면 3상전류가 흘러들어서 회전자계를 만든다.

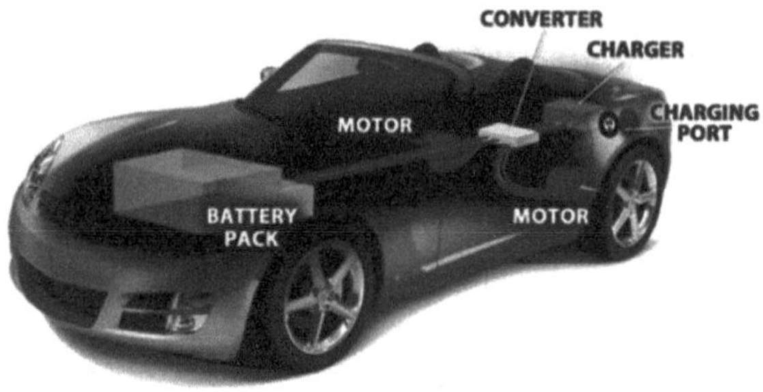

전기자동차 구조

그 속도 Nn는 p를 극수로 f를 주파수로 하면 1분당 120 f/p 회전이 된다. 회전자가 전기적으로 닫혀진 회로로 되어 있으면 회전자계에 의해서 발생한 회전자도체 속의 기전력 때문에 전류는 흘러서 모터로서 회전한다. 그 회전방향은 회전자기장의 방향과 같지만 회전자의 속도는 회전자기장의 속도보다 느리다. 이 차이를 슬립(slip)이라고 하는데 이 슬립의 값이 모터의 동작에 끼치는 영향은 크다. 예를 들면 슬립이 0에 가까이 하면 출력은 0에 가까워진다.

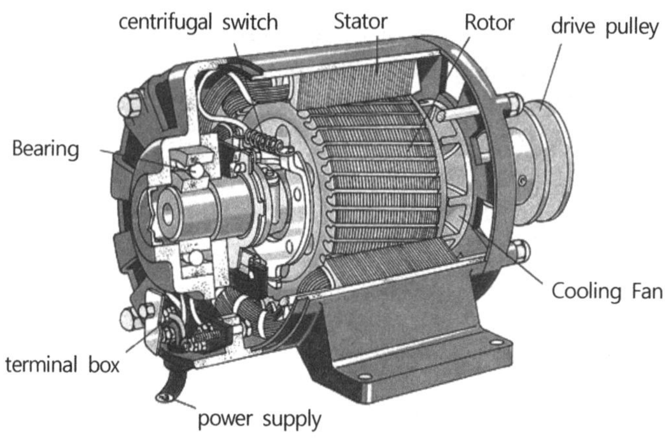

그림 5-44 유도모터의 구조

일반적으로 규정출력을 낼 때의 슬립의 값은 회전자계 속도의 몇 % 정도이다. 이상과 같은 것은 회전자가 농형이든 권선형이든 마찬가지이다.

일반적으로 볼 수 있는 3상 유도모터는 농형으로 4극의 것이 많으며, 속도는 거의 1,500 rpm이다. 농형모터는 정속도로 운전하는 데 적합하다. 권선형은 3상 단자가 축에 설치된 집전링과 브러시를 통해 외부로 나와 있다. 3상 단자에 적당한 값의 저항을 연결함으로써 속도를 제어할 수 있고 또한 시동할 때의 유입전류를 적게 할 수 있으며, 더욱이 토크를 크게 할 수 있는 것이 특징이다.

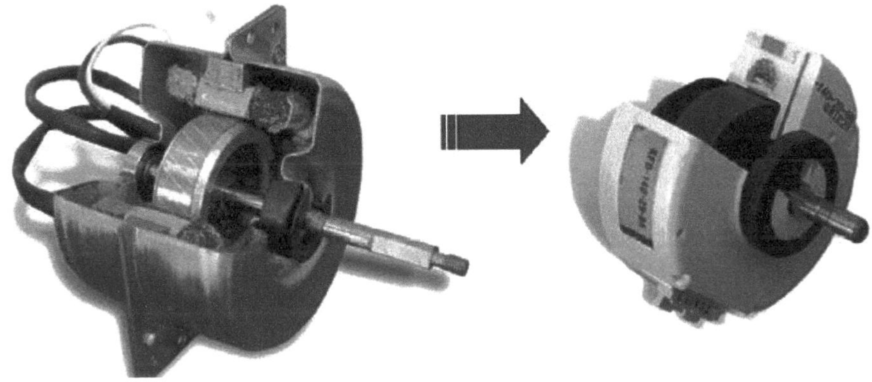

(a) 유도모터　　　(b) 영구자석 동기모터

그림 5-45

농형모터의 속도를 제어하는 방법은 여러 가지로 연구 ·검토되고 있지만 직류모터처럼 자유로이 조정하기가 매우 어렵다. 소형 유도모터는 단상 100 또는 200 V의 전압으로 사용되는 단상기이며 가정용 기기로서 세탁기·선풍기·냉장고·펌프 등을 예로 들 수 있다. 이것은 모두 단상유도모터이고 출력은 750 W 이하이며 회전자의 농형은 3상 모터와 거의 같은 구조이다. 고정자 쪽의 구성의 한 예는 주권선과 보조권선을 서로 공간적으로 90° 벗어난 곳에 놓고, 전원전압은 주권선에는 직접 가하고 보조권선에는 콘덴서와 스위치를 통해서 가한다. 그 이유는 주권선만으로는 전압을 가해도 시동되지 않는 성질이 있으므로 보조권선을 두어 시동 토크를 만드는 것으로서, 더욱이 콘덴서를 넣음으로써 시동할 때의 특성을 좋게 할 수 있기 때문이다.

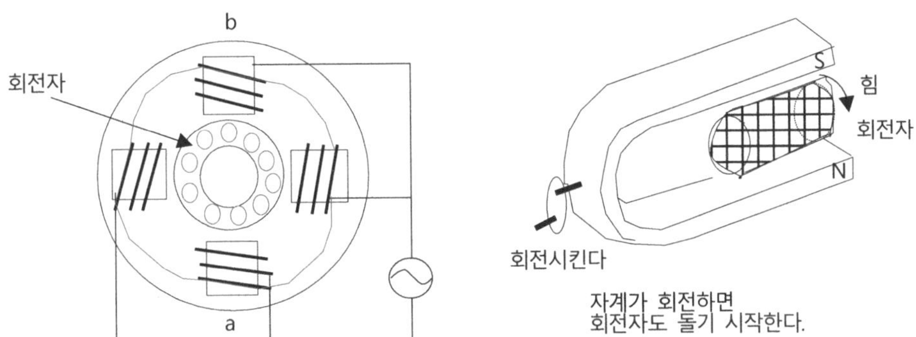

그림 5-46 유도모터의 구조

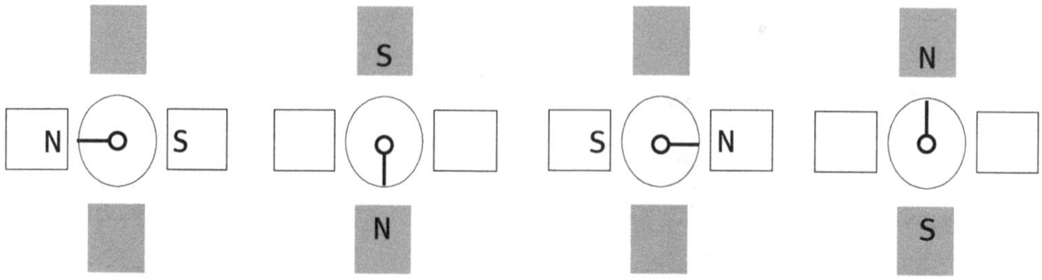

그림 5-47 단상 유도모터의 원리

시동이 되어 회전자가 고속으로 회전하게 되면 보조권선이 없어도 회전이 계속되기 때문에 회전자 측에 부착되어 있다. 운전 후 전원을 끊으면 회전자속도가 저하되어 정지하게 되는데 이때는 스위치 K를 닫고 다음 시동에 대비한다. 시동 토크를 얻는 방법에는 몇 가지가 있다. 운전 중의 회전자속도는 3상의 경우와 마찬가지로 120 f/p 보다 수 % 가량 느리게 된다. 펌프용 회전자와 같이 고속회전이 요구되는 것으로는 2극이 사용되지만 그 밖의 것은 4극이 많다.

위의 그림을 참고하면 유도모터의 원리를 쉽게 이해할 수 있으리라. 즉 회전이 가능한 자석 속에, 바구니형으로 만든 구리막대의 회전자를 둔 장치라 할 수 있다. 따라서 자석을 회전시켜 주면, 회전자도 자석과 같은 방향으로 회전하게 된다. 자석의 회전을 정지시키면 회전자도 정지하고 자석을 역방향으로 돌이면 회전자도 역방향으로 돌게 된다. 그 이유는 다음과 같이 생각할 수 있다. 머물고 있는 회전자에 대해서 자석이 시계방향으로 돌면, 회전자의 도선을 자력선이 끊는 것이 된다. 그 때문에 도선에는 플레밍의 왼손 법칙에 따라서 그림과 같은 방향으로 유도전류가 흐른다.

다음에 회전자에서 생긴 유도전류와 자석의 자계 사이에 이번에는 플레밍의 왼손 법칙에 따른 전자력이 발생한다. 이 전자력의 방향은 자석의 회전방향과 일치한다. 이렇게 해서 회전자도 자석의 회전에 따라가듯이 회전한다. 이것이 유도모터의 원리이다.

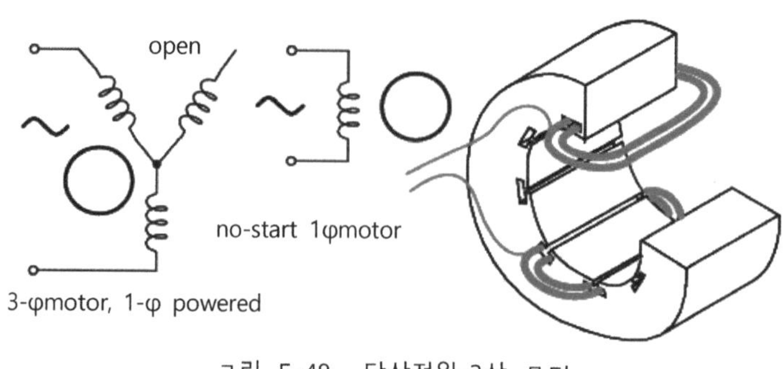

그림 5-48 단상전원-3상 모터

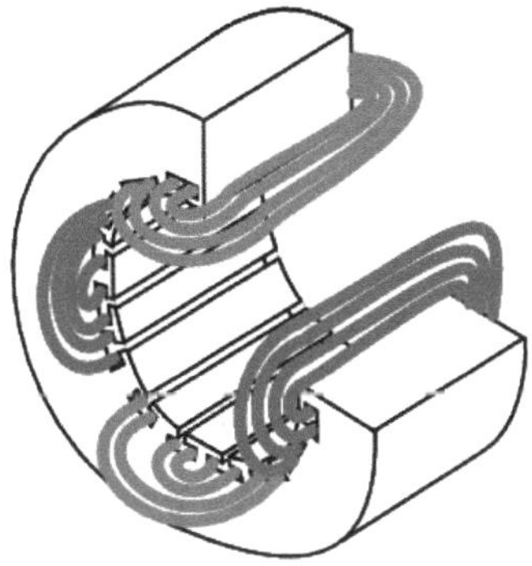

그림 5-49 단상유도모터(embedded stator coils.)

1) 단상 유도모터(single phase induction motor)

단상 교류는 쉽게 구할 수 있는 전원이므로, 단상 유도모터는 가정용과 산업용으로 많이 사용된다.

자력 기동을 할 수 없으므로, 별도의 기동권선(start winding)이 필요하다. 즉 운전권선(run winding)과 기동권선이 있다. 대개 1 - 2 hp 정도의 크기를 갖는다.

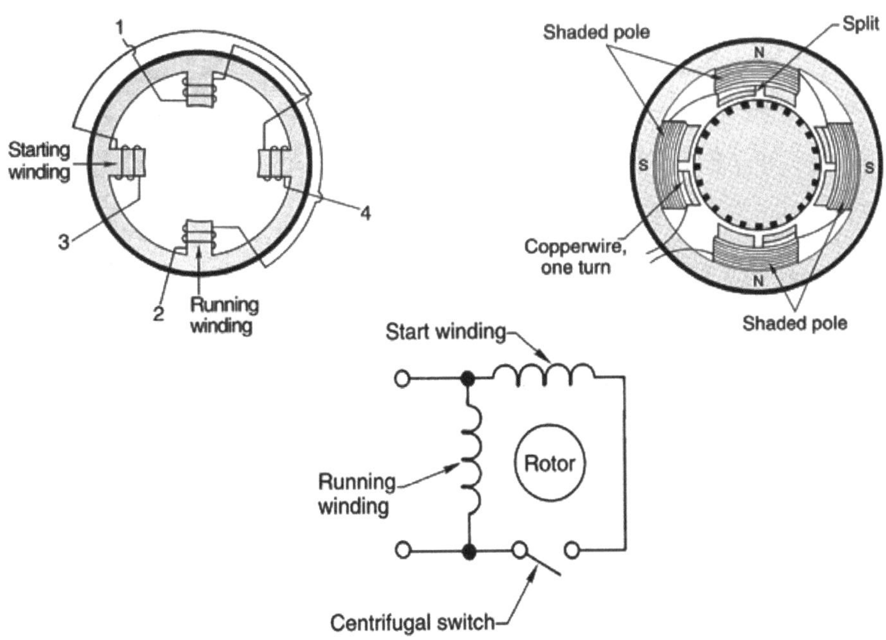

그림 5-50 단상 유도모터 구조

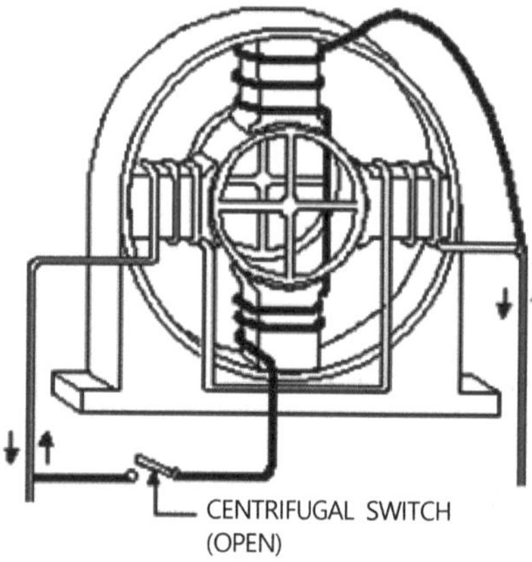

Split phase motors

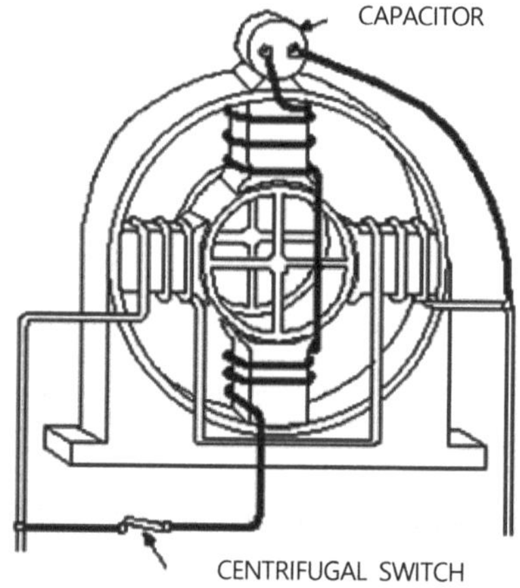

Capacitor Start Induction motors

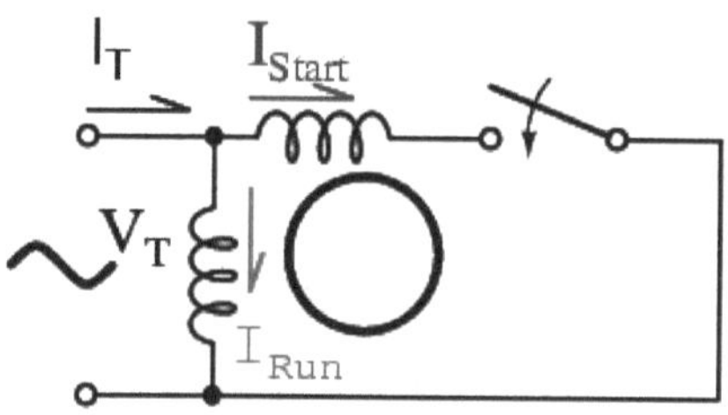

(a) 분상 유도모터

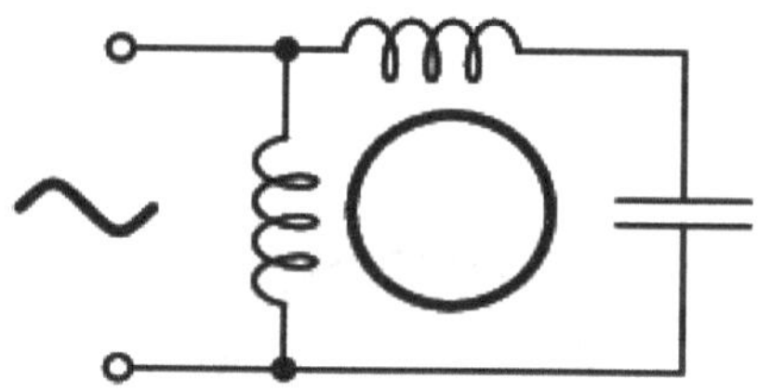

(b) 영구 콘덴서형 유도모터

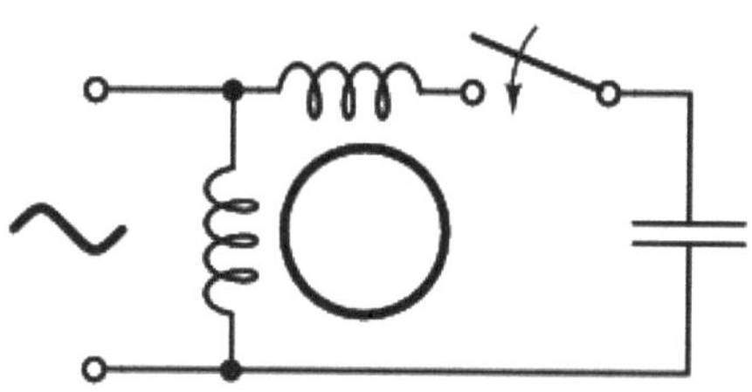

(c) 콘덴서 기동형 유도모터

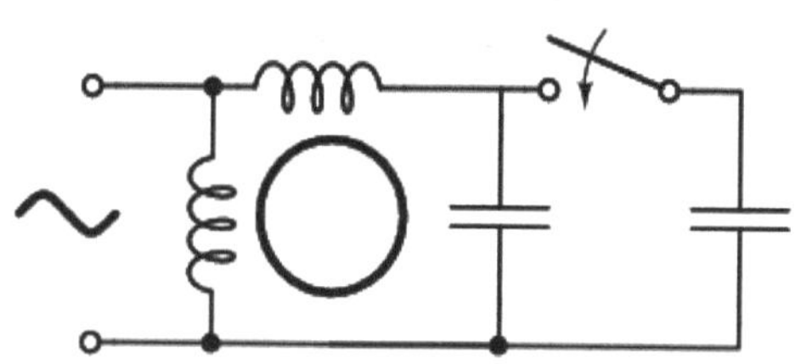

(d) 콘덴서 기동형 유도모터

그림 5-51 단상 유도모터의 구조

[표 5-11 단상 유도모터]

종류	특 징
분상 기동형 **(split phase motor)** 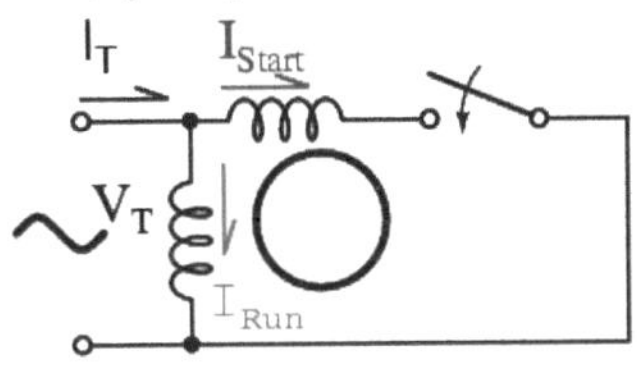 	· 고정자(stator), 회전자(rotor), 엔드플레이트 또는 브래킷(end plate or bracket), 원심력 스위치(centrifugal switch)의 4가지 주요부품으로 되어있다. · 회전자는 농형권선(squirrel cage winding)으로 되어있고, 고정자는 주권선인 운전권선(running winding)과 보조권선인 기동권선(starting winding)이 병렬로 감겨져 있어서 이 병렬 회로에 단상 교류전압을 가하면 운전권선과 보조권선 사이의 리액턴스 차이로 두 회로에 흐르는 전류에 위상차이가 생겨서 회전자기장이 발생하여 토크가 발생하게 된다. · 원심력 스위치(centrifugal switch)는 기동권선과 직렬로 연결되어 있으며, 기동 초기에는 스위치가 on 상태로 있다가 회전자의 속도가 증가하여 정격속도의 75% 정도에 이르면 스위치가 off 되어 기동권선 회로가 개방되고, 모터는 운전권선에 의하여 계속 회전하게 된다. · 가격이 싸나, 기동 토크가 작고 원심력 스위치 때문에 부피가 크며 큰 기동전류 때문에, 소형 분수 마력형 모터(냉장고, 펌프, 세탁기 등)에 많이 사용되고 있다.
콘덴서 기동형 capacitor start motor 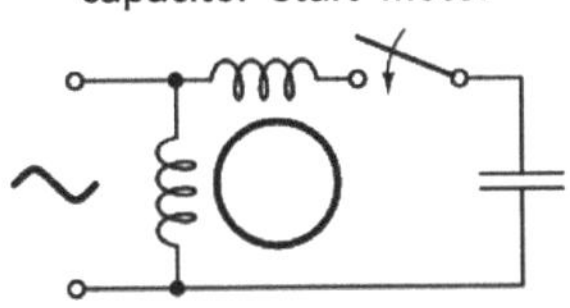	· 분상 기동형 모터와 비슷하나, 기동토크 증대 목적으로 콘덴서를 기동권선과 직렬로 연결한 점이 다름. · 산업용으로 많이 사용되는 Capacitor(축전기)는 oil-filled, or running, capacitor(오일 커패시터)와 starting, or electrolytic, capacitor (전해 커패시터)의 2가지이다. starting capacitor는 두 장의 알루미늄 판 사이에 전기를 통하지 않도록 화학적 처리를 한 종이가 채워져 있으며 용량은 대략 75~600 μF 정도이고, running capacitor는 두 장의 알루미늄 판 사이에 종이가 채워지고 이것이 다시 오일 속에 담겨있는 구조로 되어 있으며 용량은 대략 2~60 μF 정도이다. running capacitor의 용량이 starting capacitor의 용량 보다 적으나, 외형은 running capacitor가 starting capacitor 보다 크다. · 분상기동형 모터에 비하여 기동토크가 크고 기동전류가 작으며, 분수 마력형에서 10여 마력까지 다양하고, 펌프 에어컨 냉장고 등에 사용된다.
영구 콘덴서형 permanent split capacitor motor 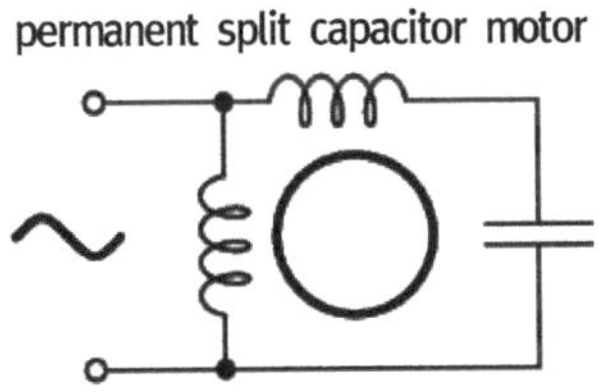	· 콘덴서 기동형 모터에서 원심력 스위치를 제거한 것. 따라서 컨덴서를 기동 시 뿐만 아니라 정상 운전 시에도 계속하여 사용. · 용량이 적은 콘덴서를 사용하기 때문에 기동 토크는 콘덴서 기동형 모터 보다 작으나, 원심력 스위치가 없어서 구조가 간단하다. · oil-filled capacitor가 주로 사용되며, 큰 기동 토크가 필요하지 않은 선풍기나 세탁기 등에 많이 사용.

종류	특 징
셰이드 코일형 **shaded pole motor** 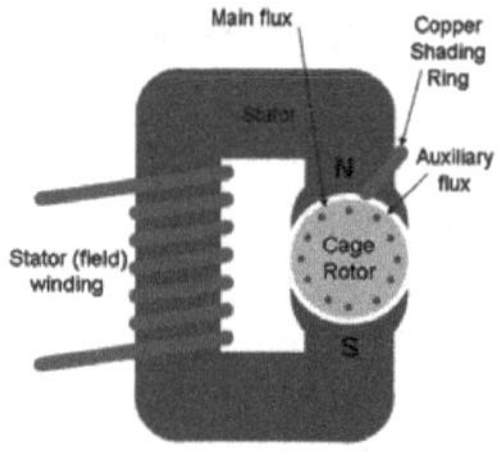 **Shaded Pole Induction Motor**	· 각각의 고정자 자극의 한쪽 끝에 홈을 파서 돌출(salient)극을 만들고 이 돌출극에 셰이딩코일(shading coil)이라 부르는 구리 단락 고리를 끼운 것. 이 shading coil에 의해서 회전자계장이 형성되어 토크가 발생하여 회전하게 된다. · 운전 중에도 shading coil에 전류가 계속 흐르므로 효율과 역률이 아주 작으며, 기동토크도 작다. · 구조가 간단하고 견고하지만 회전방향을 변경할 수 없다. · 크기는 1/100~1/20 마력 정도이며, 정지상태(stall)로 오랫동안 전전압이 걸려도 권선이 소손되지 않는 경우도 있다. · FCU의 fan, 소형 condensing unit의 fan, 소형 선풍기, record player 등에 쓰인다.
콘덴서 기동-콘덴서 운전형 **capacitor start-capacitor run motor** 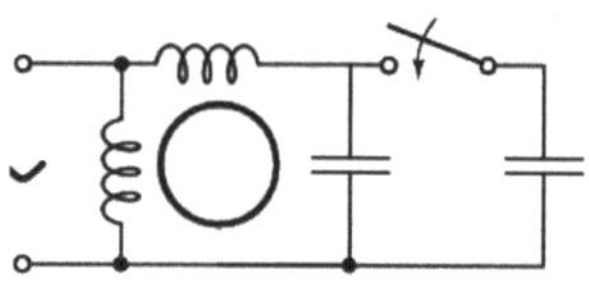	· 콘덴서 기동형 모터의 운전권선에 running capacitor를 추가한 형태의 모터로, 기동토크가 크고 운전효율도 높은, 특성이 아주 좋은 모터로 알려져 있다. · 대부분 밀폐형 또는 반밀폐형 압축기에 사용되며, 고가이기 때문에 개방형 압축기에는 거의 사용되지 않고 있다.

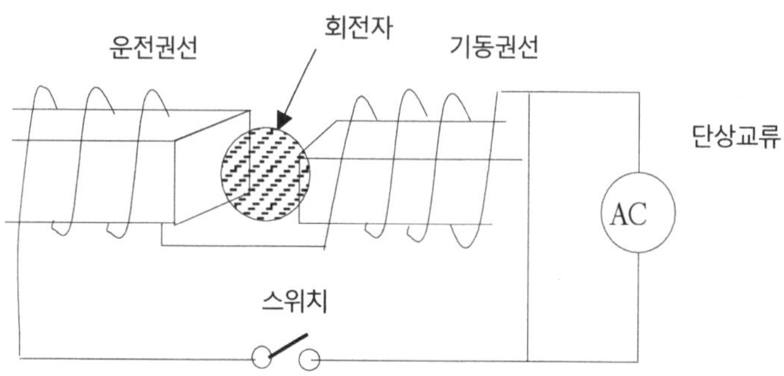

그림 5-52 단상 유도모터 구조

2) 삼상 유도모터(three phase induction motor)

- 같은 마력수의 단상 유도모터에 비해서 구조가 간단하고 더 소형이다.
- 회전자의 구조에 의해서 농형(squirrel cage induction motor)과 권선형(star winding induction motor)으로 나누어진다.

- 고정자의 권선법에는 성형결선(star winding or Y winding)법과 델타(delta winding) 결선법이 있다.
- 대부분 공장용으로 사용되며, 1 마력 이상에서 수 천 마력까지 다양한 크기가 생산됨. (분수 마력도 생산이 되는 경우가 있으나 납기가 길다.)
- 소용량에서는 대부분 농형이 사용되고, 기동전류가 문제가 되는 대용량에서는 권선형이 사용된다.
- 대부분의 중소형 삼상 모터는 결선을 바꾸어 고·저 두 개의 전압 중 어느 전압에서도 작동하게 할 수 있다.

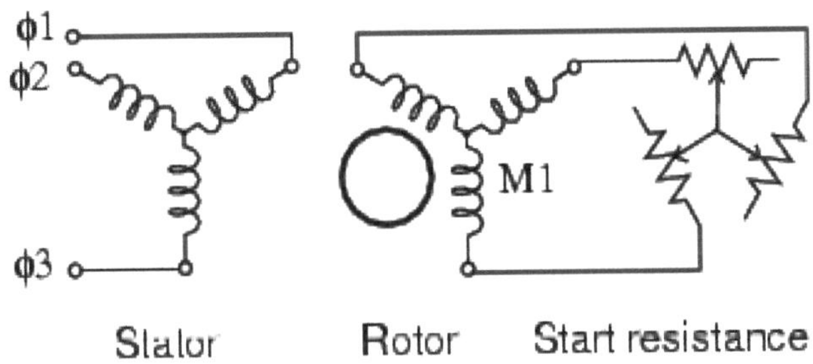

그림 5-53 권선형 모터

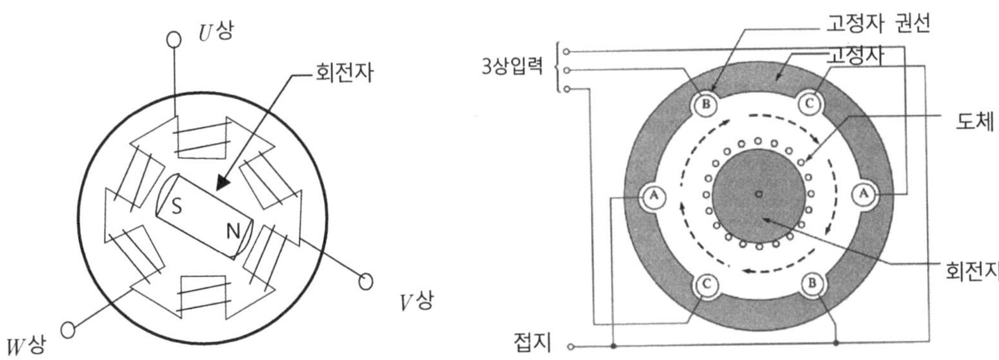

그림 5-54 3상 유도모터 구조

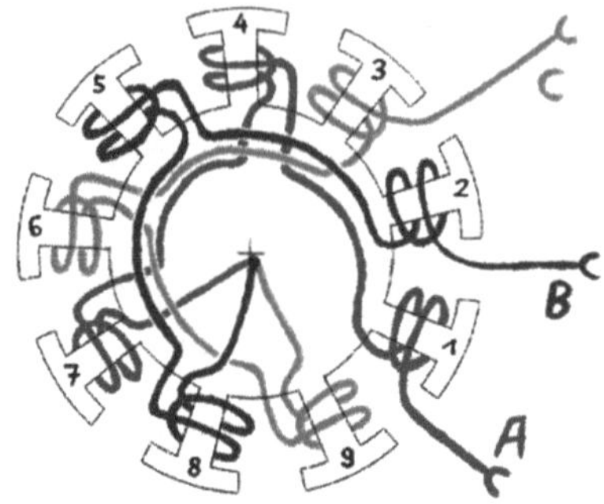

그림 5-55 Y(star)결선법의 형태

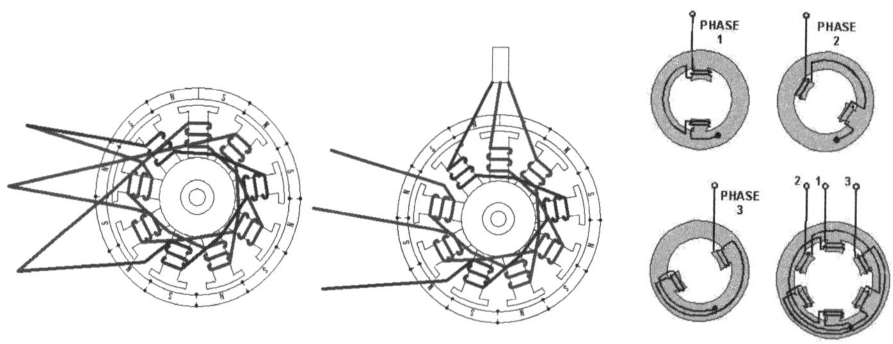

그림 5-56 Delta 결선법의 형태

[표 5-12 삼상 유도모터]

종류	특 징
농형(쳇바퀴모양) **(squirrel cage induction motor)**  	· 회전자는 구리나 알루미늄 환봉을 도체 철심 속에 넣어서 그 양쪽 끝을 원형 측판(shorting ring)에 의해서 단락시킨 것으로, 그 모양이 마치 다람쥐 쳇바퀴처럼 생겼다하여 squirrel cage라고 함. · 회전자의 구조가 간단하고 튼튼하며 운전 성능이 좋으므로 건축설비에 쓰이는 대부분의 삼상 모터는 농형이다. · 기동시에 큰 기동전류(전부하 전류의 500~650%)가 흐르는 것이 단점이며, 이 단점 때문에 권선이 타기 쉽고 공급전원에 나쁜 영향을 끼친다. · 기동 토크는 전부하 토크의 100~150% 정도.

권선형 (wound-rotor induction motor) 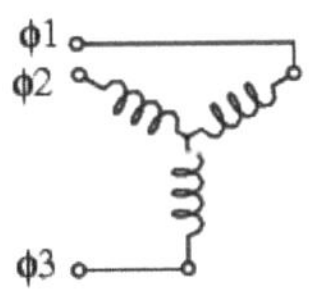 Wound rotor induction motor	· 회전자에도 3상의 권선을 감고(대개 wye 결선), 각각의 단자를 Slip Ring 을 통해서 저항기에 연결한다. 저항기의 저항치를 가감하여 광범위하게 기동 특성을 바꿀 수 있다. · 회전자 권선으로 인하여 농형보다 구조가 복잡하다. · 기동전류는 전부하 전류의 100~150% 정도이고, 기동토크는 전부하 토크의 100~150% 정도이므로, 상대적으로 적은 전원 용량에서 큰 기동 토크를 얻을 수 있다. · 기동이 빈번하여 농형으로는 열적으로 부적합한 경우 및 대용량에 많이 사용.

□ 농형유도모터의 기동방법

농형유도모터(squirrel cage induction motor)의 기동 방법은 전전압기동기(full voltage starter)를 사용하는 방법과 감압기동기(reduced voltage starter)를 사용하는 방법으로 대별할 수 있다. 전전압기동법이나 감압기동법의 선택 시 고려할 사항은

① 감압기동시의 기동전류와 기동토크

② 모터의 용량

③ 비용

④ 전력공급회사의 규정 등이다.

농형유도모터의 기동기(starter)를 세분하면 아래와 같다.

[표 5-13 농형유도모터]

종류	특 징		
전전압기동	전전압 기동기	· across-the-line starter(미국) · 또는 direct-on-line starter(영국)	
감압기동	기동보상 기동기 (단권변압기식 기동기)	· auto-transformer starter- · compensator	· 어느 모터에나 적용가능
	저항(삽입) 기동기	· primary-resistor starter	
	리액터(삽입)기동기	· primary reactor starter	
	스타-델타 기동기	· star-delta starter · 또는 wye-delta start	· 특별한 모터에만 적용 가능

1) **전전압기동기(full voltage starter: across-the-line starter 또는 direct-on-line starter) :**

모터에 전원 전압이 직접 걸리게 되어있는 기동기를 말한다. 대형 모터를 전전압으로 기동시키게 되면 순간적으로 주변지역의 공급전압과 전류가 변화하기 때문에, 이의 사용은 대개 5~7.5 HP 정도로 제한되어 있다.

2) **기동보상 기동기(단권변압기식 기동기 : auto-transformer starter-compensator):**

기동 단권변압기(auto-transformer)를 이용하는 방식으로, 단권변압기는 성층 철심상에 코일을 권선하고 여러 단의 전압을 얻기 위하여 여러 개의 탭(tap)을 설치한 것이다(대개 2~3 단). 여기서 적절한 기동회전력과 가장 적은 기동전류를 얻을 수 있는 전압 tap(50~80%)을 선정하여 모터를 시동하고 일정 시간이 흐른 후에 전전압으로 절환한다. 에너지를 열로 소비하는 저항 대신에 변압기를 사용하여 전압을 낮추기 때문에 에너지 절약적이라 할 수 있다. 양호한 기동특성을 얻을 수 있으나 설비비는 다른 방법에 비하여 조금 많을 수 있다. auto- 라는 말 때문에 자동이라고 생각하기 쉬우나, 수동식과 전자식이 있다.

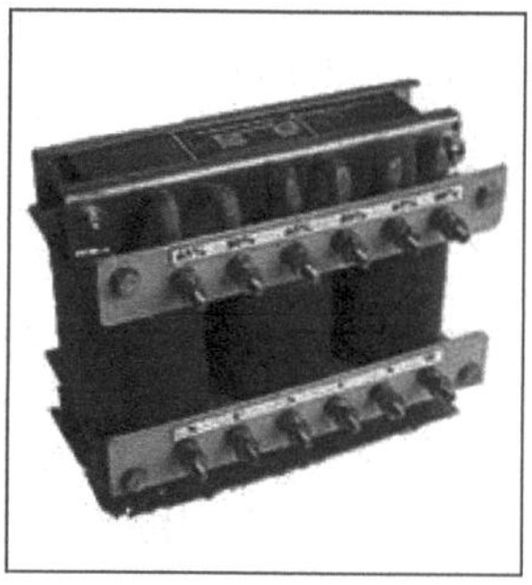
auto-transformer starter

3) **저항(삽입) 기동기(primary-resistor starter) :**

고정자 권선과 직렬로 저항을 삽입하여 시동시의 전류를 저항의 전압강하로 제한하여 모터를 시동하고, 모터의 속도가 일정속도에 달한 후에 저항을 회로에서 제거하여 전전압으로 운전하게 된다. 저항에서 소비되는 에너지가 많기 때문에 소형 모터에서만 사용되고 있다.

4) **리액터(삽입) 기동기(primary reactor starter) :**

저항(삽입) 기동기의 저항 대신에 3상 리액터를 고정자 권선과 직렬로 삽입한 것이다.

5) **스타-델타 기동기(star-delta starter 또는 wye-delta starter) :**

대개 50(또는 75) HP까지 사용하는 방법으로, 시동 시에는 고정자 권선이 wye가 되도록 전원에 접속하고, 충분히 가속된 후에는 delta로 절환해서 기동을 완료하는 방법이다. 동일 권선의 모터에서 wye 결선은 delta 결선 시에 흐르는 전류의 33% 만을 흐르게 한다.

[표 5-14 단상유도모터와 삼상유도모터 특성비교]

분류	단상유도모터	삼상유도모터
기동형태	콘덴서 기동형	-
컨덴서 용량	콘덴서 용량 200 uF	-
정격	정격시간 연속	연속
극수(p)	4P	4P
주파수(f)	주파수 60 HZ	수파수 60 Hz
회전수(rpm)	회전수 1710 RPM	회전수 1720 rpm
출력용량(kw,Hp)	0.4 KW(1/2 Hp)	1HP(0.75 Kw)
정격전압(V)	정격전압 110/220 V	전압 220/380 V
정격전류	정격전류 9/4.5 A	3.5/2 A
기동전류	기동전류 44/22 A	
효율	효율 56%	
절연계급	절연계급 E종	절연계급 F
기동계급		기동계급 H
보호방식		보호방식 IP44

(2)동기모터(synchronous motor)

동기모터(Synchronous Motor)는 고정자(stator)와 회전자(rotor)로 구성되어 있으며 고정자에 전류가 공급되며 회전자는 영구자석을 사용한다. 구동 시스템이 복잡하나 큰 힘을 낼 수 있기에 세탁기 등에 사용되어진다. 브러시와 정류자가 없기 때문에 수명이 길다.

Synchronous Motor는 발전기 및 제철소의 압연기 등의 일정한 속도를 요구하는데 많이 쓰이고, 영구자석으로는 도저히 만들 수 없는 초대형 모터에 주로 사용된다. 하지만 최근 희토류자석(현재 발견된 자성체중 가장 강한 자석이다)등의 저가화에 힘입어 메가와트급 모터도 영구자석으로 개발되고 있다.

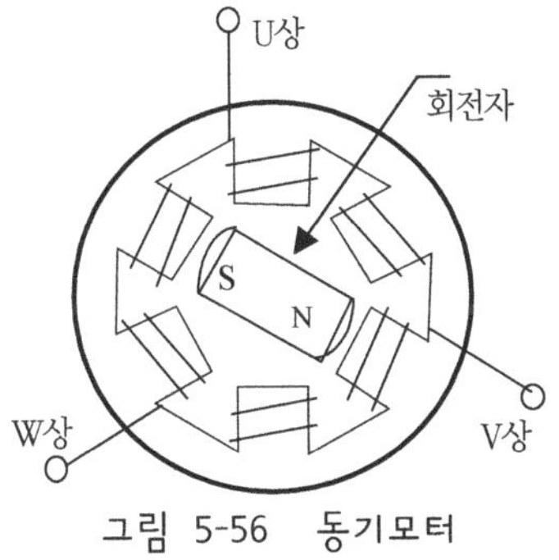

그림 5-56 동기모터

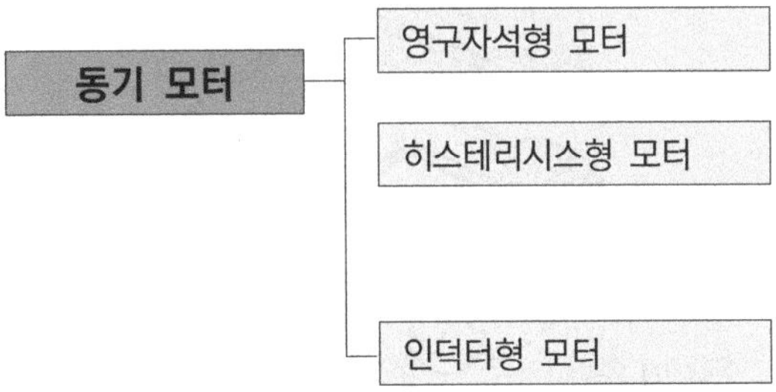

그림 5-57 동기모터 분류

동기모터 작동원리는 자유롭게 회전할 수 있는 자침의 둘레에 영구자석을 설치하여 회전시키면 같은 극은 서로 밀고 다른 극은 서로 잡아당기는 자석의 성질 때문에 자침이 자석을 따라 자석보다 약간 뒤쳐져서 (속도는 같다) 회전하리라는 것을 쉽게 짐작할 수 있다. 이것이 우리 고속철도차량에 사용되는 동기모터의 원리이고 이때의 회전속도를 동기속도라 한다.

영구자석 동기 모터(PMSM: Permanent Magnetic Synchronous Motor)는 부하 또는 회선 전압의 변동에 관계없이 전원의 주파수와 동기화된 상태에서 고정 속도로 회전한다. 이 모터는 최대 작동 한계에서 토크에 관계없이 공급 전원 주파수와 동기화된 상태에서 고정 속도로 작동한다.

따라서 PMSM은 고정밀 고정 속도 드라이브에 이상적인 제품이다. 3상 PMSM은 영구 여자 모터(excited motor)이다. 매우 높은 전력 밀도, 효율성 및 높은 응답 속도를 제공하는 이 모터는 기계 설계 분야의 정밀 용도에 대부분 적합하며, 높은 과부하 용량도 갖추고 있다. PMSM은 대부분 유지보수가 필요하지 않으므로 운영 효율성을 극대화할 수 있다. 또한 PMSM은 정밀한 속도 조정이 가능하므로 특정 산업 공정에도 이상적인 제품이다. PMSM은 고마력, 저 rpm 부하의 직접 구동에 가장 적합한 속도/토크 특성을 갖고 있다.

동기 모터는 개선된 역률(power factor)로 작동하므로, 시스템 전체의 역률이 높아지고 공급 전원의 역률 손실이 제거되거나 감소된다. 이렇게 개선된 역률은 또한 시스템의 전압 강하와 모터 단자에서 발생하는 전압 강하를 줄여주기도 한다.

PMSM에는 여자 권선이 필요하지 않으며, 로터가 고정자 자계와 같은 속도로 회전한다. PMSM 디자인은 로터 동손(copper loss)이 없으므로 기존 유도모터와 비교하여 매우 높은 피크 효율을 제공한다. 또한 PMSM은 전력 대 중량비도 유도모터보다 높다. 전력 전자 및 마이크로 전자 분야의 발전으로 인해 이전까지 DC 모터만 사용되어 왔던 고성능 드라이브에 PMSM을 활용할 수 있게 되었다.

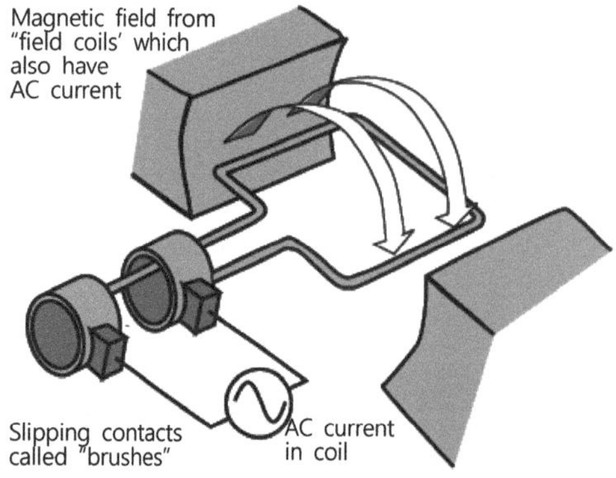

그림 5-58 동기모터

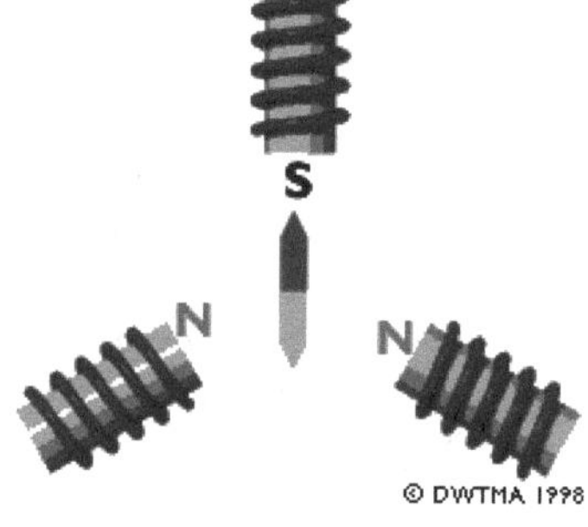

그림 5-59 3삼모터 원리

최근, 영구자석형 동기모터(PMSM)는 눈부시게 발전되어 종래의 소용량분야 뿐만 아니라 철도 차량용 등의대용량의 분야에도 그 용도의 범위가 확대되고 있다.

동기모터는 3상 대형 모터에 널리 사용된다. 고정자 쪽은 3상 유도모터와 동일한 구조로 보아도 되지만, 회전자는 직류 여자된 자극을 둔다. 정상으로 운전할 경우의 회전자속도는 전원 주파수가 일정한 한 120 f/p로 된 일정값으로서, 이 값은 부하의 경중에 관계없이 완전히 일정하다는 점이 동기모터의 특징이라고 할 수 있다.

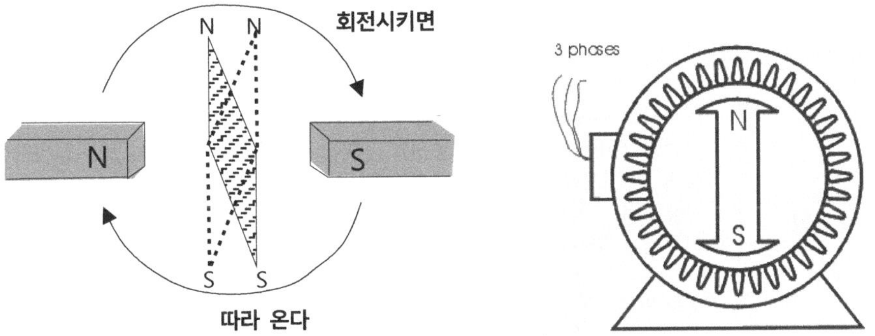

그림 5-60 동기모터 작동원리

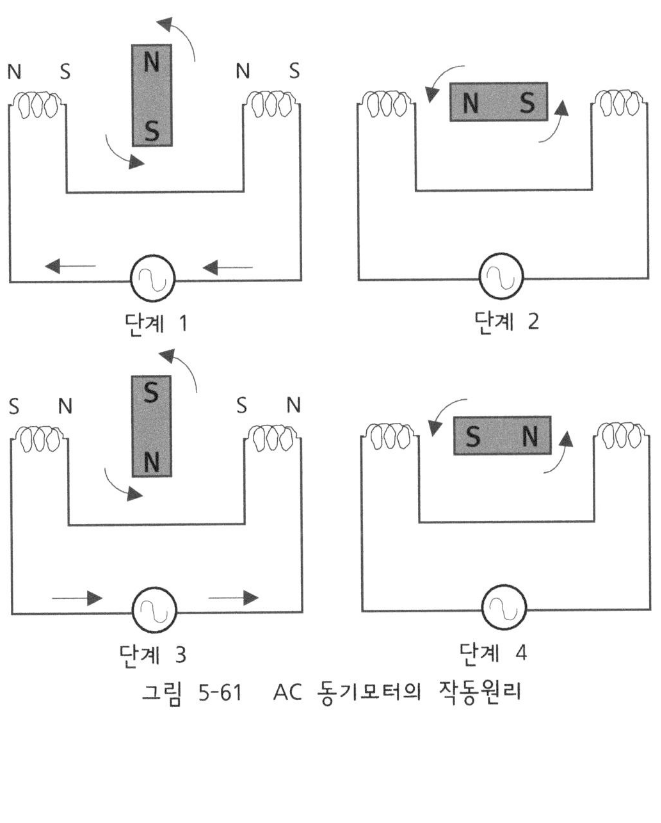

그림 5-61 AC 동기모터의 작동원리

또 직류여자를 어느 값으로 하면 역률이 1로 되어 동일한 입력으로 교류 쪽에서 흘러들어가는 전류를 최소값으로 할 수 있는 것도 특징이다. 이와 같은 역률 조정은 유도모터로는 할 수 없다. 단상유도모터의 고정자와 동일한 구성에서 회전자는 계자권선을 없애고 자극표면에 농형유도체를 둔 것이 단상동기모터인데, 속도가 완전히 일정한 것을 필요조건으로 하는 특수 용도에 사용된다.

[표 5-15 AC모터]

종류	특 징
특 징	· 교류모터는 크게 단상식과 삼상식으로 구분 · 회전자의 유형에 따라 유도모터, 동기모터로 분류 · 일정한 주파수 전원으로 운전할 경우, 유도모터는 대체적으로 정속도를 유지하며, 동기모터는 완전한 정속도를 갖음 · 교류모터의 용량은 수십W의 소형에서 수백kW의 대형에 사용 · 선풍기, 세탁기, 냉장고, 펌프, 크레인 등 가정과 산업현장 사용
	· 구조가 간단하고 브러시나 정류자와 같은 기계 소모부가 없다 · 고속에서 순간 최대 토크를 출력할 수 있어 응답특성이 빠르다 · 무게당 토크가 크므로 소형 경량화 할 수 있다 · 직류모터에 비해 제어 방법이 복잡하다는 단점이 있다.
유도모터 induction motor	· 고정자 : 교류 공급(주파수에 비례 전류흐름 변화) · 회전자 : 고정자의 자장변화에 의해 전류 유도(전자유도 작용/회전자에서 역기전력발생) → 회전력 발생 · 고정자(stator)와 회전자(rotor)로 구성되어 있으며, 고정자 권선(winding)이 삼상인 것과 단상인 것이 있다. 삼상 고정자 권선에 교류가 흐를 때 발생하는 회전자기장(rotating magnetic field)에 의해서 회전자에 토크가 발생하여 모터가 회전하게 된다. 그러나 단상 고정자 권선에서는 교류가 흐르면 교번 자기장(alternating magnetic field)만이 발생되어 회전자에 기동토크가 발생하지 않아서 별도의 기동장치가 필요하게 된다. · 직류 모터가 정류기를 통하여 전원에 연결되는 것과는 달리 유도모터는 전원에 바로 연결된다. · 직류 모터가 Brush를 필요로 하는 것과 달리 대부분의 유도모터는 Brush가 필요 없다. · 세계에서 가장 많이 사용되는 모터. · 구조가 간단하고 튼튼하며 염가이고 취급이 용이하다. · 원래 정속도(constant speed) 모터이지만 가변속으로도 사용되고 있다. · slip이 있다.

종류	특　징
동기모터 **synchronous motor** 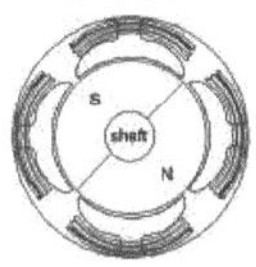	· 고정자 : 전류공급 · 회전자 : 영구자석 · 구동 시스템이 복잡하다 · 큰 힘을 낼 수 있다.(세탁기) · 방열특성이 좋다. · 수명이 길다(브러시와 정류자가 없음) · 고정자(stator)와 회전자(rotor)로 구성되어 있으며 고정자는 유도모터의 고정자 같으나, 회전자는 자극 (poles)과 여자 권선으로 되어있으며 이 권선에 brush 와 slip ring을 통하여 직류 전류를 공급하여 자극을 여자하게 된다. 즉 고정자 권선에는 흐르는 교류에 의하여 발생되는 회전 자기장 속에서 직류 전류에 의하여 여자된 회전자에 토크가 발생하여 회전하게 된다. · 전원주파수와 극수로 결정되는 속도로 완전 동기되어, 정확히 일정한 속도로 회전한다. · 부하의 증감으로 회전속도가 변화하지 않는다. (slip이 없다.) · 역률이 항상 1 이다. · 기동 토크가 작고 구조와 취급이 복잡하다. · 여자용 직류 전원이 필요. · convey belt용 모터, 소형 시계 또는 timing motor에 사용.

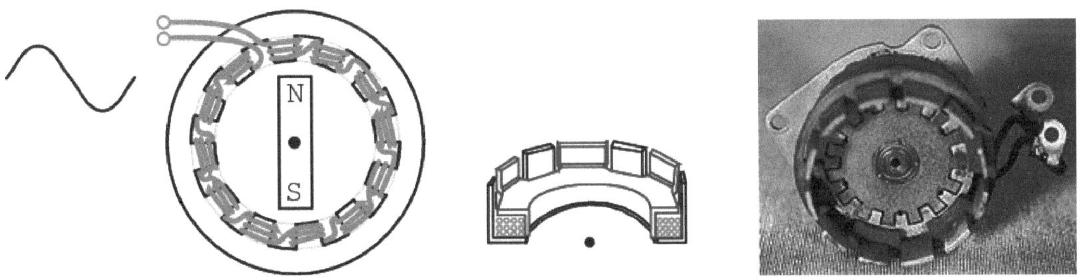

그림 5-62　1-권선 12-극성 동기모터

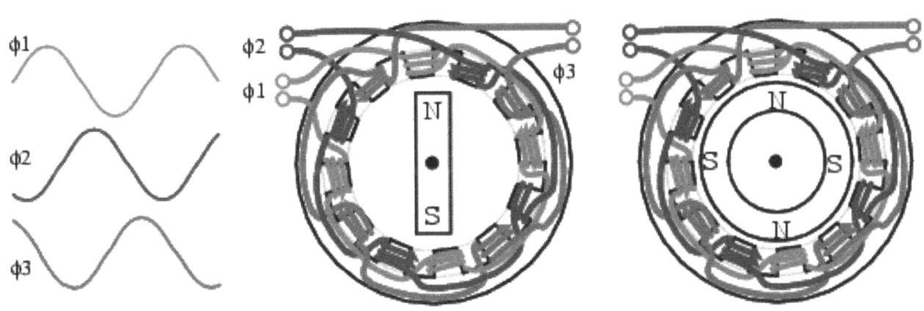

그림 5-63　3상-4극성 동기모터

동기모터의 영구자석형

- 동기모터의 영구자석형은 자기장을 생성하지 않기에 전력이 덜 필요하며 field-wound형보다 제작비가 싸다. switched reluctance 구조는 가장 간단하고 가장싸며, 고효율을 유지하는 일정한 동력범위가 넓음으로써 전기자동차 응용용으로 우수한 성능특성을 제공한다.
- 하이브리드차나 전기자동차에 탑재하는 구동용모터 외에 많은 차재모터가 있다. 차재모터의 대부분은 페라이트 자석을 사용한 DC브러시 모터이다. 최근탑재부위가 늘고 있는 파워트레인계 모터는 페라이트보다는 성능이 높은 네오짐계 소결을 채용하는 경향이다.

가솔린 자동차의 구동력은 엔진에서 나오지만 전기자동차는 모터에서 나온다. 예전에는 전기자동차용으로 직류모터를 많이 사용하였으나, 최근에는 교류모터나 브러시리스 모터 등을 사용하는 경향이 두드러진다. 시판 차량을 개조한 EV나 소형 EV에서는 DC 모터가 사용되지만, 주류는 AC 모터다.

제 6 장
전지

6-1 전지의 역할

6-2 전지의 역사

6-3 전기자동차 전지의 종류와 특성

6-4 니켈 카드뮴 전지(Ni/Cd전지)

6-5 니켈수소 전지(Ni-MH전지)

6-6 리튬이온 전지

6-7 리튬폴리모 전지

6-8 리튬공기 전지

6-9 전기자동차 전지의 충전방법

6-10 전기자동차 전지 개발동향

전기자동차의 구성에서 가장 핵심부품이며, 제조업체에서 관심을 쏟고 있는 분야는 전지 기술이다. 재충전이 가능한 2차 전지의 일종인 리튬이온 전지는 가장 효율적인 전지로 꼽히며, 글로벌 2차 전지 시장의 약 80%를 차지하고 있다. 전지는 전기자동차 부품 중에서 가장 무겁고 부피를 많이 차지한다. 이 때문에 전기자동차 업체들은 지금보다 전지의 무게, 부피를 줄이고 에너지 밀도를 높이는 등 성능을 향상시켜야 하는 것은 물론 주원료인 리튬 수급도 신경써야 한다는 과제를 갖고 있다.

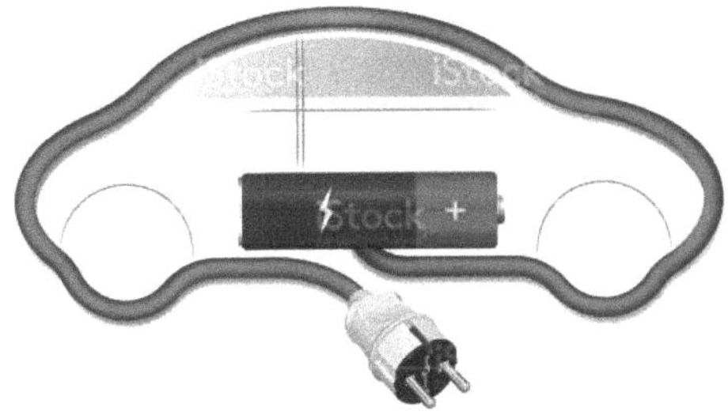

그림 6-1 2차 전지

최근 들어 전자, 통신, 컴퓨터 산업의 급속한 발전에 따라 가볍고 오래 사용할 수 있으며, 신뢰성이 높은 고성능의 소형 2차 전지 개발이 절실히 요청되고 있다. 또한 환경 및 에너지 문제의 해결 방안의 하나로 전기자동차의 실현과 심야 유휴전력의 효율적 활용을 위한 대형 2차 전지의 개발이 심각히 대두되고 있다.

2차 전지 중 Ni-Cd(Nickel-cadmium) 및 Ni-MH(Nickel-Metal Hydride) 전지는 메모리 효과와 유해한 Cd 사용 등으로 인해 점차 시장에서 입지가 좁아지고 있으며 휴대용 IT 기기에는 리튬이온 전지가 가장 큰 시장 점유율을 가질 것으로 예상되며, 리튬폴리머 전지는 Ni-MH 시장을 잠식하며 꾸준히 성장할 것이다.

리튬 2차 전지는 전해질 형태에 따라 유기용매 전해질을 사용하는 리튬금속전지 및 리튬이온 전지와 고체고분자 전해질을 사용하는 리튬폴리머 전지로 나눌 수 있다.

리튬금속 전지는 리튬금속을 음극으로 사용하는 것으로 싸이클 수명 및 안전성이 낮아 상용화에 어려움을 겪고 있으며, 이를 극복하기 위해 리튬금속 대신 카본을 음극으로 사용하는 리튬이온 전지가 개발되어 상용화되고 있다. 현재는 일본뿐만 아니라, 우리나라의 여러 전지 회사에서 양산을 하고 있으며 특히, 국내의 몇몇 기업에서 리튬이온 전지에 대한 대량생산 체제를 갖추고 세계시장에서의 점유율을 높이고 있다.

리튬폴리머 전지인 경우는 음극으로 리튬금속을 사용하는 경우와 카본을 사용하는 경우가 있어 카본음극을 사용하는 경우는 구별하여 리튬이온폴리머 전지로 표기하는 경우가 있으나, 대부분의 경우 편의상 리튬폴리머 전지로 통용하고 있다.

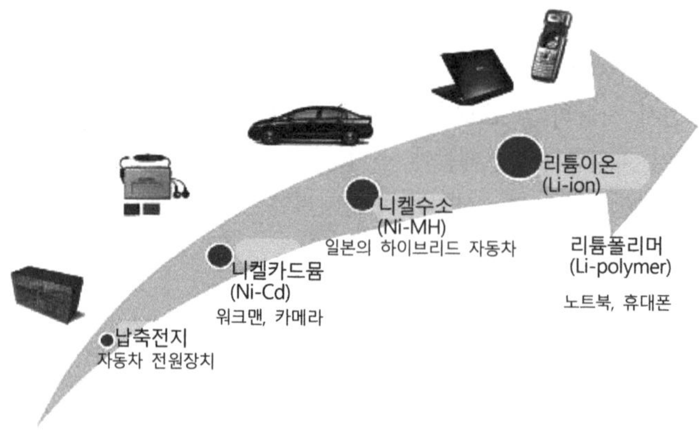

그림 6-2 2차 전지의 발전

리튬금속을 음극으로 사용하는 전지의 경우는 충방전이 진행됨에 따라 리튬금속의 부피변화가 일어나고 리튬금속표면에서 국부적으로 침상리튬의 석출이 일어나며 이는 전지 단락의 원인이 된다. 그러나 카본을 음극으로 사용하는 전지에서는 충·방전시 리튬 이온의 이동만 생길 뿐 전극활물질은 원형을 유지함으로써 전지수명 및 안전성이 향상된다.

전지의 발전동향

충 · 방전을 반복하면서 전기 에너지를 전달하는 2차 전지는 이동통신 단말기, 노트북 컴퓨터, PDA 등 휴대용 정보기기의 발달과 함께 빠르게 성장하고 있다. 여러 번 재사용이 가능한 2차 전지는 한 번의 방전을 통해 전기 에너지를 이용하게 되는 1차 전지에 비하여 환경보전, 자원 절약 등 다양한 면에서 잇점을 가지고 있다. 대표적인 2차 전지로는 니켈카드뮴 전지(Ni-Cd), 니켈수소 전지(Ni-MH), 리튬이온(Li-Ion) 2차 전지, 리튬이온 폴리머 전지 등이 있다.

2차 전지 시장의 대부분을 차지하고 있는 이들 전지는 구성 재료와 전기 화학적 특성이 서로 다르다. 전동공구 등에 주로 쓰이는 니켈카드뮴 전지는 1990년대 중반까지 2차 전지 시장을 주도하였다. 그러나 니켈카드뮴 전지는 음극재로 쓰이는 중금속인 카드뮴이 인체에 해롭고 환경오염을 일으킬 우려가 있으며, 에너지 밀도가 낮다는 단점 때문에 시장이 빠르게 위축되고 있다.

1990년대 초 등장한 니켈수소 전지는 높은 에너지 밀도와 저렴한 가격을 바탕으로 기존의 니켈카드뮴전지를 대체하면서 안정적인 시장을 형성하고 있다. 아직까지는 Ni-MH의 가격이 리튬이온 전지에 비해 싸고, 품질이 안정적이며, 기기에 따른 전압특성으로 인해 Ni-MH 를 계속 채용하는 경우가 있으나, 기기에 기능이 다양하게 추가되고 휴대용 기기의 개발이 활발

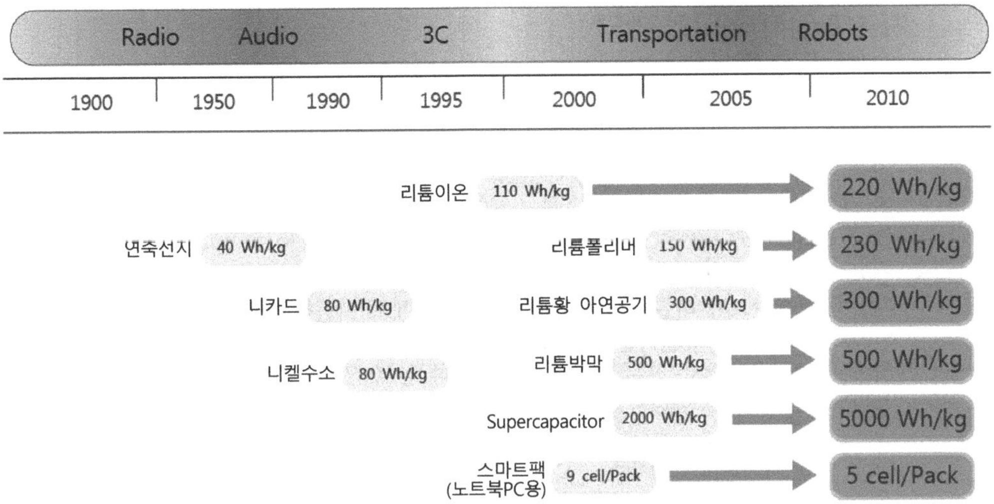

그림 6-3 전지의 발전전망

하여 짐에 따라 사이즈 대비 고 용량화의 필요성이 절실하여 리튬 이온계 2차 전지의 개발이 더욱 가속화되는 실정이다.

전지의 발전방향을 요약하면 리튬이온전지의 고용량화, 슬림화와 형상을 자유자재로 바꿀 수 있는 리튬이온 폴리머 전지의 성능 개선으로 요약할 수 있다. 더 나아가 차세대 전지로서 새로운 분야에 대한 연구개발이 활발히 진행 중이다 이에 대한 응용 기기로 현재는 휴대폰, 노트북 PC, 캠코더에 응용이 되고 있으나, 향후 고 출력전지로 설계하여 전기자전거, 전기자동차용으로 개발되어 떠오르는 시장에 대응하고 있다.

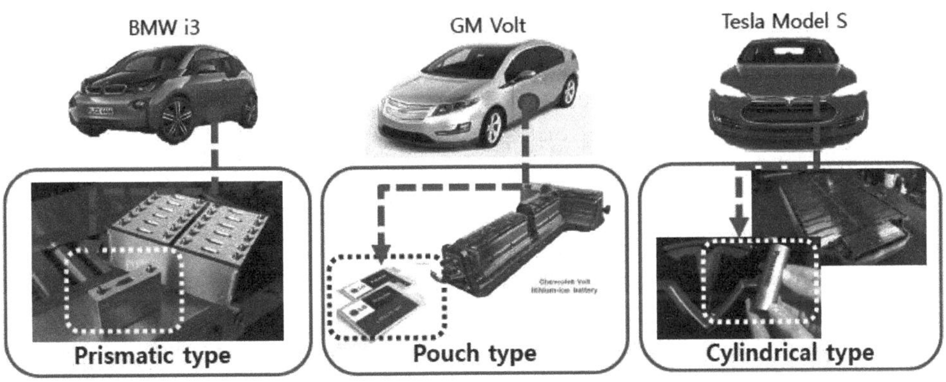

그림 6-4 3가지 타입의 전지 셀과 대표 전기자동차 모델

차세대 전지 시장의 개막

- 현재 리튬이온 전지 기술의 한계를 뛰어넘기 위한 노력이 계속되고 있다.
- 가장 대표적인 대상이 전고체 전지 기술이다. 전해질과 분리막 기반의 리튬이온 전지 기술의 가장 큰 문제점은 안전사고 발생 가능성이 있다는 것이다. 전지의 구성 형태 역시 제한될 수 밖에 없다.
- 전고체 전지는 지금의 리튬이온 전지 기술의 근간은 유지하되 전해질(액체)을 고체로 바꿔 단점을 극복하고자 하는 기술이다. 전해질을 고체로 사용하다 보니 전해질 유출로 인한 안전사고 발생위험이 줄어들게 된다. 분리막 역시 필요하지 않게 된다. 자연스럽게 부피가 작아질 수 있음은 물론 전지의 형태 역시 다양해 질 수 있다는 장점이 있다. 또한 전지 무게, 부피 감소로 차량의 에너지 효율성이 높아지게 된다.

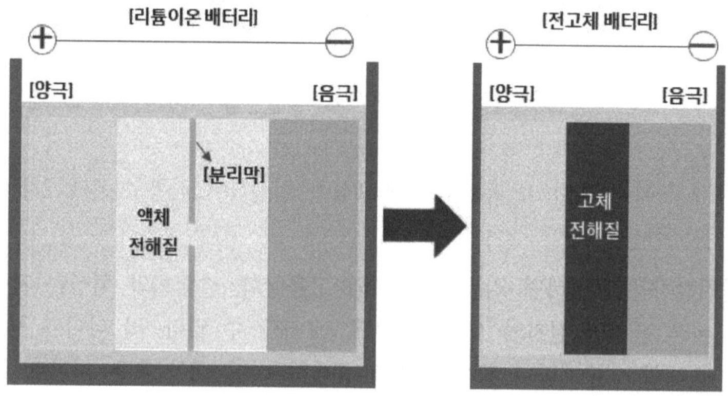

리튬공기 2차 전지

- 전기를 충전하는 2차 전지의 양극 물질로 쓰는 니켈 등 금속 산화물을 공기(산소)로 바꾼 차세대 전지.
- 음극에서 리튬이 산화·환원 반응하고, 양극인 공기극에서는 외부로부터 유입되는 산소의 산화·환원 반응이 일어나는 2차 전지
- 소재 특성상 현재 리튬이온 전지에 비해 에너지 밀도를 크게 높일 수 있어 차세대 전지로 큰 관심을 받고 있다.
- 이론적으로는 리튬이온 전지의 10배 이상이며, 상용화 시에도 약 5배에 이른다는 게 전문가들의 견해.
- 금속을 쓰지 않아 제작비가 싸고 무게도 가볍다. **상용화하면 한 번 충전으로 600 ㎞ 이상 달릴 수 있는 전기자동차 생산이 가능하다.**

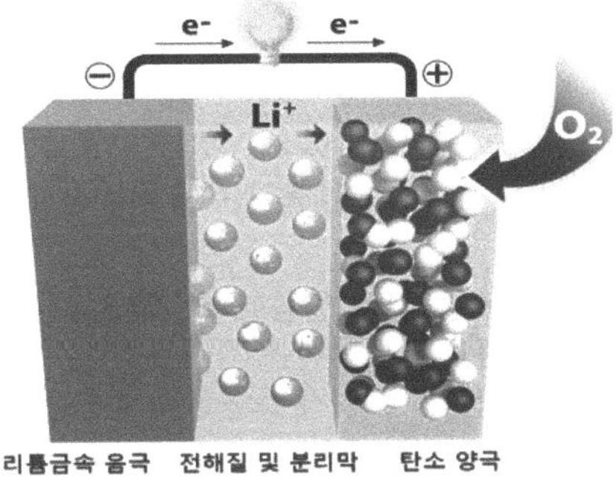

리튬공기전지 작동원리

- **리튬공기전지의 작동원리는** 음극의 리튬이 전자를 내놓으면 전류가 발생한다. 전자를 뺏긴 리튬이온(Li+)은 전해질을 거쳐 탄소(검은색) 양극으로 이동해 산소와 결합한다(흰색). 충전하면 리튬이온이 전자를 받고 다시 음극으로 돌아간다.

6-1 전지의 역할

전 세계의 자동차를 소유하고 있는 이들은 환경에 대한 관심의 증가와 교유가 때문에 자동차의 재구입시 하이브리드자동차, 전기자동차 등에 대한 구입의 유혹에 많은 관심을 보이고 있다. 전 세계 승용차와 트럭 99퍼센트가 휘발유로 움직인다. 기름 의존도를 낮추기 위해서는 전지 또는 전기자동차 등 대체 교통수단으로 전환하는 것이 필수적이다.

미래의 전기자동차 전지는 그 가격을 낮추고 에너지 축전용량 및 사용가능기간을 연장시키는 것이 필요하다. 축전용량의 경우 리튬이온 전지, 리튬폴리머 전지, 공기 아연 전지를 통해 증가된 용량을 확보할 수 있을 것이다.

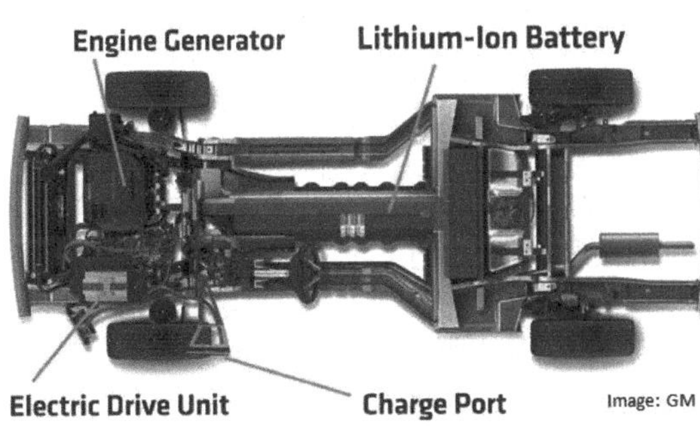

그림 6-5 전기자동차의 구조

원통형 전지의 귀환

- 원통형 리튬이온 전지가 테슬라 전기자동차 '모델3' 신드롬 후광효과에 다시 주목받고 있다. 그동안 전기자동차시장에서 파우치형 리튬이온 폴리머 전지에 자리를 뺏겼지만 부활을 기대하고 있다.
- 전기자동차에 들어가는 전지는 크게 원통형과 각형, 파우치형으로 구분된다. 일반적으로 원통형과 각형으로 제조되는 건 리튬이온 전지다. 파우치형은 리튬이온 폴리머 전지다. 폴리머는 리튬이온보다 안정성과 에너지 효율성이 높은 것으로 알려져 있다.

차량배터리 종류

	파우치형	각형	원통형
배터리 제조사	LG화학, AESC, SK이노베이션	삼성SDI, 파나소닉, 도시바 등	LG화학, 삼성SDI, 파나소닉 등 대부분 배터리 업체
자동차 메이커	현대기아차, GM, 포드, 르노, 폭스바겐, 볼보, 닛산, 아우디, 다임러 등	BMW, 도요타, 혼다 등	테슬라

- 테슬라 전기자동차시리즈에 적용되는 전지는 파나소닉에서 제조하는 원통형이 들어간다. 2008년 처음 양산한 로드스터 모델부터 고급 세단인 모델S, 이번 모델3까지 신차를 선보일 때마다 줄곧 파나소닉 원통형 전지를 적용하고 있다.
- 이번 모델3에 적용된 원통형에 관심이 커진 이유 중 하나는 1회 완전 충전 때의 최대 주행거리를 기존 전기자동차의 두 배 수준인 354 ㎞까지 늘렸다는 점이다. 또 예약주문 물량이 개시 1주일 만에 32만5000대를 넘어선 상황에서 그대로 판매가 될 경우 원통형 전지의 수요가 매우 크게 발생하게 된다. 전기자동차시장에서 원통형 전지가 대세가 될 수 있다는 얘기다. 모델3에는 원통형 리튬이온 약 7000개를 이어 붙인 전지가 장착돼 있다.
- 원통형 리튬이온 전지 자체가 새로운 건 아니다. 과거 두꺼운 노트북의 전지 팩이나 태블릿 PC에 주로 사용됐던 전지다. 1991년 일본 소니에 의해 상용화됐다. '18650' 등으로 이미 규격화돼 있기 때문에 어느 전지 회사의 전지를 사용하더라도 규격에 맞출 수 있다.
- 원통형 전지는 이미 규격화되고 손쉽게 구할 수 있다는 장점이 있다. 그러나 구조적으로 물리적 압력에 견디는 힘이 다른 전지보다 약하다는 평가를 받고 있다.
- 원통형 전지는 경량화가 어렵고 냉각 방식의 한계로 열에 의한 성능 저하가 빨라 수명이 짧은 단점이 있는 것으로 평가받고 있다. 반면 파우치형은 무게가 가볍고 표면적이 넓어 열 발산이 용이해 냉각 방식이 편리하고 수명이 길다는 게 장점이다.
- 전지 업계는 향후 전기자동차용 전지 방식은 디자인이나 마케팅 전략에 따라 당분간 경쟁이 계속될 것으로 예상했다.

6-1-1 전지의 역할

전기자동차가 실질적인 성공을 거두려면 전지기술이 발전해야 한다. 안전, 충전 시간, 전력 전달, 극한 온도에서의 성능, 환경 친화성, 수명이 오늘날 전기자동차에 이용할 수 있는 충전식 전지 기술의 문제이다.

전기자동차는 리튬이온 전지, 리튬폴리머 이온 전지를 제품에 채용하는 추세이다. 예를 들어, 도요타 자동차의 프리우스, 캠리, 하이랜더는 밀폐형 Ni-MH 전지 팩을 사용하여 전기모터에 전기를 공급하였으나 리튬이온 전지와 비교할 때 Ni-MH의 전력 수준이 낮고 자가방전율이 높다. 보관 수명이 3년에 불과한 Ni-MH는 EV에 적합하지 않다.

기존 리튬이온 전지는 특정한 높은 에너지를 제공하고 무게가 가볍다. 그러나 높은 가격, 극한 온도의 불용, 안전(리튬이온 전지의 가장 큰 장애 요인임) 때문에 이 전지는 적합하지 않다.

도요타는 안전에 대한 염려 때문에 리튬이온 전지를 장착한 신형 장거리 주행 하이브리드의 출시를 연기 한 경험이 있다. 기존 리튬이온 전지는 수명이 3~5년이고 충전 주기는 1,000사이클이다. 다른 문제는 적절한 전지 수명 범위를 보장할 수 있는 리튬이온 전지의 크기이다. 랩톱이나 휴대폰의 경우 사용하는 동안 전원연결이 가능하기에 매체를 통하여 선전한 작동 시간보다 짧아도 용인되지만 자동차에는 이러한 장치가 없다.

그림 6-6 Li-ion Battery

[표 6-1 전지의 특징]

종류	특 징	사용 예
Ni-MH 전지 (니켈메탈하이드라이드)	· 전력 수준이 낮다 · 자가 방전율이 높다. · 보관 수명이 3년에 불과하다 · 메모리 효과 갖음	· 도요타 프리우스, 캠리, 하이랜더
리튬이온 전지	· 특정한 높은 에너지를 제공 · 무게가 가볍다.	· GM 볼트 · 현대기아차, 지엠, 포드, 장안기차
	· 높은 가격 · 극한 온도의 불용 · 안전에 문제 있음(가장 큰 장애 요인)	

메모리 효과란?

- 2차 전지로 흔히 사용되는 것이 니카드전지이다. Ni-Cd(니카드=니켈카드뮴), Ni-MH(니켈메탈하이드라이드)전지 등은 공통적으로 니켈이 포함된다.
- 이러한 전지는 메모리 효과를 가진다. 리튬이온 전지는 리튬산화물질로 + 극을 만들고, 탄소로 - 극을 만든다. 휴대폰을 사용하기 시작하면 + 극의 리튬이온이 중간의 물질을 지나서 - 극의 탄소격자 속으로 들어간다. 이때, 극판에 손실이 거의 없기 때문에 장수명 특성을 가진다.

□ **메모리 효과란?**

- 니켈로 만든 전지에서는 활물질로 사용된 NiOH에서 OH가 떨어졌다 붙었다 하면서 전하를 전달하는 현상이 바로 충전과 방전이라는 전기적 흐름으로 나타난다.
- 여기서 shallow charge-discharge를 반복을 하면, 즉 조금 사용하고 다시 충전하고, 조금 쓰고 또 충전하고 하면 NiOH는 고용체를 형성하게 되는데 이 고용체의 형성은 비가역적인 반응이므로 한번 고용체가 생성이 되면 다시는 되돌아가지 못하게 되어 남아있는 용량을 사용하지 못하게 된다. 이와같이 전지가 마치 사용할 수 있는 용량의 한계를 기억하는 것과 같은 이러한 현상을 메모리효과라고 한다.

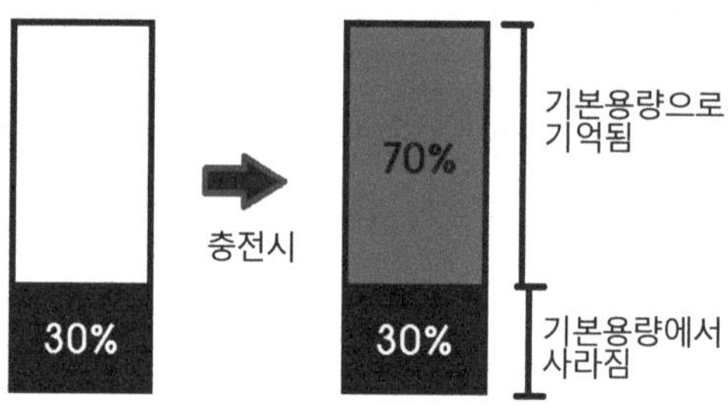

메모리 효과(memory effect)

- 따라서 Ni(니켈)을 포함하고 있는 전지는 완전충전(100%충전)하였다가 완전방전 될 때까지 사용하는 것을 반복하는 것이 가장 좋은 사용방법이다.
- 그러나 리튬이온 전지는 메모리 현상이 없으므로 사용자가 임의대로, 주변환경에 따라 수시로 충전하여 사용하여도 거의 수명에 영향을 미치지 않는다. 오히려 조금 쓰고 충전하고 조금 쓰고 또 충전하고 하면 Ni-계 전지와는 정반대로 수명이 길어지는 효과가 있다.
- 이러한 이유 때문에 리튬이온 전지가 Ni-계 전지보다 훨씬 비싼데도 수요가 늘어나고 사용자가 찾게 되는 것이다.

6-1-2 전지가 갖춰야 할 조건

전지가 터무니없는 가격대를 형성하고 있다면 정부의 보조금이 나온다고 할지라도 쉽게 구할 수 없는 상황에 처하게 된다. 특히 전지는 수시로 교환해 주어야 하는 소모성 부품으로 가격이 비쌀 경우 그 부담감은 소비자들에게 무척 큰 짐으로 전락할 수 밖에 없다. 따라서 전지가 갖춰야 할 조건은 다음과 같다.

첫째, 자동차 자체의 보조금은 물론 전지에 대한 보조금 또는 기술적 발전을 통한 생산성, 효율성 향상으로 전지 자체의 가격을 낮추는 것이 시급하다.

둘째, 안전성이다. 손안에 들어오는 작은 전지 폭발로 크고 작은 사건 사고가 발생하는 것을 볼 수 있었다. 그런데 그 보다 수십, 수백배 큰 자동차 전지가 폭발하는 사고가 발생한다고 했을 때 그 피해는 엄청날 것으로 예상된다. 또한, 교통사고 발생 시 충격으로 인한 전지 폭발 등이 발생하지 않도록 하기 위해 단단한 내구성과 충격 흡수율을 높이기 위한 방안 등을 마련해야 한다.

셋째, 수명이다. 차량을 교체하는 시기가 각기 다르겠지만 5~10년 정도 사용한다고 봤을 때 그 전지 수명 역시 이와 비슷하거나 그 이상의 수명을 지니고 있어야 한다. 이는 가격과도 밀접한 연관이 있다. 전지 수명이 짧다고 하더라도 그 전지 교환비용이 적절한 가격에 책정된다면 사실 수명은 기준 이상만 유지해주면 된다.

넷째, 마지막으로 집적화이다. 무게나 부피 등을 줄일 수 있는 기술력이 필요하다. 전지가 크고 무거울 경우 결국 전지 효율대비 사용시간은 턱없이 줄어들 수밖에 없다. 따라서 집적화된 기술력을 바탕으로 작고 가벼운 하지만 반비례하여 파워, 수명은 긴 전지를 완성해야 한다.

기타, 그외에도 '전지 충전 시간', '충전을 위한 인프라 구축' 등 갖춰져야 할 부분이 많다. 이러한 점들만 보더라도 전지와 관련한 문제가 해결되는 시점이 바로 전기자동차의 대중화로 이어지는 시점일 것이다.

기존 리튬이온 전지의 충전 시에 리튬 원자(분해된 리튬 이온)는 양극 안쪽에 쌓이고 방전 시 떨어진다. 리튬 이온이 양극에 붙거나 떨어질 때 양극의 흑연판이 이동하고 변형되어 흑연판이 10퍼센트 이상 분리되고 리튬 이온 크기를 수용한다. 방전 시에는 이러한 과정이 반대로 진행된다.

전지 전 수명에 걸쳐 이러한 반복적 이동 및 변형은 흑연판을 피로하게 하고 흑연 구조의 균열을 일으킨다. 이러한 균열 때문에 입자 간 전기 접촉이 상실되고 따라서 전지의 기능, 용량, 수명이 떨어진다.

흑연 대신에 나노 크기의 리튬 티타늄 산화물을 사용할 경우 리튬 티타늄 산화물은 "변형이 0"인 재료이다. 따라서 이 재료는 리튬 이온이 입자로 들어가고 나올 때 모양이 변형되지 않는다. 리튬 티타늄 산화물 재료는 3차원 결정 구조이다. 이 구조에는 크기가 원자와 거의 같아 리튬 이온이 들어갈 수 있는 장소가 있다. 따라서 충전과 방전 과정에서 응력이나 변형이 일어나지 않는다. 그러므로 흑연과 같은 재료를 파괴하는 입자 피로가 없기 때문에 기존 리튬이온 전지보다 자주 이 전지를 충전하고 방전할 수 있다. 기존 리튬이온 전지는 수명이 다할 때까지 약 1,000번 충전할 수 있으며 리튬 티타늄 산화물 재료를 사용하는 전지는 2만 5,000번 이상 충전과 방전을 할 수 있다.

6-1-3 전지의 구성요소

전지에는 산화제인 양극 활물질과 환원제인 음극 활물질, 양 활물질간에 있어 이온 전도에 의해 산화반응과 환원반응을 중개하는 전해액, 양극과 음극이 직접 접촉하는 것을 방지하는 격리판이 필요하다. 또한 이것들을 넣는 용기(전지캔), 전지를 안전하게 작동시키기 위한 안전밸브나 안전장치 등이 필요하다.

고성능 전지란 다음과 같은 조건을 갖추어야 한다.

① 고전압

② 고용량

③ 고출력

④ 긴 사이클 수명

⑤ 적은 자기방전

⑥ 넓은 사용온도

⑦ 안전하고 높은 신뢰성

⑧ 쉬운 사용법

⑨ 낮은 가격 등이 요구된다.

이와 같은 것을 모두 만족시키는 이상적인 전지를 얻기는 어려우므로 가능한 이와 같은 조건을 만족시키는 용도에 따라 특징이 있는 전지가 제조되고 있다. 고성능 전지를 위해서는 그 구성요소가 우수한 특성을 나타내야 한다.

(1) 양극, 음극 활물질

에너지 밀도가 큰 전지를 만들기 위해서는 기전력(electro motive force: EMF)이 크고 용량이 큰 활물질을 사용한다.

전지의 음극 활물질에는 아연이나 카드뮴, 납이 이용되어 왔지만 최근 개발되어 하이테크 전지로서 각광을 받고 있는 리튬 전지나 Ni-MH 전지는 리튬 또는 그것과 같은 정도의 환원력을 가진 리튬을 삽입한 탄소재료나 수소흡장 합금에 흡장시킨 수소가 음극 활물질로서 이용되고 있다. 리튬은 가장 환원력이 강한 재료이고 전기화학당량도 적어 음극재료로서는 가장 우수한 재료라고 할 수 있다. 리튬을 음극에 이용하는 전지는 리튬의 극히 강한 환원력을 이용하고 있기 때문에 이것과 조합시키는 재료는 상당히 다양성이 풍부하다. 따라서 리튬 전지는 다양성이 대단히 크고 그 진보도 급속하다. 개발 중인 2차 전지에서는 금속 나트륨이나 아연 등의 금속과 더불어 철이나 바나듐 등의 산화환원계가 검토되고 있다.

2차 전지의 양극에는 수용액계에서는 납, 니켈, 은 등과 같은 산화물이나 수산화물이 이용되고 있다. 또한 산화수은도 우수한 양극 활물질로서 소형전지에 이용 되어 왔지만 환경면에서 현재는 이용되고 있지 않다. 리튬2차 전지에서는 비수용액이 이용되므로 망간이나 니켈, 코발트 등과 같은 산화물이 이용되고 있다. 그리고 또 바나듐 산화물이나 금속유화물 등도 검토되고 있다.

2차 전지는 몇 번이고 충방전을 반복할 수 있는 것이 요망된다. 이를 위해서는 충전하면 원래의 활물질 상태로 흔적을 남기지 않고 되돌릴 필요가 있다. 리튬이온 전지에는 음극에는 탄소재료가, 양극에는 코발트산 리튬 등이 이용되고 있다. 이 전지는 방전상태로 제조된 후, 양극에서 리튬 이온을 빼고 음극의 탄소내에 리튬을 삽입하는 충전과정이 있다. 이 전지의 충방전에서는 양극, 음극의 반응은 모두 리튬의 삽입 탈피라고 하는 토포케미컬(Topochemical) 반응이 된다. 토포케미컬 반응이 진행할 때 호스트 재료의 구조 변화가 완전히 가역이면 사이클 수명이 긴 전지가 된다.

리튬이온 전지에는 가역성이 높은 토포케미컬 반응을 하는 재료가 선택되고 있다. Ni-MH 전지의 경우에도 충방전에 수소가 양극과 음극간에서 왕래하는 반응이 진행한다. 최근에 개발된 리튬이온 전지와 Ni-MH전지가 함께 토포케미컬 반응을 이용하고 있는 것은 흥미 있는 일이다. 이것과 연축전지를 비교해 보자. 연축전지에서는 다음과 같이 반응이 진행한다.

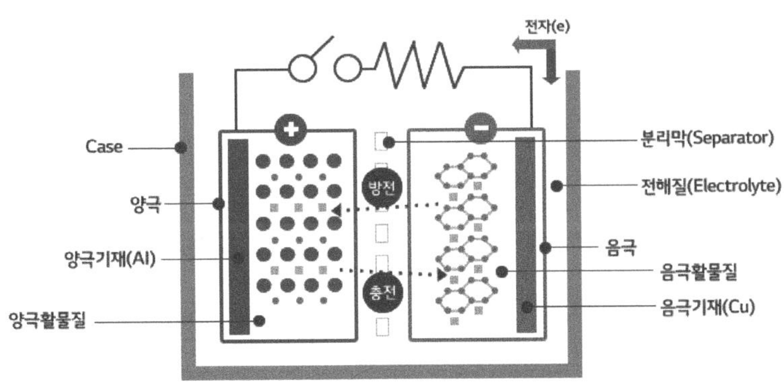

그림 6-7 전지의 구성

• $PbO_2 + 2H_2SO_4 + Pb = PbSO_4 + 2H_2O + PbSO_4$

이와 같이 음극 활물질 Pb와 양극 활물질 PbO_2 이외에 유산과 물이 반응에 관여한다. 엄밀하게 말하면 유산과 물도 활물질이며 이것들은 전해질 용액으로서 존재한다. 전지반응이 진행하면 그것들의 농도가 변화한다. 따라서 일정량 이상의 전해액이 필요해진다. 한편, 리튬전지나 Ni-MH 전지에는 전해질의 양이 극히 적어도 되게 된다.

축전지 구성

□ **전극(부극과 정극)활물질**

- 음극(Negative Electrode) : 전자와 양이온이 빠져나오는 전극
- 양극(Positive Electrode) : 전자와 양이온이 들어가는 전극

□ **전해질**

- 양극과 음극사이에서 이온이 자유롭게 이동할 수 있는 통로 역할을 함

□ **분리막**

- 양극과 음극사이의 물리적으로 야기되는 전지 접촉을 방지하며, 이온의 이동은 자유롭다.

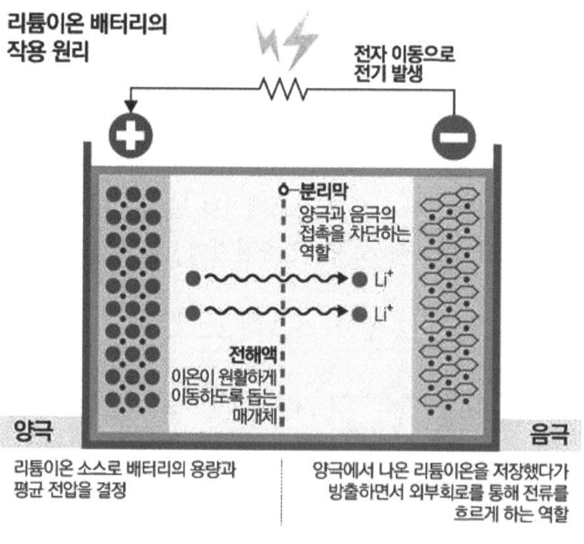

(2) 전해액

이온 전도성 재료는 전지 내에서 전기화학 반응이 진행하는 장을 제공하는 한 쪽의 주역으로서 불가결한 구성요소이다. 그러나 전술한 연축전지의 경우와 같이 기전반응에 관여하는 물질이 공존하는 경우를 제외하고 원리적으로는 그 양은 적어도 된다. 이 이온 전도체는 유산수용액이나 알칼리수용액, 리튬 전지에 사용되는 비수전해액 등과 같이 용액이 이용되는 일이 많지만 폴리머 전해질이나 무기고체 전해질, 이온 전도성 글라스 등도 검토되고 있다.

전해액은 이온 전도성이 높을 것이 요구되는 외에 충전시라고 해도 양극이나 음극과 반응하지 않을 것, 전지 작동범위에서 산화환원을 받지 않을 것, 열적으로 안정될 것, 독성이 낮으며 환경 친화적일 것, 염가일 것 등이 요구된다. 전지의 활물질은 분말로 만들어져 전해액에 점결제나 도전조제를 혼합해서 합제하여 이것을 집전체에 도포, 전지의 전극이 된다. 이 합제전극이 효율적으로 기능하기 위해서는 합제내의 이온 전도성이 높아야 한다.

(3) 격리판

전지의 기전물질은 산화제와 환원제이다. 이것들이 직접 접촉되면 자기방전을 일으킬 뿐만이 아니라 반응이 급격히 진행되어 위험하다. 격리판은 양극과 음극사이에 있어 양사의 접촉을 방지하고 있다. 물론 격리판도 이온 전도성을 나타내지 않으면 안된다. 따라서 다공성 재료를 이용하여 그 구멍 속에 전해액이 침투하여 이온 전도성을 발현시킨다. 높은 이온 전도성을 나타내는 동시에 양극과 음극의 접촉을 방지하도록 다공재료가 연구되고 있다. 그리고 산화제인 양극과 환원제인 음극에 직접 접촉되므로 화학적으로 안정되어야 하는 것이 중요하다. 2차 전지의 격리판 재료로서 현재 연축전지에는 글라스 매트 등이, 알칼리 2차 전지나 리튬 전지에는 폴리머의 부직포나 다공성막이 이용되고 있다.

최근의 전지에 있어서는 그 전압이 높고 에너지 밀도가 높기 때문에 폭주하면 위험하다. 예를 들면 리튬이온 전지는 이상반응이 일어나기 시작하여 전지온도가상승하면 다공막이 반응되고 구멍이 막혀 그 이상의 반응이 진행하지 않게 되어 있다. 이와 같이 하이테크 전지에는 격리판이 극히 중요한 재료로 되어 있다.

6-1-4 전지의 분류

그림 6-8 전지의 종류

[표 6-2 원리별 분류]

구분	종류	특징
물리 전지	태양전지	• 반도체의 p-n접합을 이용하여 광전효과에 의해 태양광에너지를 직접 전기 에너지로 변환하는 장치
	열기전력전지	• 반도체의 p-n접합을 이용하여 열에너지를 직접 전기 에너지로 변환하는 장치
	원사력전지	• 방사성 동위원소의 에너지를 진기 에니지로 변환
화학 전지	1차 전지	• 화학 에너지를 전기 에너지로 변환시키는 전지로서, 화학변화 과정이 비가역적이거나 가역적이라도 충전이 용이하지 않음
	2차 전지	• 화학 에너지와 전기 에너지간의 상호변환이 가역적이어서 충전과 방전을 반복할 수 있는 전지
	연료전지	• 연료(천연GAS, 메탄올, 석탄)의 화학 에너지를 전기 에너지로 직접 변환하는 화학발전 장치로서, 외부에서 반응물이 연속 공급되어 발전이 가능한 전지

6-2 전지의 역사

정보시대가 개막되는 데 결정적인 역할을 하고 있는 것이 바로 전지다. 장난감에서부터 첨단 제품에 이르기 까지 모든 휴대형 전자제품에는 전지가 필요하다. 하지만 전지는 사용시간에 한계가 있다.

휴대폰이나 노트북 PC, 휴대형 카세트 등 휴대형 제품을 사용하다가 전지가 떨어져 낭패를 보거나 사용을 중지하고 가방 속에 집어넣어야만 했던 경험이 누구에게나 한번쯤은 있을 것이다. 그렇다고 전지를 항상 휴대하면서 쓸 수도 없는 일이다. 휴대하기 편하도록 가볍고 부피도 작으면서 오래 사용할 수 있는 전지를 개발하기 위한 노력이 끊임없이 이어지고 있는 것은 바로 이런 이유에서다 전지의 역사는 상당히 길다.

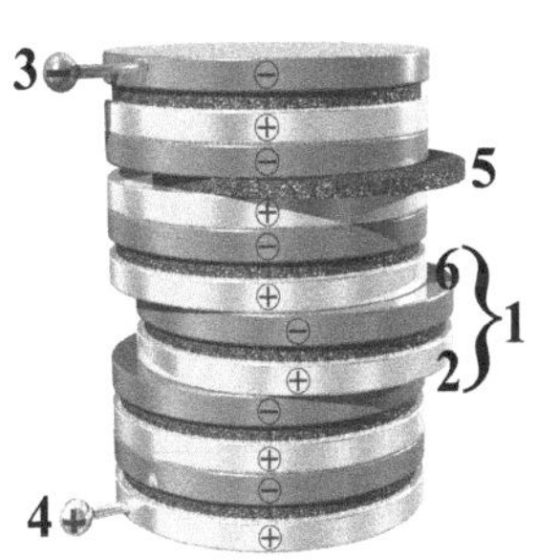

그림 6-9 볼타의 voltaic pile

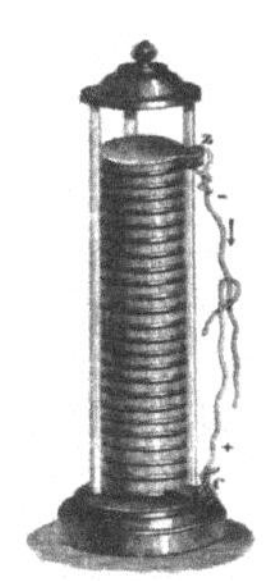

볼타전지

그림 6-10 전지개발의 역사

[표 6-3 전지의 역사]

년도	특 징
1789	개구리 다리로 부터 전지현상 발견 (Galbani(Italy))
1800	구리-아연 전지 발명 (Cu/H_2SO_4/Zn,Volta(Italy))
1859	연축전지 발명(PbO_2/H_2SO_4/Pb,Plante'(France))
1867	망간 건전지의 원형 발명(MnO_2/$NH_4ClZnCl_2$/Zn,Lechlanche (France))
1880	Faure',paste식 극판에 의한 연축전지 제조법 특허, 연축전지 산업생산 개시
1888	망간 건전지 발명 (Gassener(Germany), 헤레센스(Denmark))
1899	니켈-카드뮴 전지 발명 (NiOOH/KOH/Cd,Jungner(Sweden))
1899	니켈-아연 전지 발명 (NiOOH/KOH/Zn)
1901	니켈-철 전지 발명 (NiOOH/KOH/Fe,Edison(USA))
1909	알카리 망간전지 발명(MnO_2/KOH/Zn)
1917	아연공기 축전지 발명(O_2 in Air/KOH/Zn)
1942	수은전지 발명(HgO/KOH/Zn)
1947	밀폐형 니켈-카드뮴 전지 발명
1949	알카리 망간전지 실용화
1962	밀폐형 수소전지 발명

1970	리튬 1차 전지 실용화
1970	미국 GM Delco 칼슘 MF 연축전지 개발
1973	이산화망간-리튬 1차 전지 실용화($MnO_2/LiClO_4$/Li)
1981	리튬 이온 2차 전지 발명
1991	리튬 이온 2차 전지 실용화, 생산게시(일본 SONY사)
1990	밀폐형 니켈-수소전지 실용화(NiOOH/KOH/MH)
1990	전기자동차용 전지 본격 개발착수
1995	수은전지 생산중지.
2002	LIPB, ALB, Smart Battery, Li-Polymer, 초박형 리튬이온전지(파워셀) 개발
2004	리튬이온전지(인산철 이용) 개발

6-3 전기자동차 전지의 종류와 특성

가솔린 자동차의 핵심 기술에 해당되는 엔진 기술과 함께 전지 기술은 전기자동차의 핵심 기술이라 할 수 있으며, 전기자동차의 특성으로는 가솔린 자동차에 비해 유해가스가 나오지 않고, 소음이 적으며, 운전이 용이하고, 구조가 간단하여 고장률이 적으며, 운전 경비가 적게 드는 장점이 있다. 그러나 현재 탑재되고 있는 전지는 무겁고, 1충전 거리가 짧으며, 최고 속도와 가속력이 적은 결점이 있다.

따라서 전기자동차 전원으로서 갖추어야 할 전지의 조건으로는 가볍고, 에너지 밀도(Wh/kg) 및 출력 밀도(W/kg)가 커야 한다. 재래형 전지를 전기자동차용 전원으로 사용하기에는 성능이 상당히 떨어지기 때문에 우수한 성능의 신형 전지를 개발하기 위해 선진 각국에서는 이의 연구개발에 적극적으로 나서고 있다.

전기자동차가 실용화되기 위한 전제로는 전지 가격이 저렴하여야 하므로 우선 주재료인 전극 재료가 자원적으로 풍부해야 하고, 폐전지로부터 금속의 회전 및 리사이클이 용이해야 하며, 경제성이 좋아야 한다. 아래의 표는 현재 전기자동차용으로 사용되는 주요 전지의 제특성을 나타낸 것이다. 재래형 전지로는 현재 널리 사용되고 있는 납축전지, Ni/Cd 전지 등이 있고, 신형 전지는 다양하다.

그림 6-11 2차 전지의 종류

[표 6-4 리튬계 전지의 종류와 특징]

전지종류	리튬이온 전지	리튬폴리머 전지	리튬금속폴리머 전지
음 극	탄소	탄소	리튬
전해질	액체전해질	고분자 전해질	고분자 전해질
양 극	금속산화물	금속산화물	금속산화물
	$LiCoO_2$, $LiNiO_2$, $LiMn_2O_4$	$LiCoO_2$, $LiNiO_2$, $LiMn_2O_4$	유기설퍼, 전도성고분자
평균전압	3.7 V	3.7 V	2.0~3.6 V
에너지밀도	high	high	very high
저온특성	excellent	good	poor
안정성	poor	medium	good

[표 6-5 2차 전지의 특징]

특성	Ni/Cd 전지	Ni/MH 전지	Li-Ion 전지	Li-Ion Polymer전지
양극활물질	NiOOH	NiOOH	$LiMO_2$	$LiMO_2$
음극활물질	Cd	MH	Carbon	Carbon
전해액	KOH/H_2O	KOH/H_2O	LiX/유기용매	LiX/고분자전해질
평균전압(V)	1.2	1.2	3.7	3.7
에너지밀도(Wh/L)	160	240	300~350	250~300
수명(회)	1000	1000	1200	1000
자기방전율(%/월)		20~25	〈10	〈〈10
환경친화도	Bad	Bad	Good	Good
저온특성	Good	Good	Good	Bad

[표 6-6 전지별 특징]

구분	종류	특징
1차 전지	망간전지	· 1868년 프랑스 르클랑셰에 의해 발명된 역사가 오래된 전지로서, 고부하, 고용량화용에 적합한 전지
		· 정극재료 : 이산화망간 · 부극재료 : 아연 · 전해액 : 물 · 전해질 : 염화암모늄, 염화아연 · 격리판 : 크라프트지
	알카리 망간전지	· 전지용량이 크고 내부저항이 적어서 부하가 큰 장시간 사용에 적합한 전지이며, 원통형과 코인형으로 분류
		· 정극재료 : 이산화망간 · 부극재료 : 아연 · 전해액 : 수산화칼륨 수용액 · 전해질 : 수산화칼륨, 수산화나트륨 · 격리판 : 부직포(폴리오레핀, 폴리아미드계)
	리튬 1차 전지	· 리튬1차 전지는 60년대들어 미국의 NASA에서 우주개발용 전원으로 연구개발된 고에너지 밀도의 전지로서, 오늘날 본격적으로 실용화가 되고 있는 것은 플루오르화 흑연·리튬전지와 이산화망간·리튬전지
		· 정극재료 : 플루오르화 흑연, 이산화망간에 탄소 결착 · 부극재료 : 리튬 · 전해액 : r-부칠락톤, 1, 2디메톡시 에탄의 혼합 유기용매에 보론플루오로와 리튬의 전해질을 용해시킨 액체 · 격리판 : 폴리프로필렌, 올레핀계 부직포

구분	종류	특징
1차 전지	납축전지	· 1859년에 발명된 전지로서, 대부분의 자동차 기초전원으로 이용되고 있으며, 싼값으로 제조가능하고 넓은 온도조건에서 고출력을 낼 수 있다. 납축전지는 안정된 성능을 발휘하나 비교적 무겁고 에너지 저장밀도가 높지 않다.
		· 정극재료 : PbO_2 · 부극재료 : Pb · 전해질 : H_2SO_4(수용액) · $PbO_2 + 2H_2SO_4 + Pb \rightleftarrows PbSO_4 + 2H_2O + PbSO_4$
	니켈 카드뮴전지	· 납축전지와 가장 큰 차이점은 전해질 황산 대신 알카리수용액 사용 · 1899년에 발명되고 1960년대에 밀폐형 니켈카드뮴전지 양산기술이 확립되어, 철도차량용, 비행기 엔진 시동용등을 비롯하여 고출력이 요구되는 산업 및 군사용으로 널리 이용 · 밀폐형의 경우에는 전동공구 및 휴대용 전자기기의 전원으로 사용 · **메모리 효과(memory effect)와 유해한 카드뮴 사용**으로 인해 점차 사용을 기피하고 있는 추세
		· 정극재료 : NiooH · 부극재료 : Cd · 전해질 : KOH(수용액) · $2Ni(OH)_2 + Cd(OH)_2 \leftrightarrow 2NiOOH + Cd + 2H_2O$
2차 전지	니켈 수소전지	· '90년에 실용화하여 '92년에 대량 생산이 개시된 2차 전지 · 니켈-카드뮴전지에 비하여 에너지밀도가 크고 **공해물질이 없어서** 무공해 소형 고성능전지 · 전기자동차용 등의 무공해 대형 고성능전지로 개발이 가능한 새로운 2차 전지로서 주목을 받고 있다. · 니켈카드뮴전지와 동작전압이 같고 구조적으로도 비슷하지만 부극에 수소 흡장합금을 채용하고 있어, 에너지밀도가 높다. · 단점은 **메모리효과(memory effect)가 약간 있다.**
		· 정극재료 : NiooH · 부극재료 : MH · 전해질 : KOH(수용액) · $MH(s) + N_iOOH(s) \rightarrow M + N_i(OH)_2(s)$
	리튬이온 전지	· 전압은 3.6V로 휴대폰, PCS, 캠코더, 디지털 카메라, 노트북, MD 등에 사용 · 양산 전지중 성능이 가장 우수하며 가볍다. · 일본 소니사가 가장 앞선 기술을 보유하고 있으며 가장 먼저 양산 · 리튬이온 전지는 **폭발 위험**이 있기 때문에 일반 소비자들은 구입할 수 없으며 보호회로가 정착된 PACK 형태로 판매 · 위험성만 제거되면 가볍고 높은 전압을 갖고 있어 앞으로 가장 많이 사용될 전지 · 양극, 분리막, 음극, 전해액으로 구성되어 있고 리튬이온의 전달이 전해액을 통해 이루어짐

구분	종류	특징
2차 전지	리튬이온 전지	· 정상적인 조건하에서 500회 이상의 충전 / 방전 수명 · 리튬이온 전지에는 **메모리 효과가 없다.** · **전해액이 누수되어 리튬 전이금속이 공기중에 노출될 경우 전지가 폭발할 수 있고** 과충전 시에도 화학반응으로 인해 전지 케이스내의 압력이 상승하여 폭발할 가능성이 있어 보호회로가 필수 · 되도록 완전충전/완전방전을 하지 않고 조금사용하고 충전하고 하는 것이 더 좋다. · $LiCoO_2 + Cn \Leftrightarrow Li1 - xCoO_2 + CnLix$
	리튬폴리머 전지	· 전압은 3.6V로 폭발 위험이 없고 전해질이 젤타입이기 때문에 전지 모양을 다양하게 만들 수 있는 것이 장점 · 일부 휴대폰에 사용되고 있으며 리튬이온 전지를 이을 차세대 전지. 현재는 양산하는 곳이 적으며 국내에서도 많은 기업이 연구 개발 중 · 양극, 전해질, 음극으로 구성되어 있고 양극과 음극 사이의 전해질이 양극과 음극을 분리하는 분리막과 리튬이온의 전달역할을 수행 · **고분자 겔 형태의 전해질을 사용함으로써 과충전과 과방전으로 인한 화학적 반응에 강하게 만들 수 있어 리튬이온전지에 필수적인 보호회로가 불필요** · **리튬이온 전지의 단점인 안전성 문제, 제조비용의 고가, 대형 전지제조의 어려움, 고용량화의 어려움 등의 문제를 해결할 수 있는 전지** · $LiCoO_2(s) + C(s) = LI_{1-n}CoO_2(s) \mid CLi_x$
	아연공기전지	· 19세기말부터 20세기 초에 걸쳐 거치형 공기전지가 개발되어 항로표지용 전원이나 각종 통신기기에 사용 · 단추형으로는 의료기(보청기)용도로 사용하고 있으며, 고에너지 밀도와 큰 전기용량, 평탄 한 방전특성
		· 정극재료 : 공기중의 산소 · 부극재료 : 아연 · 전해액 : 수산화칼륨 수용액 · 격리판 : 폴리오레핀, 폴리아미드계 부직포
	리튬공기전지	· 양극 물질은 금속 산화물 대신 공기(산소)사용하는 차세대 전지. · 음극에서 리튬이 산화·환원 반응하고, 양극인 공기극에서는 외부로부터 유입되는 산소의 산화·환원 반응 · 리튬이온 전지에 비해 에너지 밀도를 크게 높일 수 있어 차세대 전지로 큰 관심 · 금속을 쓰지 않아 제작비가 싸고 무게도 가볍다. · **상용화하면 한 번 충전으로 600㎞ 이상 달릴 수 있는 전기자동차 생산이 가능**

[표 6-7 2차 전지의 특징]

특성	Ni/Cd 전지	Ni/MH 전지	리튬이온 전지	리튬폴리머전지	리튬공기전지
양극 활물질	NiOOH	NiOOH	$LiCoO_2$	$LiCoO_2$	공기
음극 활물질	Cd	MH	Carbon	Carbon	Li(리튬)
전해액	KOH/H_2O	KOH/H_2O	유기용매(액체)	고분자전해질(고체)	유기용매(액체)

전기자동차 전지시장 주도권 한국으로

- 세계 전기자동차용 전지 시장은 한국과 일본이 주도권 싸움을 하고 있다.
- **한국에는 삼성SDI(SB리모티브), LG화학, SK이노베이션** 등 3개사가 전기자동차 전지사업에 주력하고 있다.
- 일본에는 산요, GM유아사, 히타치 등이 주력업체이고 미국에는 A123 업체 등도 전기자동차용 전지 개발을 위해 노력하고 있다. 하이브리드자동차의 전지는 일본 업체가 주도하는 니켈수소 전지가 대부분 적용되어 왔다.
- 미국 GM의 전기자동차인 쉐보레 볼트에 LG화학이 리튬이온 전지를 공급하기로 하면서 세계 전기자동차용 전지 시장의 판도가 바뀌기 시작했다. 리튬이온 전지는 니켈수소 전지에 비해 부피와 무게가 50% 줄어들면서도 같은 출력을 내며, 기술발전이 거듭되면서 니켈수소 전지에 비해 월등히 비쌌던 제조가격이 현저히 떨어진 것도 전지시장의 판도 변화에 큰 역할을 담당하였다.

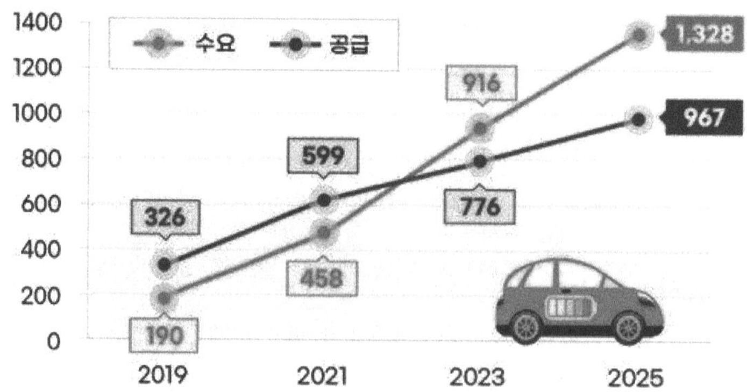

전기자동차 전지 시장전망(단위/GWh)

6-4 니켈 카드뮴 전지(Ni/Cd전지)

대형의 Ni-Cd 전지는 2차 대전 중에 유럽에서 개발되었고 소형의 Ni-Cd 전지는 역시 유럽에서 1960년대 유럽에서 상용화 되었다. $Ni(OH)_2$를 양극으로, Cd을 음극으로 사용하는 전지이며, 알카리 수용액을 전해질로 사용한다.

납축전지와 Ni-Cd 전지의 가장 큰 차별점은 전해질을 황산 대신 알카리 수용액을 사용한다는 점이다. 알카리 수용액은 황산과 같은 산성 수용액보다 전도성이 뛰어나다는 장점이 있다.

대형 Ni-Cd 전지는 철도, 차량용, 비행기 엔진 시동용 등을 비롯하여 고 출력이 요구되는 다양한 산업 및 군사 용도로 널리 이용되고 있다. 방전 시에 일어나는 가스 발생을 제어하는 기술이 개발되어 밀폐식으로 만들어 진 것이 바로 소형 Ni-Cd 전지이다.

전지가 디지털 기기의 키 컴포넌트의 하나로 주목 받게 된지 10년 가까이 지났으며 그 동안에 니카드전지(원래 명칭은 니켈카드뮴전지)에서 니켈수소전지, 리튬이온 전지로 화제의 중심이 이동하고 있다.

이런 상황에서 니켈카드뮴전지는 기술적으로 오래 되어 환경에 좋지 않다는 이미지를 가지게 되었다. 노트북, 휴대전화의 전원인 리튬이온전지도 원래는 니켈카드뮴전지에서부터 시작되었다.

그림 6-12 Ni/Cd 전지

6-4-1 원리와 구조

일본의 삼양전기는 니켈카드뮴전지를 「카드니카전지」의 명칭으로 상표등록하고 1964년부터 생산을 개시했다. 과거에 세계적으로 큰 경쟁사의 메이커와 장기간에 걸쳐 치열한 기술 경쟁을 하고 그 결과 카드뮴전지의 품질과 신뢰성을 만들어낸 것이라 할 수 있다.

니켈카드뮴전지의 원리와 구조

일반적으로 니켈카드뮴전지의 반응식은 다음과 같다. 양극은 니켈 산화물, 음극은 카드뮴 화합물을 활성물질로서 전해액은 주로 수산화칼륨 수용액을 사용하고 있다.

$$2Ni(OH)_2 + Cd(OH)_2 \leftrightarrow 2NiOOH + Cd + 2H_2O$$

원통형 니켈카드뮴전지의 내부는 얇은 시트 모양의 양·음극판을 나일론이나 폴리프로필렌을 소재로 한 부직포로 된 격리판를 통하여 말은 상태로, 강철제의 견고한 외장 캔에 수납되어 있다. 또, 과충전시에 양극에서 발생한 산소 가스는 음극에서 흡수되어 전지 내부에서 소비하는 메커니즘으로 되어 있지만 규정 이상의 내부 가스압 상승에 대비하여 복귀식 가스 배출 밸브를 설치하고 있다.

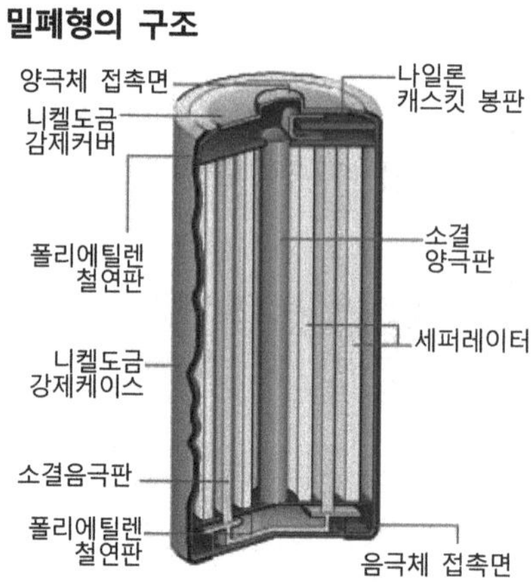

그림 6-13 밀폐형 니켈카드뮴전지의 구조

충전특성

니켈카드뮴전지의 충전특성은 전지의 종류, 온도, 충전전류에 따라서 달라진다. 충전이 진행됨과 동시에 전지 전압은 상승하여 어느 정도 충전량에 도달하면 피크전압을 나타낸 후에 강하된다.

이 전압 강하는 충전말기에 발생하는 산소 가스가 음극에 흡수될 때의 산화열로 전지온도가 상승하기 때문에 발생한다. 충전기를 설계할 때 이 음극에 흡수되는 속도 이상으로 산소 가스를 발생시키지 않아야 한다는 것이 중요한 포인트이다.

충전에는 다음과 같은 3종류가 있다.

· 정전류충전 : 트리클(Trickle)충전이라고 하며, 전지의 수명에 나쁜 영향을 미치지 않을 정도의 작은 전류에 의해 전지를 계속 충전상태 유지하는 방법

· 보통충전 : 0.1C~0.2C [A]에서 150% 정도의 충전

· 급속충전 : 1C~1.5C [A]에서 약 1시간의 충전이 가능. 만충전 제어가 필요.

방전특성

니켈카드뮴전지의 방전 동작전압은 방전전류에 의해서 다소 변화되지만 방전기간의 약 90%가 1.2 V 전후를 유지한다. 또 건전지나 연축전지에 비해 방전중인 전압변화가 적어 안정된 방전 전압을 나타낸다. 방전 종지전압은 기기의 설계상 1셀당 0.8~1.0 V가 적합하다. 또한 내부저항이 작기 때문에 외부 단락 시 대전류가 흐르기 때문에 위험하여 보호부품 등의 설치도 필요하다.

메모리 효과란 ?

방전 종지전압이 높게 설정되어 있는 기기나 매회 얕은 방전 레벨에서 사이클을 반복했을 경우, 그 후의 완전방전에서 방전 도중에 0.04~0.08 V의 전압강하가 일어나는 경우가 있다.

최근에는 기기측의 방전 종지전압 설정을 1.1 V/셀 이하로 하는 등 저전압 구동 IC의 사용과 적당한 세트 전지수의 선정으로 거의 문제가 되지 않는다.

Ni-Cd 전지의 전압은 1.2 V 인데, Ni-Cd 전지에서는 전지를 다 사용하기 전에 충전하면 메모리 효과(memory effect) 때문에 다음 충 방전 시에 용량이 줄어드는 현상이 발생한다.

메모리 효과의 단적인 예는 전기면도기처럼 매일 일정시간 사용하고 곧 바로 충전하는 기기에서의 이상 동작 현상을 들 수 있다. 본인이 면도하고 난 후 충전 후에, 다른 사람이 면도하려고 하였는데 면도기가 작동하지 않는 것이다. 메모리라고 말할 수 있는 이 현상은 이 전지를 강제 방전함으로써 메모리를 지울 수 있다.

메모리 효과는 Cd(카드뮴) 금속 고유의 특성이다. 카드뮴 금속은 수정과 같은 결정구조를 이루고 있는데 방전이 일어나면서, 반응이 일어난 부분은 결정구조가 흐트러져 비정형 구조로 변한다. 비정형구조와 결정 구조사이의 경계는 충전과 방전을 거듭하면서 굵어지고, 이러한 경계가 메모리 효과의 원인이 된다.

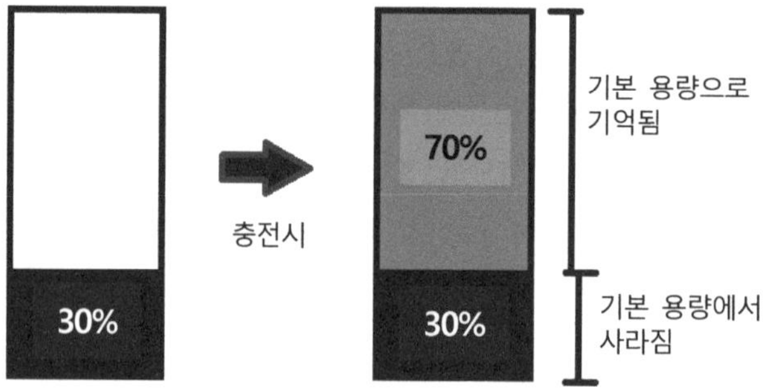

그림 6-14 메모리 효과(memory effect)

수명특성

니켈카드뮴 전지의 수명은 보통 사용 조건에서는 500회 이상 반복해서 사용할 수 있지만 수명에 영향을 주는 주된 요인으로 충전전류, 온도, 방전 심도/빈도, 과충전기간이 있다. 수명의 모드로는 전지부품의 열화나 활물질의 기능저하에 의한 용량저하를 들 수 있다. 다른 계통의 전지에 비해 보다 안전하게 오래 사용하기 위해서는 특히 온도와 충전 전류를 고려하기 바란다.

6-4-2 니켈카드뮴 전지의 특징

1) 사용실적을 뒷받침하는 높은 신뢰성 : 35년 정도의 시장실적으로 신뢰성을 인정 받는다.
2) 장수명으로 경제성이 우수하다 : 1회의 방전 용량은 기존의 건전지와 같지만, 일반적으로 500회 이상의 충방전이 가능하여 경제적이다. 최근에는 충전의 제어기술이 발달하여 1000~2000회 이상 사용할 수도 있다.
3) 전지 자체가 견고하여 다소 무리한 조건에서도 오래 사용되므로 기기를 복잡한 회로로 할 필요가 없다. 또 다른 2차 전지에 비해 과충전·과방전에 강한 설계로 되어 있다. 또한 전지 내부에 흡수되지 않았던 가스를 방출하는 복귀식 가스 배출 밸브가 있어 안전성이 뛰어나다 전동 공구에서의 30 A까지 미치는 방전특성 및 10분이내의 충전 등 다른 2차 전지에서는 어려운 사용조건을 가능케 하고 있다.
4) 폭넓은 기종과 건전지와의 호환성 : 다양한 용도에 대응할 수 있도록 여러 종류(타입, 사이즈)의 전지와 기기 스페이스에 맞춘 세트 전지가 있다. 또 건전지와 호환성이 있는 카드뮴 전지와 충전기도 충실한 라인업을 골고루 갖추고 있다.

5) 우수한 신뢰성과 넓은 사용 온도·습도 범위 : 온도에 의한 성능의 변화가 적고 밀폐구조이기 때문에 습도에 의한 영향도 거의 없다. 방전은 보통 -20~+60℃를 허용한다. 특히 저온에서 1C[A]를 초과하는 고부하 방전이 가능한 2차 전지는 아직 적어 니켈카드뮴전지의 용도를 확대시켜 왔다. 비상 조명기기나 자동 화재경보기 등의 방재기기의 백업 전원으로 전부터 활용되고 있어, 신뢰성이 매우 높다.

6) 보수가 용이하고 견고 : 밀폐구조이기 때문에 보충액이 필요없이 충방전 상태를 불문하고 보관할 수 있으므로 보수가 용이하다. 또 기기내에 장착이 가능하며 취급이 간단하다. 구조는 견고하고 재질도 금속 용기를 사용하고 있기 때문에 충격이나 진동에 대해서도 충분한 내구성을 지니고 있다.

6-5 니켈수소 전지(Ni-MH 전지)

6-5-1 전지의 개요

니켈-금속수소화물전지(Ni-MH전지: metal hydrogen battery)는 기존의 니켈카드뮴(Ni-Cd) 전지에 카드뮴 음극을 수소저장 합금으로 대체한 전지이다.

최근 전자기기들의 소형·경량화 추세에 따라서 이들 전자기기의 전원으로 사용되는 전지에도 고에너지 밀도화, 소형 경량화, 장수명화 등이 강하게 요구되고 있으나, 기존의 니켈-카드뮴전지나 납축전지의 성능향상은 거의 한계에 도달해 있으며, 환경오염이 사회문제로 대두됨에 따라서 카드뮴과 같은 공해유발 물질의 사용이 규제되고 있다. 또한 자동차 배기가스에 의한 대기오염을 줄일 목적으로 무공해 자동차의 하나로 전기자동차의 개발이 활발히 진행되고 있는데, Ni-MH전지는 니켈-카드뮴전지에 비하여 에너지밀도가 크고 공해물질이 없어서

그림 6-15 Ni-MH전지

무공해 소형 고성능전지로 뿐만 아니라 전기자동차용 등의 무공해 대형 고성능전지로 개발이 가능한 새로운 2차 전지로서 주목을 받고 있다.

특히 최근에는 이동통신기기, 노트북 컴퓨터, 캠코더 등 휴대용 전자기기에 리튬이온 이차전지가 보급됨으로써 소형 Ni-MH전지의 시장점유율이 감소하고 있는 실정이다. 그러나 전기자동차용과 하이브리드 자동차에 사용되는 중대형 용량의 전지는 자동차의 동력원으로 사용되는 특수성 때문에 고에너지밀도와 고파워밀도 같은 전지의 기본적인 성능뿐 아니라 전지의 수명 및 신뢰성과 특히 안전성에 관한 요소가 중요한 결정요인이 된다. 즉 Li이차전지가 갖고 있는 근본적인 문제점인 리튬금속이 대기 중에 노출할 경우 리튬 고유의 활성으로 인한 화재의 발생문제가 있으므로 최근에 개발 중인 완전 고체형의 리튬-폴리머전지가 개발되기 이전까지는 전기자동차용으로는 안전성이 있는 Ni-MH전지를 사용하는 것이 바람직하며 최근 미국이나 일본에서 판매 또는 리스 중인 전기자동차 및 하이브리드자동차는 대부분 Ni-MH전지를 사용하고 있는 실정이다.

양극 : $MH(s) + OH^-(aq) \rightarrow M + H_2O(l) + e^-$

음극 : $N_iOOH(s) + H_2O(l) + 2e^- \rightarrow N_i(OH)_2(s) + OH^-(aq)$

전체 : $MH(s) + N_iOOH(s) \rightarrow M + N_i(OH)_2(s)$

이러한 새로운 알칼리 2차 전지로서 Ni-MH전지가 제안된 것은 1970년 경이지만 연구개발이 활발하게 진행된 것은 1980년대 중반부터이다.

Ni-MH전지의 고성능화를 위한 음극용 수소저장합금의 개발 결과 현재 상용화되어 있는 합금들은 주로 일본에서 소형전지로 상용화된 $LaNi_5$나 $MmNi_5$(Mm: misch metal, 희토류 원소의 혼합물)를 기본으로 하는 AB5계 합금과, 미국의 OBC(Ovonic Battery Company)사에 의하여 개발된 C14 또는 C15 Laves상을 주로 하는 AB2계 합금으로 나눌 수 있다.

소형 Ni-MH전지는 현재 AB5 Type의 전지가 상용화되고 있으며 AB5계보다 용량이 다소 큰 AB2계 전지는 홍콩의 GPI에서 최초로 상용화하였으나 대부분의 시장은 일본의 3사인 마쓰시타, 산요, 도시바에서 점유하고 있다.

Ni-MH전지는 현재 소형전지의 경우 리튬이온전지에 시장을 잠식당하고 있는 실정이며 중대용량의 전지는 기술개발이 활발히 진행되고 있다.

6-5-2 Ni-MH전지의 구성과 반응

Ni-MH전지는 기존의 Ni-Cd전지에서 Cd극을 수소저장 합금으로 대체한 것으로서 음극에 수소저장합금(M), 양극에 수산화니켈($Ni(OH)_2/NiOOH$)이 사용되며, 분리막으로는 Ni-Cd 전지와 같은 내알칼리성의 나일론 부직포, 폴리프로필렌 부직포 및 폴리아미드 부직포 등이 사용되고 있다. 또한 전해액은 이온전도성이 최대로 되는 5~8 M KOH 수용액이 사용되고 있다.

충전시 음극에서는 물이 전기분해되어 생기는 수소이온이 수소저장합금에 저장되는 환원반응이, 양극에서는 $Ni(OH)_2$가 NiOOH로 산화되는 반응이 일어난다. 방전시에는 역으로 음극에서는 수소화합물의 수소원자가 산화되어 물로 되고, 양극에서는 NiOOH가 $Ni(OH)_2$로 환원되는 반응이 일어난다. 니켈양극이 완전히 충전된 후에도 전류가 계속 흐르면, 즉 과충전이 되면, 양극에서는 산소가 발생된다.

그러나 음극의 용량이 양극보다 크면, 발생된 산소가 음극표면으로 확산되어 산소재결합반응이 일어나게 된다. 음극에서는 산소를 소비시키기 위하여 수소가 감소하게 되어 동일한 전기량이 충전되므로 전체적으로는 변화가 없다. 역으로 과방전이 되면, 양극에서는 수소가 생성되고 이 수소는 음극에서 산화되므로 전체적으로 전지내압은 상승하지 않는다. 이와 같이 Ni-MH전지는 원리적으로는 과충전과 방전시 전지내압이 증가하지 않고, 전해액의 농도가 변하지 않는 신뢰성이 높은 전지이다. 그러나 실제적으로는 충전효율의 문제로 인하여 전지내압이 어느 정도 상승하게 된다.

Ni-MH전지는 다음과 같은 장단점을 가지고 있다.

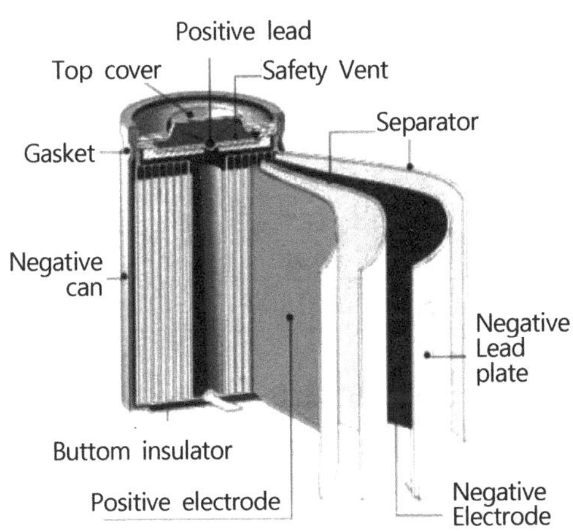

그림 6-16 Ni-MH전지 구조

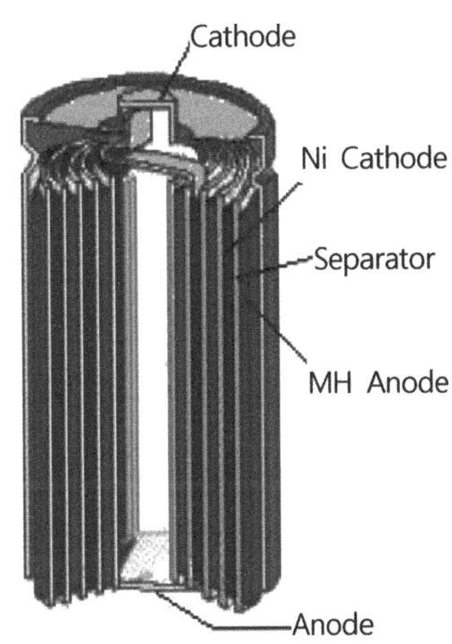

그림 6-17 Ni-MH전지 구조

[표 6-8 Ni-MH전지의 장단점 구분]

구 분	
장 점	① 전지전압이 1.2~1.3 V로 Ni-Cd전지와 동일하여 호환성이 있다. ② 에너지밀도가 Ni-Cd전지의 1.5~2배이다. ③ 급속 충·방전이 가능하고 저온특성이 우수하다. ④ 밀폐화가 가능하여 과충전 및 과방전에 강하다. ⑤ 공해물질이 거의 없다. ⑥ 수지상(dendrite) 성장에 기인하는 단락이나 기억효과가 없다. ⑦ 수소이온 전도성의 고체전해질을 사용하면 고체형 전지로도 가능하다. ⑧ 충방전 싸이클 수명이 길다.
단 점	① Ni-Cd전지만큼 고율방전 특성이 좋지 못하다. ② 자기방전율이 크다. ③ 메모리효과(memory effect)가 약간 있다.

Ni-MH(니켈-수소) 전지

- 니켈-수소전지는 니켈-금속수소화물 전지(MH는 metal hydrogen의 약자임)의 약칭으로 기존의 니켈-카드뮴(Ni-Cd) 전지에 카드뮴 음극을 수소저장합금으로 대체한 전지이다.
- 최근 전자기기들의 소형, 경량화 추세에 따라서 이들 전자기기의 전원으로 사용되는 전지에도 고에너지 밀도화, 소형경량화, 장수명화 등이 강하게 요구되고 있으나, 기존의 Ni-Cd 전지나 납축전지로는 요구 수준에 도달하기 어려우며 유해 중금속 등에 의한 환경오염이 사회문제로 대두됨에 따라서 카드뮴과 같은 공해 유발 물질의 사용이 규제되고 있다.
- 또한 자동차 배기가스에 의한 대기 오염을 줄일 목적으로 무공해 자동차의 하나로 전기자동차의 개발이 활발히 진행되고 있는데, Ni-MH 전지는 Ni-Cd 전지에 비해 에너지 밀도가 크고 공해물질이 없어서 하이브리드 자동차용과 전기자동차용 전원 그리고 전기스쿠터용과 장애자스쿠터용 등으로 개발되고 있다.

구분	납축전지	니켈카드뮴	니켈수소	리튬이온	수퍼커패시터
작동전압(V)	1.2	1.2	1.2	3.7	2.8
에너지밀도(Wh/l)	90	170	300	500	13
출력밀도(WH/kg)	300	250	1300	3000	2500
수명(회)	-	500	〉500	〉500	반영구

- 이와 같은 전극반응으로 나타나는 Ni-MH rechargeable battery 의 특성은 다음과 같다.
  ① 에너지의 용량이 크다.(Ni-Cd 전지 또는 lead-acid 전지의 약 1.5~2배)
  ② 독성물질(heavy metal)을 함유하고 있지 않다.
  ③ 충전, 방전 속도가 빠르다.
  ④ 저온, 고충전 속도에서도 에너지 효율이 높다.

⑤ 충전, 방전시 전해질의 농도 변화가 없다.
⑥ 밀폐형 전지의 제조가 용이하다.
⑦ 원하는 특성에 따라 수소저장합금을 선택할 수 있다.

- Ni-MH 전지에 대한 연구는 고용량의 전극개발과 전지 설계 및 제조기술의 최적화 방향으로 진행되고 있다.
- 수소저장합금 전극의 방전용량은 합금의 수소저장용량에 비례하기 때문에 이론적인 방전용량이 Ni양극처럼 제한되지 않고 개발의 여지가 충분히 있는 것으로 평가된다.
- 현 상태에서 음극의 내부저항이 전지에서 가장 큰 비중을 차지하고 있어 고출력을 요하는 전기자동차 용 Ni-MH 2차 전지의 성능 개선은 MH 음극의 개발 여부에 좌우된다고 할 수 있다.

6-6 리튬이온 전지

6-6-1 전지의 개요

리튬이온 전지(Lithium-ion battery, Li-ion battery)는 이차 전지의 일종으로서, 방전 과정에서 리튬 이온이 음극에서 양극으로 이동하는 전지이다.

친환경 자동차용 이차전지 시장은 어떤 종류의 차종이 시장을 주도하느냐에 따라 결정이 될텐데, 현재 상용화가 어느 정도 완료된 HEV에 주로 사용되는 니켈수소전지의 영향력이 크지만 PHEV, EV등이 상용화되어 시장에 진출함에 따라 리튬이온전지가 대세를 이룰 것으로 전망이다.

HEV의 경우는 가솔린 엔진을 주동력원으로 사용하지만 PHEV와 EV는 전기모터를 주동력으로 사용하기 때문에 에너지밀도가 크고 용량이 큰 리튬이온 이차전지가 반드시 사용되어야 하기 때문이다. 리튬이온 전지는 충전시에는 리튬 이온이 양극에서 음극으로 다시 이동하여 제자리를 찾게 된다. 리튬이온 전지는 충전 및 재사용이 불가능한 일차 전지인 리튬 전지와는 다르며, 전해질로서 고체 폴리머를 이용하는 리튬 이온 폴리머 전지와도 다르다.

리튬이온 전지는 에너지 밀도가 높고 기억 효과가 없으며, 사용하지 않을 때에도 자연방전이 일어나는 정도가 작기 때문에 시중의 휴대용 전자 기기들에 많이 사용되고 있다. 이 외에도 에너지밀도가 높은 특성을 이용하여 방위산업이나 자동화시스템, 그리고 항공산업 분야에서도 점점 그 사용 빈도가 증가하는 추세이다. 그러나 일반적인 리튬이온 전지는 잘못 사용하게 되면 폭발할 염려가 있으므로 주의해야 한다.

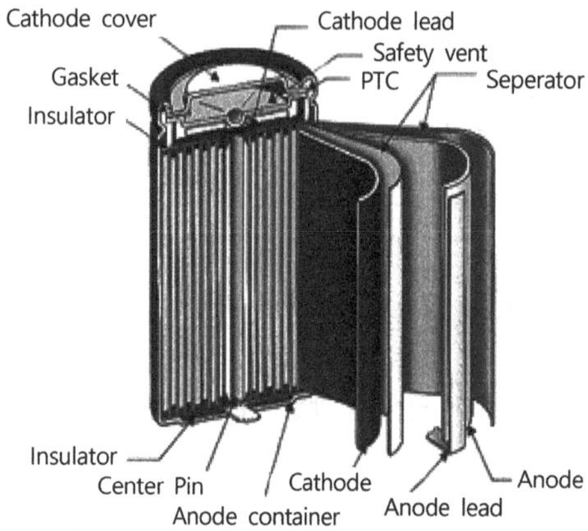

그림 6-18 리튬이온 전지의 구조

그림 6-19 리튬이온 전지 외형

6-6-2 특징

리튬이온 전지는 크게 양극, 음극, 전해질의 세 부분으로 나눌 수 있는데, 다양한 종류의 물질들이 이용될 수 있다. 상업적으로 가장 많이 이용되는 음극 재질은 흑연이다. 양극에는 층상의 리튬코발트산화물(lithium cobalt oxide)과 같은 산화물, 인산철리튬(lithium iron phosphate, $LiFePO_4$)과 같은 폴리음이온, 리튬망간 산화물, 스피넬 등이 쓰이며, 초기에는 이황화티탄(TiS_2)도 쓰였다. 음극, 양극과 전해질로 어떤 물질을 사용하느냐에 따라 전지의 전압과 수명, 용량, 안정성 등이 크게 바뀔 수 있다. 최근에는 나노기술을 응용한 제작으로 전지의 성능을 높이고 있다.

리튬은 가장 가벼운 금속 원소(원소 기호 Li, 번호 3)로서, 휴대용 단말기에 사용되는 리튬이온 전지는 니켈-카드뮴 전지에 비해 약 2배의 용량과 약 3배의 전압을 유지하며 자기 방전이 적은 특징을 가지고 있다. 그리고 충·방전을 1,000회 이상 반복해도 메모리 효과가 발생하지 않아 전지를 다 쓰지 않고 재충전해도 수명이 단축되지 않으며 내구성이 좋다.

리튬이온 전지는 현재 2차 전지 시장의 대부분을 차지하고 있는 전지이다. 한번 쓰고 버리는 1차 전지(일반 건전지)와 달리 외부전원을 이용해 충전해서 반영구적으로 사용하는 전지를 2차 전지라고 한다.

양극과 음극 사이에 유기전해질을 넣어 충전과 방전을 반복하게 하는 원리이다. 즉, 리튬산화물로 (+)극을 만들고, 탄소화합물로 (-)극을 만드는데, (+)극의 리튬이온이 중간의 전해액을 지나 (-)극 쪽으로 이동하면서 전기를 발생시킨다.

무게가 가벼운데다 고용량의 전지를 만드는 데 유리해 휴대폰, 노트북, 디지털 카메라 등에 많이 사용되고 있다.

그러나 리튬은 본래 불안정한 원소여서 공기 중의 수분과 급격히 반응해 폭발하기 쉬우며 전해액은 과열에 따른 화재 위험성이 있다. 이런 이유 때문에 리튬이온 전지에는 안전보호회로(PCM)가 들어가며, 내부를 단단한 플라스틱으로 둘러싸게 된다.

리튬이온 전지의 원리는 다음과 같다.

리튬이온 전지는 정극(양극, anode)으로 Lithium oxide계(예: $LiCoO_2$)를 사용하고, 부극(음극,Cathode)으로 carbon계(예: graphite)를 사용한다.

방전시 리튬이온은 부극인 graphite 격자구조 속에 있는 리튬이온이 빠져나와 분리막을 거쳐 정극의 결정구조 속으로 이동해 들어간다.

충전시에는 산화물 정극에서 리튬이온이 빠져나와 분리막을 거쳐 탄소부극의 결정 속으로 이동하여 들어간다. 따라서 충방전시 리튬이온의 이동에 따라 결정구조는 크게 변한다.

전해질로 수용액대신 유기용매를 사용한다.

$$LiCoO_2 + Cn \Leftrightarrow Li1 - xCoO_2 + CnLix$$

양극(산화) : $LiCoO_2 \rightarrow Li_{(1-X)}CoO_2$ + xLi+ + xe-

음극(환원) : xLi+ + xe- + 6C $\rightarrow LixC_6$

따라서 전지작동은 충방전시 양쪽 전극의 전위차에 따라 전지 외부회로에서의 전자흐름과 전지내부에서의 이온흐름이 동시에 일어난다.

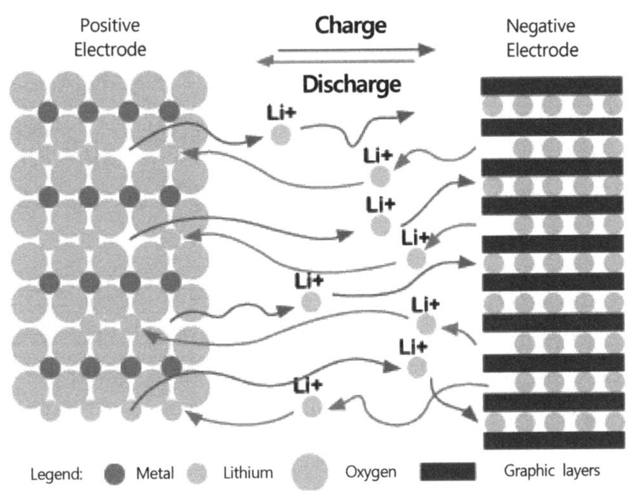

그림 6-20 리튬이온 전지 충방전 작용

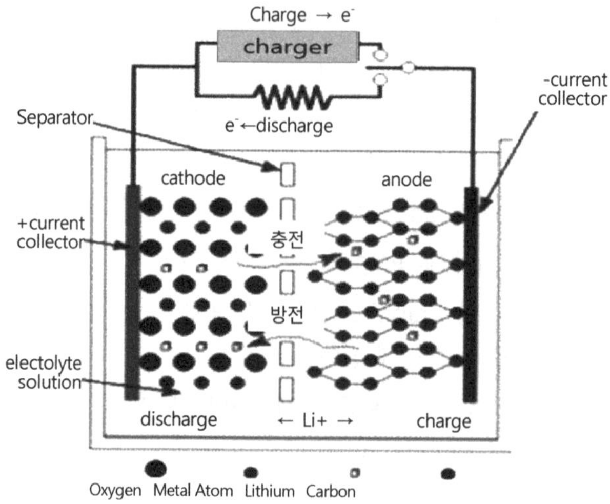

그림 6-21 리튬이온 전지 충방전 작용

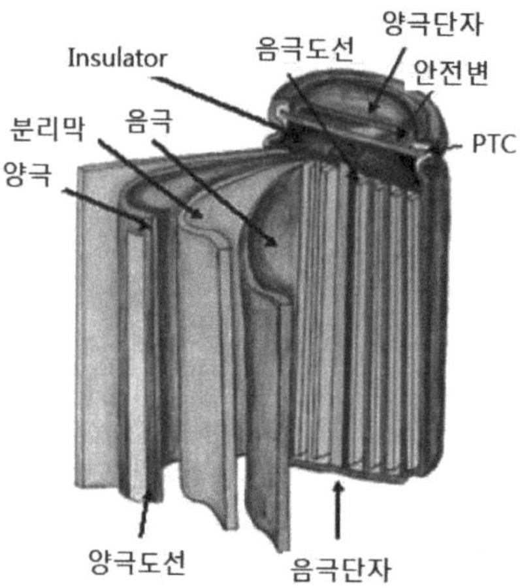

그림 6-22 원통형 리튬이온 전지의 구성도

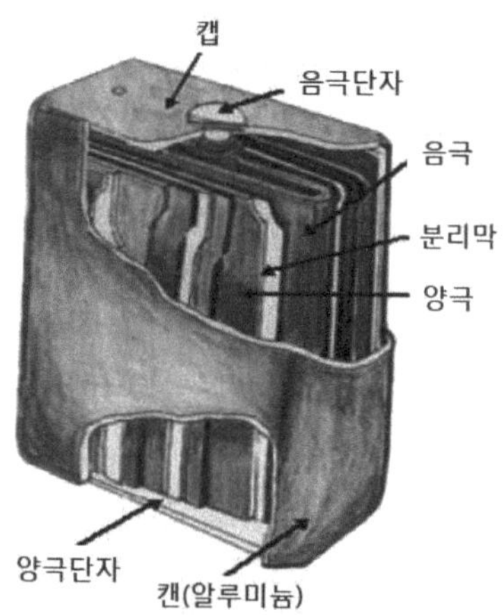

그림 6-23 각형 리튬이온 전지

충전은 외부의 전기 에너지를 전지내부의 전기화학반응을 통하여 화학 에너지로 바꾸는 것이다. 외부에서 음극(탄소전극)으로 전자가 들어가면 전해염의 리튬이온은 전자를 받아 환원되어 음극에 붙게 된다. 이때, 양극에서는 전자가 외부회로로 흘러나가며 전극 활물질은 산화되고 리튬이온을 잃게 된다. 방전은 충전의 역반응으로 외부회로에 전기 에너지를 공급한다.

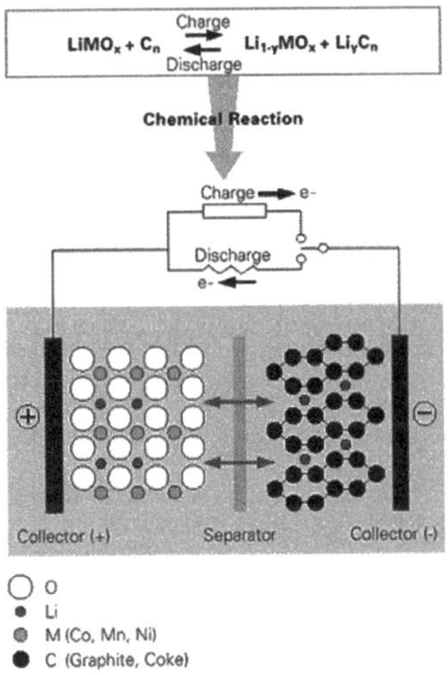

그림 6-24

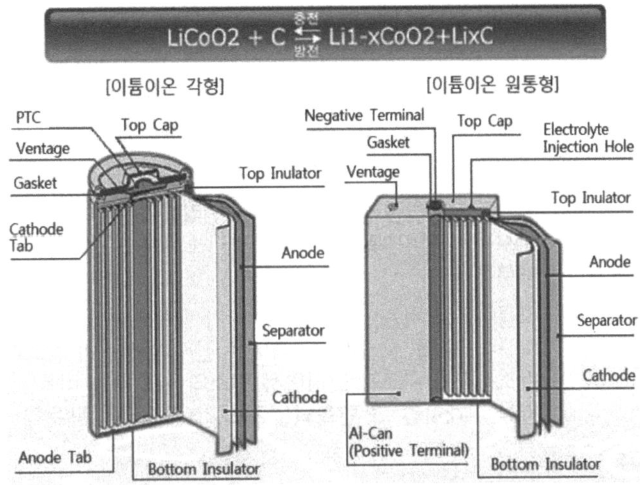

그림 6-25 리튬이온 각형, 원통형 구조

[표 6-9 리튬-이온전지의 특성]

구분	특성
고에너지 밀도	· 리튬이온 전지는 같은 용량의 니카드(Ni-Cd.니겔카드뮴), 혹은 니켈수소 전지에 비해 질량이 절반에 지나지 않는다. · 부피는 니카드 전지에 비해 40~50% 작을 뿐 아니라 니켈수소 전지에 비해서도 20~30% 작다
고전압	· 하나의 리튬이온 전지의 평균 전압은 3.7V로서 니카드나 니켈수소 전지 3개를 직렬로 연결해 놓은 것과 같은 전압이다.
고출력	· 리튬이온 전지는 1.5 CmA까지 연속적으로 방전이 가능하다. (1 CmA란 전지의 용량을 1시간 동안 모두 충전 또는 방전하는 전류를 말한다)
무공해	· 리튬이온 전지는 카드뮴, 납 또는 수은과 같은 오염물질을 사용하지 않는다.
금속 리튬 아님	· 리튬이온 전지는 리튬 금속을 사용하지 않아 더욱 안전하다.
우수한 수명	· 정상적인 조건하에서 리튬이온 전지는 500회 이상의 충전 / 방전 수명을 지닌다.
메모리 효과 없음	· 리튬이온 전지에는 메모리 효과가 없다. · 반면에 니카드 전지는 불완전한 충전과 방전이 반복적으로 이루어질 때 전지의 용량이 감소하는 메모리 효과를 보인다.
고속 충전	· 리튬이온 전지는 정전류/정전압(CC/CV) 방식의 전용 충전기를 이용하여 4.2 V의 전압으로 1~2시간 안에 완전하게 충전할 수 있다.

리튬이온 전지의 수명

□ **리튬이온은 장수명을 가질 수 있도록 설계되어 있지만 수명은 수천회 충방전이 가능하다.**

- 무엇으로 리튬이온 전지를 만들었나에 따라, 아니면 제작업체의 기술력에 따라 달라진다. 세계에서 우수한 기술을 갖은 일본 소니의 경우 4000회의 충방전에도 원래 용량을 유지한다.
- 전지를 사용하는 온도도 중요하다. 리튬이온 전지는 열에 매우 약하다. 사회적 문제가 되었던 노트북의 전지 폭발사건도 모두 노트북의 온도가 너무 높게 올라가 전지에 작용하였기 때문이다.
- 리튬이온 전지는 열에 매우 약하기 때문에 온도가 높은 곳에서 사용을 하면 더욱 빨리 성능의 저하가 올 수 있다. 리튬이온 전지의 성능이 감소하는 주된 원인은 극 재료로 사용되는 탄소분자의 구조가 변하면서 탄소와 결합하는 리튬이온의 양이 줄어들기 때문인데 여기에 열이 가해지면 그 변화되는 속도가 가속되기 때문에 성능이 급격히 떨어지게 된다.

리튬이온 전지 오래 쓰는 법

□ **되도록 완전충전/완전방전을 하지 않고 조금사용하고 충전하고 하는 것이 더 좋다.**

- 보통 전지를 사용하다 보면 용량이 적어진 것을 느낄 수 있다. 이때 다시 완전충전/완전방전을 하면 용량이 다시 살아나는 것을 알 수 있다. 이것하고 수명을 혼돈해서는 안된다. 즉, 용량과 수명은 선형적인 관계가 아니다는 것이다.
- 용량이 다시 살아나는 이유는 이온이 흘러가는 통로에서 여러가지 이유로 이온 중 여러개가 극판까지 도달하지 못하게 되는 것이 많아지게 되는 것이다. 이때 완전충전/완전방전을 해주면 다시 잘 흐르게 되는 것이다. 이것은 용량 문제이지 수명문제가 아니다. 리튬이온 셀은 일정 전압을 넘어서거나 낮아지면 셀이 손상된다. 즉, 과충전과 과방전은 수명에 치명적이라는 것이다.
- 결론적으로 장수의 비결은 "사용을 하고 자주자주 충전을 해주는 것" 이다.

6-7 리튬폴리머 전지

6-7-1 전지의 개요

리튬폴리머 전지는 현재 일본에서 상용화되어 있는 액체 전해질형 **리튬이온 전지의 단점인 안전성 문제, 제조비용의 고가, 대형 전지제조의 어려움, 고용량화의 어려움 등의 문제를 해결할 수 있는 전지**이다.

리튬폴리머전지인 경우는 리튬이온전지와 유사하나 리튬이온전지의 전해액을 고분자물질로 대체하여 안정성을 높인 것이 다르다. 또한 리튬폴리머전지는 음극으로 리튬금속을 사용하는 경우와 카본을 사용하는 경우가 있는데 카본음극을 사용하는 경우를 구별하여 리튬이온폴리머전지로 표기하는 경우가 있으나, 대부분의 경우 편의상 리튬폴리머전지로 통용하고 있다.

전해질이 고체이기 때문에 전해질의 누수염려가 없어 안전성이 확보되고, 또한 용도에 따라 다양한 크기와 모양으로 전지팩을 제조할 수 있어 기존의 리튬이온 전지에서 원통형 및 각형 전지로 전지팩을 제작할 경우 전지와 전지 사이에 전지용량과 무관한 쓸데없는 공간이 생기는 문제를 해결함으로써 에너지밀도가 높은 전지를 제조할 수 있다.

또한 자기방전율 문제, 환경오염문제, 메모리효과 문제가 거의 없는 차세대 전지라 할 수 있다. 특히 전지제조공정이 리튬이온 전지에 비하여 비교적 용이할 것으로 예상되어 대량생산 및 대형전지 제조가 가능할 것으로 보이므로 전지제조비용의 저렴화 및 전기자동차 전지로의 활용 가능성이 매우 높은 전지라 할 수 있다. 그러나 리튬폴리머 전지가 기술적으로 실현 가능하게 하기 위해서는 아래와 같은 문제가 선결되어야 한다.

- 전기화학적으로 안정해야 함.(과충방전에 견디기 위해 넓은 전압범위에서 안정)
- 전기전도도가 높아야 함. (상온에서 1 mS/cm 이상)
- 전극물질이나 전지내의 다른 조성들과 화학적, 전기화학 적 호환성이 요구됨.
- 열안정성이 우수하여야 함.

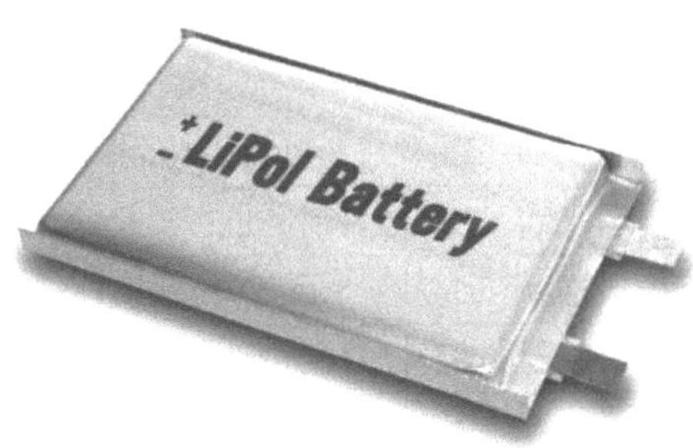

그림 6-26 리튬폴리머 전지

6-7-2 특징

리튬폴리머 전지는 리튬이온 전지와 동작원리는 같으나 전해액에 유기 용매와 겔상의 고분자를 사용하는 것으로 누액의 위험이 적고 안전성이 뛰어나며 필름 형태의 재료를 중첩시켜 구성하므로 형상의 자유도가 높아 다양한 모양이 가능한 특징이 있는 반면에 리튬이온 전지에 비해 체적 에너지 밀도가 떨어지며 제조공정이 비교적 복잡하여 아직까지 가격이 높다.

현재 휴대기기용(디지털 카메라 등)으로 사용되고 있는 폴리머 전지는 폴리에틸렌 글리콜(Polyethylene glycol)이나 폴리에틸렌 플로라이드(Polyethylene fluoride)으로 구성된 폴리머에 전기분해액을 포함시켜 교질화(겔화)한 것으로, 본질적으로는 리튬이온 전지와 큰 차이가 없다. 하지만 전해질이 준고체상태이기 때문에, 용액이 잘 새어나오지 않는다는 장점이 있다. 다른 방식의 2차 전지에 비해 상당히 가볍고, 메모리 효과도 매우 적다. 모양도 비교적 자유롭게 만들 수 있기 때문에 이용이 증가하고 있다. 애플의 노트북인 맥북, 맥북프로에서 사용되기도 한다.

리튬폴리머 전지는 음극과 양극사이의 분리막이 리튬이온 전지에서의 전극의 분리역할 외에 이온전도의 매개체, 즉 전해질의 역할을 하는 전지이다. 리튬폴리머 전지는 전극재료 및 고분자 분리막의 종류에 따라 다음과 같이 구분할 수 있다.

음극과 양극의 활물질(active material)이 리튬이온 전지와 유사하기 때문에 전기화학적 원리는 같다. 전지의 작동은 충·방전에 의해 리튬이온이 양극과 음극 사이를 이동하며 사이에 끼움에 의해 이루어진다. 전지작동에 의한 전극의 변화는 없기 때문에 안정적인 충·방전이 가능하다.

$$\text{Anode: } LiCoO_2(s) = LI_{1-n}CoO_2(s) + ne^-$$

$$\text{Cathode: } C(s) + nLi^+ + ne^- = CLi_x$$

$$LiCoO_2(s) + C(s) = LI_{1-n}CoO_2(s) + CLi_x$$

[표 6-10 리튬폴리머 전지의 분류]

	양극	전해질	음극	개발사
1	고분자	유기용매	리튬 or 고분자	Bridgeststone, Ricoh, Matsushida
2	고분자	고분자	리튬 or 고분자	Kanedo
3	무기재료	고분자	리튬 or 고분자	Yuasa, Hydro-Quedec, Ultralife
4	무기재료	겔형고분자	리튬 or 고분자	LG, Bellcore, Hitachi Maxell, Sony, Toshibe

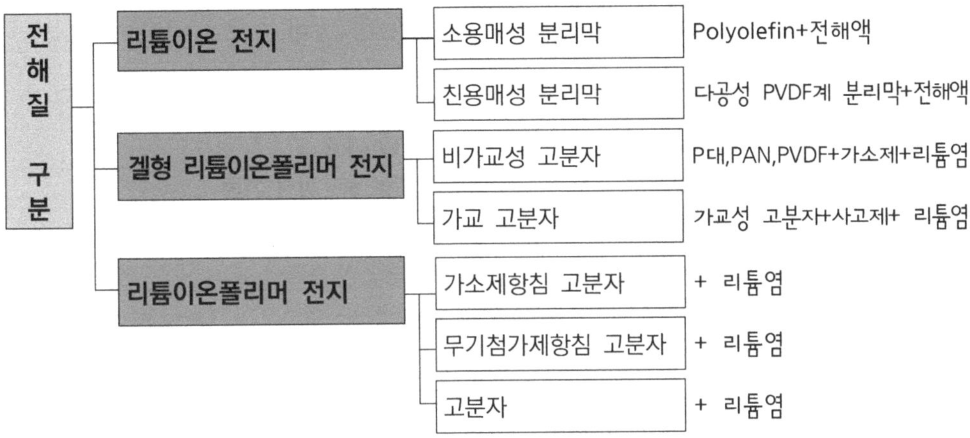

그림 6-27 전해질에 의한 전지의 구분

LIPB는 리튬이온 전지(LIB)의 전극구성과 비슷하며, 단지 전해질만 고분자 전해질을 사용하는 것이 다르다. 전해질은 고체고분자전해질, 유기용매와 염을 고분자에 혼합한 하이브리드 gel 전해질이 있다.

[리튬이온 전지와 리튬폴리머 전지와의 차이점]

1. 구조상의 특징에서 판상 구조이기 때문에 리튬이온전지의 공정에서 나오는 구불구불한 작업이 필요 없으며, 각형의 구조에 매우 알맞은 형태를 얻을 수 있다.
2. 전해액이 모두 일체화된 셀 내부에 주입되어 있기 때문에 외부에 노출되는 전해액은 존재하지 않는다.
3. 자체가 판상 구조로 되어 있기 때문에 각형을 만들 때 압력이 필요 없다. 그래서 캔(can)을 사용한 것 보다 팩을 사용하는 것이 용이하다.

[표 6-11 리튬폴리머 전지의 구성특징]

항목	특징	비 고
전극	양극재료의 다양성	전도성 고분자, 유기 황 화합물
	음극재료의 다양성	리튬 화합물, 리튬합금 또는 금속
형상	박막 가능	0.1mm이하 가능
	성형성	-
	유연성	-
	포장 용이성	Can 사용등에 의한 어려움 없음

항목	특징	비 고
물성	고전압	3~4 V
	Bipolar 전지가능	2~3 cell 연결가능
	고 에너지 밀도	100~400 Wh/kg
	긴수명	1000회 이상 충 · 방전 가능
안전성	잔기간 보관 가능	5~10년
	내열성	100℃ 이상
	누전해액 문제없음	-
	과충전 대응	-
	과방전 대응	-
환경문제	재료 공급 용이	-
	공해물질 사용 않음	유해금속 사용 않음
기타	저가	-
	생산 용이성	-

[표 6-12 전지의 특징]

종류	장점	단점
리튬이온 전지	· 고용량/ 고에너지밀도 · 좋은 저온 성능 · 외장재의 견고함-기계적 충격 등에 강하다.	· 폴리머전지보다 무겁다. · 금속 외장재의 특성상 일반적으로 4~5 mm이하의 박형 얇은 전지와 광면적 전지를 제조하기가 어렵다
리튬폴리머 전지	· 고온에서의 안전성. · 얇은 외장재에 따른 무게의 경량화	· 얇은 외장재 - 기계적 충격에 약한다. · 저온에서 성능저하 · 용량/에너지 밀도가 매우 낮다

앞으로 휴대폰과 휴대용 컴퓨터의 기능을 통합하고 화상 정보까지 결합된 휴대용 정보기기를 위해서는 전자회로의 집적화 및 통신속도 증대가 필수적이다. 그에 따라 이들 휴대용 정보기기를 구동시키기 위한 전력도 증가될 것이다.

리튬폴리머전지는 이러한 휴대용 정보기기의 전력의 심장부로써 폭발 위험성이 없고, 저렴한 가격의 폴리머를 사용하여 전지의 생산단가가 저렴할 뿐만 아니라 필름과 같은 박막형태로 제작이 가능하여 크기나 모양을 다양하게 조절할 수 있는 장점이 있기 때문에 앞으로 리튬폴리머전지의 쓰임새는 더욱 다양해질 것으로 예상된다.

6-8 리튬공기 전지

6-8-1 리튬공기 전지 개요

가장 많이 사용되는 전지인 리튬 이온 전지의 경우 가장 주목되는 문제점은 안전성이다. 그래서 이를 해결하기 위한 전지가 리튬 폴리머전지이다. 전해질을 기존에 사용한 액체와 달리 폴리머라고 하는 아주 큰 분자로 만들어서 전해질로 사용하는 방식이다. 액체처럼 흐르는 성질이 없고 잘 휘어지는 성질을 가지고 있어서 안정성을 높일 수 있다. 그러나 아직은 용량이 작고 수명이 짧다는 단점이 있어서 많은 연구가 필요한 분야이다. 기존의 전지는 용량이 부족하다는 단점이 있다. 최근 많이 사용되는 스마트폰에서도 이러한 현상이 일어나고 있는데, 기존보다 더 큰 용량을 갖는 전지가 연구 되고 있다. 그 중 가장 주목을 받는 것이 금속공기전지이다.

6-8-2 특징

금속과 공기의 조합으로 이뤄지는 금속공기전지 중 리튬공기전지는 가장 높은 에너지 밀도를 갖고 있다. 리튬공기전지의 부피당 에너지 보유량은 리튬이온전지보다 10배 이상 우수하다. 전기자동차용 실제 전지 팩(pack)으로 따지면 성능이 4~5배 이상 늘어나는 셈이다. 또한 리튬공기전지는 기존 리튬이온전지가 사용하던 니켈, 망간, 코발트 등의 금속을 사용하지 않고 탄소를 사용해 가격경쟁력과 친환경 측면에서 우수하다.

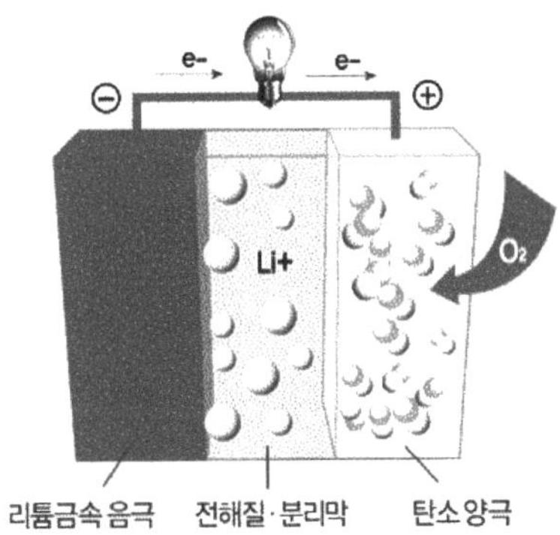

그림 6-28 리튬공기전지 구성도

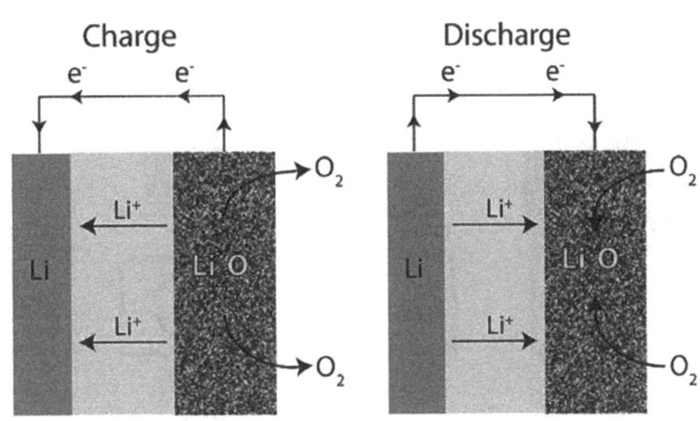

그림 6-29 리튬공기전지의 충방전

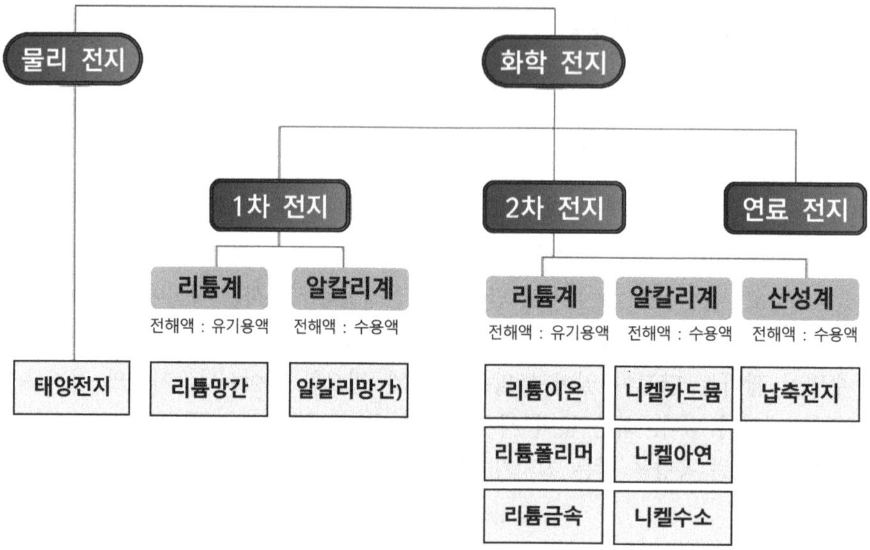

그림 6-30 전지 계통도

가솔린 차량은 한번 주유로 최대 약 800 km(500마일) 정도 갈 수 있는 데 반해 전기자동차는 전지의 용량 및 무게 때문에 약 160 km(100마일) 정도 갈 수 있는 것을 보면 아직도 우리가 전기자동차를 보편화 시키기에는 여러가지로 어려운 점이 많다.

기존의 납(Pb)이나 리튬-이온(Li Ion) 전지보다 더 가벼운 리튬공기(Li Air)를 활용한 전지를 만드는 연구가 여러연구기관을 통하여 이루어지고 있다. 리튬공기 전지의 가장 큰 특징은 대기중에 있는 '산소'를 반응 물질로 이용, 무게를 획기적으로 줄일 수 있다는 점이다. 현재의 리튬 이온 전지를 가지고 800 km 를 가게 만들려면 완전 충전시 전지의 무게만 약 1.5톤이 되어야 한다. 하지만 리튬에어 전지의 경우 150~300 kg 정도면 충분하기 때문에 자동차를 멀리 가게 할 수 있는 전기 자동차의 전지 충전재로 가장 현실적인 대안인 셈이다.

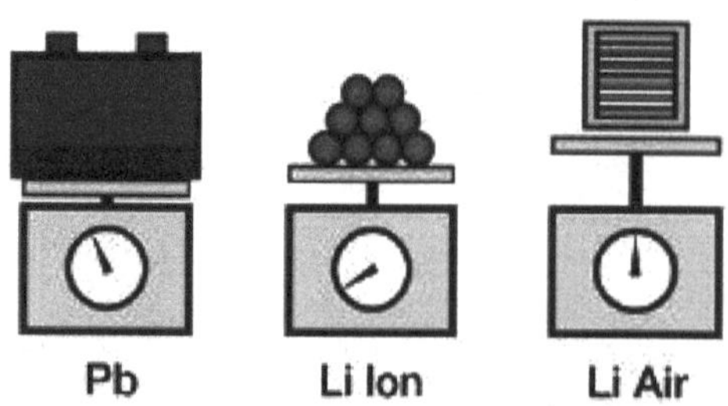

그림 6-31 전지 구성물질 질량비교

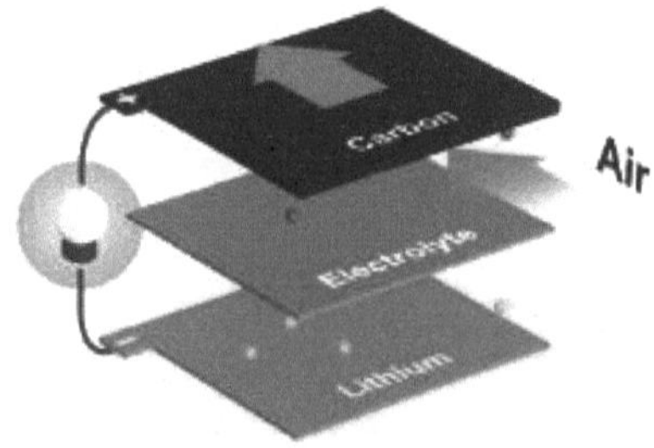

그림 6-32 리튬공기전지 구조

더 지능화된 인공지능 기술을 '최적의 물질의 배합'을 찾아내는 데 활용하고 있다. 이제까지 과학자들은 물질 배합을 위해 실제 실험을 해서 답을 찾아내는 시행착오를 겪을 수 밖에 없었다. 하지만 인공지능을 활용하면 컴퓨터 시뮬레이션을 이용하여 적합한 배합을 찾아내 가상의 실험을 하기 때문에 기술 개발의 효율성도 높아질 것이라고 기대한다.

물론 아직 이 기술이 상용화되기에는 개선해야 할 문제가 많고 새로운 전지 기술이 출시되려면 10년 이상 더 걸릴 지도 모른다. 하지만 이 또한 전세계 50여개의 유사한 노력들 중 하나로 세상을 더 깨끗하게, 편리하게, 똑똑하게 만들고 싶은 미국 IBM 연구소를 비롯 독일, 일본, 한국 등 전세계의 많은 조력자들이 함께 참여하고 있다. 우리는 곧 휴대폰을 충전하듯이 자동차를 충전하며 도로를 누빌 날을 맞게 되리라 믿는다.

금속공기 전지를 2차 전지로 사용하기 위해서는 아직 해결해야 할 과제가 많이 있으며, 개발에 몇 년이나 걸릴지 그 햇수를 말하기도 어렵다. 그렇지만 도요타를 비롯한 기업이나 일본 국내외 대학, 연구기관이 연구에 전념하고 있는 것은 리튬이온 전지의 성능 향상이 거의 한계에 다다르고 있는 가운데 실용적인 전기자동차의 에너지원으로서 금속공기 전지가 몇 안 되는 유망주 가운데 하나이기 때문이다.

금속공기전지

□ **금속공기전지** : 마그네슘, 알루미늄, 아연, 리튬 등의 금속을 공기(특히 산소)와 결합하여 전기를 발생시키는 2차 전지

- 아연공기전지 : 음극/아연, 양극/산소
- 알루미늄공기전지 : 음극/알루미늄, 양극/산소
- 마그네슘공기전지 : 음극/마그네슘, 양극/산소
- 리튬공기전지 : 음극/리튬, 양극/산소

- 금속과 산소의 반응을 이용한 금속공기전지는 장점이 많아서 많은 국가에서 개발하고 있다. 이 전지는 화학적으로 안정된 금속을 쓰기 때문에 여타 이차전지보다 에너지 밀도가 월등한데 기존 2차 전지는 중량당 에너지가 30 ~140 Wh/kg이지만 금속 연료전지는 200~500 Wh/kg 에 달해 훨씬 더 많은 전기를 생산할 수 있다.
- 전지내부에 화학산화제가 없어 폭발이나 화재의 염려도 없고 부피와 무게가 크게 줄어든다.
- 수소나 알코올을 사용하는 연료 전지보다 훨씬 저렴하고 안전성과 낮은 온도에서의 작동능력도 우월하다.
- 금속판 자체로는 자가방전이 전혀 없기 때문에 수십년이 지나도 전해액만 섞으면 곧바로 작동하는 신뢰성을 갖는다.

6-9 전기자동차 전지의 충전방법

전기자동차의 동력원인 전지는 내연기관자동차의 연료에 해당된다. 전지의 성능은 전기자동차의 성능과 직접적인 관계가 있으면 전기자동차의 성능을 향상시키기 위해서는 당연히 전지의 성능이 우수해야 한다.

전기자동차용 전지의 요구 조건을 요약하면 다음과 같다.

1) 에너지밀도(Wh/kg, Wh/ℓ)가 커야 한다.
2) 출력밀도(W/kg, W/ℓ)가 커야 한다. (여기서, W: 전력량, h: 방전시간, kg: 전지 무게, ℓ: 전지 부피)
3) 수명이 길고 가벼워야 한다.
4) 충전시간이 짧고 취급이 용이하며 위험성이 없어야 한다.
5) 값이 싸고 충방전시 전력손실이 적어야 한다.

6-9-1 전기자동차의 충전

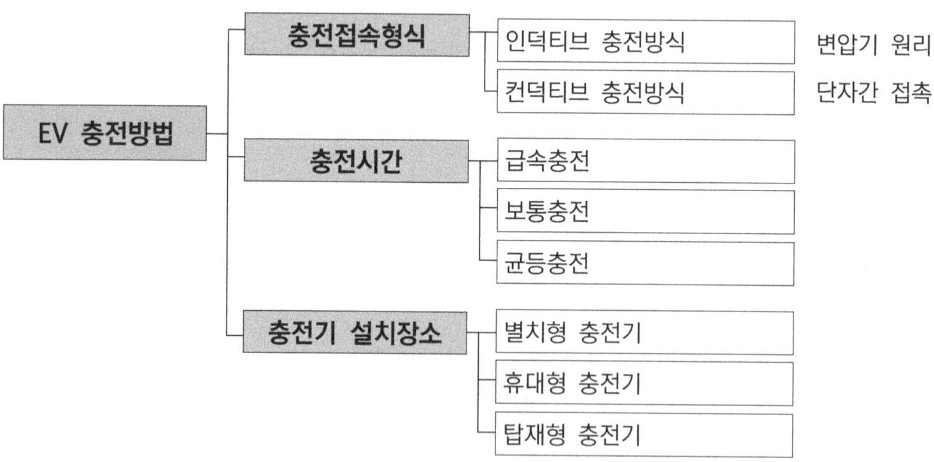

그림 6-33 전기자동차의 충전방법의 구분

전기자동차는 자신의 집에서 충전하는 것이 일반적이고 밖에서 충전하기가 쉽지 않기 때문에 표준화가 더디고 인프라 정비가 어려운 상황에 있다. 현재 스테이션용 충전기와 차량 탑재형 충전기에 대해서 주로 미국과 일본에 의해 국제 표준화 움직임이 이루어지고 있는 실정이다.

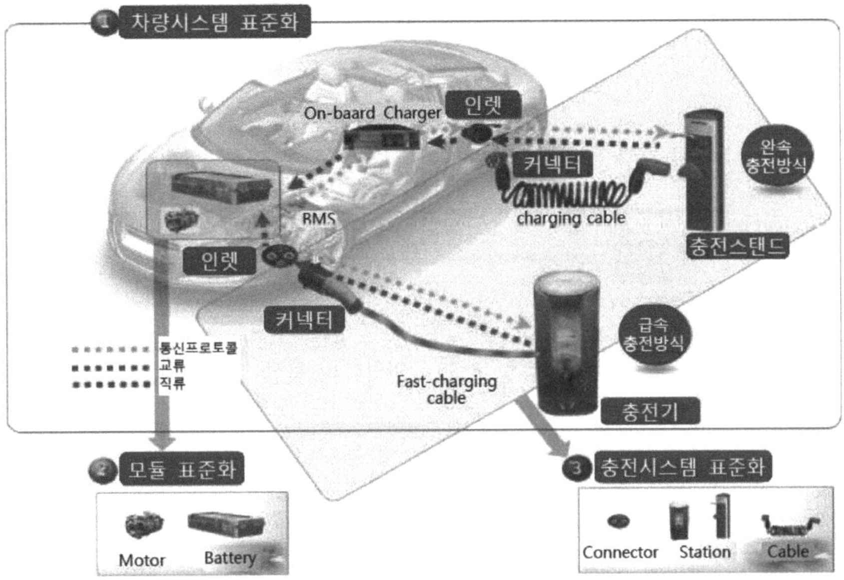

그림 6-34 전기자동차 충전방법

6-9-2 충전 접속 형식에 의한 분류

[표 6-13 충전 접속 형식에 의한 분류]

구 분	특 징
인덕티브 충전 방식 (Inductive Charging)	변압기 원리를 응용한 전자유도에 의해 에너지를 전달하는 방법으로 미국의 GM과 일본의 닛산 및 토요다 등이 채택하고 있다.
컨덕티브 충전방식 (Conductive Charging)	일반적인 전기접속방법에 따라 단자간 접촉으로 에너지를 전달하는 방법으로 미국의 포드와 일본의 혼다 등이 채택하고 있다.

전기자동차의 충전방법은 여러 방법으로 분류된다. 우선, 단자 접촉에 의해 전원측에서 EV 측으로 전류를 직접 유입하는 **컨덕티브 방식**과 변압기와 같이 전자유도에 의해 전기 에너지를 전달하는 **인덕티브 방식**이 있다.

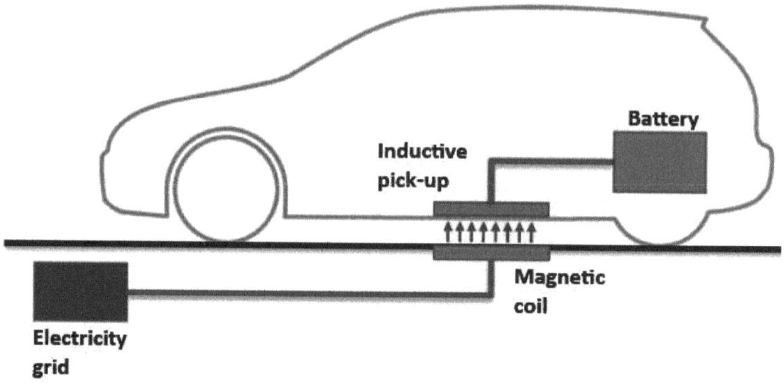

그림 6-35 인덕티브 충전 방식

인덕티브 방식은 지금처럼 콘센트에 플러그를 꽂는 대신 전자기 유도방식을 사용한 비접촉 충전방식이다. 충전기 쪽에 붙은 코일에 교류 전류가 흐르면 자동차 쪽에 붙은 코일에서 전류가 생성되는 원리를 응용한 것이다. 지난90년대 말, GM이 선보인 최초의 전기자동차 EV1은 코일이 삽입된 넓적한 플라스틱 판을 자동차 헤드라이트 사이에 집어넣는 방식을 택했다. 플러그를 직접 꽂지 않기 때문에 비교적 안전하다는 장점이 있지만, 설비가 복잡해서 가격이 높고, 코일간 거리가 멀어질수록 효율이 낮아진다는 단점도 있다.

최근 닛산은 비접촉식 충전이 무선 충전으로 진화할 가능성도 염두에 두고 있다. 충전기에 해당하는 코일을 지정된 주차장 바닥에 깔아두면, 바닥에 코일을 붙인 자동차가 그 위에 주차하는 방식이다. 이는 과거 비접촉식 충전처럼 코일을 사용한 전자기 유도 원리를 똑같이 응용하되, 기술혁신을 통해 보다 먼 거리에서 두 코일간 충전이 가능해지는 것이 관건이다. 과거 헤드라이트 사이에 집어넣는 방식일 때 자동차와 충전 플라스틱 판과의 거리가 5 cm 내외였다면, 무선충전일때는 코일간 거리가 주차장 바닥에서 자동차 밑판에 이를 정도로 늘어나야 하기 때문이다.

전기자동차 충전 세계표준, 일본-미국·독일 기술경쟁

- 차세대 자동차로 관심을 모으고 있는 전기자동차(EV)의 충전방식을 놓고 미국、독일 연합군과 일본이 치열한 표준 경쟁을 벌이고 있다. 이미 1400곳에 충전소를 설치할 정도로 상용화를 선점한 일본에 미、독 연합세력이 기술적으로 진보된 충전방식을 개발해 도전하는 형국이다.
- 미국 자동차 규격을 관장하고 있는 자동차기술자협회(SAE인터내셔널)은 전기자동차의 급속충전기(Fast-Charging)규격으로 미국과 유럽의 제조업체가 추진하고 있는 '콤보방식(Combo Coupler)'을 표준(SAE J1772™)으로 채택한다고 발표했다.

- 콤보방식은 최소 15분 안에 완전 충전되는 비상급속충전이 가능하며 저렴한 야간전력을 이용하는 보통충전과 급속충전을 하나의 플러그로 할 수 있는 것도 장점이다. 반면 도요타 등 일본 자동차업계가 채택하고 있는 방식은 '차디모(CHAdeMO)' 방식으로 30분이 지나야 80% 수준의 충전이 가능하며 보통 충전과 급속 충전을 위한 플러그가 분리돼 있다.
- 충전방식과 관련, 일본의 경우 자체 개발해 국제표준화 작업을 하려한 '차데모(CHAdeMO)' 방식과 중국이 역시 자체 개발한 독자규격을 내세우려 하고 있는 가운데 미국이 '콤보 방식'을 채택해 앞으로 이를 둘러싸고 치열한 선점 경쟁을 벌일 것으로 보인다.

	System A	System B	System C	
	CHAdeMO(Japan)	GB/T(PRC)	COMBO1(US)	COMBO2(DE)
Connector				
Vehicle Inlet		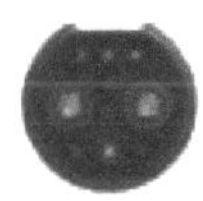		
Communication Protocol	CAN		PLC	

- 콤보 방식은 미국의 제너럴 모터스(GM) 등 미국과 독일의 폭스바겐(VW) 등의 제조업체가 연합해 추진한 것이다. 하나의 플러그(Plug)로 급속충전과 가정용 전원을 이용한 보통 충전에 둘 다 대응할 수 있다는 점이 특징이다. 일본의 '차데모'의 경우 보통충전과 급속충전의 플러그의 콘센트가 별도로 나뉘어 있어 호환성이 없는 것이 단점으로 드러났다.

6-9-3 충전시간에 의한 분류

충전시간의 장단에 의한 구분이 있다. 소전류로 장시간(8시간 정도)하는 보통충전과 대전류로 단시간 30분(정도) 충전하는 급속충전이 있으며 이 중간시간으로 충전하는 경우에는 중속충전이라고 한다. 이 충전전류를 크게 함으로써 충전시간이 단축되는데 충전기 용량이 커져 무거워지고 코스트도 높아진다.

또한 충전기의 부착장소나 이용형태에 따라서도 분류된다. 일반적으로 EV내에 내장되거나 부착되거나 하는 차재충전기, 차고 등에 두는 고정충전기 및 공공주차장이나 가솔린 보급 스테이션에 병설되는 공공이용 충전기로 분류된다.

[표 6-14 충전시간에 의한 분류]

구 분	특 징
급속충전	· 큰 전력으로 단시간에 충전하는 방식으로 30분에 약 80% 정도까지 충전한다. 단, 급속충전의 경우 만충전은 불가능하다.
보통충전	· 야간에 교류 220 V를 사용하여 적은 전력으로 만충전 시키는 방법으로 전기자동차의 기본이 되는 충전방식이다. 심야전력제도를 이용하면 경제적으로 충전할 수 있다.
균등충전	· 전지의 충전상태를 초기조건으로 되돌리기 위해 정기적으로 충전하는 방식이다.

EV는 안전 확보를 위해 충전 중에는 주행할 수 없도록 오발진 방지기능을 갖고 있으므로 충전용 배선이나 부품일부는 주행시의 모터 제어회로와 공용이 가능하고 최근의 EV는 충전회로와 모터 제어 회로를 통합한 합리화가 도모되고 있다.

시스템은 조작 패널에서 보통충전과 중속충전의 모드 전환이 가능하고 충전 컨트롤러에 의해 주전지의 보충전 균등충전이 자동적으로 제어된다. 또한 각종 제어신호를 상시 감시하여 이상이 있으면 경보 램프를 점등함과 동시에 시스템 동작을 안전한 상태로 이행시킨다.

EV의 충전은 자택 또는 본거지에서의 보통충전이 기본이지만 출장지에서의 주행거리를 연장시키기 위한 보충전도 필요하다 기존의 가솔린 스탠드에 EV용 급속 충전설비, 천연가스 자동차나 메탄올 자동차용 연료 공급설비를 병설하는 국가적 프로젝트의 에코 스테이션 2000 계획이 추진되고 있다.

이 에코 스테이션 충전설비는 야간의 잉여전력을 전지에 저장해 두고 EV에 30분간 급속충전을 하는 것으로서, EV측에서 보내지는 충전에 관한 요구신호에 따라 충전제어가 행해진다. 이와 같은 공공이용 충전설비에 관해서는 장래의 혼란을 예방하기 위한 표준화가 중요하며 설치개시에 앞서서 규격이 제정되었다 이 규격(일본전동차량협회 규격: JEVS)에서는 충전 스탠드와 EV를 접속하는 커넥터와 양자간의 통신 프로토콜 등을 규정하고 있다.

충전 시스템의 국제표준화에 관해서는 IEC/TC69(전기자동차 분과회)/WG4(충전 시스템 워킹 그룹)에서 EV 충전기에 관한 규격 IEC 718 개정작업을 진행하고 있고 일본에서도 상시 참가하고 있다. 또한 '8년부터 9의 캘리포니아 환경규제를 안고 있는 미국에서는 충전 시스템의 신 SAE규격 제정작업을 진행하고 있는데 일본도 이 작업에 참가하고 있다. 인덕티브 방식에 있어서는 이미 규격원안이 종합되었고 컨덕티브 방식도 곧 정리될 예정이다.

고정충전기는 앞으로 차재충전기로 순차 이행할 것으로 생각된다. 차재충전기에 있어서 이제부터 실현해 나갈 것으로 생각되는 기능은 심야전력 대응, 단전지의개별 충전과 열화판정 원격조작 및 홈 오토메이션과의 링크, 충전상태의 외부 모니터 각종 전지 자동대응 고장진단 증강 등이다.

공공이용 충전기에 대해서는 각종 전지 자동대응 잔존용량의 산출 표시 전기요금 과금, 장난 방지, 셀프 서비스 대응, EV 충전정보 관리, POS 대응 등의 기능이 실현되어 나갈 것으로 생각된다. 또한 전지 소모로 움직이지 않게 된 EV의 구출용 출전식 이동전원차도 필요할 것이다.

세계적으로 전기자동차가 순차적으로 개발되면서 제조사별로 다른 충전 방식을 적용하여 국제표준(IEC)에는 5가지 급속 충전방식이 규정되어 있으며, 국내에서는 이중 3가지(차데모, A.C. 3상, 콤보 1) 방식이 사용되고 있고 중국의 9핀 방식, 테슬라의 슈퍼차저, 유럽의 콤보 2 라는 방식의 전기자동차도 국내 진출을 모색하고 있다.

전기자동차 관계자들은 충전방식 통일화가 시급히 이루어지지 않으면 전기자동차 소비자들의 불편과 혼란이 가속화 될 것으로 우려되어 전기자동차 보급이 많지 않은 지금이 충전 방식 통일화의 적기라 보고 있다. 전기자동차의 충전 방식은 입력전류의 파형에 따라 교류(AC)와 직류(DC) 방식으로 구분 하고, 충전 시간에 따라 완속과 급속으로 나눌 수 있다.

급속충전보다 완속 충전방법이 유리?

- 전기자동차의 가장 큰 걸림돌은 비싼 전지 가격과 오랜 충전 시간이다. 현재 전기자동차의 활성화를 위하여 충전소 건립이 민간업체 주도로 이뤄지는 만큼 투자비용이 비싼 급속 충전보다는 비용이 적게 드는 완속 충전기를 적극 활용해 충전 인프라 보급률을 높이는 것이 중요하다. 이와 관련하여 국내 전기자동차 충전 방식이 '급속'에서 '완속'으로 이동 중인 것으로 나타났다.
- 급속 충전 인프라 부족 문제 해결 방안을 위해 연구한 결과, 전기자동차 및 충전기 제조업체는 급속보다 완속 충전으로 문제를 해결할 수 있다고 판단, 최근 완속충전을 위한 인프라 구축에 힘을 싣고 있다.
- 완속충전의 경우 초기 진입 비용을 낮출 수 있는 데다 충전 인프라 확충으로 전기자동차 보급에 한 걸음 접근해 정부와 해당 업체는 물론 소비자까지 모두가 윈-윈 할 수 있다고 보기 때문이다. 나아가 전기자동차 전지 자체를 교환하는 방식까지 고려하면서 전기자동차의 단점인 짧은 주행거리를 보완할 수 있다는 주장을 내놓고 있다.
- 완속 충전소는 수백만원 대인 반면 급속 충전소는 수천만원의 설치 비용이 드는 점을 감안한다면 전기자동차 보급을 위해선 언제, 어디서든 충전할 수 있는 완속 충전 인프라를 구축이 타당하다고 관계자는 강조한다.
- 급속 충전기는 380 V로 직류전류(DC)를 공급하여 직접 전지를 충전해야하나 완속 충전기는 저렴한 가격 이외 충전 시 일반 가정용 전기를 사용할 수 있기 때문에 각광 받는 또 하나의 이유이다. 완속 충전기는 220 V의 교류전류(AC)를 전기자동차로 흘려보내 OBC(On-Board Charger) 라는 장치를 통해 380 V로 승압, 전지를 충전하게 된다.
- 전기자동차 관련 업계에서는 완속 충전기의 경우 시간이 오래 걸린다는 단점이 있지만 어디서든 충전할 수 있다는 장점이 있어 당장 실용화가 가능할 것으로 보고 있다.

- 전기자동차 관계자는 차에 직접 충전하는 것보다 전지 자체를 교환하는 방식에 집중, 충전 문제를 해소할 수 있다는 입장이다. 이 경우 택시나 렌터카 등에 유용할 것으로 전망되고 있다.
- 전기자동차 관계자는 기존 내연기관차의 경우, "연료=주유소"이었으나 전기자동차의 경우는 "주차장=충전"이라는 개념으로 변화할 것"이라고 전한다.

6-9-4 충전기의 설치장소에 따른 분류

[표 6-15 충전기의 설치장소에 따른 분류]

구 분	특 징
별치형 충전기	· 충전기를 차량외부인 주차장이나 주유소 등에 설치하는 방식으로 인덕티브 충전과 급속충전 등이 이러한 방식에 해당된다.
휴대형 충전기	· 별치형을 개량하여 휴대할 수 있도록 사용 편의성을 높인 형태이다.
탑재형 충전기	· 충전기를 차량에 탑재하고 이동하다가도 교류전원이 있으면 충전이 가능한 형태로 충전기를 설치할 필요가 없이 전원만 있으면 충전이 가능하므로 편리하다.

전기자동차 시대에 필요한 충전기는 어떤 모습일까?

화석연료 대신 전기를 이용한 전기자동차는 이미 상용화 되어 판매되고 있다. 완전한 전기로 동작하는 자동차는 산업계에서도 사용 중이다. 골프카나 놀이공원의 유틸리티카, 산업용 지게차 등이 실제 전기로만 작동되는 차량들이다.

일반인들이 다목적용으로 사용하는 전기자동차는 가격과 제조사, 정책 등의 문제로 그렇게 일반화되어 있지는 않다. 미국과 일본을 비롯한 선진국들은 공해가 없는 전기자동차 상용화에 많이 앞서 있고, 실제 전기와 화석연료를 함께 사용하는 하이브리드자동차는 심심치 않게 볼 수 있다.

전기자동차가 많이 늘어나면 필수적으로 필요한 것은 전기충전소일 것이다. 휘발유, 경유를 주입하는 주유소처럼 전기자동차도 연료에 해당하는 전기를 충전하는 시설이 많이 갖춰져 있어야 할 것이다. 아직은 전기자동차가 많지 않지만, 조금씩 보급되고 있는 상황이고, 하이브리드 차량은 늘고 있기 때문에 충전장치의 보급도 조금씩 늘어나고 있다.

전기자동차용 충전기는 얼마나 안정적이고 빠르게 충전하느냐가 중요하다. 휘발유나 경유처럼 몇 분 안에 빠르게 주유하는 것과 달리 전기자동차는 전지에 충전을 하는 방식이어서

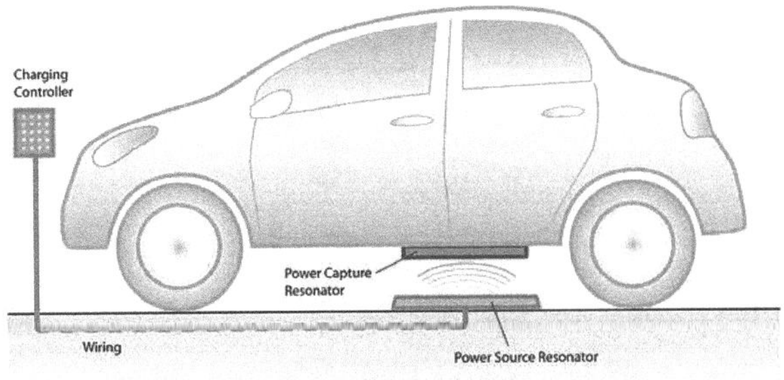

그림 6-36 전기자동차 충전기

일정시간이 필요하다. 따라서 우리가 생각하는 충전소의 개념이 일반 주유소와는 다르다. 충전시간이라는 변수가 있기 때문이다.

빠르게 충전하는 것이 중요한 포인트이지만, 전지 손상없이 안정적으로 전기를 충전할 수 있는 노하우가 기술이다.

자동차용 유류는 표준화되어 있어 정유사간 차이가 거의 없는 편이지마, 충전제품은 다르다. 전지와 충전기의 품질에 따라 오래 사용할 수도 있고, 빠르게 안정적으로 충전할 수도 있다. 안정싱과 품질은 바로 드러나는 것이 아니라 전지 교체 등의 시기에만 알 수 있어서 소비자들은 충전기와 전지의 성능을 금방 알 수 없다.

전기자동차 충전에 대한 수요는 아직 많지 않다. 당연히 전기자동차 보급이 가장 큰 원인인데, 선진국에 비해 시작 단계이다 보니 아직 전기자동차에 대한 소비자의 인식부족도 원인 중의 하나이다.

전기자동차 및 하이브리드 자동차가 많이 보급되면 가정용 충전기 판매도 늘어날 것으로 보이는데, 일반 전기를 그대로 충전하기 보다는 차량 전지의 성능에 따라 충전방식이나 기술도 다르다는 점에서 충전소 설치에 대한 시장성은 매우 밝다.

아파트나 빌라 같은 집단 주택이 많은 우리나라의 경우 공동 충전시설이 필요하며, 다양한 차량과 다양한 서비스가 가능한 충전 장비 개발이 필요하다.

전력 수요를 효율적으로 관리하는 차세대 전력망인 스마트그리드에서도 전기자동차 충전소는 중요한 부분이다. 가정용 전기 수요에서 전기자동차의 충전요구가 늘어날 것이기 때문이다. 따라서 가정내 전력공급을 원활하게 하는데 있어 전력 스마트그리드 연계는 필수적이다.

그러나 전기자동차 충전소 설치에도 난관은 있다. 우선 제조사별로 다른 자동차 충전 관련 표준의 난립에 있다. 국제적인 표준의 합의가 되어 있지만, 국가별로는 플러그에서부터 각종 제원에 이르기까지 다양하다. 이를 모두 수용해야 하는 것은 앞으로 해결해야 할 숙제다.

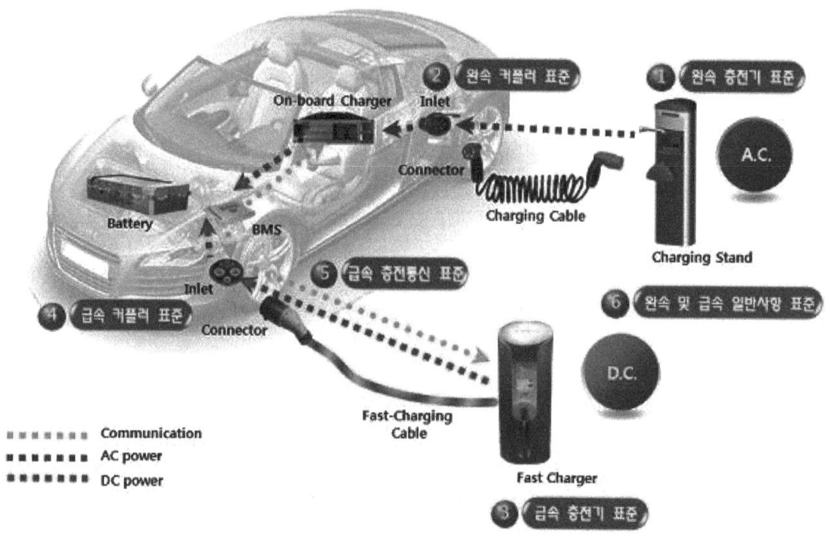

그림 6-37 충전시스템

이런 정책적인 문제보다 더 근본적인 문제는 기술력의 확보에 있다. 탄소배출을 줄이려는 노력이 한창이기 때문에 전기자동차의 수요는 급격하게 늘어날 전망인데 관련 산업의 기술은 선진국에 비해 아직 많이 뒤쳐져 있는 상황이다. 세계적인 자동차 제조사를 가진 우리인 만큼 이 부분은 긍정적으로 개선될 것이라고 보인다.

전기자동차의 보급과 함께 자동차용 전지와 충전소 관련 기술개발에도 많은 관심과 노력이 따라야 할 것이다.

6-10 전기자동차 전지 개발동향

전기자동차 전지 수요가 폭발적으로 증가하면서 한국은 물론 세계 각국이 전지 개발 및 생산에 박차를 가하고 있다. 현재 전 세계 전기자동차용 전지는 한·중·일 동북아 3국이 시장 점유율 90% 이상을 차지하며 주도하고 있다. 특히 한국은 전지 관련 원천 기술력을 확보하고, 이를 기반으로 자동차 업체 수주를 많이 이끌어내 향후 3국 중 1위로 오를 가능성이 큰 것으로 분석되고 있다. 국내 전지 업계는 "전기자동차 시장이 본격적으로 성장하는 시점에는 점유율에서도 일본을 추월할 것"이라고 자신하고 있다.

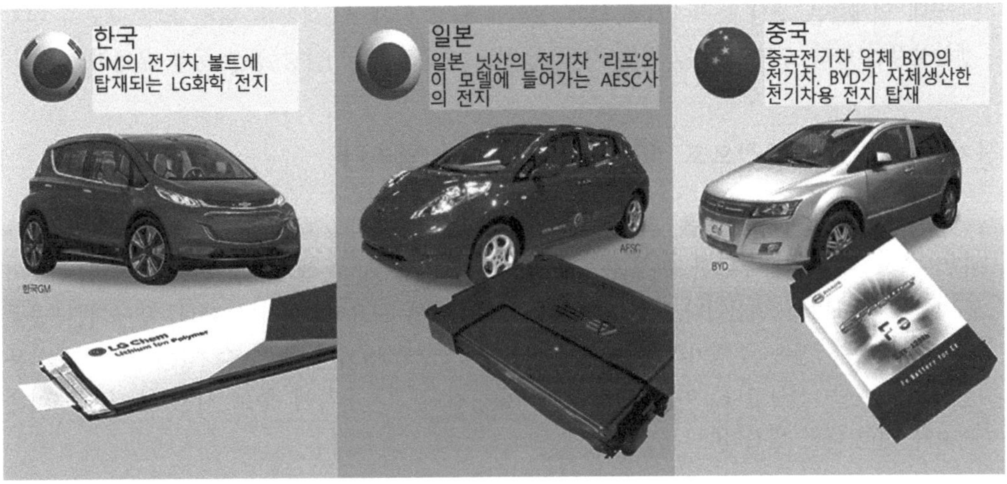

그림 6-38 한중일의 주요 전기자동차 전지 특징

한국은 기술력으로 승부

시장조사업체는 전 세계 전기자동차 전지 제조업체들의 경쟁력을 평가하면서 LG화학에 가장 높은 점수로 평가했다. 삼성SDI는 그 뒤에 올랐다. 이번 조사에선 순위에 없지만, 다른 조사업체는 SK이노베이션도 전 세계 수위 안에 드는 업체로 판단하고 있다.

LG화학은 에너지 밀도가 높은 '주머니형 전지'의 세계 선두주자다. 20여 곳의 완성차 업체를 고객으로 두고 있다. 삼성SDI는 한 번 충전으로 최대 600 km까지 주행할 수 있는 전기자동차 전지 제조 기술을 갖고 있다. SK이노베이션은 전지 폭발 사고 위험성을 낮추는 세계 특허기술을 갖고 있다.

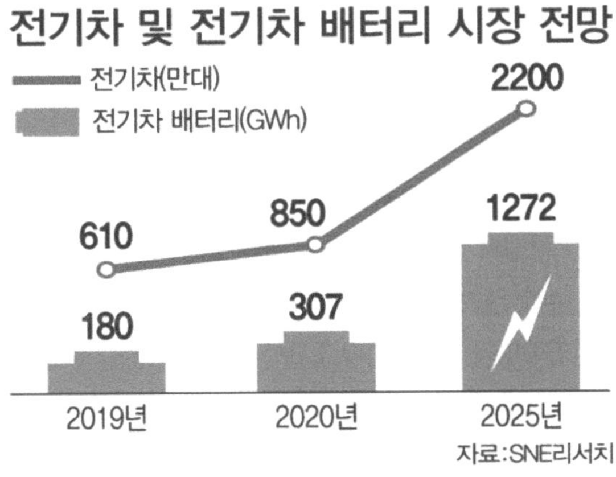

그림 6-39 전기자동차 및 전기자동차 전지시장 전망

국내 업체들은 생산 능력에서도 업계 상위에 들고 있다. LG화학은 세계 최대 규모의 전지 생산공장인 충북 오창 공장을 비롯, 미국 홀랜드 공장과 중국 남경 공장 등을 운영하고 있다.

전기자동차 1회 충전으로 1000 km주행시대 열리나

전기자동차용 전지 개발을 위해 세계적 관련업체들이 각축전에 나서고 있다. 전기자동차(EV) 충전 인프라가 부족한 현실을 감안하면 1회 충전 시 운행거리를 최대한 늘리는 것이 전기자동차 개발의 핵심이다. 관련업계에 따르면 일본 도요타자동차와 대학, 연구기관 공동연구로 자동차 연속 주행거리를 현재 200㎞에서 1,000㎞까지 늘릴 수 있는 전기자동차용 전지 시제품을 선보였다. 이 전지는 현재 출시된 전기자동차에 주로 사용하는 리튬-이온 전지와 전혀 다른 방식이다.

불에 타기 쉬운 액체를 사용하지 않는 전체를 고체형식으로 발화방지재 등이 불필요하고 내부 구조도 간단하다. 이를 통해 발화 · 폭발 위험이 있고 구조가 복잡해 주행거리를 늘리기에 한계가 있는 기존 리튬-이온 전지의 단점을 상당 부분 개선하였다. 또 전기자동차 가속에 필요한 고압의 전류를 낼 수 있고 주행거리도 현재보다 4~5배나 늘릴 수 있다.

도요타는 이 전지의 성능을 더욱 향상시켜 실용화할 계획이다. 도요타는 현재 전지와 내연기관을 같이 사용하는 하이브리드 차량 개발에 주력하고 있다. 이들 차량은 1회 주유로 1,000㎞ 이상 주행이 가능하다.

도요타 외에 마쓰다자동차는 전지의 용량을 2배로 늘리는 전극재료를 개발했다. 또 NEC는 수명이 20년 정도로 긴 주택용 리튬-이온 전지를 개발했다.

전기자동차 전지를 미래 성장동력으로 키우고 있는 삼성과 LG는 전지의 주행거리 확대를 위하여 박차를 가하고 있다. 문제는 전지의 경제성이다. 기존 가솔린 · 디젤 자동차와 비교했을 때 가격경쟁력을 갖춰야 전기자동차 대중화 시대를 열 수 있기 때문이다.

전기전지를 지배하는 자가 4차 혁명을 이끈다.

인공지능(AI), 사물인터넷(IoT), 전기자동차, 자율주행차, 드론 등 4차 산업혁명의 기반 기술로 수렴되는 최근 기술 경쟁의 핵심 경쟁력은 어디에서 나오는 것일까?

더 작고 더 강력한 마이크로칩, 더 빠르고 더 저렴한 통신 네트워크 등 여러 기술들이 있지만 전기전지를 4차 산업혁명의 핵심 기술로 보는 전문가들이 적지 않다. 제 아무리 똑똑하고 뛰어난 인공지능·사물인터넷 기기, 자율주행차, 전기자동차, 드론이라 해도 빨리 충전되면서 안정적으로 전기를 공급하는 전지가 없으면 무용지물이기 때문이다. 특히 최근 불붙은 전기자동차 개발 전쟁에서 전기 전지는 산업의 주도권을 좌우할 핵심 기술로 꼽힌다.

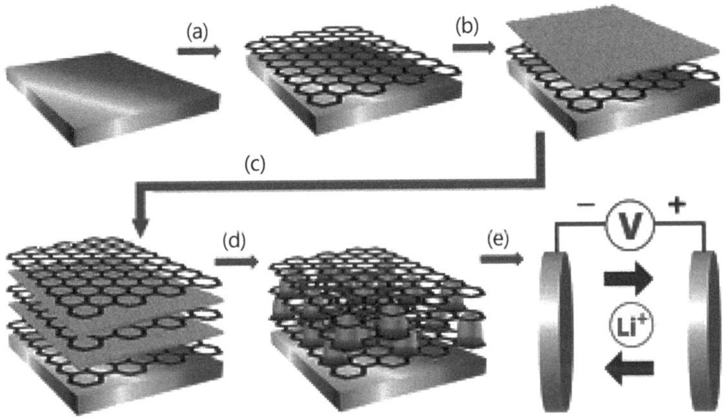

그림 6-40 그래핀 볼 전지

전기 전지가 완성차 가격의 30~40%를 차지하는 핵심 부품인데다 짧은 주행거리, 오랜 충전 시간 등 전기자동차 보급을 가로 막는 기술적 난관으로 남아 있기 때문이다.

전기자동차에 사용되고 있는 리튬이온 전지는 1990년대 상용화된 제품으로 충전 효율과 지속성, 안전성 등에서 한계가 많다. 글로벌 기업들은 더 빨리 충전되면서도 더 강력하고 더 오래가는 전기전지를 개발하기 위해 전력을 다하고 있다.

이런 가운데 삼성전자는 리튬이온 전지 보다 충전 용량을 45% 향상시키면서 충전 속도를 5배 이상 빠르게 할 수 있는 새로운 전지 소재인 '그래핀 볼' 개발에 성공했다고 밝혀 주목을 끌었다.

흑연에서 벗겨낸 얇은 탄소 원자막인 그래핀은 구리보다 100배 이상 전기가 잘 흐르고 실리콘보다 140배 이상 전자를 빠르게 이동시킬 수 있어 급속 충전에 이상적 소재로 꼽히는 물질이다. 팝콘 형태의 그래핀 볼을 전지의 음극 소재와 양극 보호막으로 활용하면 충전 용량은 늘면서도 충전시간은 단축되고 고온 안전성까지 만족시키는 결과가 나왔다고 연구팀은 설명했다.

삼성전자는 '그래핀 볼'을 리튬이온 전지의 음극과 양극에 적용하면 현재 1시간 가까이 걸리는 충전 속도를 12분 수준으로 단축시킬 수 있고, 전기자동차용 전지에 요구되는 온도 기준인 60도까지 안정성을 유지할 수 있다고 밝혔다.

몇 시간 걸려 전지를 충전해도 하루를 가지 못하는 스마트폰이나 주행거리와 충전 시간에 한계를 보이는 전기자동차 성능을 획기적으로 개선할 기술이 될 수 있다는 기대를 모으고 있다.

반도체 이후 먹거리는 전기자동차 전지

전세계적인 전기자동차 전지 시장은 표면적으로는 정부 주도 드라이브를 걸고 있는 중국이 앞서가는 모양새이다. 전 세계 전기자동차 시장의 50%를 차지하는 중국은 전폭적인 보조금 정책으로 자국 업체들을 육성했다. 정부 보조금을 받기 위해선 자국 업체의 전지를 탑재하도록 유인책을 쓴 것이 주효했다는 분석이다. 자동차 생산량의 일정부분을 의무적으로 전기자동차 등 친환경차로 채워야 하는 의무 제도를 도입해 전기자동차와 생태계 조성에 힘을 싣고 있는 상태다.

일본 파나소닉은 최근 전기자동차 최강 테슬라와의 독점계약을 끊고, 일본 도요타와 전지 합작사를 설립했다. 이 합작사는 도요타뿐 아니라 도요타가 지분을 보유하며 연대하고 있는 다른 일본 완성차 제조사에 전지를 공급할 전망이다. 일본 자동차 산업이 똘똘 뭉쳐 시장 공략에 나서겠다는 전략인 셈이다.

한국의 현황은 어떨까. LG화학, 삼성SDI, SK이노베이션 등 국내 전지 3사는 '제조 공정 기술력'을 앞세워 일본과 중국에 맞서고 있다. 설계 및 제조에 강점을 가진 한국 제조업의 특성을 전지 산업도 이어받은 셈이다.

중국, 유럽, 미국 등에 생산기지를 만드는 등 선제적 투자를 감행하며 해외 자동차 업체들과의 협력을 다져온 것이 강점으로 꼽힌다. 특히 BMW 벤츠 폭스바겐 르노 볼보 GM 등 국내 전지 3사가 대규모로 수주한 완성차 업체들의 전기자동차가 시장에 출시되는 2, 3년 후 한국 업체들의 시장 점유율은 크게 확대될 것으로 전망된다.

실제로 국내에서 가장 먼저 전기자동차 전지 사업에 뛰어든 LG화학은 전체 매출 중 전지 비중이 2024년 50%에 육박할 전망이다. LG화학은 2025년까지 시장점유율 1위를 이룬다는

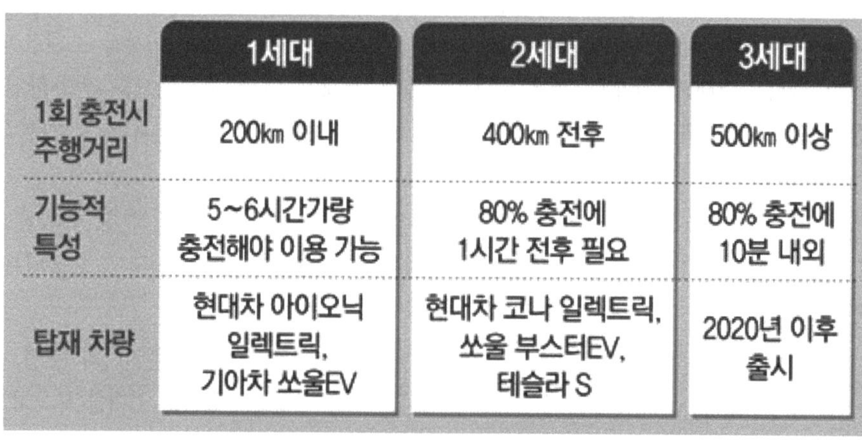

	1세대	2세대	3세대
1회 충전시 주행거리	200km 이내	400km 전후	500km 이상
기능적 특성	5~6시간가량 충전해야 이용 가능	80% 충전에 1시간 전후 필요	80% 충전에 10분 내외
탑재 차량	현대차 아이오닉 일렉트릭, 기아차 쏘울EV	현대차 코나 일렉트릭, 쏘울 부스터EV, 테슬라 S	2020년 이후 출시

그림 6-41 전기자동차 전지 세대별 특징

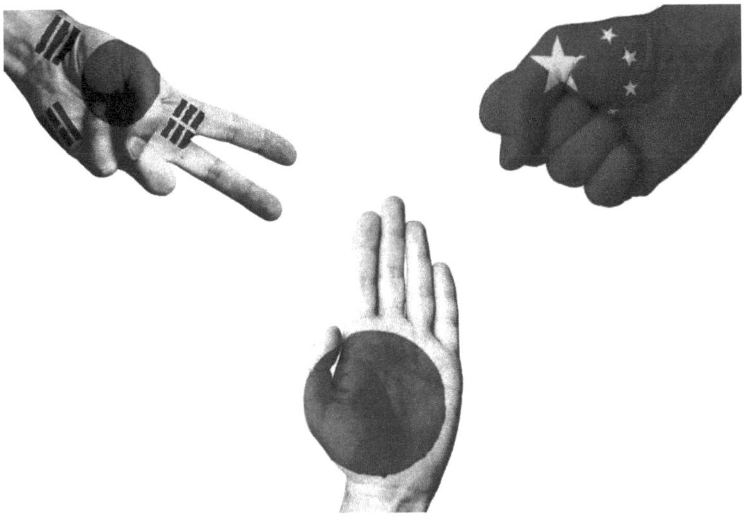

그림 6-42 전기자동차 전지 삼국지

목표다. 삼성SDI는 소형 전지 1위를 앞세워 공격적인 전기자동차 전지 시장 확대 전략을 펴고 있다. 최근에는 한 번 충전에 600 km를 주행하는 전지를 선보이며 기술력을 과시했다. 이 같은 기술력을 바탕으로 BMW 전기자동차에 탑재되는 전지의 대부분을 생산하고 있는 것으로 알려졌다. 후발주자인 SK이노베이션은 그룹 차원의 전폭적인 지원을 업고 공격적인 투자에 나서고 있다. 2025년 '글로벌 톱3' 프로젝트를 본격 가동한 상태다.

10여년 전 한국, 일본, 미국의 반도체 메모리 회사들은 조 단위 투자 계획을 앞서거니 뒤서거니 발표하며 죽기 아니면 살기식의 치킨게임을 벌였다. 지금 패자는 사라졌고 승자는 유례없는 호황이란 단맛을 즐기고 있다.

갈수록 치킨 게임 양상으로 전개될 전기자동차 전지 전쟁 결과에 따라 4차 산업혁명의 승패가 정해지고 그에 따라 국민들의 미래도 상당 부분 좌우될 가능성이 높다.

전기자동차의 각 부품 중에서 가장 중요한 역할을 하는 것 중의 하나는 전지이다. 기존의 내연기관에서 화석연료를 대체하는 근원적인 에너지원인 전기를 저장하는 장치이기 때문이다. 미래의 전기자동차 전지는 그 가격을 낮추고 에너지 축전용량 및 사용 가능기간을 연장시키는 것이 필요하다.

제 7 장

연료전지 자동차

한국의 자동차산업 또한 생존을 위해서는 현재 북미의 배기가스 규제, 캘리포니아주의 무공해 자동차(ZEV) 의무 판매 및 유럽연합의 이산화탄소 규제 등에 대응할 수 있는 환경 친화적 자동차 개발이 필수이며 그 중 연료전지자동차의 개발은 친환경자동차 개발의 핵심적 요소라 할 수 있다.

연료전지자동차 개발은 기존 자동차 부품 산업계에 큰 변화를 야기할 것으로 예상되며 연료전지자동차와 관련된 핵심부품 및 기술을 조기 개발해 기술 경쟁력 강화와 해외 의존도를 탈피함으로써 핵심기술의 선점에 따른 새로운 산업수요를 창출할 수 있다.

연료전지자동차는 수소를 연료로 사용하며 이를 공기 중의 산소와 전기화학반응을 시켜 발생하는 전기를 이용해 구동용 모터를 작동시킴으로써 운전되는 자동차를 말한다.

수소(Hydrogen)은 우리가 과학시간에 배우던 원자의 주기율표 1번에 해당되는 물질이다. 수소는 지구상에 존재하는 원소 중 가장 가볍고 우주 질량의 75%를 차지하는 가장 풍부한 원소이다. 특히 수소는 물을 전기분해하기만 하더라도 얻을 수 있는 자원으로 공해물질을 배출하지 않아 매우 친환경적이다. 수소의 장점은 친환경적이면서도 에너지 효율이 매우 높아 가솔린, 디젤, 프로판, 메탄, 에탄올 등 경쟁 에너지 자원들과 비교하였을 때 단위 무게당 에너지효율이 가장 높은 장점을 갖고 있다. 특히 수소는 액화할 경우 에너지 저장매체로도 뛰어난 효율을 갖고 있어 미래의 에너지원으로 충분한 경쟁력을 갖추고 있다.

수소는 다양한 원재료와 방식을 통하여 제조가 가능한 원소이다. 천연가스, LPG, 나프타 등의 탄화수소로부터 수소를 제조하는 수증기 개질법(steam reforming)을 비롯하여 중질유나 석탄을 이용한 부분산화법(partial oxidation)등의 방식이 이미 실용화되어 있으며, 정유 화학 플랜트의 석유정제 공정이나 제철소의 코크스 공정 등에서도 부수적 생산물로 수소가 생산되기도 한다.

전기자동차에 전기를 공급하는 방법은 무엇이 있을까? 방법은 연료전지와 전지(Battery) 두 가지이다.

그림 7-1 수소연료전지자동차

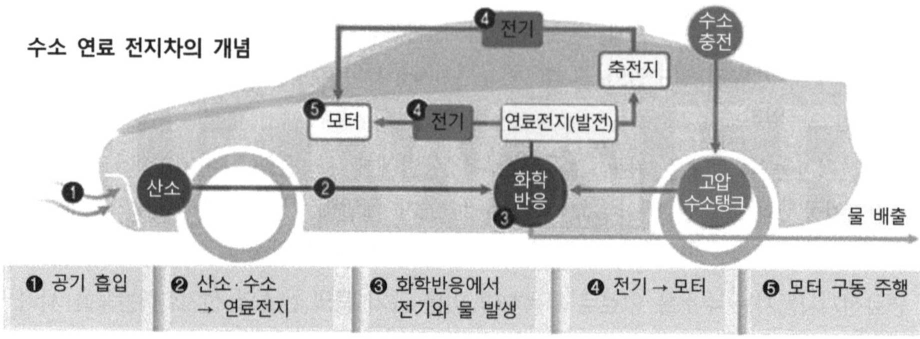

그림 7-2 수소연료전지자동차 구조

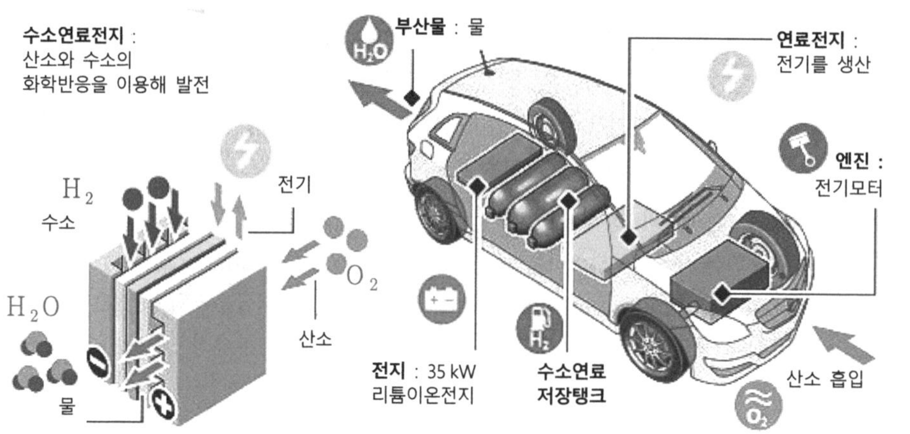

그림 7-3 수소연료전지자동차 구조

전기자동차와 수소연료전지자동차 비교

- 수소 연료전지자동차 개발에 적극적인 곳은 현대차와 일본 도요타·혼다 등이 꼽힌다. 현대차는 2013년 세계 최초로 '투싼ix' 수소 연료전지자동차 양산에 성공했으며, 2018년에 넥쏘를 출시했다. 도요타는 '미라이', 혼다는 '클래리티'를 내놨다. BMW와 닛산·GM·포드 등도 수소 연료전지자동차를 출시한다.
- 하지만 수소 연료전지자동차는 제조비용 많이 든다는 치명적인 단점이 있다. 연료전지에 들어가는 50~70 g의 백금 때문이다. 다른 부분은 기술이 올라가면서 가격을 낮출 수 있지만,

연료전지의 가격은 낮추기가 쉽지 않다. 인프라 구축도 만만찮다. 충전시설 설치비용이 한 곳당 수십억 원이나 든다.

- 당분간 전기자동차와 연료전지자동차는 경쟁 관계가 아니라 동반자 관계로 발전할 것이라는 게 전문가들의 시각이다. 지금 내연기관 자동차가 가솔린·디젤엔진으로 시장이 나뉜 것과 비슷하다.

현대차 수소차 넥쏘, 1회 충전거리 609 ㎞ 달성

- 현대차의 미래형 SUV '넥쏘'의 항속거리가 공개됐다. 공개된 넥쏘의 1회 충전 주행거리는 609 ㎞로, 기존에 목표로 했던 580 ㎞를 뛰어넘을 뿐만 아니라 현재까지 글로벌 시장에 출시된 수소전기자동차 중 가장 먼 거리를 주행할 수 있다. 넥쏘의 복합연비는 96.2 ㎞/㎏(17인치 타이어 기준)이며, 한 번에 총 6.33 ㎏의 수소를 충전할 수 있다.

- 현대차는 최대의 주행거리를 위해 고효율 차세대 수소연료전지시스템을 개발했다. 특히 수소탱크의 수소 저장밀도와 저장용량을 증대시켜 기존보다 더 많은 수소량을 사용할 수 있도록 했다.

7-1 연료전지자동차 개요

최근 내연기관자동차는 배출가스 저감기술의 발전으로 배기가스가 거의 존재하지 않는 자동차를 개발하고 있으나, 화석연료의 특성상 지구온난화의 주범인 이산화탄소 배출 문제를 안고 있다. 이에 비해 연료전지자동차는 이산화탄소의 배출이 전혀 없는 완전 무공해 자동차이다. 연료전지자동차는 화학 에너지를 전기화학 반응에 의해서 직접 전력으로 변환하기 때문에 연소 시 발생하는 유해한 배기가스가 없는 자동차이며, 차세대 에너지원으로 주목받고 있는 연료전지(Fuel Cell)는 수소, 메탄올, 천연가스, 석유 등이 연료전지용의 연료로써 검토되고 있다.

수소 연료전지자동차의 개요는 다음과 같다.

물을 전기분해하면 수소와 산소가 나온다. 이러한 과정을 역으로 수소와 산소를 결합시키면 물과 전기가 발생하는데, 이 때 발생한 전기를 이용해 모터를 구동하는 방식의 차량이 바로 수소 연료전지자동차이다.

연료전지자동차의 최대 매력중의 하나는 높은 연료전지의 효율에 있다. 연료전지는 낮은 온도에서 작동하면서도 최적 조건에서는 60% 이상의 효율을 가지고 있다. 이는 우리가 열역학에서 일반적으로 배워 온 이상적인 내연기관 사이클의 효율을 훨씬 뛰어넘는 것이다. 요즘 대부분의 연료전지자동차는 하이브리드 기능을 가지도록 고전압 전지나 슈퍼 커패시터를 동시에 장착한 형태로 개발되기 때문에 일반적으로 연료전지자동차(FCEV)라 하면 연료전지 하이브리드 자동차를 의미한다.

연료전지는 수소와 공기만 공급하면 전기 에너지를 끊임없이 만들어내는 반면, 물 이외에는 전혀 공해물질을 배출하지 않기 때문에 친환경성과 대체에너지의 조건을 완벽하게 만족시킨다. 세계 각국이 수소 연료전지자동차를 환경친화적 미래형자동차의 최종적인 목표로 삼고 있는 것도 이런 까닭이다.

[표 7-1 동력원에 따른 효율 비교]

구분	Well to Tank 연료생산효율(%)	Tank to Wheel 차량효율(%)	Overall Efficiency 총괄효율(%)
가솔린 내연기관	88	18	16
디젤	89	22	20
HEV	88	30	26
EV	42	80	31
FCEV	75	48	36
FCEV(목표치)	70	60	42

고출격 연료전지 스택(Stack), 수소저장탱크 등에 대한 기술적 문제도 있지만, 수소를 원활하게 생산, 보급, 판매하기 위한 수소 인프라 구축이 아직은 필요하다. 수소 연료전지자동차 실용화에 박차를 가하고 있는 유럽연합(EU)의 경우에는 유럽 내 수소 파이프라인의 설치가 완료되는 2030년 이후에 수소 연료전지자동차의 보급이 가능할 것으로 예상한다.

연료전지 이외에 혁신적인 자동차를 만드는데 필요한 기술은 연료전지와 전자제어 운전기술의 통합이다. 수소 연료전지자동차는 실내 공간이 넓을 뿐만 아니라 기존의 동력전달 장치가 없어지므로 구조와 형상 면에서 설계의 제약이 사라진다.

연료전지자동차의 실용화에 큰 장애 요소는 높은 차량 가격이었다. 연료전지자동차의 가격이 비싼 이유는 연료전지의 가격 때문이며, 연료전지의 화학반응에 필요한 촉매로 사용되는 백금이 상대적으로 비싸며, 차량 대당 많은 양의 백금이 사용되기 때문이다. 따라서 수소 연료전지 분야의 기술개발은 백금을 사용하지 않거나 적게 사용하지 않는 방법에 집중되고 있다.

현재의 천연가스 공급망을 이용해서 가정이나 직장에서 수소를 공급하는 방법을 사용하면 수소 연료전지자동차로의 전환은 급격히 이루어질 수 있다. 많은 지역에서 가솔린 주유기와 함께 천연가스 파이프라인이 설치되어 있으므로 천연가스를 개질하여 수소를 생산하면 자동차에 수소를 공급할 수 있다.

[표 7-2 연료전지의 특징]

장 점	
고효율	연료전지는 연료의 연소과정과 열에너지를 기계적 에너지로 변환시키는 과정이 없어 기존에너지원보다 효율이 10 – 20% 정도 높아진다.
무공해	연료전지는 연료로써 화석연료를 사용하므로 개질기에 의한 조작이 반드시 필요하다. 이 경우 탈황, 분진제거를 충분히 할 수 있어서 SOx와 분진의 방출은 거의 없다. 또, 종합 효율이 높기 때문에 이산화탄소(CO_2)의 발생도 적게 된다.
열의 유효이용	반응의 과정에서 발생하는 열을 유효하게 이용하는 것이 가능하고, 전기와 열을 동시에 발생하는 시스템에 최적이다. 투입한 도시 가스의 에너지의 약 40%가 전기로, 약 40%가 온수나 증기로 되고, 종합적으로는 약 80%가 유효하게 이용할 수 있는 유효에너지 효율이 뛰어난 장치이다.
연료의 다양성	신뢰도가 중요시 되는 특수목적용으로 순수소가 사용되나 일반전력 공급용으로는 비교적 가격이 저렴한 탄화수소계열의 연료가 모두 사용이 가능하다.
부지선정의 용이성	연료전지를 이용해 발전을 할경우 공해요인이 없으므로 도심지 속에서의 건설이 가능하고, 다른 발전방식에 비해 소요면적이 적으며 지속적인 냉각수 공급이 불필요하기 때문에 발전소용 부지의 선정이 용이하다.
저소음, 저진동	연료전지는 기계적 구동부분이 없고, 가스공급기 등에 약간의 소음,진동 등이 있을 뿐이므로 기계식의 발전기와는 비교도 안될 정도로 적다.

[표 7-3 연료전지자동차의 특징]

장 점	단 점
· 높은 효율 · 조용 · 차량의 레이아웃 설계 용이 · 공해물질 배출 없음 · 부품교체 비용이 상대적 저렴 · 단 시간에 연료보급·충전 가능	· 높은 차량 가격 · 수소연료 공급기반이 구축되지 않아 지금은 당장 실용화를 기대하기는 어려움 · 보급의 최대 장애는 안전하면서 효율이 좋은 수소 저장기술의 미흡

연료전지자동차용으로 사용하려는 연료전지는 80℃ 정도의 저온에서 작동하는 장점을 갖고 있는 고체고분자형 연료전지(PEMFC : Proton Exchange Membrane Fuel Cell)이며, 연구되고 있는 여러 유형의 연료전지 중 가장 먼저 실용화 단계에 다가서고 있다. 그러나 PEMFC는 고순도의 수소를 연료로 해야 하기 때문에 연료개질장치(Fuel Reformer)가 반드시 필요하며, 저온에서는 활성화가 잘 되지 않기 때문에 고가의 백금촉매를 사용해야 한다는 단점을 가지고 있다. 또한 활성을 유지하기 위해 연료는 반드시 순수한 수소를 사용해야 하며, CO의 농도를 수십 ppm 이하로 억제해야 하는 어려움이 있다.

7-1-1 연료전지자동차 특징

장점 :

① **긴 주행거리** : 수소의 열량은 동일 중량당 내연기관 연료의 약 3배나 된다. 거기다 전기자동차 특유의 고효율이 결합되면서 주행거리를 늘리기가 쉬운편이라 현재 출시되는 수소차량들은 1㎏당 100㎞의 주행거리를 제공하며, 대체로 축전지 기반 전기자동차보다 주행거리가 길게 나온다.

② **무공해** : 수소연료전지 자동차는 연료에 탄소(C)나 다른 불순물이 없고 수소와 산소가 만나 물이 생성될 뿐이므로 유해한 배기가스가 전혀 나오지 않는다.

③ **대기중 미세먼지 제거** : 수소연료전지 스택이 효율적으로 작동하기 위해서는 미세먼지가 제거된 청정한 공기가 필요하므로 수소차는 달리는 동안 주변 공기를 빨아들여 정화한 후 수소연료전지에 사용하고 다시 배기구로 깨끗한 공기를 내보내게 된다. 공기중 먼지나 화학물질은 3단계 공기정화 시스템을 통해 정화된다. 그래서 매연이 나오기는커녕 오히려 공기 정화기로써의 기능도 수행할 수 있다.

	전기자동차	평가	수소차
친환경성	오염물질 미배출	〈	물 배출, 미세먼지 정화
주행거리	350~400 km	〈	600 km 이상
충전시간	현대차 코나 / 급속 20~30분	〈	현대차 넥쏘 / 3~5분
유지비	1 km 당 25원	〉	1 km 당 73원

그림 7-4 전기자동차와 수소연료전지자동차의 장단점 비교

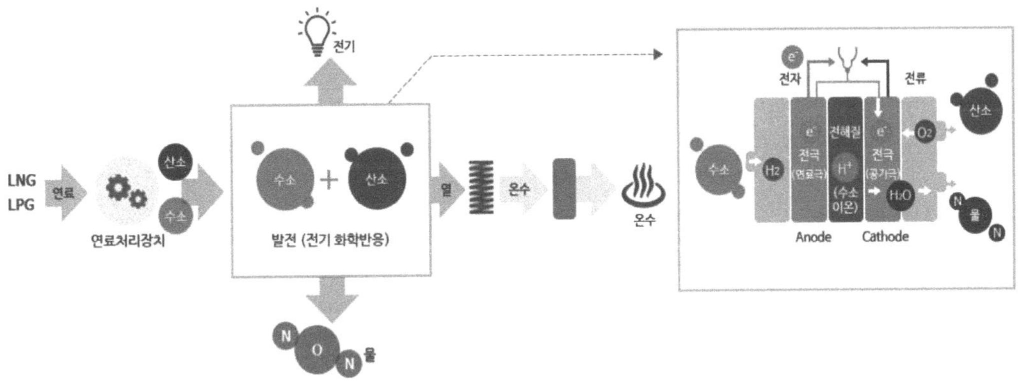

그림 7-5 연료전지의 구동순서

④ **저렴한 수소 단가** : 과거에는 수소 제조에 들어가는 비용이 기름값보다 비쌌지만, 현재는 천연가스 개질법이나 나프타 분해를 통해 저렴하게 수소의 대량 생산이 가능해 1 ㎏당 약 5,000원의 단가로 생산이 가능하다.

⑤ **짧은 충전시간** : 충전시간을 5분 내외로 예상하고 있다. 현재의 화석연료 주입시간과 거의 비슷해서 그냥 화석연료 자동차를 탔을 때처럼 연료 넣고 달리면 된다.

단점 :

① **수소 사용** : 사실 열량으로만 보면 수소 자체의 성능은 우수한 편이지만 우주에서 가장 가벼운 물질이라 부피가 너무 크다. 때문에 초고압으로 압축해서 투입해야 하는데 그래도 부피가 커서 승용차 정도에서는 공간을 아무리 짜내도 7~8 kg밖에 넣지 못하고 있으며, 이 때문에 실제로 한번에 들고 다닐 수 있는 열량이 화석연료 자동차보다도 작아서 오히려 주행거리를 늘리는데 의외로 제약이 크고 차량 체급에 영향을 많이 받는데다 탱크 중량 때문에 화석연료보다 차지하는 무게가 되려 더 크다.

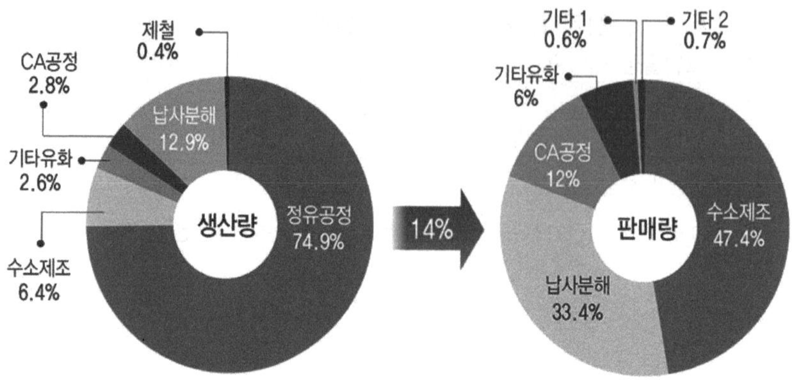

그림 7-6 부생수소 현황과 활용

② **이산화탄소 등 오염물질 배출** : 수소자동차는 매연이나 이산화탄소를 배출하지 않지만 수소를 생산하는 과정에서 온실가스인 이산화탄소를 대량으로 배출한다.

③ **충전소 인프라 부족** : 현재 한국에는 수소차 충전소가 절대적으로 부족하다. 폭발 시 안전거리 확보가 필수적이며 안전성 확보를 위한 자동화된 감시 장치가 필수적이고 관리를 위한 전문인력을 고용해야 한다. 충전도 아무나 할 수 없고 교육을 받은 전문인력이 해야 한다. 이 때문에 도심지와 인구 밀집지에 설치가 곤란하며 설치 및 운영비용이 상당히 높다.

④ **충전 시간의 현실** : 전기자동차에 비해 수소자동차의 가장 큰 장점인 빠른 충전 시간이 현실 운용에서는 조금 달라질 수 있다. 충전 그 자체만으로는 5분 정도면 충분하지만 미리 탱크 압력에 맞추어 압축해서 저장해놓은 수소가 없으면 압축에 20분 정도의 추가 시간이 소요될 수도 있다.

⑤ **촉매제 단가** : 산소와 수소가 빠르게 반응하기 위해 필요한 촉매의 재료인 팔라듐, 백금, 세륨 등의 확보가 필요하며 이 때문에 연료전지의 가격이 너무 비싸다.

⑥ **안전과 수명** : 일반인의 우려와는 달리 수소 자체의 폭발 가능성은 그리 크지 않으므로 결정적 결점이라고 보기 어렵다. 하지만 여전히 가연성이 높은 고압가스이므로 취급과 안전에 매우 주의를 해야하고 점검도 자주해야 하고 설비도 이에 맞게 안전성을 위해 강도와 신뢰성을 확보해야 한다. 그러므로 수소 자동차나 수소충전소 등은 비슷한 규모의 천연가스 차량이나 천연가스 충전소 등에 비해 원가가 높고 비용이 많이 들어갈 수 밖에 없다.

그림 7-7 수소 주유

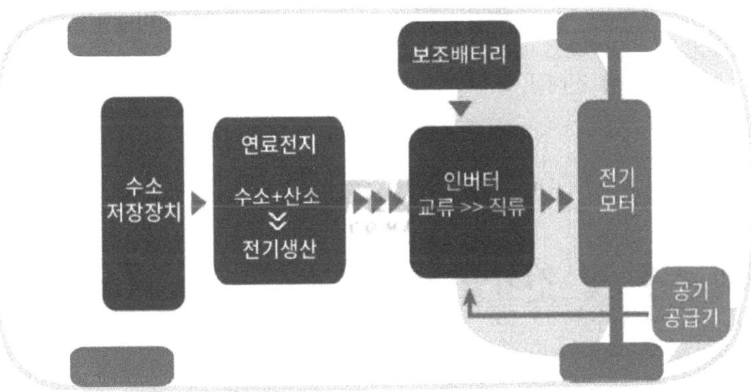

그림 7-8 연료전지 엔진의 구성

⑦ **복잡한 정비** : 수소차는 전기자동차의 특성을 그대로 가지고 있는데다 연료 전지 스택 및 수소 라인까지 포함된 복잡한 구조를 가지고 있어서 정비에는 추가 인프라가 필요하다.

⑧ **수송비용 과다** : 수소는 운송비용이 매우 비싸다. 초고압 폭발성 연료이므로 천연가스 운송비보다 훨씬 비싸다. 수소 공장에서는 싸게 생산해도 이를 소비지까지 운송하기가 어렵다.

연료전지의 발전원리

전류가 물속을 흐르면 물이 전기 분해되어 수소와 산소가 발생한다. 연료전지의 발전원리는 전기분해의 역반응으로 수소와 산소가 흐르면서 반응하여 물을 생성하며, 그 과정에서 전기와 열을 발생한다.

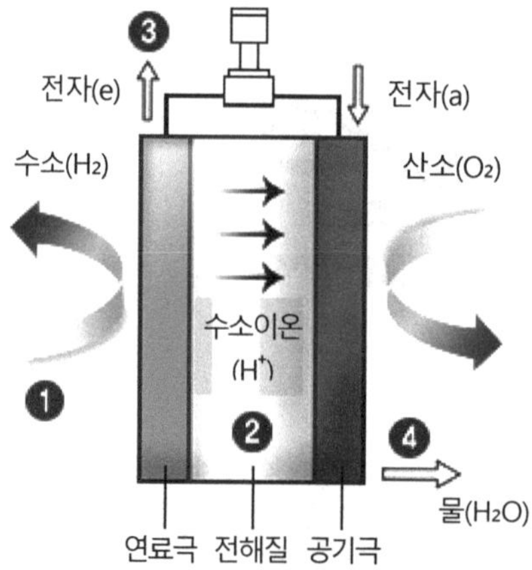

① 연료극에서 수소가 수소이온과 전자로 분해
② 수소이온은 전해질을 거쳐 공기극으로 이동
③ 전자는 외부회로를 거쳐 전류를 발생
④ 공기극에서 수소이온과 전자, 산소가 결합해 물이 된다.

그림 7-9 연료전지의 전기발생원리

7-1-2 수소의 추출 및 전기발생

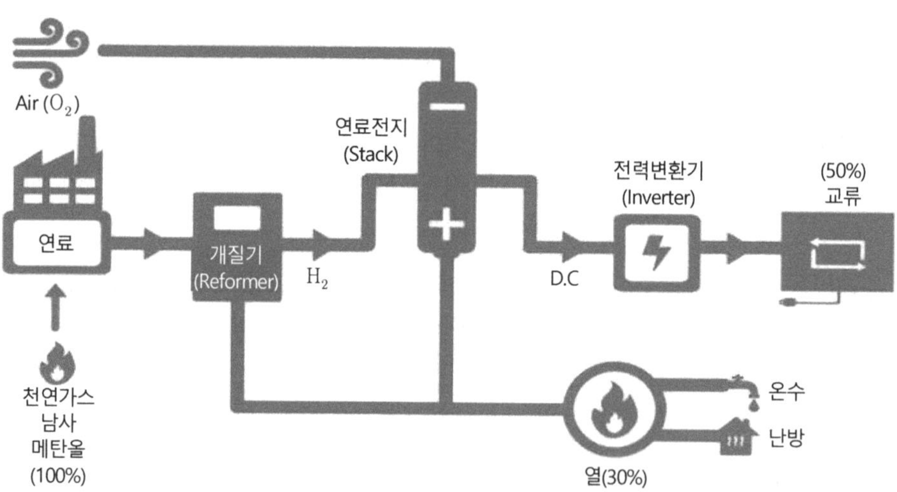

그림 7-10 연료전지 발전시스템 구성도

산소와 만나 전기 에너지를 만들고 부산물로는 순수한 물만 배출하는 수소. 궁극의 청정 에너지로 불리는 수소에 전 세계가 주목하고 있다. 그럼 수소는 어떤 과정을 통해 생산하고 소비하는 것일까? 수소의 생산 방식부터 수소로 에너지를 만드는 연료전지, 이를 탑재하고 달리는 수소전기자동차에 대하여 알아보자. 수소전기자동차는 수소와 산소의 전기화학반응을 통해 발생한 전기를 동력원으로 사용한다. 부산물로는 순수한 물만 배출된다.

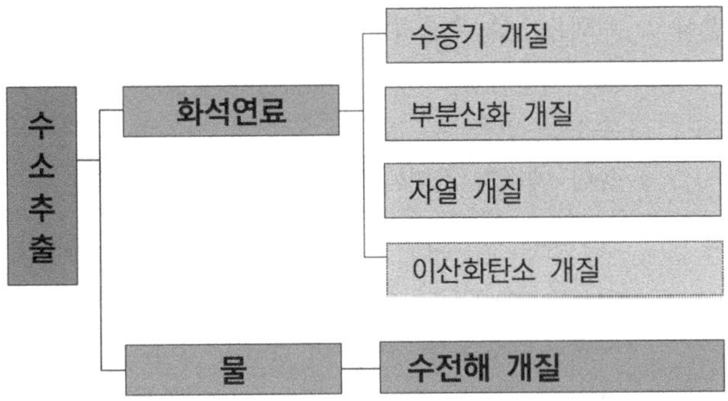

그림 7-11 수소 개질방법

FCEV의 **수소공급 단계는** 다음과 같다.
1단계: 다양한 방법에 의한 수소추출
2단계: 생산한 수소를 저장 및 수송
3단계: 수소충전소에서 수소연료전지자동차로 충전

FCEV의 **전기생산 단계는** 다음과 같다.
1단계: 수소탱크에 저장된 수소가 수소연료전지 스택으로 공급
2단계: 유입된 산소가 수소연료전지 스택으로 공급
3단계: 수소연료전지 안에서 산소와 수소가 화학반응을 통해 전기생산
4단계: 발생된 전기가 모터와 전지로 공급 & 물을 외부로 배출

수소차의 연료로 쓰이는 수소는 풍부한 자원이지만 자연상태에서 단독으로 존재하는 에너지원이 아니다. 수소는 물, 화석연료, 생명체 등에 내재하지만 에너지형태로 사용되기 위해서는 추출과정을 거쳐야 한다.

수소생산기술로는 **화석연료를 활용한 개질방식과 수전해 방식(물 전기분해)이 있다.** 석탄은 가스화(gasification)를 통해, 천연가스는 수증기개질(Vapor reforming)을 통해 이산화탄소와 수소로 분리할 수 있다.

1) 화석연료 개질

화석연료를 개질해 수소를 추출하는 데는 일반적으로 수증기나 산소를 첨가해 촉매 상에서 접촉분해하는 방법이 이용된다. 대표적인 개질 방식에는 수증기 개질방식, 부분산화방식, 자열개질방식이 있다.

① **수증기개질방식** : 탄화수소를 수증기와 반응시켜 물에 함유된 수소를 추출하는 방식이다. 이산화탄소 생성비가 낮고 일정량의 탄화수소로부터 많은 양의 수소를 얻을 수 있다는 장점이 있지만, 공정 온도가 750℃ 전후로 높아 에너지 소비가 많다는 단점이 있다.

② **부분산화방식** : 발열반응으로 외부가열이 불필요하며, 소정 온도에 도달할 때까지 가동시간을 단축할 수 있으나 공기를 산소원으로 할 경우에는 질소 혼입에 따라 수소농도가 저하되는 단점이 있다.

③ **자열개질방식** : 부분산화반응과 수증기개질반응의 2가지 반응에 의해 수소를 생산하는 방식으로, 부분산화방식의 가동성과 수증기개질방식의 효율성을 조합한 방식이다.

화석연료를 개질한 수소생산이 현재 가장 경제적인 방법이며, 천연가스에서 제조된 수소를 사용하는 수소연료전지자동차(FCEV)의 경우 운행과정에서의 배출가스가 없지만 수소생산과정을 포함할 경우 FCEV의 이산화탄소배출량은 가솔린차량의 약 70% 수준이다. 온실효과 측면에서 기존 화석연료는 주행 시 이산화탄소를 대부분 배출하지만, **수소는 제조(천연가스 개질 시)과정에서 이산화탄소를 배출한다.** 소비지가 아닌 생산지에서 환경오염을 유발한다는 한계가 있다는 뜻이다.

[표 7-4 탄화수소(메탄)의 개질방식비교]

구분	반응식	장단점	
수증기 개질반응 (SR : Steam Reforming)	$CH_4 + H_2O \rightarrow CO + 3H_2$ (흡열반응)	장점	· 고농도 수소제조 : 75% 이상(Dry gas 기준) · 효율이 높음, 여러 운전조건에 대해 안정적 운영 가능
		단점	· 정상상태 도달시간이 오래 걸림, 에너지 사용량 많음
부분산화반응 (POX : Partial Oxidation)	$CH_4 + 1/2O_2 \rightarrow CO + 2H_2$ (발열반응)	장점	· 정상상태 도달시간 짧음 · 낮은 반응온도, 에너지 사용량 적음
		단점	· 수소농도가 낮음 : 35% 이하(Dry gas 기준) · 효율이 낮음, 운전제어 어려움, Hot spot 발생빈도 높음
자열개질반응 (ATR : Autothermal Reforming)	$CH_4 + H_2O \rightarrow CO + 3H_2$ $CH_4 + 1/2O_2 \rightarrow CO + 2H_2$	장점	· 정상상태 도달시간 짧음 · 흡열/발열반응이 동시에 일어나므로 열 관리 유의
		단점	· 수소농도가 낮음 : 55% 이하, 운전제어 어려움
CO_2 개질반응 (CDR : Carbon Dioxide Reforming)	$CH_4 + CO_2 \rightarrow 2CO + 2H_2$ (흡열반응)	장점	· 반응물로 CO_2 사용(온실가스 배출 저감)
		단점	· 높은 CO생성량 및 반응온도 높음, 효율 낮음 · Coke formation 발생빈도 높음, 에너지 사용량 많음

2) 수전해기술

수전해기술은 물을 전기분해해 수소를 얻는 방법이다. **고순도의 수소가 생산되며 환경오염이 적다는 장점**이 있지만, 고가의 전력비용이 수소제조 과정에서 발생한다는 단점이 존재한다. 따라서 신재생 에너지의 발전과 같이 해야 한다. 태양광, 풍력 등 신재생에너지를 활용해 전기를 생산하고 이를 활용해 물을 전기분해해서 수소를 얻는 과정이 필요하다. 다만 환경에 따라 발전편차가 있고, **에너지변환효율이 낮아 현재는 수소생산단가가 가장 높은 방식이다.**

[표 7-5 수소생산기술의 분류]

구분	방법	원료	에너지원	기술수준
화석연료 이용	수증기 개질	천연가스, LPG, 나프타	열	사용
	이산화탄소 개질	천연가스	열	-
	부분산화	중질유, 석탄	열	상용
	자열개질	천연가스, LPG, 나프타	열	상용
	직접분해	천연가스	열	상용
비 화석연료 이용	전기분해	물	전기	상용
	열화학 분해	물	고온열(원자력, 태양열)	연구중
	생물학적 분해	물 또는 바이오매스	열, 미생물	연구중
	광화학적 분해	물	태양광	연구중

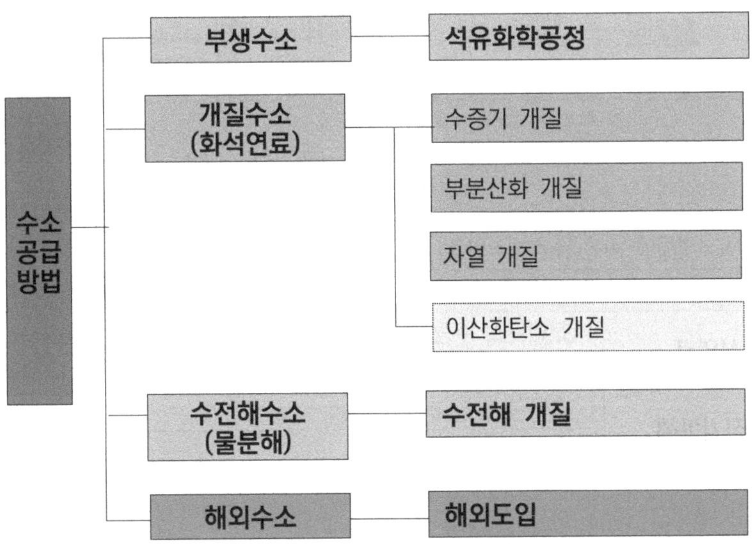

그림 7-12 수소공급방법

[표 7-6 추출공급에 따른 수소의 분류와 문제점

구분	비고
부생수소	· 석유화학 공정 중에 부산물로 발생하는 수소 · 관련 산업이 발달한 우리나라에서 보편화된 수소 공급 방식 · 부산물로 발생하는 수소를 활용하는 것으로 경제성이 높음 · 수소 생산을 위한 공정이 아니므로 생산량에 한계가 있음 · 가동률 한계로 증산 어려움
추출(개질)수소	· LNG(천연액화가스)를 고온/고압에서 분해해 생산하는 수소 · 세계 수소 생산 분야에서 가장 보편적인 방식 · 1톤 추출시 이산화탄소 10톤 발생(환경오염 우려) · 발생한 CO_2 를 포집해 탄산산업(탄산음료, 소화기 등) 원료로 활용 가능
수전해수소	· 태양열, 풍력 등 신재생에너지로 생산한 전기로 물을 분해해 생산하는 수소 · 가장 친환경적인 수소 생산 방식 · 현재 다른 수소 생산 방식보다 높은 생산비용 발생 · 인프라 구축을 통해 중장기적으로 지향해야 할 수소 생산 방식
해외수소	· 해외 기지건설과 수소액화, 액상기술확보, 운반문제 등 기술 및 비용 큼(경제적 미지수)

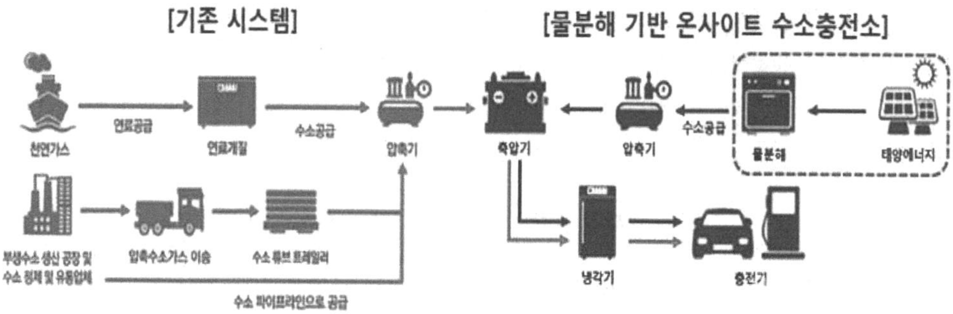

그림 7-13 수소공급의 방법 비교

[표 7-7 제조방법에 따른 수소제조비용 비교]

제조방법		제조비용($/Kg)
화석연료	천연가스 수증기 개질	0.62~1.35
	석탄 가스화	1.18~1.39
물 전기분해	태양광 발전 이용	5.02
	풍력발전 이용	2.42

3) 수소 저장 및 수송 방법

수소는 궁극의 미래 에너지원으로 평가받고 있지만 생산만큼이나 저장이 쉽지 않아 일상생활에서 활용하기에 어려움이 있다. 액체에서 기체로 기화하는, 즉 끓어오르는 온도가 영하 253도에 이르며, 어떤 원소보다 가벼워 상온·상압 상태에서는 밀도가 낮다. 따라서 수소를 만들었다 하더라도 별도의 장소까지 수송하거나 연료 등으로 쓰기 위해서는 특별한 기술과 장치가 필요하다. 물론 수소를 상온에서도 쓸 수 있다. 하지만 부피가 너무 커져 도시가스 파이프라인과 같은 거대한 인프라가 없다면 무용지물이다.

수소연료전기자동차 용도로 쓰려면 더 큰 어려움이 있다. 기체 상태의 수소 부피를 가능한 한 작게 줄여 밀도를 높일 수 있어야 주행거리를 늘릴 수 있기 때문이다. 일반적으로 수소를 저장하는 방법은 고압탱크를 이용하는 것이다. 초고압에서도 얼마든지 견딜 수 있게 튼튼한

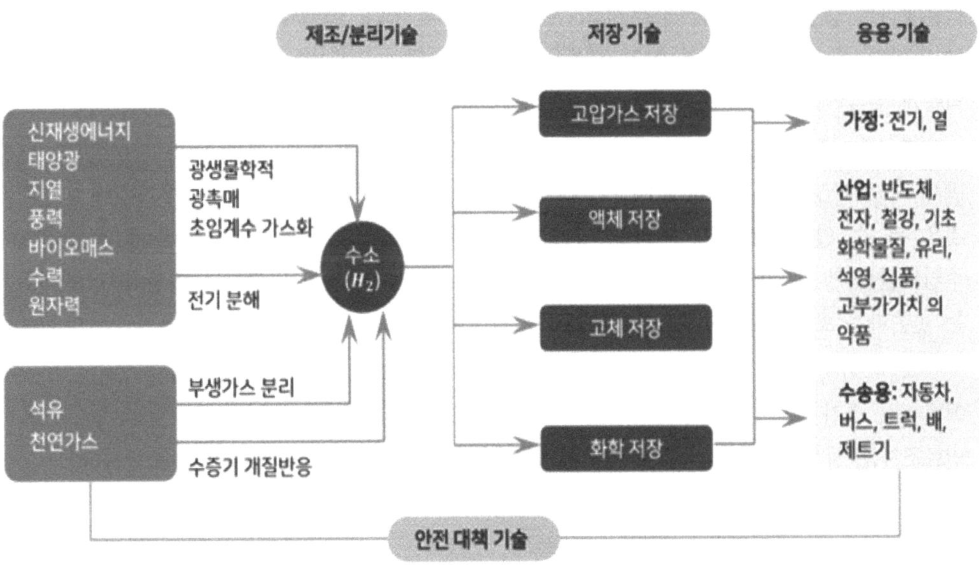

그림 7-14 수소 제조 및 저장기술

고압탱크 수소를 초고압 탱크에 저장. 현대차 수소전기차의 경우 700기압의 탱크에 수소가스 저장

액화수소 수소를 영하 253도까지 떨어뜨려 액화 상태에서 저장

그림 7-15 수소저장방법

[표 7-8 수소 저장방법]

구분	비고
고압기체 저장법	· 고압가스를 압력용기에 담아서 기체형태로 보관하는 방법 · 수소의 경우 저장에너지밀도가 낮아 고압(700 bar)으로 공급해야함. · 많은 양을 보관하기는 어렵다는 단점이 있다.
액체수소 저장법	· 수소를 액체로 저장하는 것 · 액화수소는 부피/무게대비 가장 많은 양을 저장할 수 있는 방법 · **수소를 액체로 만들기 위해서는 온도를 영하 235℃까지 극저온으로 낮춰야 하기 때문에 비용이 증가.** · 이를 위해서는 고난이도의 액화냉각기술(헬륨을 냉매로 이용)과 초진공 단열 용기 등이 필요.

동차의 수소전기자동차 투싼에 들어가는 수소저장탱크는 700기압을 견딜 수 있도록 제작됐다. 덕분에 1회 충전 때 총5.64㎏ 무게의 수소를 채울 수 있다. 이를 통한 총주행거리는 약 594㎞에 달한다. 탱크는 무게를 줄이고 강성은 유지하기 위해 알루미늄 위에 카본섬유로 둘러쌌다. 덕분에 심각한 충돌이나 화재에도 탱크가 폭발하는 경우가 없다.

우주 강국인 미국은 우주 로켓의 연료로 액화수소를 주로 쓴다. 로켓 발사 장면을 잘 보면 발사 직전 연료탱크 주변이 냉동실 문을 연 것처럼 김이 피어오르고, 얼음덩어리들이 떨어지는 것을 볼 수 있다. 그 이유가 바로 영하 253도에 달하는 초저온의 액화수소가 연료탱크에 주입되면서 탱크 외벽의 온도가 떨어지고 주위의 습기가 얼어붙어 생기는 현상이다. 액체수소는 현존하는 로켓 연료 중 에너지 밀도가 가장 높다.

한국은 아직 액화수소 저장 기술이 초보 단계다. 현재 미국·러시아 등 세계 7개국 정도만 액체수소 추진 로켓 기술을 보유하고 있다. 한국의 나로호와 한국형발사체(KSLV)에 들어가는 연료조차도 등유를 쓴다. 등유는 에너지 밀도가 액화수소의 3분의 1 수준에 불과하다.

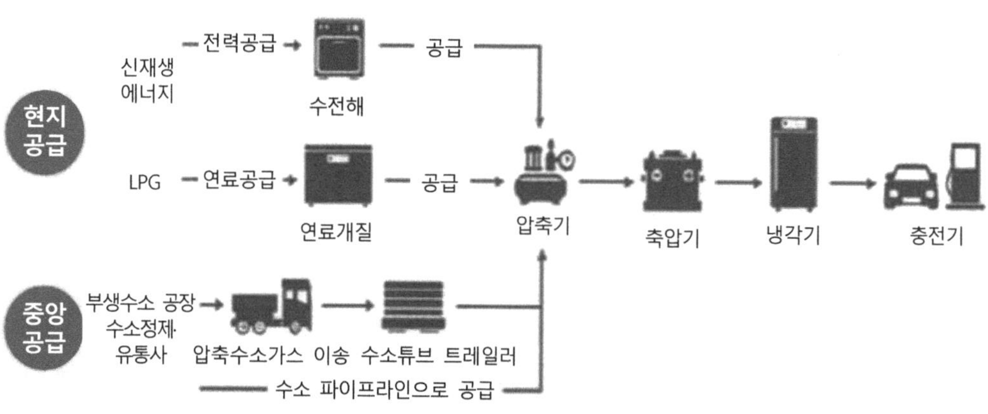

그림 7-16 수소충전소의 수소공급 유형

액체수소 기술은 생산된 수소를 대량 이송하고 저장할 때 가장 결정적인 역할을 하고 있으며, 인프라 구축에 없어서는 안 될 중요한 수소에너지 패러다임의 한 축이라고 관련 전문가는 말한다.

수소는 체적 당 에너지 밀도가 낮아(천연가스의 1/3 정도), 이를 높은 밀도로 유지하면서 수송·저장하는 것이 과제이다. 수소의 제조나 이용방법, 공급지와 수요지의 거리 등에 따라 여러 방법을 고려할 수 있다. 수소의 수송·저장 방식은 기존의 압축 방식과 최근의 액화수소 방식, 메탄화 방식 및 유기 하이드라이드 방식 등이 있다.

- 첫째, 압축 방식은 수소 파이프라인이나 트레일러로 수송하는 가장 전통적인 방식으로, 주로 사업용 및 공업용에 적용되어 왔으며 저장용량의 한계 및 압축에 필요한 에너지 비용이 단점으로 지적되고 있다.
- 둘째, 액화수소 방식은 수소를 -253℃로 액화시켜 운송하는 방식으로, 압축방식에 비해 12배 정도의 수송효율이 있으며 육상 및 해상 선박 수송에 적합하다.
- 셋째, 메탄화 방식은 수소를 CO_2와 반응시켜 메탄화하여 기존의 천연가스 망으로 수송하는 방식으로, 기존의 천연가스 망을 이용한 수소 운송의 경우, 적은 양은 특별한 전환 과정 없이 그대로 천연가스에 혼합해 운송 가능하지만, 메탄화 방식을 이용할 경우 대용량의 수소 주입이 가능하다.
- 넷째, 유기 하이드라이드(Hydrate) 톨루엔을 수소와 반응시켜 메틸시클로헥산의 형태로 수송·저장하는 방식으로, 압축방식 대비 8배 정도의 수송효율이 있으며 상온·상압에서의 운송 가능 및 취급이 용이하다.

일본 수소 수송 분야에서는 이미 고압가스 수송, 액체수소 수송이 실용화되어 있으며, 신규 기술로 유기 하이드레이트(Hydrate) 수송이 실증 중이다. 장기적으로는 지역에 따라 수소 파이프라인을 설치하는 것도 고려하고 있다.

일본에서는 2025년부터 본격적인 수소의 화력발전 이용을 개시하여, 2030년에는 해외부터 수소연료의 수입을 본격화할 계획이지만, 수소를 대규모로 수송, 저장하는 것은 리스크가 크다. 여기에서 수소의 저장·수송기술으로서 착안하고 있는 것이 '유기 Hydrate'이다.

한편, 국내의 수송·저장 기술 경쟁력은 상대적으로 낮은 수준이다. 우선, 수소 가격 중 수송 비용은 수소 가격에 큰 영향을 준다.

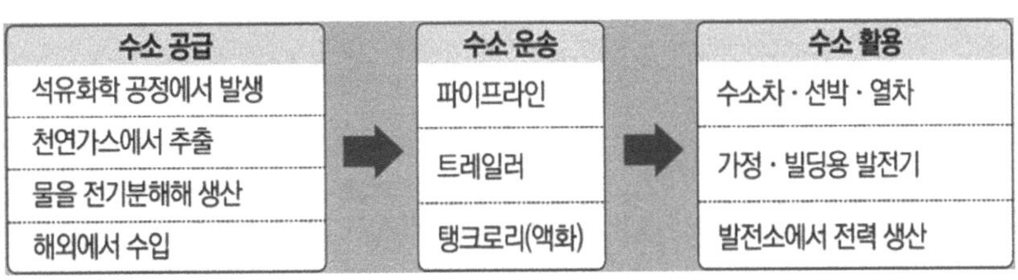

그림 7-17 수소경제 개념도

그림 7-18 수소에너지 보급 현황

4) 수소충전소에서 수소연료전지자동차로 충전방법

수소는 수소충전소에서 사용하기 적합한 압력으로 조정해 수소전기자동차의 수소탱크로 전달됩니다.

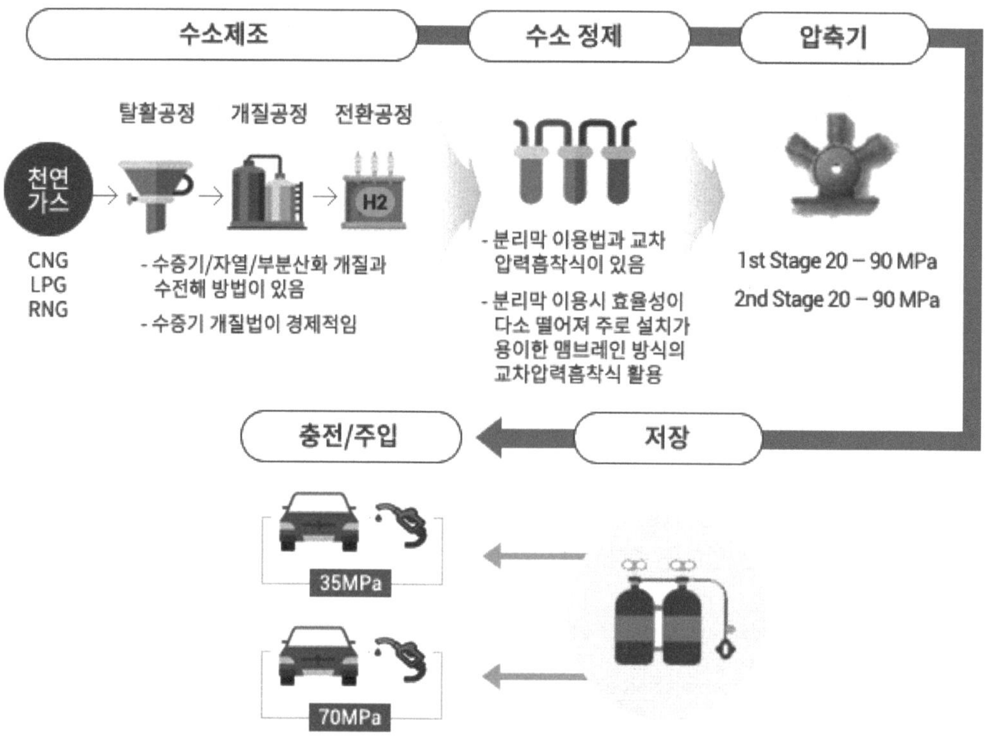

그림 7-19 수소제조에서 수소연료차 충전과정

5) 수소전지차가 산소를 얻는 방법

수소연료전지 스택이 효율적으로 작동하기 위해서는 미세먼지가 제거된 청정한 공기가 필요하므로 수소차는 달리는 동안 주변 공기를 빨아들여 정화한 후 수소연료전지에 사용하고 다시 배기구로 깨끗한 공기를 내보내게 된다. 공기중 먼지나 화학물질은 3단계 공기정화 시스템을 통해 정화된다. 그래서 매연이 나오기는커녕 오히려 공기정화기로써의 기능도 수행할 수 있다. 현대 넥쏘의 경우 한 시간 주행 시 26.9 ㎏의 공기를 정화할 수 있는데, 이는 성인 48.9명이 한 시간 동안 호흡하는 공기량에 해당한다. 다만 공기 여과에 필요한 필터가 소모성이기 때문에 환경적으로는 장점이지만 차량 소유주 입장에서는 유지비가 늘어나는 꼴이라 단점이 될 수 있다.

3단계 공기정화 시스템

① 먼지 및 화학물질을 포집 하는 공기필터에서 초미세먼지 97% 이상이 제거

② 막 가습기(가습막을 통한 건조공기 가습)의 표면에서 초미세먼지가 추가로 제거

③ 연료전지 스택 내부 미세기공 구조의 탄소섬유 종이로 된 기체확산층에서 제거

3단계 공기정화 시스템을 통해 이물질(먼지, CO 등)을 제거한 공기를 사용하고 배출하기 때문에 대기 오염을 정화하는 역할도 한다.

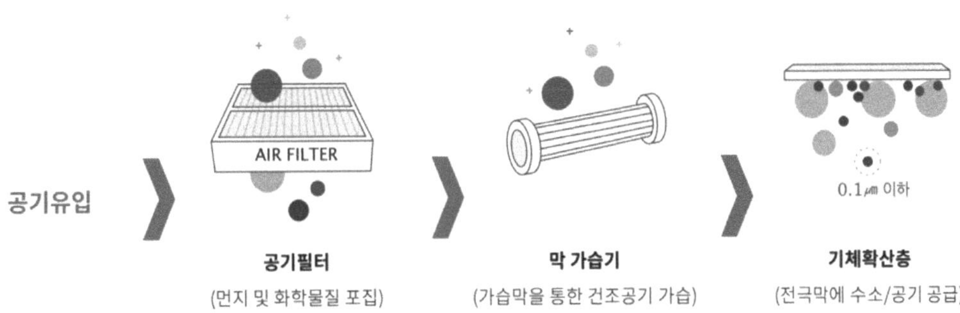

그림 7-20 수소전지차가 산소를 얻는 방법

6) 연료전지 구동방법

수소탱크에서 공급된 수소와 외부의 공기에서 공급된 산소는 수소전기자동차의 연료전지에서 만나 전기와 순수한 물을 생산합니다. 전기는 동력원으로 사용되고, 물은 밖으로 배출된다.

하이브리드, 플러그인 하이브리드 차량은 내연기관과 모터를 동시에 사용함으로써 기존 내연기관 차량에 비해 배기가스를 적게 배출한다.

전기자동차와 수소전기자동차는 운행 과정에서 배기가스를 전혀 배출하지 않는 친환경차이다.

특히, 수소전기자동차는 공기 정화 효과까지 있어 친환경에 가장 부합하는 차량으로 평가 받는다.

FCEV의 전기생산 단계는 다음과 같다.

1단계: 수소탱크에 저장된 수소가 수소연료전지 스택으로 공급

2단계: 유입된 산소가 수소연료전지 스택으로 공급

3단계: 수소연료전지 안에서 산소와 수소가 화학반응을 통해 전기생산

4단계: 발생된 전기가 모터와 전지로 공급 & 물을 외부로 배출

그림 7-21 수소연료전지자동차 상황별 구동방식

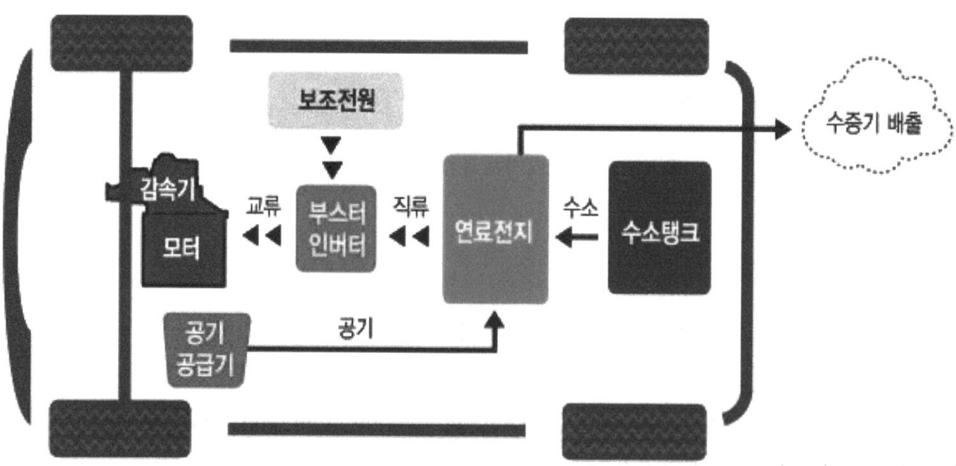

그림 7-22 수소연료전지자동차 에너지 흐름도

7-2 업체별 개발현황

일반 전기자동차의 고질적인 문제인 비싼 가격과 짧은 주행거리, 최소 수십 분 이상의 긴 충전시간을 해결할 효과적인 대안이 필요하다는 반응이 대세인 상황에서 미국 정부는 전기자동차 구매 시 세금 감면 등의 인센티브를 내놓았음에도 GM의 bolt, 닛산 Leaf 등 주요 전기자동차 판매량이 예상 외로 지지부진해 일반 전기자동차의 전체 시장점유율은 여전히 소수에 불과하다. 이에 차세대 친환경차의 대안으로 수소연료전지자동차의 중요성이 부각되고 있는 상황이다.

현대자동차는 도요타, BMW 등 글로벌 업체들과 '수소연료전지자동차(FCEV) 동맹'을 맺고 글로벌 수소 사회를 앞당긴다는 구상이다. 진정한 친환경차로 통하는 수소 연료전지 자동차 시장을 선점하기 위한 글로벌 자동차 회사들의 경쟁도 본격화할 전망이다.

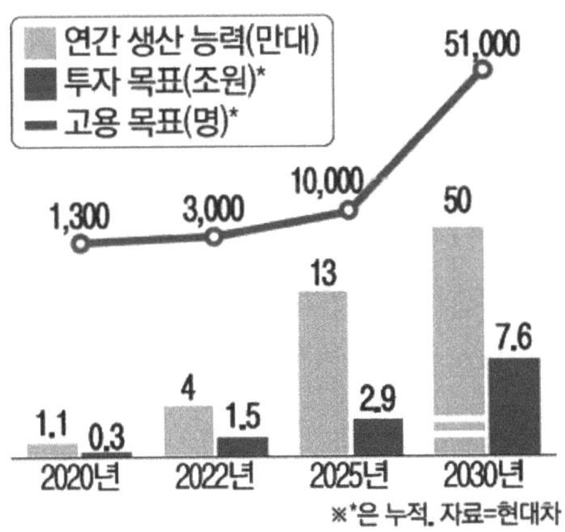

그림 7-23 현대차그룹 수소차 로드맵

7-2-1 도요타 자동차

도요타는 1996년부터 수소연료전지자동차를 본격 개발해 왔다. 기초부터 따지면 개발 역사가 30년 이상이다.

도요타자동차가 수소연료전지자동차 보급을 위해 자사가 수십년간 축적해 온 독점 기술을 공짜로 쓸 수 있도록 하겠다고 선언했다. 도요타가 수십년간 축적해온 관련 특허를 전부 공개한 이유는 기술을 독점해 얻는 이익보다 모두와 공유해 전체 시장을 확대하는 것이 더 큰 이익이라고 판단했기 때문이다.

그림 7-24 도요타 연료전지자동차 '미라이'

도요타는 전기자동차보다는 연료전지자동차를 궁극적 친환경차로 보고 있는데, 최근 전기자동차에 시장을 선점당하자 특허 공개라는 특단의 조치를 취해 연료전지자동차 개발에 필요한 우군을 확보하겠다는 전략을 세운 것이다. 도요타는 세계 최초 일반인 판매용 수소연료전지자동차 '미라이(未來)'를 발표한 바 있다. 연료전지자동차가 아직 비싸지만, 특허 공개를 통해 규모의 경제를 달성할 경우 그 절반 이하로 양산하는 것도 어렵지 않다는 전망이다. 미라이가 3분 충전으로 502 ㎞(미국EPA기준)를 달릴 수 있으며, 일본은 미라이 등 연료전지자동차를 일본 경제의 주요 성장 동력원으로 삼고 있다. 특히 도요타는 2050년까지 기존 내연기관 엔진만으로 구동하는 자동차의 판매를 거의 '0'으로 줄이겠다는 장기 목표를 발표한 바 있어 친환경 자동차 개발에 대한 토요타의 강력한 의지가 확인되었다.

7-2-2 혼다 자동차

일본 혼다자동차가 연료전지 자동차를 처음으로 발표한 것은 1999년이나, 2002년에 도요타와 함께 가장 먼저 리스판매를 시행했다. 2003년에는 저온시(-20℃)의 시동과 더욱 소형화된 차세대 연료전지 스택 "혼다 FC STACK"을 발표하고, FCX에 탑재하여 동경모터쇼에 출품했다. 2006년에는 FCX를 발표하였는데, 이것은 2005년 동경모터쇼에서 발표한 컨셉카를 주행 가능토록 한 것으로 혼다 자체개발의 FC 스택을 장착하였다.

혼다차는 첫 연료전지 자동차인 FCX 클래러티(1세대:FCX Clarity,2008~2015)를 2008년부터 일본 및 미국에서 리스판매를 시작했다. FCX 클래러티는 비록 3년동안에 소량의 대수밖에 생산되지 않는 차량이지만 양산되는 세계 최초의 연료 전지차라는 점에서 세계 자동차사의 한 획을 그었다. 이 차는 하이브리드 등 두종류 이상의 동력원을 사용하는 것이 아니라 연료전지 자동차 전용으로 설계된 자동차라는 점도 특징적이다.

연료전지 자동차는 수소를 연료로 차량 내부에 탑재한 발전장치로 동력을 얻어 모터로 주행하는 차량이다. 때문에 거의 무음에 가까운 엔진음을 내며 전기자동차 수준의 정숙한 주행성능을 갖고 있다. 또, FCX는 출발에서부터 최고속도인 시속 160 km까지 변속이 없이 부드러운 가속력으로 속도를 올리는 것이 일반 가솔린차량과 다른 점이다. 특히, 이 차는 부드럽고 편안한 가속감을 느낄 수 있고, 다른 차량에서 느낄 수 없는 매끄러운 속도변화로 탑승자를 사로잡는다.

혼다자동차는 2016년 2세대 클래러티(2016~현재)가 출시되었다, 5인승이며 3분간의 수소 충전으로 최고 속력 170 km/h, 주행거리 589 km(북미기준)를 달린다. 출력이 100 kW 이상인 고분자전해질연료전지(PEMFC)가 장착됐으며 700기압의 수소저장용기가 탑재됐다.

혼다자동차도 연료전지 자동차 양산체제를 갖추고 현재 일본 전역에 수소충전스테이션 확충작업에 본격 나서고 있다.

그림 7-25 혼다 FCX 클래러티

그림 7-26 2세대 클래러티

[표 7-9 혼다 클래러티 제원]

구분	비고	구분	비고
제 작 사	혼 다	모터출력	130 Kw
판매시기	2016.03	최대토크	30.6 Kg·m
주행거리	589 km	충전시간	20분~8시간
수소탱크용량	5.46 Kg	크기(전장×전폭×전고mm)	4165×1765×1610
행거리(수소1Kg당)	107.8 km	전지	리튬이온

* 주행거리는 출시연도, 국가별 인정기준에 따라 다를 수 있음.

7-2-3 현대 자동차

현대자동차는 2000년 싼타페를 모델로 연료전지자동차를 처음 선보였다. 이후 세계 최초로 350기압 수소 충전에 성공하며 수소 연료전지 자동차 업계에서 두각을 나타냈다. 고압 수소 저장 능력은 수소 연료전지 자동차 1회 충전 주행거리와 비례한다.

모하비 FCEV로 기술력을 검증해본 현대자동차는 2010년 투싼ix FCEV를 처음 내놓았다. 현대자동차는 양산을 위해 국내 부품업체 100여 업체와 협력하였고 이를 통해 핵심 부품을 95% 이상 국산화했다. 특히 부품 크기 축소, 연료전지시스템 모듈화 등 핵심부품 설계 개선을 통해 앞서 개발에 나섰던 유럽 · 일본 업체보다 양산을 앞당길 수 있었다.

투싼ix FCEV는 차량 밑부분에 설치했던 연료전지 시스템을 엔진룸에 탑재했고 출력도 기존 모델보다 개선했다. 3세대 수소연료전지자동차로 개발된 이 차는 독자 개발한 100 ㎾급 연료 전지 시스템과 2탱크 수소저장 시스템이 장착됐다. 특히 영하 25도 이하 저온에서도 시동이 걸려 기존 모델에서 나타난 약점을 극복했다. 한 번 수소 충전으로 최대 594㎞를 갈 수 있다.

현대자동차가 2013년 세계 최초로 수소연료전지자동차인 투싼ix를 울산공장에서 양산한다고 발표하자 전 세계 자동차 업계는 깜짝 놀랐다. 벤츠·도요타·혼다 등 내로라하는 글로벌 기업보다 적어도 2년정도 빠른 발표였다.

세계 최초로 양산되는 투싼ix 수소연료전지자동차는 1회 수소 충전으로 최대 426 km까지 주행이 가능하고, 가솔린 기준으로 환산하면 27.8 km/ℓ의 고연비를 실현했고, 영하 20도 이하의 탁월한 저온 시동성 확보 등 세계 최고 수준의 효율성을 갖췄다. 현대자동차가 독자 개발한 100 kW급 연료전지 시스템과 2탱크 수소저장 시스템(700기압)이 탑재됐고 영하 20도 이하에서 저온 시동성 확보, NEDC 유럽 연비 시험 기준으로 100 km를 주행하는데 0.96 kg 수소가 사용되는 등 세계 최고 수준의 효율성을 자랑한다.

[표 7-10 전기자동차와 수소연료전지자동차의 성능비교]

전기자동차(전기)	비교항목(연료)	수소연료전지자동차(수소)
354 km(테슬라 모델3)	**주행거리**	609 km(현대차 넥쏘)
20분~8시간	**충전시간**	3~5분
가격저렴, 생산과정 단순 기존 충전 인프라 활용	**장점**	· 짧은 충전시간, 긴 주행거리 · 미세먼지제거
짧은 주행거리, 긴 충전시간 원자재(리튬,코발트)고가	**단점**	· 비싼 충전소, 높은 생산단가 · 연료전지용 백금 촉매 가격

* 주행거리는 출시연도, 국가별 인정기준에 따라 다를 수 있음.

그림 7-27 현대자동차의 투싼ix 수소연료전지자동차

[표 7-11 투싼ix 수소연료전지자동차 사양]

	구분	비고
제원	연료전지 스택	100 KW
	구동모터	100 KW
	수소탱크	700기압(수소저장량 : 5.6 Kg)
	에너지 저장장치	24 KW급 리튬이온 폴리머 전지
성능	최고속도	160 Km/h
	가속성능(0→100 Km)	12.5초
	1회충전시 항속거리	426 Km
	가솔린 등가연비	27.8 Km/l(0.95 Kg·H_2/100 Km)

[표 7-12 현대차 투싼과 도요타 미라이의 제원 및 성능 비교]

도요타		현대차
미라이	**차 량**	투싼ix FCEV
502	**주행거리(km)**	426
4인승 세단	**차 종**	5인승 SUV
150	**마력(PS)**	129
4890×1816×1534	**크 기(전장×전폭×전고mm)**	4895×1875×1475

* 주행거리는 출시연도, 국가별 인정기준에 따라 다를 수 있음.

현대자동차는 독일 벤츠, 도요타, 닛산 등과 함께 미국 정부의 수소연료전지자동차(FCEV) 개발에 참여한다. H_2 USA는 FCEV 개발 파트너를 선정했다. 이 중에서도 현대자동차는 세계 최초로 FCEV 대량생산 설비를 갖춘 만큼 미국의 FCEV 개발 과정에서 가장 주도적인 역할을 맡을 것으로 보인다.

현대자동차는 이번에 H_2 USA의 개발 파트너로 선정되면서 독자 개발한 '투싼ix FCEV' 시험용 차를 미 정부에 공급한다. 투싼ix FCEV는 1회 충전으로 리튬이온전지를 탑재한 기존 전기자동차 주행거리보다 긴 최장 426 km를 주행한다. 이 차는 유럽연합(EU)의 시험운행 차량으로 단독 선정됐으며 이후 유럽 각국의 정부기관과 관공서에 판매되고 있다.

현대자동차는 2018년 차세대 수소연료전지자동차(FCEV)인 넥쏘(NEXO)를 출시했다. 넥쏘는 그 동안 양산 차량을 기반으로 개발되었으며, 완전히 새롭게 수소연료전지자동차를 위해 개발된 미래형 SUV다. 넥쏘는 현대차의 수소연료전지자동차 연구 개발의 방점을 찍는 모델로서 보다 향상된 주행 성능과 주행 거리를 자랑한다. 1회 충전 항속거리는 609 km에 이른다. 이는 현재 판매 중인 차량 중 가장 긴 거리이며 ix35 FCEV(항속거리 415 km, 한국기준)와 비교한다면 약 40% 이상 향상된 수치다.

넥쏘의 복합연비는 96.2 km/kg이며, 수소탱크의 수소 저장밀도와 저장용량을 증대시켜 기존보다 더 많은 한 번에 총 6.33 kg의 수소를 충전할 수 있도록 했다. 참고로 충전 시간은 5분 이내로 꾸준한 지속 사용성을 보장한다.

현대자동차는 수소전기자동차 분야의 혁신 및 시장 선점을 위해 폭스바겐그룹의 아우디와 손잡았다. 현대차가 아우디와 동맹을 맺은 것은 글로벌 수소전기자동차 시장의 저변을 확대하고, 확고한 기술 경쟁력을 바탕으로 미래 수소전기자동차 시장에서의 패권 경쟁을 주도하기 위해서다. 현대차는 자율주행 기술을 탑재한 차세대 신형 수소 연료전지 자동차를 통해 이 시장의 선두주자로 올라선다는 목표다.

[표 7-13 현대자동차 수소전기자동차 넥쏘 주요제원]

구분		제원
	1회 충전주행거리(km)	609 Km
	완전충전 시간	5분
	적재공간	839 L
	모터최대출력	135.0 KW
	최대토크	395.0 N·m
	가속성능제로백	9.2초
	복합연비	96.2 Km/Kg

* 주행거리는 출시연도, 국가별 인정기준에 따라 다를 수 있음.

그림 7-28 현대자동차의 수소연료전지자동차 넥쏘(NEXO)

[표 7-14 세계 3대 수소연료전지자동차 주요제원비교]

구분	**넥쏘**	**미라이**	**클래리티**
제작사	현대차	도요타	혼다
판매시기	2018.03	2014.12	2016.03
주행거리	609 km	502 km	589 km
수소탱크용량	6.33 Kg	5 Kg	5.46 Kg
행거리(수소1 Kg당)	93.9 km	100.4 km	107.8 km
모터출력	120 Kw	113 Kw	130 Kw
최대토크	40.3 Kg·m	34.2 Kg·m	30.6 Kg·m
충전시간	약 5분	약 5분	약 5분
크기(전장×전폭×전고mm)	4670×1860×1630	4890×1815×1535	4165×1765×1610
전지	리튬이온	니켈수소	리튬이온

* 주행거리는 출시연도, 국가별 인정기준에 따라 다를 수 있음.

7-3 관련업체의 변화

7-3-1 업계 합종연횡 바람

연료전지 자동차(FCEV) 시장을 놓고 글로벌 자동차 업체들의 합종연횡이 속도를 내고 있다. 일본 도요타와 독일 BMW가 FCEV 개발 제휴를 발표한 직후, 르노닛산과 다임러, 포드는 FCEV 공동개발에 합의했다.

[표 7-15 글로벌 수소연료전지자동차 동맹]

구분	비고
현대차-아우디	· 수소차 특허/부품 공유
도요타-BMW	· 2013년 수소차 플랫폼 공동 개발 협약
혼다-GM	· 2016년 연료전지 공동제작하는 합작법인 설립
닛산-포드-다임러	· 2013년 연료전지 공동생산 협약

르노닛산-다임러-포드 연합은 이번 제휴를 통해 연구개발(R&D) 비용을 줄이고 일본, 유럽, 미국 정부에 연료전지 관련 인프라 정비를 요구할 계획이다.

현대자동차는 피아트-크라이슬러그룹(FCA)와 글로벌 파트너십을 구축한다. 현대차는 2세대 투싼을 베이스로 개발한 수소연료전지자동차를 세계 최초로 상용화에 성공했고 관련기술도 선두그룹에 속한다. 일본 메이커가 속속 수소연료전지자동차 기술을 앞세워 동맹을 확대하는 가운데 피아트-크라이슬러그룹과 현대차는 파트너십을 통하여 차세대 신형 수소연료전지 자동차를 통해 이 시장의 선두주자로 올라선다는 계획이다.

가격 낮추고 인프라 정비 가속화

FCEV는 기존 가솔린 차량이나 전기자동차(EV)와는 차이가 있다. EV는 최초 동력을 만들기 위해 약간의 화석연료가 필요하지만 FCEV는 천연가스나 물을 사용하기 때문에 환경친화적이다. FCEV는 또 EV에 비해 충전시간이 짧은데다 주행가능거리가 길어 기존 가솔린 차량과 큰 차이가 없다. 다만 FCEV는 차량가격이 비싸고 수소 공급 인프라가 부족하다는 것이 해결과제다. 10년 전까지 1대당 약 10억원 대를 호가했다. 최근에는 하이브리드차(HV)의 전기모터 등 부품을 공유하면서 가격을 빠르게 낮추고 있다.

세계적 자동차회사 르노닛산과 다임러, 포드는 FCV 공동개발에 합의했다. 이번 제휴는 관련 인프라 정비를 가속화한다는 의미에서도 중요하다. 정부와의 연계가 필수적인 만큼 미국 정부와 강한 유대관계를 갖고 있는 포드가 가세해 정책 측면에서 지지를 받기 쉬워질 것으로 예상된다.

한편 BMW를 파트너로 선택한 도요타는 지난 1992년 FCEV 연구개발(R&D)을 자체적으로 시작한 이후 처음으로 타사와 기술 제휴를 결정할 만큼 FCEV에 공을 들이고 있다.

세계 주요 국가들이 환경규제를 강화하면서 수소연료전지자동차 시장이 급성장하고 있다. 글로벌 완성차 업체들을 중심으로 수소연료전지자동차 시장을 선점하기 위한 차량 기술 및 가격 경쟁이 심화될 전망이다.

글로벌 분석업체에 따르면 현대, 기아, 도요타, 렉서스, 혼다, 벤츠, BMW 등 최소 11개의 완성차 업체가 수소연료전지자동차 시장에 진출할 것으로 전망된다.

현재 수소연료전지자동차 시장을 선점하기 위한 현대·도요타·혼다 3사 간 기술 경쟁이 치열하다. 양산에 성공한 대표적인 수소연료전지자동차는 현대의 투싼과 넥쏘다. 이외, 혼다 클래리티(Clarity), 도요타 미라이(Mirai)가 경쟁 중이다.

도요타사의 미라이는 최고 마력 151 및 충전 후 최장 502 km(312 mile/북미인증) 주행이 가능하다. 혼다의 대표 소수차는 클래리티로 최고 마력 170을 자랑하며 충전 후 최장 589 km (366mile/북미인증)을 주행할 수 있다. 현대는 1세대 수소연료전지자동차인 투싼을 시작으로 최근 최고 마력 161에 1회 충전으로 주행거리가 609 km(북미인증전)에 이르는 차세대 수소연료전지자동차인 넥쏘를 출시했다.

세계 각국의 인프라 구축현황

글로벌 완성차 업체들의 시장 선점을 위한 주요 경쟁 요인 중 하나는 세계 주요 국가들을 중심으로 수소연료전지자동차 활성화를 위해 수소 충전 인프라를 늘리고 있다는 점이다.

미국 캘리포니아 주 정부를 중심으로 수소연료전지자동차 10만대 보급을 목표로 대당 1,300달러의 보조금을 지급한다. 또한, 수소 공급 인프라 지원을 위한 3,300만 달러 보조금 발표를 통해 2020년까지 최소 100개의 충전소를 구축할 예정이다.

한국정부의 미세먼지 관리 특별대책에 따르면 수소연료전지자동차 활성화를 위해 충전소 100곳을 설치함과 동시에 2018년 기준 구매보조금 2,750만 원 지원을 통해 수소연료전지자동차 판매량 1만 대 달성을 목표로 하고 있다.

일본은 수소연료전지자동차 판매 4만 대, 충전소 160곳을 목표로 정부 출자기업에 도쿄가스, 오사카가스, 도호가스, 도요타 통상, JX, 이데미쓰고산, 도요타, 혼다, 닛산, 일본개발은행 등 총 11개의 업체가 참여할 예정이다.

중국의 수소연료전지자동차 로드맵에 따르면 수소연료전지자동차 5,000대, 충전소 100기가 보급될 전망이다. 또한, 중국 정부의 2016~2020년 신에너지차량 확대보급사용계획에 따르면 전기자동차 및 하이브리드차의 보조금을 단계적으로 축소하는 반면, 수소연료전지자동차의 보조금은 20만 위안으로 유지하는 계획을 발표했다.

우리나라의 경우, 첫 양산형 수소연료전지자동차를 발표하고도 부족한 수소충전소와, 보조금 지원으로 수소연료전지자동차 시장의 주도권을 도요타에게 넘겨준 만큼 수소연료전지자동차 선두국가가 되기 위해서는 일본을 포함한 타 국가의 정부지원 정책 등 관련 움직임을 예의 주시하고 벤치마킹할 필요가 있다고 전문가 들은 조언한다.

7-3-2 자동차 산업의 신패러다임

세계 각국의 배기가스 규제로 친환경 차가 자동차 시장의 대세로 떠오르면서 미래 친환경차 패권을 차지하기 위한 전기자동차와 수소연료 전기자동차의 경쟁이 심화하고 있다. 둘 다 친환경 차로 분류되지만, 장단점이 뚜렷하고, 글로벌 자동차 업체마다 주력으로 삼은 차종이 달라 신경전도 치열하다.

수소연료전지자동차는 기존 석유를 사용하는 내연기관 자동차와는 개념부터 다른 신개념 미래형 친환경차로 수소를 사용해 순수한 물(수증기)만 배출되는 완전 무공해 자동차로 하이브리드, 전기자동차 등을 넘어서는 궁극적인 미래 자동차로 인식되고 있다. 까다로운 기술과 높은 안전성을 요구하기 때문에 GM, 도요타, 혼다, 벤츠 등 글로벌 메이커들은 2020~21년 상용화를 목표로 차량을 개발 중이지만 연료전지 스택 개발 등 차량 독자 기술력, 양산을 위한 생산 기술 확보 등의 어려움으로 지금까지 양산에는 성공하지 못했다.

기존의 가솔린 내연기관이 석유(가솔린) 등 혼합연료를 폭발시킨 힘으로 구동축을 돌리는 데 비해, 연료전지는 전기모터가 구동축을 돌리게 되어 있다. 이때 전기모터를 돌리는 에너지를 생산해 내는 것이 바로 연료전지이다.

연료전지 작동 원리는 전해질을 사이에 두고 두 전극이 샌드위치의 형태로 위치하며 두 전극을 통해 수소이온과 산소이온이 지나가면서 전기를 발생시키고 부산물로서 열과 물을 생성한다.

현재 주도권은 전기자동차가 갖고 있다. 배기가스가 없는 데다 소음도 적고, 변속기 같은 동력 변환 장치도 필요 없다. 가격도 내연기관 자동차와 견줄 정도로 낮아졌고, 충전 인프라도 어느 정도 구축됐다. 특히 전기자동차는 지금까지 힘이 부족하다는 평가를 받아왔으나 기술 수준 향상으로 가속력과 스피드도 끌어올렸다. 각국 정부의 보조금 지급으로 보급도 빠르게 늘고 있다. 당분간 전기자동차=친환경차라는 패러다임이 유지될 것이라는 예상이 많은 이유다.

전기자동차는 수소 연료전지 자동차와 부품의 70%가량 겹치지만, 수소 연료전지 자동차에 대한 이들의 전망은 냉혹하다. 하지만 전기자동차는 급속 충전기에서 20~30분, 가정에서 충전할 때(저속) 4시간 이상 걸린다는 단점이 있다. 한번 충전으로 갈 수 있는 거리는 300 ㎞대이다. 전지 개발의 기술적 한계로 발전에 제한이 있다는 분석이 나온다.

에너지 위기는 최근 들어 더욱 본격화되고 있다. 수소연료전지의 대두도 이러한 시대의 요구와 맞물려 있다. 수소연료전지의 연료로 천연가스를 개질해 수소를 얻는 방법을 사용하고 있으며 한동안은 이러한 개질방식이 이어져갈 것이다. 그러므로 국내 천연가스 인프라 역시 '수소경제'라는 에너지 안보로 갈 수 있는 중요한 기반산업이 아닐 수 없다.

사실 수소 연료전지 자동차는 전기자동차보다 비싼 데다, 기술발전 수준이 더뎌 관심을 덜 받았다. 하지만 충전시간이 5분 내외로 짧고, 한 번 충전으로 400 ㎞ 이상을 갈 수 있다는 장점이 부각되면서 관심이 높아지고 있다. 수소 연료전지 자동차는 차량 내 고압 탱크에 저장한 수소와 공기 중의 산소를 반응시켜 만들어낸 전기로 모터를 돌려 움직인다. 매연 없이 순수한 물만 배출하기 때문에 궁극의 친환경차로 불린다. 수소 연료전지 자동차 개발에 적극적인 곳은 현대차와 일본 도요타·혼다 등이 꼽힌다. 현대차는 2013년 세계 최초로 투싼ix 수소 연료전지 자동차 양산에 성공했으며, 2018년에는 1회 충전 주행거리는 609 ㎞인 미래형 SUV '넥쏘'를 공개했다. 도요타는 미라이, 혼다는 클래리티를 내놨다. BMW와 닛산·GM·포드 등도 2020년 최신형 수소 연료전지 자동차 출시를 앞두고 있다.

하지만 수소 연료전지 자동차는 제조비용이 많이 든다는 치명적인 단점이 있다. 연료전지에 들어가는 50~70 g의 백금 때문이다. 다른 부분은 기술이 올라가면서 가격을 낮출 수 있지만, 연료전지의 가격은 낮추기가 쉽지 않다. 인프라 구축도 만만찮다. 충전시설 설치비용이 한 곳당 수십억 원이나 든다.

당분간 두 차종은 경쟁 관계가 아니라 동반자 관계로 발전할 것이라는 게 전문가들의 시각이다. 지금 내연기관 자동차가 가솔린·디젤엔진으로 시장이 나뉜 것과 비슷하다. 더욱이 친환경차는 결국 정부 시책과 맞물려 돌아가기 때문에 어떤 차종이 미래 대세가 될지 현재로썬 예단하기가 쉽지 않다. 이에 한국의 현대·기아차는 투트랙 전략을 구사하고 있다. 경쟁업체보다 기술 개발이 늦었지만 최근 아이오닉 등의 전기자동차를 선보이며 보폭을 넓히고 있다. 다만 장기적으로는 수소 연료전지 자동차 쪽이 더 경쟁력이 있다고 보고 수소 연료전지 자동차에 무게 중심을 두고 있다. 2005년 수소 연료전지 자동차 개발에 성공한 현대차는 기술 수준에서 세계 최선두권에 있는 것으로 평가받고 있다. 아직 시장이 여물지 않은 만큼 먼저 시장을 선점하면 주도권을 쥘 수 있다는 판단이 나온다.

미국에서 다양한 용도의 연료전지기술이 모두 성숙되어 있을 것으로 예상되는 2035년을 기준으로 연료전지를 탑재한 자동차와 하이브리드자동차, 플러그인 하이브리드자동차, 전지전기자동차, 내연기관 자동차 등의 수명주기 비용을 평가한 결과, 연료전지 자동차의 비용이

[표 7-16 수소연료전지자동차와 전기자동차 제원 비교]

	수소연료전지자동차		전기자동차

차량모델	현대차 넥쏘	도요타 미라이	GM 볼트EV
주행거리	609 km	502 km	383 km
충전시간	약 5분	약 5분	20분~8시간
차체 (전장×전폭×전고mm)	4670×1860×1630	4890×1815×1535	4165×1765×1610
출시	2018.03(한국)	2014.12(일본)	2017.03(한국)

* 주행거리는 출시연도, 국가별 인정기준에 따라 다를 수 있음.

다른 자동차에 비해 높지 않고 전지 전기자동차보다는 훨씬 쌀 것으로 전망하고 있는데 이는 연료전지 및 연료전지 자동차의 개발과 산업 육성에 적극적으로 나서고 있는 한국으로서는 고무적인 결과이다. 또한 전지 전기자동차는 도시 출퇴근의 근거리용으로 용도가 한정될 것이며 장거리용 친환경 자동차의 궁극적인 모습은 연료전지 자동차가 될 것이라고 전문가들은 예상하고 있다. 따라서 전지 전기자동차용 대형 전지의 양산체제를 갖춘 LG화학, 삼성 SDI 및 SK이노베이션 등의 우리나라 기업들은 재생에너지 저장시설의 개발에 더 많은 역량을 집중해야 할 것으로 보인다.

최근에 현대·기아자동차는 세계 최초로 연료전지자동차를 상용화하여 공급하기 시작하였다. 또한 향후 시장 개발을 위해서는 도요타·BMW, 르노·닛산·포드 등과 같이 각국 업체들이 연합전선을 구축하여 생산·판매량 증대를 꾀하는 전략을 검토해야할 것으로 보인다.

특히 일본의 도요타는 하이브리드자동차 분야에서 하이브리드시스템 II와 같이 절대적인 기술적 우위를 점하고 세계 시장을 개발하고 있는데 연료전지 자동차 분야에서는 우리나라 기업들도 그와 같은 기술적 우위전략을 구사해야만 향후 시장 개발에서 앞서나갈 수 있을 것으로 생각된다.

수소 연료전지 자동차의 본격적인 보급은 수소 충전소 같은 기반시설이 얼마나 빨리 갖춰질지에 달려 있다. 미국 및 독일 업체들도 수소 연료전지 자동차 개발에 동참하고 있어 업체들의 양산형 모델이 출시되는 시점인 2020년 이후 본격적인 수소 연료전지 자동차 경쟁이 시작될 전망이다.

이산화탄소를 없애는 동시에 전기와 수소를 생산하는 시스템

- UNIST 김건태 에너지 및 화학공학부 교수 연구팀이 이산화탄소를 활용해 전기·수소를 생산하는 기술인 '하이브리드 나트륨 금속-이산화탄소 시스템(Hybrid Na-CO_2 system)'을 개발했다
- 연구팀이 개발한 시스템은 물에 녹인 산화탄소를 활용하는 전지 시스템으로 작동 과정에서 이산화탄소는 제거하고 전기와 수소를 생산한다.

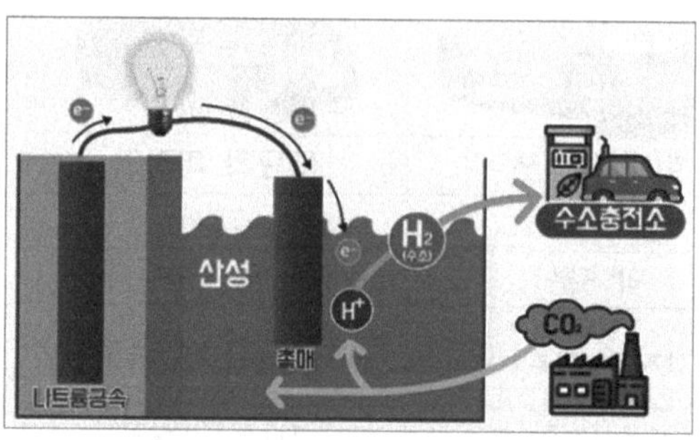

하이브리드 나트륨 금속-이산화탄소 시스템

7-4 해결해야 할 과제

수소가 미래 경제의 핵심이 되는 새로운 성장동력이며 친환경 에너지 혁명을 이끌 원천이라고 많은 전문가들은 예견한다. 우주 물질의 75%를 차지할 정도로 풍부한 수소를 주요 에너지원으로 채택하기만 하면 다양한 새로운 산업이 생기고 국가 경제가 일어날 것처럼 느껴진다. 그러나 업계에는 우려 섞인 시선이 적지 않다. 그중 하나가 정부의 로드맵이 수소를 에너지원으로 활용하기 위한 구체적 계획보다는 수소연료전지자동차(Fuel Cell Electric Vehicle) 활성화에만 초점을 맞추고 있다는 지적이다.

정부는 수소경제로 가기 위한 모든 기술의 집합체인 수소연료전지자동차를 중심으로 수소경제를 구축하겠다는 계획이지만 이 같은 행보에는 기술적 난제들이 장애물처럼 겹겹이 쌓여 있다. 기술적인 문제들을 해결해 수소연료전지자동차 대량 생산에 성공한다고 하더라도 수소연료전지자동차가 대중의 선택을 받을지는 미지수다. 급속도로 에너지 효율, 주행 성능 등이 개선되고 있는 전기자동차를 제치고 여러 측면에서 뒤처지는 수소연료전지자동차가 시장의 선택을 받긴 어려울 것이라는 게 전문가들의 분석이다. 일반적으로 신생 산업은 정부가 보조금을 주면서 기업의 기술 개발을 촉진하고 기술 발전과 함께 시장이 커지면서 관련 업계가 자생력을 기르고 정부가 보조금을 줄여나가는 게 수순이다. 전기자동차는 보조금을 들여 산업을 키우는 단계를 넘어 자생력을 기르는 시기에 돌입했지만 수소연료전지자동차의 경우 전기자동차에 밀려 시장이 형성되지 않는다면 정부의 보조금 없이는 살아남을 수 없게 될 것이라고 많은 전문가들은 분석한다.

수소연료전지자동차 시대를 마냥 긍정적으로 보긴 어렵다. 넘어야 할 산이 많기 때문이다. 수소연료전지자동차를 둘러싼 기술적 한계점을 전문가들의 의견을 종합하여 하나씩 살펴본다.

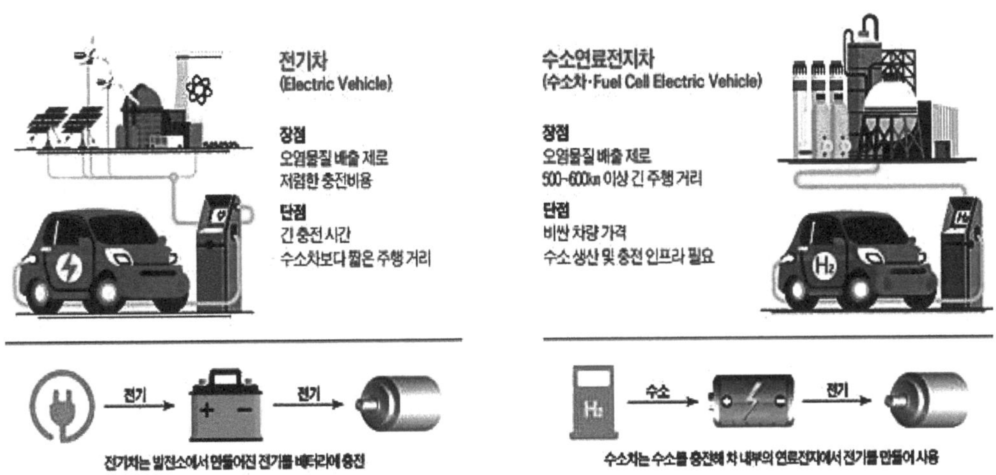

그림 7-29 전기자동차와 수소연료전지자동차의 구동원리

1. 한계 봉착한 수소 저장 기술
2. 동력 성능 저하시키는 발열
3. 전기자동차보다 한참 낮은 에너지 효율
4. 장거리 대형 상용차엔 수소 연료가 대안

7-4-1 한계 봉착한 수소 저장 기술

전문가들이 주장하는 수소연료전지자동차의 가장 큰 한계는 '수소 저장탱크'다. 수소연료전지자동차는 수소 기체를 싣고 다니는데, 수소는 자연계에서 가장 작고 가벼운 물질이라 충분한 질량을 보관하려면 저장공간의 부피가 매우 커야 한다. 그래서 제한적인 자동차 구조상 수소를 고압으로 압축하는 방식으로 저장탱크에 보관하고 있다.

현대차의 초기 수소연료전지자동차 모델은 200기압 수준이었으나 최근에는 고압저장탱크 기술이 발전하면서 700기압까지 높아졌다. 이와 동시에 한 번 충전으로 갈 수 있는 주행거리도 초기 160 ㎞(싼타페)에서 400 ㎞(투싼), 600 ㎞(넥쏘)까지 늘어났다.

그러나 문제는 고압저장 기술로 수소연료전지자동차의 주행 거리를 늘리는 데 한계가 있다는 점이다. 고압으로 수소를 탱크에 주입하면 초기에는 저장 용량이 늘어나지만 700~800기압부터는 압력만 올라가고 수소 용량은 늘지 않는다. 주입 압력이 높아질수록 수소 분자 사이의 운동에너지가 증가해 추가적인 수소 유입을 막기 때문이다. 즉 800기압이나 2000기압이나 수소 저장 용량엔 차이가 별로 없다. 또 수소는 폭발성이 크기 때문에 내부 온도를 85도 이하로 관리해야 한다. 이 때문에 고압저장이 더 어렵다.

한계점에 도달한 고압저장 기술 대신 현대차는 고압저장탱크 개수를 늘려 주행 거리를 향상시켰다. 현대차의 초기 수소연료전지자동차들은 1개의 탱크를 사용했고 최초 양산 모델인 투싼은 2개, 넥쏘는 3개를 사용하고 있다. 이는 고스란히 가격 상승으로 이어진다.

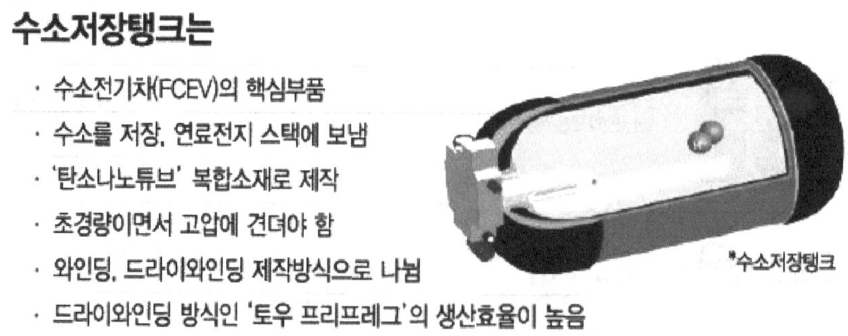

그림 7-30 수소저장탱크의 특징

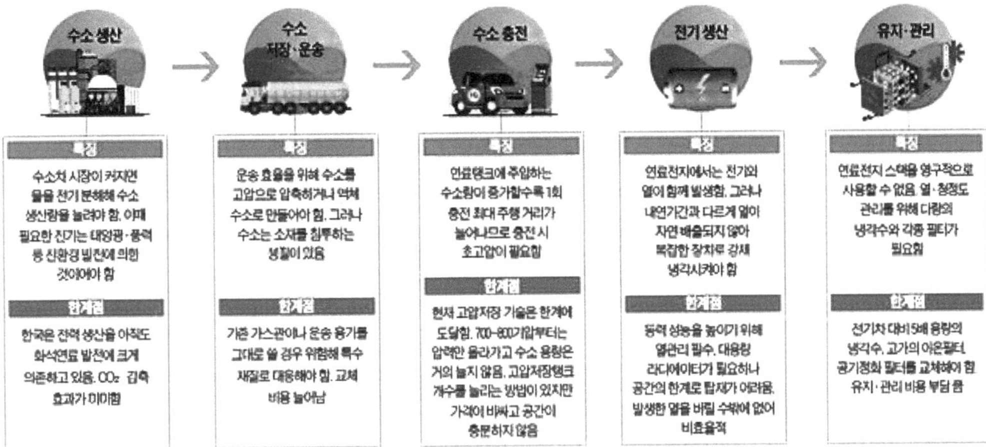

그림 7-31 수소연료전지자동차 단계별 기술적 한계점

탱크 장치 1개당 300만원으로 계산하면 3개에 900만원이다. 수소연료전지자동차 전체 원가의 10% 이상을 차지한다. 고압저장탱크는 수소 분자의 손실을 막기 위해 고가의 탄소섬유로 용기 외부를 감는 복잡한 공정을 거치기 때문에 앞으로 대규모 양산이 되더라도 원가가 크게 떨어지지 않을 것이라는 게 전문가들의 분석이다. 자동차 업계 관계자는 테슬라의 전기자동차가 기술 발전으로 최대 주행 거리를 계속 늘려가고 있다는 점에서 수소연료전지 자동차가 궁극적인 친환경차라는 논리 중 가장 설득력이 있었던 최대 주행 거리에서의 우위는 시간이 지날수록 퇴색되고 있다고 지적했다. 이에 대해 현대차 관계자는 수소 저장탱크 기술은 수소연료전지자동차 기술 중 가장 빠르게 고도화되고 있다며 수소 탱크를 동일한 크기와 형상으로 구성해 양산 효과를 극대화하면 제조 원가를 낮출 수 있다고 말했다. 또 탄소섬유가 고가이긴 하나 대량 구매로 원가를 낮출 수 있다고 밝혔다.

7-4-2 동력 성능 저하시키는 발열

수소연료전지자동차의 두 번째 기술적 한계점은 연료전지의 발열 문제다. 발열 문제를 해결하기 위한 기술이 최대한 발전하더라도 전기자동차와의 동력 성능 경쟁에서 이길 수 없다는 게 전문가들의 분석이다. 발열 문제는 수소연료전지자동차에서 아주 핵심적인 부분을 차지하지만 현재 이 문제에 대한 논의는 거의 이뤄지지 않고 있다.

수소연료전지자동차의 동력원인 연료전지에서는 발열 반응이 일어나 전기와 함께 열이 발생한다. 내연기관차의 경우 연료가 연소한 후 발생한 열의 대부분이 배기가스와 함께 외부로 방출되지만 연료전지에서 발생한 열은 배출구가 없다. 그래서 수소연료전지자동차는 연료전지 수백 겹이 적층돼 있는 스택 내부로 냉각수를 강제 순환시켜 열을 흡수하고 라디에이터를 통해 방출하는 방식을 사용하고 있다.

또 스택은 발열량이 많은 데다 수명을 늘리기 위해 스택 내부 온도 차를 최소화해야 한다. 다량의 냉각수를 순환시킬 수 있는 대용량 라디에이터가 필수적인 이유다. 이론적으로 같은 출력에서 내연기관차에 비해 수소연료전지자동차 라디에이터의 면적은 4배로 늘어난다. 하지만 자동차 구조상 좁은 공간에 대용량의 라디에이터를 탑재하기 어렵다. 수소연료전지자동차의 성능을 높이기 위해 스택의 출력을 높이려니 이 같은 발열 문제가 발목을 잡는 것이다. 수소연료전지자동차가 동력 성능 면에서 전기자동차와 경쟁하기에 태생적으로 불리한 셈이다. 현대차 넥쏘도 큰 차체에 비해 출력이 매우 낮다. 내연기관차 중에서는 아반떼와 같은 준중형급 출력 수준이다. 결과적으로 차체는 무겁고 동력 성능은 나빠 운전자에게 즐거움을 줄 수 없다. 반면 전기자동차는 차체가 가볍고 출력이 높아 운전의 즐거움을 준다.

전문가는 먼 미래에 최첨단 기술이 적용된 차세대 연료전지가 개발되면 출력 밀도가 크게 높아질 수도 있겠지만 수소와 산소를 이용한 촉매 반응의 열효율은 열역학적으로 정해져 있기 때문에 발열 문제는 해결되지 않는다며 태생적인 약점인 열관리의 한계로 차세대 수소연료전지 자동차가 전기자동차에 필적하는 동력 성능을 내기란 쉽지 않을 것이라고 전망했다.

이에 대해 현대차 관계자는 수소연료전지자동차의 연료전지 출력을 높이는 방법은 고전압 부스터 장착 등 다양한 방법이 있으며 기존의 내연기관과 전기자동차 기술을 적용해 최적화된 고성능 수소연료전지자동차 개발도 가능하다고 밝혔다. 또한 "차량을 보조 발전기로 활용할 경우 열에너지도 다양한 용도로 활용 가능하다고 말했다.

7-4-3 전기자동차보다 한참 낮은 에너지 효율

전기자동차보다 절대적으로 낮은 수소연료전지자동차의 열효율은 수소연료전지자동차가 미래 자동차 시장에서 시장성을 확보할 가능성을 크게 떨어뜨린다.

연료전지를 통해 전기 에너지와 열에너지가 생성되는데 열에너지는 냉각수로 식히는 방식으로 없앤다. 이때 발생하는 열 손실로 고분자형 연료전지(PEMFC)가 내는 최대 효율은 83%다. 수소연료전지자동차의 열효율은 스택에서 발생되는 마찰저항과 열, 기타 연료전지 구동에 필수적인 장치들의 에너지 손실까지 감안하면 40%대까지 떨어진다. 전기자동차의 전지 열효율(약 90%)의 절반도 안 되는 수준이다. 게다가 연료탱크, 연료전지, 복잡한 열관리 장치 때문에 차량 중량도 전기자동차를 넘어서서 실주행 연비는 더욱 악화된다. 결국 같은 전기로 운행할 수 있는 거리는 전기자동차가 수소연료전지자동차보다 압도적으로 길다고 볼 수 있다.

현대차는 값싼 수소를 수입하면 수소연료전지자동차가 경쟁력을 가질 수 있다고 말한다.

그러나 수소연료전지자동차 연비는 최대로 봐도 전기자동차의 절반 수준밖에 안 된다. 수소 생산·운송·저장 등에서 불필요한 비용, 에너지 손실이 발생하는 점까지 고려하면 경쟁력은 더 떨어진다. 전문가는 수소연료전지자동차는 배기가스 대신 물이 배출될 뿐 힘들게 생산한 수소를 낭비하는 비효율적 운행 수단이라고 설명했다.

연료전지의 집합체인 스택이 제대로 작동하기 위해 복잡한 장치들이 필요하다. 그리고 이 장치들 대부분은 많은 에너지를 사용한다. 먼저 연료전지에 다량의 산소를 공급하는 압축기가 필요하다. 이 압축기는 최대 수십만rpm(회전 장치가 1분간 몇 번 회전하는지 나타내는 단위)으로 회전하면서 연료전지가 생산하는 전력의 최대 10%를 소비한다.

이뿐만이 아니다. COD 히터라는 장치는 일시적으로 스택이 생산하는 전력의 최대 20% 가량을 쓴다. COD 히터는 전기 생산의 부산물로 생성되는 물이 겨울철에 얼지 않도록 관리하고 차를 운행하지 않을 때 스택 내부에 남은 물과 산소를 없애는 데 필요하다. 이외에도 스택 열관리를 위해 필요한 워터펌프, 고성능 냉각팬 등은 수소연료전지자동차에서만 발생하는 에너지 손실 요인들이다. 여기에다 전기자동차와 공통적으로 에너지 손실을 유발하는 PTC 히터(실내 난방용), 인버터, 컨버터, 메인 모터 등의 요인이 더해진다. 결과적으로 모든 에너지 손실을 고려하면 차량 시스템 효율이 30% 이하까지 떨어진다. FCEV 전문가는 미래에 기술이 발전하더라도 연료전지의 이론 열효율, 스택의 저항, 열 관리 등 근본적인 문제로 에너지 효율을 높이는 데 한계가 있다고 설명했다.

이에 대해 현대차 관계자는 구조적으로 단순한 전기자동차가 수소연료전지 자동차보다 에너지 효율이 좋은 것은 당연하지만 연료주입 이후 차량 운행단계까지만을 비교하면 효율 차이는 10% 내외로 크지 않다고 말했다. 또한 연료전지 시스템 구현을 위해 공기공급계, 열관리계, 수소공급계 등 다양한 시스템이 필요한 것은 사실이지만 이 시스템이 단순한 에너지 손실 요인이 아니며 전체 차량의 효율 개선을 위한 최적의 시스템이라는 게 전문가의 설명이다.

7-4-4 장거리 대형 상용차엔 수소 연료가 대안

수소연료전지자동차의 기술적 한계점들이 보여주는 미래는 분명하다. 아무리 관련 기술이 최첨단 수준으로 발전하더라도 수소연료전지자동차가 가진 태생적 한계 때문에 전기자동차와 경쟁에서 밀릴 수 있다는 것이다. 지금으로선 투입 비용 대비 경제성이 현저하게 떨어진다.

수소연료전지자동차의 미래를 부정적으로 보는 사람들이 수소경제 자체를 반대하는 것은 아니다. 전문가들이 앞다퉈 말하는 대안은 수소연료전지자동차에 한정된 개발이 아닌 수소를 기반으로 한 경제 생태계를 만들려고 노력해야 한다는 것이다. 우리나라보다 앞서 수소경제로의 전환을 선언한 일본·독일 등은 수소를 기반으로 전기 에너지를 만들어 공급하는 '친환경 에너지 생태계' 구축을 최우선 목표로 삼았다. 수소연료전지자동차 대량 생산과 충전 인프라 구축이 아니라 수소 생산과 저장·운반 등 수소 공급에 대한 기술 고도화에 먼저 초점을 맞췄다.

다만 수소연료전지자동차가 대형화에 유리해 버스·트럭 등 상용차와 기차·선박 시장에서는 경쟁력이 있을 것이라는 전망에는 비교적 의견이 모인다. FCEV 전문가는 수소 승용차는 시장성이 없을 수 있지만 버스·트럭·기차 등 공간이 넓어 수소 저장탱크를 여러 개 싣고 방열 면적을 확보할 수 있는 대형 장거리 운송수단에서는 수소 연료가 대안이 될 수 있다고 예상했다.

최근 들어 미래의 에너지 문제와 공해 문제를 해결할 수 있는 하나의 대안으로 연료전지가 손꼽히고 있다. 외부로부터 전기를 충전, 저장해야 하는 전지는 수백 파운드의 무거운 전지팩이 필요한데다 운행거리에 제한이 따르고 3~6년에 한 번씩 전지를 교환해야 하며, 교환할 때 많은 돈이 든다. 그러나 수소연료전지는 전지에 비해 작고 가벼우며 빠른 시간에 재충전된다는 것이 장점이다. 또 수증기만을 방출하기 때문에 가장 깨끗한 미래형 동력원이 될 것으로 여겨진다.

제 8 장
자율주행 자동차

자동차 산업이 시작된 이래 최대 변화의 중심에 서 있다. 그 변화의 중심에 선 가장 큰 화두는 자율주행자동차(Self-Driving Car, Autonomous Vehicle)이다.

단순히 탈 것을 넘어 인류의 삶을 뒤바꿀 새로운 이동수단으로 자동차는 진화하고 있고, 그에 따라 자동차 산업의 패러다임에도 급격한 변화가 일고 있다.

IT 업체들의 기술 개발과 시장 참여로 세계 완성차 업체들은 한순간에 몰락한 휴대폰 제조업체들의 전철을 밟지 않기 위해 자율주행자동차 기술 개발에 몰두하고 있다. 기존 산업간 경계를 허무는 거대한 변화의 시작인 자율주행자동차 시장의 시동이 걸린 것이다. 최근 모든 산업분야를 통틀어 가장 주목을 받는 분야 중 하나가 '자율주행자동차' 관련 산업이라 할 수 있다.

자율주행자동차(Self-Driving Car)는 우리가 오래 전부터 상상해 왔던 것을 현실화 시킬 것으로 예상된다.

많은 자동차관련 업체들은 완전한 자율주행자동차의 출시를 목표로 하고 있다. 자율주행을 위해서는 고성능 카메라, 충돌 방지 장치 등 고도의 기술적 발전이 필요하며, 주행상황 정보를 종합 판단하여 처리하는 주행상황 인지·대응 기술이 필수적이다.

자율주행자동차 산업은 전통적인 자동차 제조회사가 자율주행의 핵심기술 적용을 위해 정보통신기술(ICT) 기업 등 다른 산업과 융합하며 발전하고 있으며, 기술개발 시장은 기존 자동차 산업과 연관이 없던 구글과 애플, 엔비니아 등의 정보통신기술 관련 업체들이 주도하고 있다.

그림 8-1 자율주행자동차

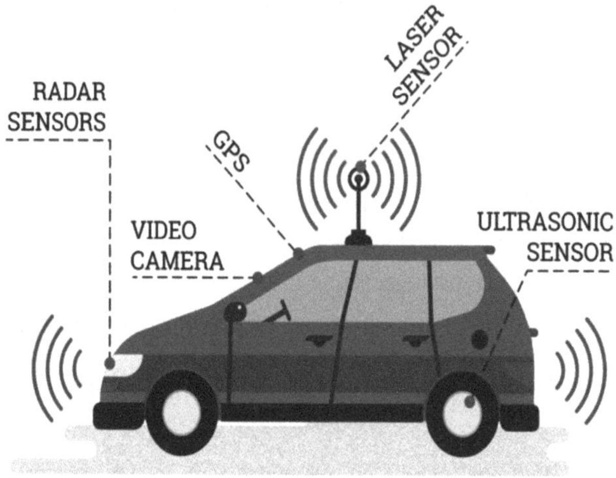

그림 8-2 자율주행자동차의 기본 구성

우리나라는 현대차를 중심으로 여러 산업체 및 대학에서 기술개발이 이루어지고 있다. 자율주행자동차가 상용화되면 전체 교통사고의 95%가량을 차지하는 운전자 부주의에 의한 교통사고를 줄일 수 있다고 기대된다. 또한, 사람이 운전하는 대신 완전히 운전자를 대체하게 되면 교통정체의 감소를 가져옴과 더불어 교통경찰과 자동차 보험이 필요 없게 될 것이다. 반면, 자율주행자동차의 활성화에 따른 버그 등으로 인한 사고를 우려하는 목소리는 점차적으로 높아지고 있다. IEEE의 보고서에 의하면, 2040년에는 전 세계 운행차량의 약 75%가 자율주행자동차로 전환될 것으로 예상되며 점차 자동차 시장의 대세로 발전할 것이다.

8-1 자율주행자동차 개요

자율주행자동차란 운전자가 가만히 있어도 자동차 스스로 도로의 상황을 파악해 자동으로 주행하는 차로서, 운전자가 브레이크, 핸들, 가속 페달 등을 제어하지 않아도 설정된 목적지까지 자동차 스스로 판단과 제어를 하는 자동차를 의미한다.

자동차관리법에서는 자율주행자동차를 '운전자 또는 승객의 조작없이 자동차 스스로 운행이 가능한 자동차'로 정의하고, 미국 캘리포니아주에서는 자율주행자동차를 '인간의 능동적·물리적 감독 없이도 자동차를 운행할 수 있는 기술'이 장착된 자동차로 정의하고 있다.

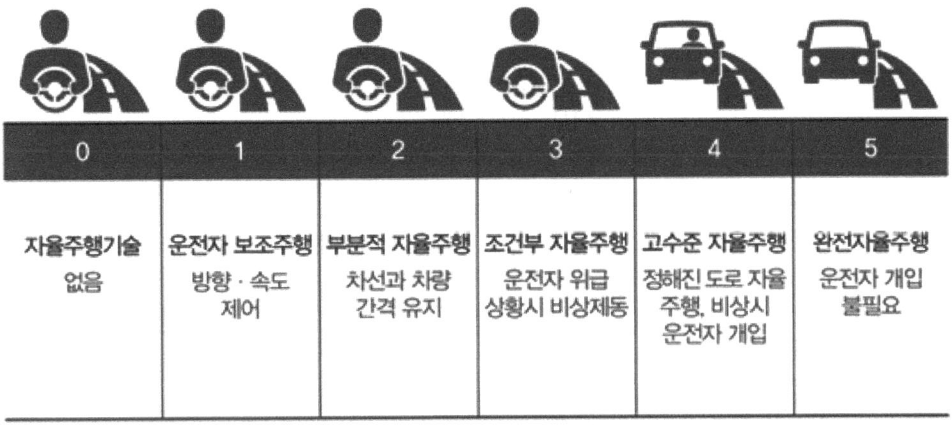

그림 8-3 자율주행 개발 단계

자율주행자동차의 시대가 다가오고 있다. 자율주행의 도입은 인간에게 단지 운전대를 잡지 않는다는 수준을 넘어, 기계기술과 정보기술(IT)의 만남인 자율주행은 경제적·문화적으로 큰 변화를 일으킬 것으로 기대된다.

자율주행자동차의 도입으로 인하여 사람이 얻게 되는 장점은 네 가지로 볼 수 있다.

1) 판단 착오, 졸음 및 음주 운전 등의 상황을 사전에 차단할 수 있다.
2) 일정한 차간거리(headway)를 유지하는 군집 주행이 가능하여 도로용량을 효율적으로 증가시킬 수 있다.
3) 고령자, 장애인 등의 차량 이용이 가능하여 이동성이 확보된다.
4) 차량의 효율적 주행으로 인해 연료 소비량 및 대기 오염을 감소시킬 수 있다.

자율주행 기술의 구현 정도에 따른 등급은 운전자의 개입여부, 자동화 수준에 따라 미국 도로교통 안전국(NHTSA), 미국 자동차공학회(SAE)는 **6단계**로 구분하고 있다.

현재 구글은 관련 업체 중 선두업체로서 **5레벨** 자율주행자동차의 상용화를 목표로 연구를 진행하고 있으며, 유럽 주요 국가와 미국, 일본 등의 관련업체들 또한 5레벨 차량의 개발을 목표로 여러 개발 계획을 진행 중이다.

[표 8-1 자율주행 기술단계별 분류]

레벨	구분	비고
0레벨	비자동화 (No Automation)	· **자율주행 기능 없음.** · **운전자 상시 운행** · 운전자가 주행의 모든 것을 통제하고 책임지는 단계 · 운전자가 항시 운전하며, 차량의 시스템은 긴급상황 알림 등 보조 기능만을 수행. · 주행 제어의 주체는 인간이며, 주행 중 변수 감지와 주행 책임도 인간에게 있는 레벨.
1레벨	운전자 보조 (Driver Assistance)	· **특정 주행모드에서 조향 또는 가감속중 1개만 지원** · 스마트 크루즈 컨트롤(SCC), 차선이탈경보장치(LKA) 기능을 통해 운전자를 보조하는 단계 · 시스템 활성화로 차량의 속도와 차간거리 유지, 차선 유지로 운전자를 보조. · 주행 제어 주체는 인간과 시스템에 있으며, 주행 중에 발상하는 변수의 감지와 주행 책임은 모두 인간에게 있는 레벨.
2레벨	부분 자동화 (Partial Automation)	· **운전대와 페달을 이용하지 않고 운전하며, 부분적 자율주행** · **조향 또는 가감속 기능 2개 모두 지원** · 테슬라의 오토파일럿 · 특정 조건 내에서 일정시간 동안 차량의 조향과 가감속을 차량이 인간과 동시에 제어할 수 있는 단계. · 완만한 커브에서의 조향과 앞 차와의 간격을 유지하는 보조 주행이 가능. · ·그러나 주행 중 변수 감지와 주행 책임은 인간에게 있는 레벨로, 운전자는 항상 주행 상황의 모니터링이 필요하며, 시스템이 인지하지 못하는 상황 등에서는 운전자가 즉각 운전에 개입해야 한다.
3레벨	조건부 자율주행 (Partial Automation)	· **특정 상황(시스템에서 요구 시)에서만 운전자 개입** · 고속도로와 같은 특정 조건의 구간에서 시스템이 주행을 담당하며, 위험 시에만 운전자가 개입하는 레벨. · 주행 제어와 주행 중 변수 감지는 시스템이 담당하며, 레벨 2와 다르게 상시 모니터링을 요구하지 않는다. · 다만, 시스템의 요구 조건을 넘어서는 경우 시스템은 운전자의 즉시 개입을 요청.
4레벨	고등 자율주행 (High Automation)	· **특정지역에서 자율주행가능/조건부 완전 자율주행** · 대부분의 도로에서 자율주행이 가능. · 주행 제어와 주행 책임이 모두 시스템에 있다. · 제한 상황을 제외한 대부분의 도로에서 운전자 개입이 불필요. 다만, 악천후와 같은 특정 조건에서는 운전자 개입이 요청될 수 있기에 인간을 통한 주행 제어 장치가 필요한 단계.

레벨	구분	비고
5레벨	완전 자율주행 (Full Automation)	· 모든 상황에서 운전자 개입 필요 없음(무인자동차) · 운전자는 불필요하며, 탑승자만으로 주행이 가능한 단계. · 탑승자는 목적지만 입력하며, 시스템이 모든 조건에서 주행을 담당. 차량의 조향과 가속, 감속을 위한 제어 장치들이 불필요.

그림 8-4 기술단계별 자율주행자동차 분류

1레벨과 2레벨 까지는 운전자와 자동차와의 역할 분담으로 구동하고 3레벨부터 주변 환경에 어느 정도 반응하느냐에 따라 완전자율까지 구분하여 나누고 있다. 3레벨 부터 주행 제어와 주행 중 변수 감지를 시스템이 담당한다. 즉 3레벨 이상은 일부 또는 완전 자율주행 기능이 실행된다.

각각의 레벨에 대한 주요한 필요 기술들을 나타내고 있다. 이러한 기능 중에는 다수의 자동차에서 자주 볼 수 있는 크루즈 컨트롤, 차선이탈 경보 시스템, 주차 보조시스템 등도 기본적인 자율주행 기술의 하나라고 볼 수 있다.

1레벨과 2레벨의 자율주행자동차는 운전자가 차량을 통제하는 상황에서 간단한 자율주행 기능이 추가됐을 뿐 엄밀하게는 자율주행자동차라고 할 수 없다. 0-2레벨은 인간 운전자가 모니터링 하는 고급 운전자 지원 시스템 (ADAS; Advanced Driver Assistance System)을 나타낸다.

3레벨로 기술이 발달하는 과정에서 중요한 것은 차량의 통제권이다. 2레벨까지는 차량의 통제권이 운전자에게 있었다면, 3레벨부터는 운전자가 아니라 자율주행자동차의 AI(인공지능)가 차량을 통제하게 된다. 3레벨에서는 제한된 조건 하에 운전자의 조작 없이 운행이 가능한 수준을 말한다. 이를 넘어 4레벨에 도달하면 정해진 조건 안의 그 어느 상황에서도 자율주행자동차가 스스로 주행하게 된다. 이 경우 도로 주행 중 위급한 상황이 발생했을 때 운전자에게 수동 운전을 요청하고, 만일 요청에 응하지 않으면 차량이 스스로 속도를 줄이거나 정차할 수 있다. 마지막 단계인 5레벨에선 운전자의 개입이 전혀 없으며, 심지어 운전자가 차량에 탑승하지 않아도 주행이 가능한 완전 자율 주행이 가능하다. 이 경우 위급한 상황에서 운전자가 응답하지 않아도 자율주행자동차가 스스로 판단해 알아서 목적지까지 운행한다. 사람의 상황 판단이나 의사결정이 불필요하게 되는 것이다.

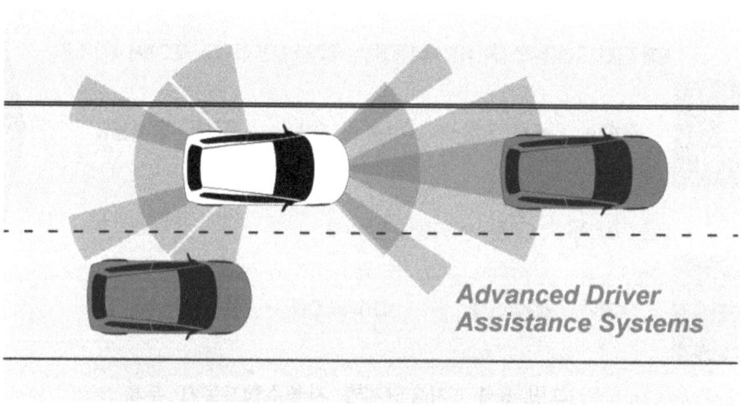

그림 8-5 ADAS; Advanced Driver Assistance System

[표 8-2 자율주행자동차의 장점]

구분	내용
1) 여가시간 확대	· 자율주행자동차가 본격적으로 상용화가 된다면, 더 이상 운전자는 필요 없게 된다. 그렇기 때문에 혼자서 차를 운전하게 되더라도 핸들을 잡고 운전하는 것이 아니라, 그 시간 자유롭게 행동할 수 있게 된다. 운전석에 앉아서 신문을 보거나, 핸드폰으로 유튜브를 보거나, 잠을 자거나 등 다양하게 사용할 수 있는 여가 시간이 늘어나게 되는 것이다.
2) 졸음/음주운전 사라짐	· 자율주행자동차를 타고 다니게 된다면 운전자가 직접 운전을 하지 않기 때문에, 피곤한 상황에는 잠을 잘 수 있다. 또한 술을 마시고 차에 타더라고 직접 운전을 하는 것이 아니기 때문에 음주운전이 아니다. 또한 교통사고의 대부분이 졸음/음주운전인 경우를 감안한다면 교통사고가 줄어들 것이다.
3) 교통 체증 축소	· 자율주행자동차는 앞으로 모든 도로 교통 상황에 대한 정보를 바탕으로 운전을 하게 될 것이다. 그렇기 때문에 목적지 도착까지 다양한 교통 정보를 수신하게 될 것이며, 이에 따라 빠르고 안전한 길을 선택해 나아갈 것으로 예상된다.
4) 교통법규 위반 축소	· 자율주행자동차의 장착된 센서와 컴퓨터가 자동차의 모든 것을 제어한다. 사람의 경우 순간 잘못된 판단으로 교통 법규를 위반하게 되지만, 컴퓨터의 경우 입력되어 있는 명령에 따라서 움직이기 때문에 교통 법규에 위반하는 행위는 하지 않을 것으로 예상된다.

[표 8-3 자율주행자동차의 단점]

구분	내용
1) 해킹 시 통제 불가능	· 자율주행자동차는 모든 것을 컴퓨터 시스템으로 움직이기 때문에 이를 해킹 당하게 되면 큰 문제가 된다. 운전자가 기존에 세팅해 둔 모든 정보를 무시하고 해킹한 사람의 마음대로 차를 조정할 수 있게 되는 것이다. 그러면 사고가 발생할 확률이 매우 높아질 것이다.
2) 사고 시 책임범위 애매	· 혹시라도 자율주행자동차를 타고 가다가 사람을 치거나 상대방을 차량과 접촉 사고가 나게 된다면, 책임의 범위가 애매모호하다. 현재 자율주행자동차의 상용화가 어려운 부분 중 가장 큰 비중을 차지하고 있는 부분이 바로 이 부분이다.
3) 구입비용 고가	· 현재 모든 인프라는 자율주행자동차를 위해 설계되어 있지 않다. 그렇기 때문에 자율주행자동차는 일반 자동차와 정보를 공유할 수 없고, 실시간 교통상황 모두를 공유 받을 수 없다는 한계가 있다. 세상 모든 사람들이 자율주행자동차를 이용한다면 모든 교통 체계가 바뀌어 문제가 되지 않겠지만, 아직은 그런 단계까지 못 왔으니 자율주행자동차를 구입 시 가격이 비쌀 것이다.

8-2 자율주행자동의 역사

자율주행자동차에 대한 연구는 의외로 긴 시간에 걸쳐 이루어졌다고 할 있다. 자율주행자동차의 첫 번째 개념은 아마도 1400년도 후반의 레오나르도 다빈치의 자동이동카트에서 도입되었다고 볼 수 있다.

1478년, 레오나르도 다빈치, 자동이동카트

자율주행자동차의 시초는 레오나르도 다빈치가 설계한 자동이동카트(Self-Propelled Cart)이다. 레오나르도 다빈치는 헬리콥터 장치를 직접 제작하기도 했었고, 스프링의 탄성을 이용해 카트를 움직이는 데 성공했다. 이와 더불어 핸들을 장착해 각도를 미리 정해, 원하는 도로로 갈 수 있도록 설계를 했다. 이러한 부분을 볼 때 사람의 직접적인 개입 없이 본인이 원하는 도로 또는 길로 움직일 수 있는 기술의 등장이라는 점에서 현재 자율주행자동차와 유사하다고 할 수 있다.

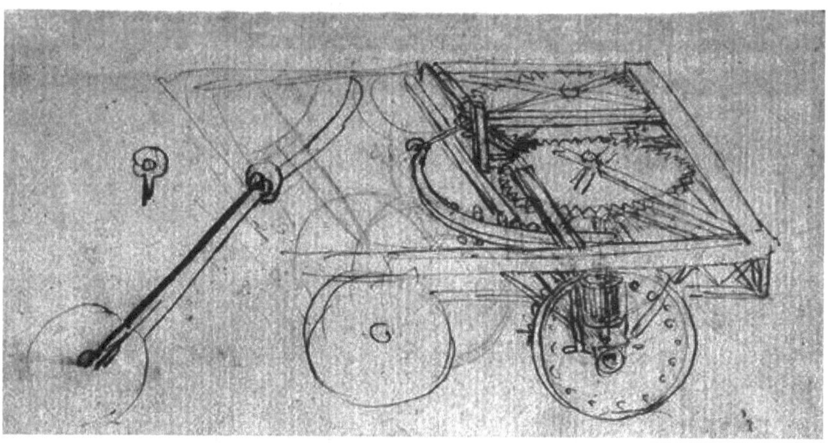

그림 8-6 레오나르도 다빈치, 자동이동카트

1925년, 프랜시스 원격조종 자동차 개발

전파 기술자 프랜시스 후디나는 전파를 보내 전기 모터로 제어하는 차 'American Wonder'를 직접 개발했다. 1926년 미국 뉴욕, 자동차 한 대의 등장으로 거리가 떠들썩하다. 전파 기술자 프랜시스 후디나는 차량에 전파송신기와 회로차단기를 설치하고 운전자 없이 자동차를 움직였다. 원리는 또 다른 차 한 대에서 무선신호를 보내는 일종의 '원격조종' 방식이었다. 이는 '자율주행자동차'(Autonomous car)라기보다는 '무인자동차'(Unmanned Vehicle)에 가깝다고 할 수 있다.

그림 8-7 후디나의 원격 조정 자동차 American Wonder

1939년, GM 뉴욕세계박람회 자율주행개념 제시

오늘날과 같은 자율주행자동차 개념은 1939년 뉴욕세계박람회에서 처음으로 등장하였다. 이 박람회에서 산업디자이너 노먼 벨 게디스와 제너럴 모터스는 전시관 퓨처라마를 통해 미래의 도시상을 묘사했다. 당시 게디스가 상상한 미래의 자동차는 현재의 자율주행자동차의 콘셉트와 상당히 비슷하다. 컴퓨터시스템과 자동속도조절장치를 갖추고 달리는 퓨처라마 속 자동차는 오늘날 자율주행자동차에 각종 전자장치와 제어기술이 탑재되는 것과 유사한 형태이다.

그림 8-8 1939년 뉴욕전시회에 소개된 노먼 벨 게디스가 디자인 한 차량

1945년, 랄프 티토 크루즈 컨트롤의 시초

랄트 티토는 발명가로서 스로틀(Throttle) 제어관련 특허기술을 개발했다. 이 기술은 달리는 자동차의 속도를 일정하게 유지시켜주는 크루즈 컨트롤의 시초가 되었다. 랄프 티토는 1945년 세계 최초로 크루즈 컨트롤(속도제어장치)을 발명하였으며, 1958년 크라이슬러가 최초로 상업화했다.

1956년, GM Fire bird II라인이동 자율주행

쉐보레는 1956년 파이어버드 II(Fire bird II) 콘셉트로 자율주행 개념을 최초로 선보였다. 일정한 속도로 트랙에 그려진 라인을 따라 도는 기초적인 수준이었지만, 자율주행자동차의 시초라고 볼 수 있다. 주행 라인을 따라 차가 움직이는 이 기술은 최근에 상용화 되었다.

그림 8-9 쉐보레 Fire bird II 콘셉트카 (source: GM)

1958년, RCA(Radio Corporation of America)와 GM의 협력 자율주행

2차 세계대전을 전후로 이루어진 자율주행 자동차 연구는 주로 전자기장 회로가 매설된 전용 도로와 자동차가 통신하면서 운행하는 방식에 집중되었다.

이러한 연구의 결과로 1958년에는 RCA(Radio Corporation of America)와 GM의 협력으로 조향 장치, 가속, 제동 장치와 시각, 청각 경고 시스템 및 무선 수신기가 장착된 시보레 자동차가 전기회로를 매설한 네브라스카주의 도로에서 주행 시연에 성공하였다. 이는 미국 최초의 자율주행자동차로 알려져 있다.

1961년, 스탠포드 카트 원격조정 자율주행 카트 개발

포드 카트는 달 탐사를 위한 원격조정 자율주행 카트 개발을 위해 시작된 연구이다. 컴퓨터와 인공지능을 활용해 무선으로 조정되는 자율주행자동차의 원형이라고 할 수 있다. 수천 픽셀로 구성된 TV 이미지를 활용해 움직임을 선택하고, 인공지능을 활용해 최초로 컴퓨터가 조정하는 자율주행자동차이다.

1964년, GM Fire bird IV 자율 주행 컨셉 카 뉴욕 세계 박람회에서 발표

1964년 뉴욕 월드페어(New york World's Fair)에서 파이어버드4 컨셉트카가 처음으로 공개 되었다. 매끈하고 가스 터빈 엔진을 실은 미래적인 디자인은 당시 많은 화제를 불렀다. 파이어버드4는 GM의 주도 하에 뷰익 브랜드의 센츄리 크루저(Century Cruiser)라는 이름으로 1969년 스티어링 휠이 필요 없는 무인 자동화 컨셉트카로 개발되었다. 컴퓨터화된 자동차는 고속도로 센터에서 제공하는 정보로 달렸으며, 센츄리 크루저에는 수동으로 속도를 조절하고 조종하는 장치도 포함되었다.

그림 8-10 General Motors Firebird IV

1977년, 쓰쿠바 30 km/h 라인이동 자율주행

상상으로만 그리던 자율주행자동차는 1977년 처음 세상에 나왔다. 일본 쓰쿠바 기계공학연구소는 전면에 장착된 카메라 2개가 미리 표시해 둔 흰색을 따라가도록 설계했으며, 현재 자율주행자동차와 가장 비슷한 자율주행자동차의 형태로 개발된 세계 최초라고 할 수 있다. 비록 최고속도는 시속 30km에 불과했지만, 진정한 의미의 최초의 자율주행자동차이다.

1986년, 벤츠 밴차량 개조해 자율주행자동차 제작

1986년 뮌헨연방대학의 에른스트 딕만 교수는 메르세데스 벤츠의 밴에 카메라와 센서를 달아 최고시속 100 km의 자율주행자동차로 개조했다. 딕만 교수는 이후 유레카 프로메테우스 프로젝트에서 활약하며 유럽의 자율주행자동차 기술개발을 이끌었다. 유레카 프로메테우스 프로젝트는 유럽의회가 막대한 자금을 지원해 진행한 자율주행자동차 프로젝트로 1987년부터 1995까지 이어졌다.

그림 8-11 프로메테우스 프로젝트

1987년, 메르세데스 벤츠 자율주행 벤 바모스 개발

독일인 교수인 에른스트 딕만스 교수는 도로에 방향유도 장치를 따라 주행하는 자율주행 기술이 아닌 카메라와 센서를 장착해 실시간 이미지 시퀀스 기반 명령으로 스티어링 휠과 스로틀, 브레이크를 제어하는 자율주행자동차를 연구했다. 에른스트 딕만스는 이렇게 개발한 장치를 벤츠의 벤에 장착했고 최고 시속 96 km/h까지 주행하는 데 성공했다.

1994년, 벤츠 파리 1000 km 반 자율주행

유럽연합은 자율주행자동차 프로젝트인 '유레카 프로메테우스'에 1조 원 이상을 투자했고, 에른스트 딕만스 교수는 이러한 투자를 바탕으로 자율주행자동차 연구에 성과를 나타냈다. 벤츠 S-Class를 개조한 VaMP와 VITA-2 모델을 세상에 공개했다. 1994년 파리 샤를 드골호 공항 근처 3차선 도로에서 1,000 km 주행에 성공했으며, 최고속도는 130 km/h였다. 1년 후인 1995년에는 독일의 뮌헨부터 덴마크의 코펜하겐까지 약 2,000 km를 왕복 주행하는 데 성공했다.

그림 8-12 1994년 벤츠의 500 SEL 모델을 개조한 뱀프와 비타-2

1995년, 카네기멜론대 5,000 km 조향부분 자율주행

카네기멜론대학의 내비게이션연구소(CMU Navlab)에서 No Hands Across America 프로젝트를 진행하며 총 5000 km의 거리 중 98.2%를 자율주행으로 달리는 데 성공했다. 하지만 조향만 자동으로 제어했을 뿐, 가속과 제동은 운전자가 맡아 절반의 성공에 그쳤다.

1995년, 벤츠 뮌헨-코펜하겐 1,600 km 순수자율주행

최첨단 자율 주행 기능을 정의하기 위해 대학과 자동차 제조업체가 참여하는 8년간의 공동 노력을 하여 오늘날의 차량에서 구현되는 기능인 차선 유지, 협동 주행, 자동화 된 지능형 크루즈 컨트롤 및 향상된 비전 기능을 보여주었다.

2004년, DARPA그랜드 챌린지

미국의 자율주행자동차 역사에서 중요한 한 부분을 차지하는 것이 미국 방위고등연구계획국(DARPA/Defense Advanced Research Projects Agency)대회이다. DARPA는 자율주행자동차 개발에 막대한 투자를 하고 있다. 투자의 궁극적인 목표는 미 육군 장비의 1/3을 무인장비로 대체 한다는 것이다. 이를 위한 기술 개발 활성화를 위해 DARPA는 2004년부터 자율주행자동차 대회 DARPA Grand Challenge(Urban Challenge)를 개최하고 있다. 2004년 3월에 열린 첫번째 대회는 자율주행자동차로 모하비 사막지역에서 240 Km의 코스를 10시간 이내에 횡단하는 팀에게 백만 달러의 상금 수여하기로 하였는데, 완주에 성공한 팀이 없었다.

2005년의 두번째 대회에서는 출전한 23개팀 중 5대의 차량이 완주하였는데, 스탠퍼드 대학과 폭스바겐 등이 연합한 '스탠퍼드 레이싱' 팀이 우승을 차지했다. 이때 스탠포드 대학팀을 이끌었던 사람이 '자율주행자동차의 아버지'라고 불리는 세바스찬 스런(Sebastian Thrun)박사이다. 스런 박사는 이후에 구글의 비밀연구소인 '구글 X'의 초대 연구소장으로 자율주행 자동차 연구를 주도하였다.

세번째 대회는 2007년에 개최되었는데, 사막이 아닌 도시환경의 구간에서 교통 규칙을 준수하고, 합류하는 다른 차량들 속에서 주행해야 하는 대회여서 대회의 부제도 '어반 챌린지(Urban Challenge)' 이었다. 이 대회에서는 카네기 멜론 대학팀이 우승하였다.

그림 8-13 **DARPA그랜드 챌린지**(2007 스탠퍼드팀의 차 Stanley)

2009년, 구글 자율주행자동차 연구 착수 발표

구글은 DARPA Grand Challenge에서 팀을 우승으로 이끈 세바스찬 스런(Sebastian Thrun) 박사를 영입해 자율주행자동차 개발 책임을 맡기고 2010년부터 구글X 프로젝트를 통해 자율주행자동차 연구에 뛰어들었다. 개조된 Toyota Prius 모델로 X 프로젝트를 시작 하였으며, 2011년 네바다주에서 첫 번째 공공 도로 테스트를 하였다.

그림 8-14 구글의 2009년 자율주행 자동차, 출처: Waymo Web

2014년, 구글의 프로토타입 자율주행자동차

2014년 구글의 프로토타입 자율주행자동차가 등장하는데, 생쥐를 닮은 외모로 눈길을 끌었으며 실내에는 시트와 비상용 정차버튼 외에 아무것도 장착돼 있지 않았다. 또한 애플은 자율주행자동차 사업 '타이탄 프로젝트'를 추진하기 시작하였다.

구글은 2015년에 처음으로 일반도로에서 완전무인주행을 하였다. 이 때 구글 자동차에는 다양한 센서를 장착하여 동작을 수행하였으며 기본 외부 환경을 이해하는 구조를 만들었다. 2016년에는 '웨이모'를 독립 법인으로 설립하여 본격적으로 사업화하기 시작했다.

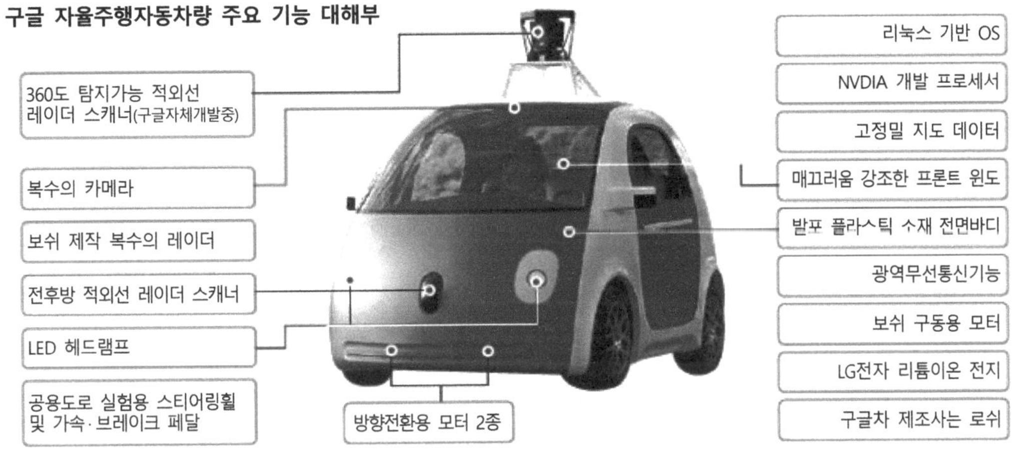

그림 8-15 구글의 자율주행자동차(웨이모)

2015년, 테슬라 오토파일럿(Auto Pilot)

2015년 10월 테슬라 자동차는 세계 최초로 반자율주행인 '오토파일럿' 기능을 장착한 자동차 모델 S를 출시하였다. 오토파일럿은 주위 자동차 속도에 맞춰 주행 속도와 차선을 유지하는 '오토 스티어' 기능과 방향 지시등을 켜면 자동으로 차선을 변경해 주는 '오토 레인 체인지' 기능이 포함되어 있다.

그림 8-16 테슬라 오토파일럿 2.0 (출처:플리커)

자율주행자동차의 이미지 데이터 처리 및 정교한 알고리즘의 계산 효율성을 증가시킨 비전 시스템을 사용하여 차선 유지 또는 보행자 감지와 같은 오늘날의 많은 고급 기능을 사용하고 있으며, 현재는 생산 차량에서 이러한 컴퓨터 비전 알고리즘에 의존하는 기능을 진보적인 신경망 아키텍처를 사용하여 딥러닝 기술로 진화하고 있다.

딥러닝

- **인공지능**(artificial intelligence 또는 machine intelligence)은 인간의 지능을 갖고 있는 기능을 갖춘 컴퓨터 시스템이며, 인간의 지능을 기계 등에 인공적으로 구현한 것.
- **머신러닝**(기계학습/machine learning)은 클라우드 컴퓨터가 학습 모형을 기반으로 외부에서 주어진 데이터를 통해 스스로 학습하는 것을 말한다. 빅데이터를 분석하고 가공해서 새로운 정보를 얻어 내거나 미래를 예측하는 기술을 말하며, 축적된 데이터를 토대로 상관관계와 특성을 찾아내고 결론을 도출한다.
- **딥러닝**(deep learning 또는 representation learning)은 컴퓨터가 여러 데이터를 이용해 마치 사람처럼 스스로 학습할 수 있게 인공신경망을 기반으로 구축한 기계 학습 기술이며, 축적된 데이터를 분석만 하지 않고 데이터를 학습까지 하는 기계 학습 능력을 활용하여 결론을 도출한다.

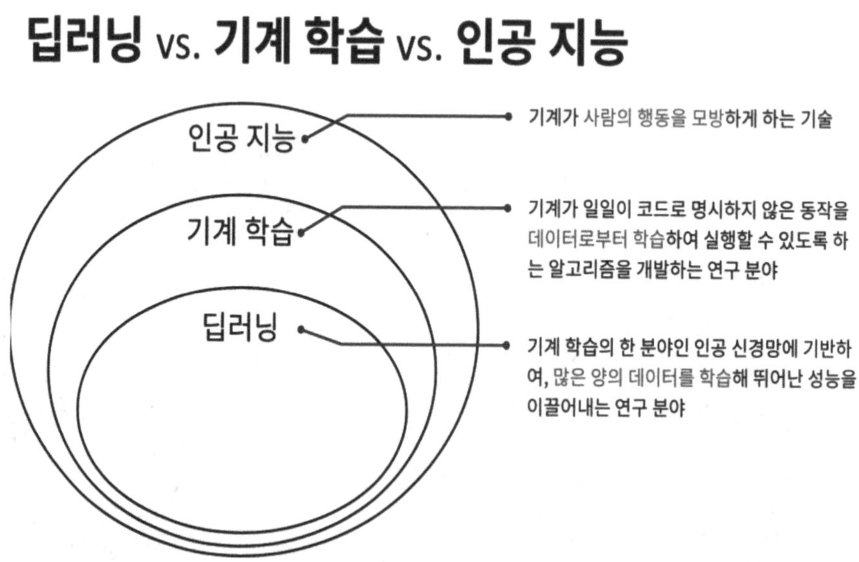

2019년, 구글의 자율주행자동차 개발업체인 웨이모

구글의 자율주행자동차 개발업체인 웨이모는 운전석에 안전요원이 탑승하지 않은 완전 무인 자율주행자동차 운행을 공식적으로 시작하였다. 이용 차량은 크라이슬러의 미니밴 퍼시피카를 개조한 것이다. 웨이모는 2019년 여름 한정된 고객을 대상으로 완전 무인 자율주행자동차 서비스인 '얼리 라이더' 프로그램을 시작했다. 2021년 상반기 중에는 미국 애리조나주 피닉스 교외에서 완전 무인 자율주행 호출택시 서비스를 일반인들에게 제공한다.

그림 8-17 웨이모의 완전자율주행 호출택시

8-3 자율주행 기술 원리

하루가 다르게 발전하는 과학기술로 인하여 상상 속에서 이루어졌든 여러 상황들이 현실 속에서 실현되고 있다. 자동차는 어떻게 도로 위를 스스로 달릴 수 있을까?

실제 자율주행자동차에는 사물과 사물의 거리를 측정하는 장비부터 음파 장비까지 다양한 기술들이 집약되어 이루어져있다. 자율주행자동차는 정보통신기술(ICT)이 집약된 대표적인 사례이며, 이동수단으로써 인간이 갈망하는 자동차의 목적을 궁극적으로 실현한 시스템이라 할 수 있다.

자율주행자동차는 센서(IoT), 통신(Mobile 및 Network) 빅데이터, 인공지능 기술이 모두 융합되어 구성되어있다. 완전한 자율주행이 가능하기 위해서는 여러 기술들이 부작용이 없이 보다 긴밀하게 활성화되어야 한다. 자율주행은 현재 첨단 운전자 지원 시스템인 ADAS (Advanced Driver Assistance System)의 형태로 실현되어지고 있다.

ADAS(지능형 운전자 보조 시스템)

- ADAS((Advanced Driver Assistance System)은 첨단 감지 센서와 GPS, 통신, 지능형 영상 장비 등을 이용하여 주행 중 일부 상황을 차량 스스로 인지하여 상황을 판단, 자동차를 제어하거나 운전자가 미리 위험요소를 감지할 수 있도록 소리, 불빛, 진동 등으로 알려주는 운전자 보조 시스템

[대표적인 ADAS 시스템]

구분	비고
거리 경고	차량 전/후방 감지, 차량간 거리 유지, ACC(어뎁티브 크루즈 컨트롤)에 적용
자동 순항 제어	운전자가 설정한 속도와 차간거리를 유지하며 자율주행
추돌 방지	추돌 사고 발생 이전에 자동 브레이킹 등의 안전에 필요한 사항 조치
주차 보조	초음파 센서 이용, 주차 시 차량간 거리 탐지 및 경고음 제공
사각지역 모니터링	사각 지역 감지, 차선 변경 시 발생 가능한 사고 방지
차선이탈 경고	차선/운행방향 감지, 차선 이탈 시 경고음 발생
졸음방지	운전자의 주의력/경계심을 점검하여 부주의 시 경고
적응형 라이트	도로 및 운행방향에 따라 최적의 전조등 조명 상태를 제공

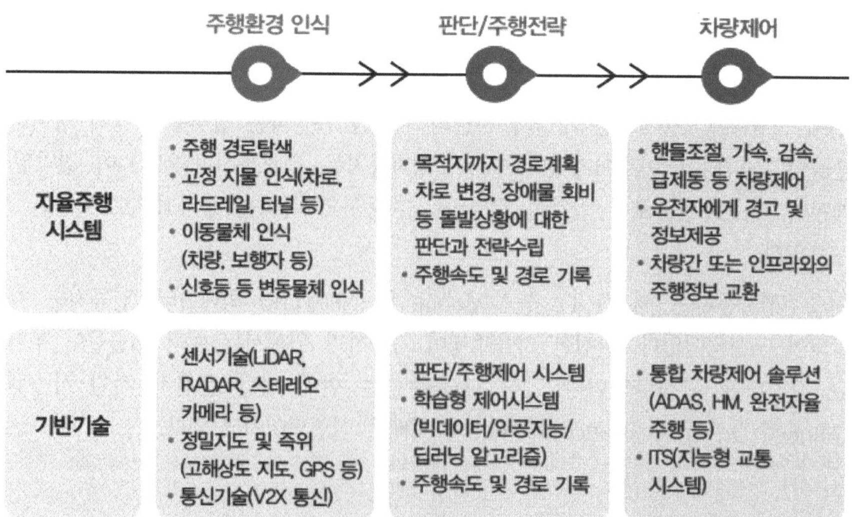

그림 8-18 자율주행자동차의 자율주행 원리

자율주행자동차의 자율주행 원리는 ①인식 → ②판단 → ③제어로 나누어져 진행된다. 주행 환경을 인식하는 단계에서는 각종 센서와 GPS(Global Positioning System), V2X (Vehicle to Vehicle, Vehicle to Infra 등)통신기술을 통해 주변 환경과 경로를 탐색하는 단계이다. 이후 딥러닝을 통한 빅데이터 분석과 같은 알고리즘을 통한 판단/주행전략 단계, 최종적으로 차량을 제어하는 단계로 구성된다.

자율주행을 위한 알고리즘으로는 지각, 위치 파악 및 계획과 같은 세 가지 주요작업을 해결하여야 한다. 이를 위해 기존 알고리즘과 인공지능 기반 알고리즘 간의 서로 보완을 통해 동작해야 한다.

[표 8-4 자율주행 원리]

구분	내용
1) 인식	· 자율주행자동차 원리 중 첫 번째 단계는 바로 인식이다. 도로주행 시 교통의 상황이나 다양한 환경 등을 분석하고 파악하는 것을 말한다. 인식을 하기 위해서는 총 4가지 핵심 부품이 자동차에 장착되어 있어야 한다. - GPS : 자동차에 GPS를 장착해 위성과 연결해 차량의 현재 위치와 지형 등의 모든 요소를 파악. - 레이저 스캐너 : 주변 차량이나 방지턱, 장애물 등을 스캔하고 차간 거리나 속도, 각도 등을 측정. - 라이다 : 라이다는 레이저 스캐너와 비슷한 역할을 하지만 빛을 사용한다는 점이 다른 점. 이는 레이저 스캐너가 측정할 수 없는 사각지대를 측정 보완하기 위한 것임. - 카메라 : 주행 시 도로의 차선, 보행자 등을 영상으로 판독하는 장치.
2) 판단	· 인식 단계는 자동차가 주행 시 안전하게 운전할 수 있도록 다양한 정보를 제공해주는 역할을 할 뿐, 자동차가 직접적으로 움직일 수 있는 단계는 아니다. 그렇기 때문에 다음 단계인 판단의 기능이 필요. · 인식 단계를 통해 수집된 다양한 정보는 인공지능을 통해 학습하게 된다. 누적된 데이터와 기존에 발생한 다양한 사고 사례들을 접목시켜, 그 특징을 파악해 대처방법을 고안해 내게 된다. 이러한 방법을 계속 적으로 반복해 통계 데이터를 바탕으로 자동차가 스스로 안전하게 운전할 수 있도록 판단하게 되는 것임.
3) 제어	· 인지와 판단을 거쳤다면 이제 마지막 단계인 제어이다. 다양한 센서와 장치를 통해 인식을 하고 판단을 할 수 있게 된 자동차는 본격적으로 자율주행을 시작하게 된다. · 판단에 따라 차량에 장착된 각종 제동, 조향, 가속 등 차량의 엑츄에이터(Actuator, 구동장치)를 적절하게 제어하는 기술 · 기존 내연기관 차량의 자율주행도 가능하지만 전기차 등 모터 기반의 전자식 엑츄에이터가 정밀제어에 보다 유리하다. 자동차가 혼자서 스스로 속도, 조향장치, 길 등을 조절하게 되며 사고를 예방하고 안전 운행이 가능하게 된다.

[표 8-5 인식 분야 주요 센서]

구분	내용
레이더(Radar)	· 물체의 거리나 속도, 각도를 측정하기 위해 전자기파를 사용하는 감지 센서 · Radar, Radio Detection And Ranging)
라이다(Lidar)	· 원리는 레이더와 비슷하지만 전자기파 대신 빛을 이용해 레이더가 볼 수 없는 사각지대까지 관측 가능한, 보다 정밀한 센서 · Lidar, Light Detection and Ranging)
카메라(Camera)	· 차선이나 보행자 등을 광학계를 통해 영상으로 취득한 후 처리해 감지하는 센서

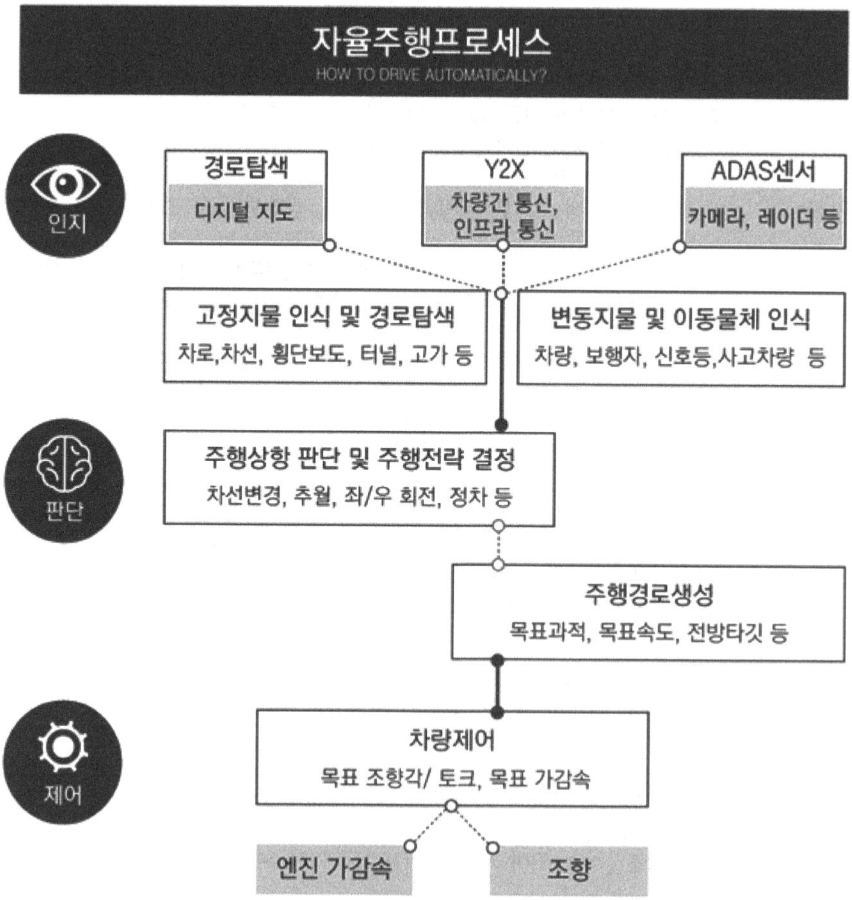

그림 8-19 자율주행 프로세스

[표 8-6 자율주행자동차 주요기술]

구분	내용
1) ADAS센서	· 첨단운전자보조시스템(Advanced Driver Assistance System, ADAS) · 전자제어기술을 기반으로 차량에 장착된 카메라와 감지 센서 등을 통해 위험 상황 발생 시 1차적으로 운전자에게 경고를 전달하고, 상황에 따라서는 주행 상황에 개입해 사고를 미연에 방지 할 수 있도록 도움을 주는 보조 시스템 · LKAS(Lane Keeping Assistant system)는 차선유지보조시스템으로 주행중인 차선을 차량이 인식하고 차로의 중앙으로 유지하면서 주행 할 수 있도록 운전대를 차량이 조작해 주는 기능 · ASCC: Advanced Smart Cruise Control:전방 차량을 인식하고 차간거리를 조정해서 차량 스스로가 능동적으로 속도를 제어하는 기능 · 전방충돌방지시스템(FCA/Forward Collision Avoidance assist)은 차량 추돌 상황이 예상되면, 1차적으로는 경보를 발생해 알리고, 위급한 상황에는 제동에 적극적으로 개입해 충돌 방지
2) V2X	· V2X는 차량이 유무선망을 통해 다른 차량과 도로 등 인프라가 구축된 사물과 정보를 교환하는 것 또는 그 기술 · V2X 기술은 센서의 제약 조건을 보완할 수 있다. 시야 제약조건에 구애받지 않는 360도 인식 능력을 제공한다. 시야 확보가 어려운 교차로나 기상 악화 상황에서도 더 멀리 볼 수 있도록 보완 – 차량 대 차량(V2V, Vehicle to Vehicle) – 차량 대 인프라(V2I, Vehicle to Infrastructure) – 차량 대 보행자(V2P, Vehicle to Pedestrian) – 차량 대 네트워크(V2N, Vehicle to Network)의 4가지 유형 통신으로 구성.
3) 정밀지도	· 도로의 모든 고정 물체의 위치/형태를 포함한 지도 · 사고 없이 무사히 운행을 하기 위해서는 주변 지형지물을 정확히 인지하는 것 중요 · 고정밀 지도를 만드는 기반이 되는 정밀 데이터에는 터널과 도로의 균열, 차선의 도색 상태, 건물 노후화 측정과 같은 실생활에 유용한 정보까지 보유
4) HMI	· HMI(Human Machine Interface) · 운전자와 차량 간 정보를 교환하는 모든 채널/방식 · 자동차에 있어서 HMI는 운전자의 편의성 및 감성만족을 극대화하는 인간공학적 모든 기술을 의미 · 음성인식이나 스마트폰과 내비게이션을 연동하는 터치스크린부터 각종 조작장치와 운전자와의 모든 인터페이스를 포함

이 때 운전자의 운전 형태를 직접 관찰하는 것만으로 제어하고 조정하는 알고리즘을 만들 수 있다. 컴퓨터를 이용하여 시뮬레이션 된 환경에서 유용한 결과를 얻을 수 있지만 실제로는 제약 있는 하드웨어 시스템으로 인해 오류의 원인추적이 어려워지기 때문에 모든 경우에 대해 시스템을 테스트하는 것은 거의 불가능하게 된다. 따라서 복잡한 상황하에서 사람의 운전 경향

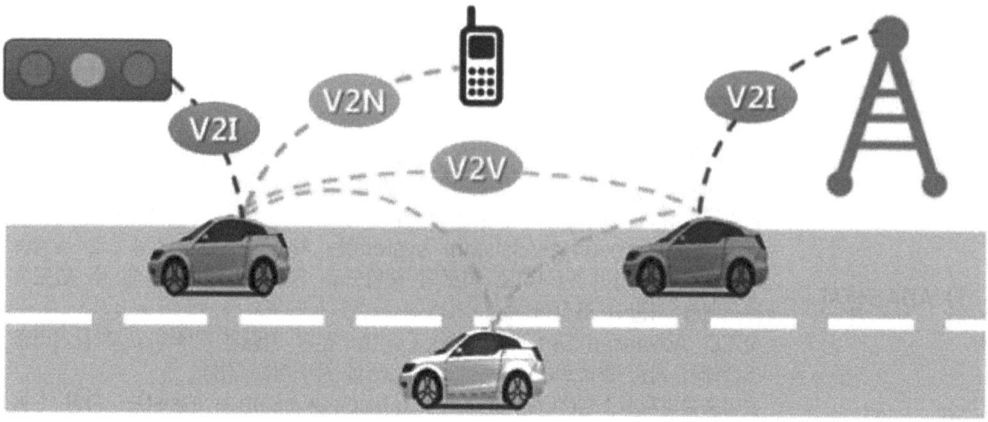

그림 8-20 자율주행자동차의 V2X

을 분석하여 자율 주행 소프트웨어의 구성 요소를 정의할 필요가 있다. 이 때 만들어지는 계층적 관계에서 환경, 차량과 환경상호 작용 및 실행될 최적 궤적에 대한 정보를 제공하여 운전을 지원할 수 있다. 이를 위한 구성 요소로는 지각에 대한 요소로 낮은 수준과 높은 수준의 센서 융합(정보 통합)을 포함해 물체 감지 및 분류, 추상적인 환경 재구성과 같은 문제를 다룰 수 있다. 위치 추정 부분으로는 전역 위치 추정 및 라우팅, 매핑, 주행 거리 측정 및 로컬 포지셔닝에 대한 문제를 접근할 수 있으며 시나리오 해석, 추적 및 예측, 기동 계획, 로컬궤적 계획 및 액추에이터 제어와 같은 요소에 대한 고려가 필요하다.

자율주행 기반 기술 중 가장 중요한 분야는 '안전기술'이다. 차량 간 추돌을 예방하고 주행 경로의 위험요소를 미리 알려준다.

자율주행 안전기술은 크게 ADAS(주행보조시스템) 센서 방식과 V2X(Vehicle to Everything communication) 방식으로 나뉜다.

그 중 차량이 카메라, 레이더(Radar), 라이다(Lidar) 등 ADAS 센서로 주변 위험을 직접 감지하는 방식은 탐지거리가 짧으며 장애물 뒤의 상황은 감지가 불가능한 한계가 있다.

8-3-1 자율주행자동차 플랫폼

최근 IT업체와 완성차업체의 자율주행자동차 시장을 선점하기 위한 패권 싸움이 한창이다. 이러한 패권 싸움의 중심에는 자율주행자동차 소프트웨어 플랫폼이 자리 잡고 있다. 자율주행자동차 시대에는 하드웨어 제조사보다 자율주행기술을 구연하는 소프트웨어 제공자가 소비자에게 더 중요한 선택 기준이 되기 때문이다.

플랫폼(platform)

- 플랫폼(platform)이란 용어의 의미는 본래 기차역의 승강장 구조물을 의미하는 말이다. 플랫폼은 우리가 기차를 타거나 내릴 때 보조적으로 도움을 주는 역할을 한다.
- 하지만 시대가 변화하면서 4차 산업혁명의 시대인 요즘은 그 의미가 여러 산업 분야에서 널리 사용되고 있다. 예로서 정보통신분야에서는 안드로이드(Android)와 윈도우(Windows), 맥(Mac) OS 등의 컴퓨터 운영체제를 일반적으로 플랫폼이라고 일컫는다.

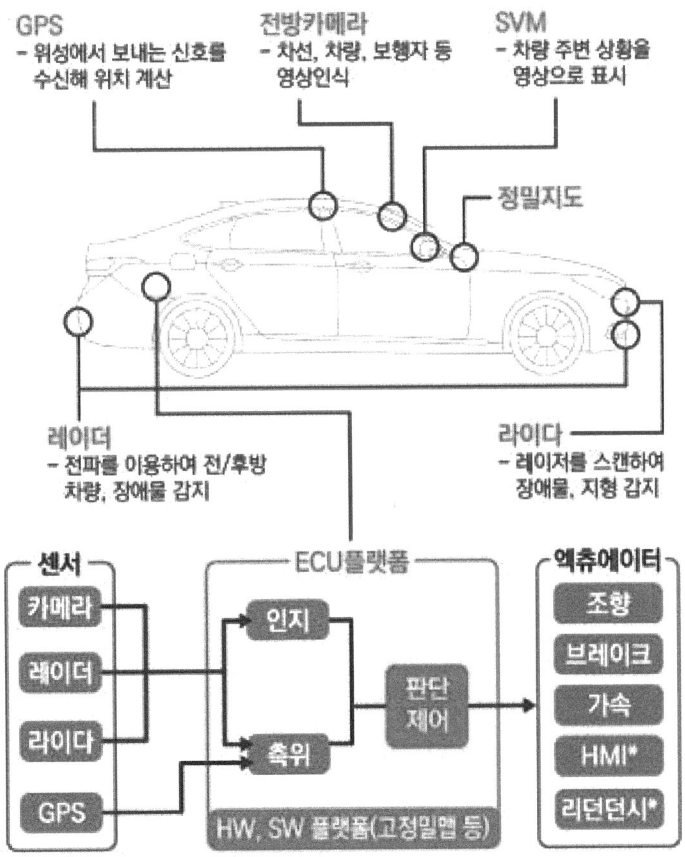

그림 8-21 자율주행자동차의 플랫폼 구성

자율주행자동차의 플랫폼은 일반적으로 1) 하드웨어 2) 소프트웨어 3) 통신 4) 지도 등의 세부 분야로 분류할 수 있다.

[표 8-7 자율주행자동차의 플랫폼 구분]

구분	내용
하드웨어	· 차체와 센서로 구분 – 차체는 승객 탑승을 위한 공간과 조향, 가속·감속에 필요한 전자제어 방식 시스템 – 센서는 대표적으로 카메라, 라이더(lidar) 등이며 이는 1) 외부 환경 인식 센서 2) 차량 움직임 감지 센서 3) 운전자 행동 감지 센서 등 자율주행을 위한 차량 내·외부 정보를 측정하는 센서들의 집합
소프트웨어	· 초기 휴대전화는 사용자가 요구하는 기능이 다양해지고 소프트웨어가 복잡해지면서 안드로이드와 같은 운영체제 플랫폼 적용 · 중국 IT 기업 바이두(Baidu)는 아폴로(Apollo)라는 개방형 자율주행 플랫폼을 공개/아폴로는 개발자가 자기 분야의 소프트웨어 개발에 집중할 수 있도록 다양한 하드웨어 인터페이스와 HMI(Human Machine Interface) 제공 · 스마트폰에서 구글 안드로이드가 공개 소프트웨어 플랫폼으로 새로운 시장을 만들어냈듯 자율주행자동차의 소프트웨어 플랫폼은 새로운 소프트웨어 시장 생태계를 만들어낼 수 있을 것. · 소프트웨어 플랫폼은 제한된 시간 내에 복잡한 자율주행 인공지능을 실시간으로 작동시켜야 한다. 이를 위해 여러 기업이 앞 다퉈 자율주행에 특화된 컴퓨팅 플랫폼 개발 · 엔비디아(NVIDIA)의 경우 그래픽 카드 병렬 처리 기술을 사용해 자율주행 컴퓨팅 플랫폼 제공 · 플랫폼에 특화된 딥러닝 기반의 인공지능 소프트웨어 플랫폼 기술 개발
통 신	· 차량 센서와 소프트웨어만으로 자율주행 환경을 완벽하게 인지하기에는 아직 완벽하지 않음 · 무선 통신의 도움을 받아 인지 정보를 보강할 수 있음 · 자율주행자동차가 예상치 못한 상황에 처해 운행할 수 없게 될 땐 중앙 원격 조정 같은 기술이 필요/웨이브(WAVE), 5G 같은 무선통신 플랫폼이 자율주행자동차에 활발하게 적용 예정
지 도	· 지도는 인지 시스템을 보완하는 '또 하나의 눈'이 돼 자율주행 판단·제어에 사용될 수 있다. 정밀지도 클라우드 플랫폼을 통해 여러 차량의 인지 정보를 공유하면 공사(사고) 구간이나 차량 흐름 등 시시각각 변하는 살아있는 최신 정보를 유지할 수 있음 · 정밀지도 플랫폼은 자율주행 관련 다양한 서비스의 기반으로 사용될 수 있다. 예를 들어 카카오 택시와 같은 콜택시 서비스, 빈 주차공간을 찾아주는 앱 등의 서비스를 위해서 지도 플랫폼은 필수

자율주행자동차 하드웨어 플랫폼은 차체와 센서로 구분된다.

차체는 승객 탑승을 위한 공간과 조향, 가속과 감속을 위한 전자제어 방식을 이용한 자동차 운전(drive by wire) 시스템을 갖추고 있다. 자율주행자동차 소프트웨어는 전자제어 방식 시스템을 통해 하드웨어와 독립적으로 조향과 가속 및 감속 신호를 명령으로 제어한다. 완성차 회사들은 이미 안전한 차체를 효율적으로 생산할 수 있는 기술과 경험이 있다. 자동차 구조를 점진적으로 변경, 운전자를 고려한 자율주행 차체를 만들 수 있다.

센서는 외부환경을 인식하는 센서와 차량 움직임 감지 센서, 운전자 행동 감지 센서 등 자율주행을 위한 차량 내·외부 정보를 측정하는 기기를 의미한다. 한 종류의 센서로는 도로 상황에 대응하기 어렵다. 다양한 센서 조합이 필요하다. 주변 물체를 인식하기 위한 카메라와 라이다(Lidar)의 조합이 그 예다. 카메라와 라이다를 통합하는 센서를 구축해 두 센서의 정보를 융합, 물체의 운동 정보를 정확하게 측정함과 동시에 그 물체가 어떤 종류인지 알 수 있는 것이다. 최근 라이다 가격과 인식 범위가 향상되면서 라이다를 중심으로 하드웨어 개발이 쏠리는 경향이 있다. 테슬라의 오토파일럿 오작동으로 인한 사망 사고도 카메라를 중심으로 한 센서 기능의 한계를 보여준다. 라이다 가격이 하락한다면 라이다가 자율주행차 하드웨어의 키워드로 떠오를 가능성이 크다.

자율주행자동차의 흐름은 자율주행차를 구동시키기 위한 소프트웨어 플랫폼의 등장이다. 인공지능과 반도체 등이 필요하며 고도의 소프트웨어 기술이 필요한데 지금의 완성차 업체들은 단독으로 이 작업을 수행할 수 없다. 때문에 인텔과 엔비디아 등이 부상하고 있다. 이렇게 보면 지금 자동차 제조를 중심으로 하는 주도권이 완성차회사나 전통 부품회사가 아니라 인공 지능과 반도에 업체로 바뀌어 가고 있는 것 같다. 이는 자율주행자동차 소프트웨어 플랫폼은 하드웨어 제조사보다 자율주행기술을 구연하는 소프트웨어 제공자가 소비자에게 더 중요한 선택 기준이 되기 때문이다. 최근 IT업체와 완성차업체의 자율주행자동차 시장을 선점하기 위한 패권 싸움이 한창이다. 특히 자율주행기술 보급은 소프트웨어 공급자의 시장 지위를 완성차 업체와 같은 수준으로 끌어올린 상태다. 자율주행자동차가 대중화되는 시점에 소프트웨어 브랜드 파워는 점점 커지면서 하드웨어 제조업체를 위협하고 있다. 자율주행차에는 다양한 신경망 알고리즘이 적용된다.

그림 8-22 자율주행자동차 소프트웨어 기업

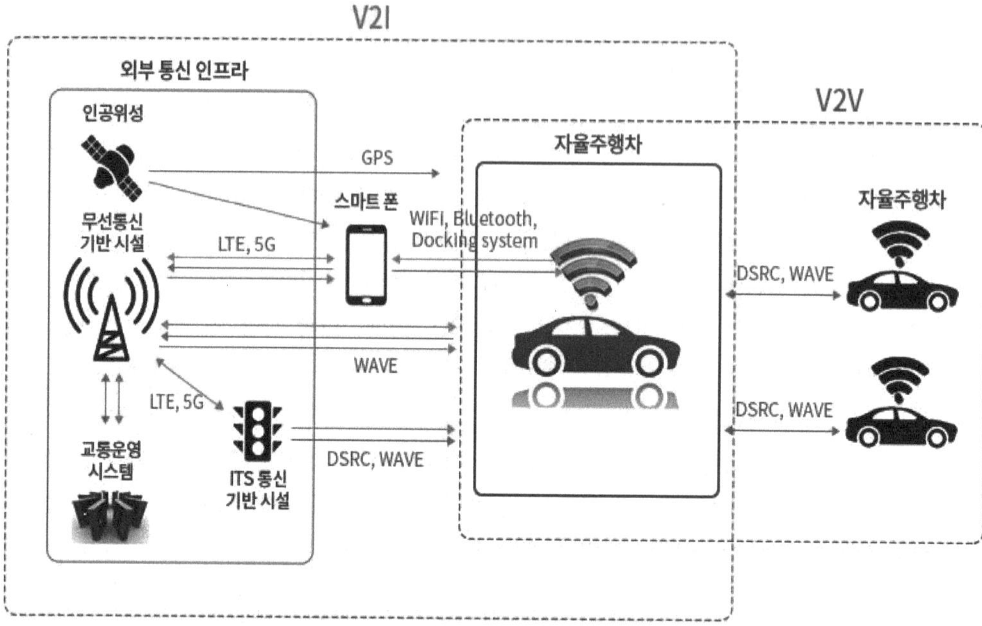

그림 8-23 자율주행자동차 통신 인프라

아직 AI 알고리즘은 하나의 기능밖에 하지 못하기 때문이다. 예를 들어 사람이 전방을 주시할 때는 그저 쳐다만 봐도 차선과 보행자, 자전거, 차량, 날씨 등을 구분해 인식할 수 있다. 하지만 AI 알고리즘은 차선·동체·날씨·지도 등을 모두 별도로 개발·적용해야 한다.

세계 유수기업이 자율주행자동차 상용화는 물론 다양한 지역에서 시험운행을 하고 있지만, 차량 센서와 알고리즘으로 자율주행 환경을 인지하는 기술은 완벽하지 않다. 이는 무선 통신의 도움을 받아 정보를 보강해 기술력을 견고히 할 수 있다. 자율주행자동차가 예상치 못한 상황에 맞닥뜨렸을 때 중앙 원격조정 같은 기술도 필요하다. 무선 통신 기술을 이용해 차량 간, 차량과 인프라 간, 그리고 차량과 클라우드 간 자율주행을 위한 정보 공유가 가능하다. 자율주행을 위한 무선통신은 대용량 센서 정보 공유가 가능해야 한다. 물론 초고속 실시간 데이터 전송과 신뢰성 보장 등 요구사항을 충족해야 한다.

8-3-2 자율주행자동차 안전사항

자율주행자동차의 기술 발전과 더불어 운행에 따른 안정성 확보 등에 대한 문제점이 지속적으로 제기되고 있는 상황이다.

2016년 11월, 미국에서 테슬라S의 오토파일럿 기능을 사용하던 운전자가 사망한 사건을 이후로 다시 자율주행자동차의 안전성에 논란이 일기 시작했다. 자율주행자동차 운행 시 가장 큰 우려는 '시스템 고장'으로 인한 교통사고 발생이다.

시속 100 km로 달리고 있는 상황에서, 컴퓨터나 시스템에 오류가 발생하거나 타이어가 터질 경우에 큰 사고로 이어질 것이다. 완전 자율주행자동차가 자체 복구 능력을 향상시키지 않는 이상, 안전성 문제는 계속적으로 야기될 것이다.

또한 완진 자율주행자동차의 안전성 문제를 높이기 위해, 도로 등의 인프라 구축 또한 중요한 부분이다. 자동차와 도로가 서로 통신을 하면서 여러 정보를 교류해야 자동화가 가능해지기 때문에 환경 구축이 핵심이다.

그동안 무인 자율주행자동차 개발에 몰두해 온 자동차 업체와 정보기술(IT) 업체들은 자율주행 기술이 궁극적으로 수많은 교통사고를 덜어줄 수 있는 계기가 될 것이라고 하였다. 교통사고의 94%가 운전자 과실로 일어나는 만큼 자율주행자동차는 이런 실수를 크게 덜어 줄 수 있을 것이라는 얘기다.

현재까지 자율주행자동차 운행 허용 관련 최대 쟁점은 자율주행자동차의 운전자 탑승 의무화 여부다. 캘리포니아가 추진하고 있는 자율주행자동차 운행 규정은 자율주행자동차에 운전대와 페달 설치를 의무화하고 면허가 있는 운전자가 탑승해 언제든 수동 운전으로 전환할 수 있도록 한다는 조건을 명시했다.

사고 시 법적 책임을 자율주행 소프트웨어 제공자, 차량 소유주, 차량 운행 요청자, 자동차 생산업체에 어떤 비중으로 물을 것인지도 난제로 남아 있다.

[표 8-8 자율주행 안전, 보안기술]

안전, 보안 이슈	대처 기술
V2X 통신오류, SW오류 (돌발 상황 발생)	· 기계결함 등 사고원인 분석을 위한 Data Recorder 등 의무장착, 중복시스템설계, System Safety 모니터링, 운전 제어권 양도 관리
차량 내부시스템 해킹	· AUTOSAR 보안 규격 강화, 시스템 부팅 또는 업데이트 실행 시 실행되는 SW가 제조사가 허가한 SW인지 확인으로 작동시켜야 한다. 이를 위해 여러 기업이 앞 다퉈 자율주행에 특화된 컴퓨팅 플랫폼을 개발하고 있다.
차량 내부 네트워크 증가 (통신 보안위험)	· 차량 통신규격인 CAN, Ethernet 진화에 맞추어 네트워크 모니터링, 사이버 공격 대응 통신 보안기술 개발 조정 같은 기술이 필요/웨이브(WAVE), 5G 같은 무선통신 플랫폼이 자율주행자동차에 활발하게 적용될 예정.
차량외부, 통신방해, 오작동 유발 (V2X 통신 위험)	· 국제표준을 준용하여 통신을 위한 암호, 서명 등 규격 통신보안 표준 제정, ITS단말의 신뢰보증등급 기준 제정

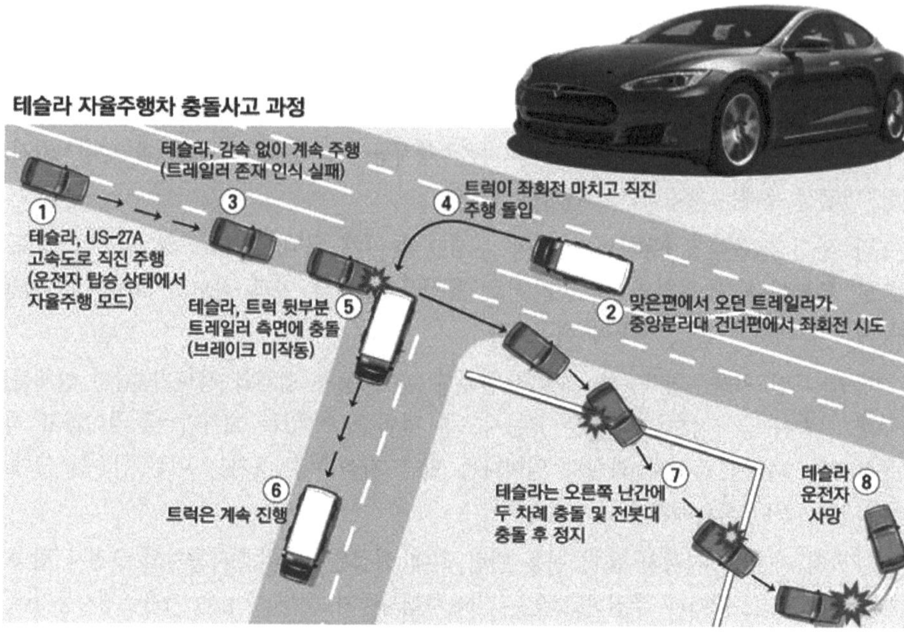

그림 8-24 자율주행자동차 충돌사고 과정

보안 문제와 사생활 침해도 문제다. 자율주행자동차의 가장 큰 위험요소 중 하나는 해킹 문제일 것이다. 자율주행자동차는 차량과 도로 인프라를 이어주는 기술인 지능형 교통시스템(ITS)에 연결되어야 한다. 차량의 위치정보가 지속적으로 시스템에 보고되므로 사용자의 정보가 실시간으로 노출된다. 해킹 사고 발생 시 정보 유출뿐 아니라 탑승자의 생명과 직결된 위기상황이 발생할 수 있기 때문이다. 자율주행자동차에는 각종 카메라와 센서, GPS 등을 통해 수집한 정보로 자동차 구동부를 제어하는 고성능 ECU(전자제어장치)가 탑재된다. 공격자는 차량별 ECU 간 정보를 전송·교환하는 CAN(Controller Area Network) 컨트롤러에 침투하는 방법으로 차량의 움직임을 장악할 수 있다. 각 시스템을 제어하는 전자 메시지를 삭제·변조하면 차량 운행을 지연하거나 방향, 속도 등을 임의로 변경할 수 있다.

차량 내 센서 및 컴퓨터로 수집된 집 주소나 주 이동 경로 등의 개인정보가 외부로 유출될 경우, 새로운 형태의 사생활 침해 문제가 야기된다. 또한 차량 통신 기술을 해킹하여 외부에서 원격으로 조종하게 된다면, 테러와 같은 사회 문제에 이용될 수 있는 확률이 높다.

운전자의 제어권을 차량으로 넘기는, 자율주행 기술 레벨 4단계 이상을 실현하기 위해서는 더욱 강력한 보안 기술이 요구된다. 운전자에게 차량 시스템 오류나 해커의 접속 등 자율주행자동차가 위협요인에 노출되더라도 안전하다는 신뢰를 주어야하기 때문이다.

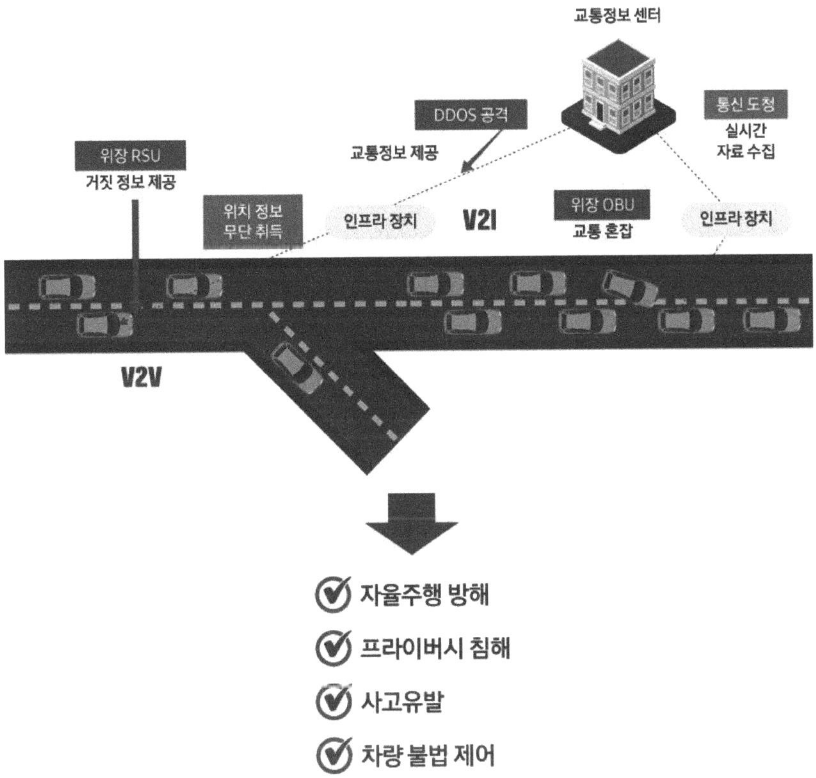

그림 8-25 자율주행자동차 안전사항

8-3-3 자율주행자동차 윤리

자율주행자동차를 타고 달리고 있는데 갑자기 사람이 차도에 뛰어들었다면 자동차 가 갑자기 정지하기엔 시간이 부족하다. 충돌을 피하려고 방향을 왼쪽으로 틀면 벽을 들이받아 탑승자가 사망하고, 오른쪽으로 틀면 다른 보행자 1명을 치게 된다. 이러한 경우에 자동차 제조사는 자율주행자동차가 어떤 판단을 내리도록 설계해야 할까?

자율주행자동차는 이럴 때 어떻게 할까? 다시 말해서 이런 상황을 대비해서 자동차 회사는 '자율주행 소프트웨어'를 어떻게 짜야 할까? 이렇게 곤란한 상황에 빠졌을 때 어떤 선택을 해야 하는지를 묻는 윤리문제를 보통 '트롤리 문제'라고 한다.

자율주행자동차 시대가 임박하면서 자율주행자동차의 윤리적 딜레마가 난제로 떠오르고 있다.

Ⓐ 여러 명의 다른 보행자가 다치는 것을 막기 위해 방향을 바꾸어 한 명의 보행자를 다치게 하는 경우

Ⓑ 한 명의 보행자를 구하기 위해 차량 소유자를 다치게 하는 경우

Ⓒ 여러 명의 보행자를 구하기 위해 차량 소유자를 다치게 하는 경우

그림 8-26 자율주행자동차의 윤리적 딜레마

난제를 해결하고 자율주행자동차 상용화 시대를 연다는 목표를 달성할 수 있을까.

자율주행기능을 탑재한 차량의 도로 주행 중 다양한 사고가 빈번하게 발생했을 경우, 그에 따른 책임은 누가져야 될 것인가에 대한 문제는 아주 중요하게 다뤄질 필요성이 있다.

[표 8-9 자율주행자동차 윤리 가이드라인]

구분	내용
1) 목표와 가치	· 자율주행자동차는 이용자의 안전을 개선하고 이도의 기회와 편익의 증진을 목적으로 하며, 기술은 인간의 자율성과 책임성을 전재로 개발 될 필요성이 있다. · 자율주행기술로 인해 교통사고가 눈에 띄게 감소한다면 도입에 따른 일부 문제에도 불구하고 윤리적으로 수용해야 한다. · 기술적으로 피할 수 없는 사고 위험 상황에서 재물이나 동물 등이 손상되더라도 인간의 생명과 안전이 최우선적으로 보호 될 필요성이 있다. · 자율주행기능으로 인한 딜레마 사고 상황일 경우, 자율주행자동차는 연령, 성별, 신체적, 정신적 상태를 감안하여 특정 희생자를 선택하도록 설계가 되어서는 안 된다.
2) 디자인 원칙	· 도로의 운행환경 측면이 정상적이지 않고 법률에서 정한 별도의 운전요령에 대한 규정이 없으며 법규를 위반하지 않으면 진행할 수 없거나 심각한 위험 상황이 올 수 있는 경우, 인간의 생명에 위협을 주지 않고 재산상의 손실을 최소화 하는 차원에서 자율주행자동차의 자율저그로 대응 알고리즘을 결성할 수 있어야 한다.

2) 디자인 원칙	· 자율주행 기술은 사고를 미리 방지하도록 방어적이고 예방적으로 설계되어야 하며, 운행 중 발생할 수 있는 모든 위험한 상황을 회피할 수 있어야 한다. · 자율주행자동차의 자동충동방지 기술과 같이 사고피해를 획기적으로 감소시킬 수 있는 기술은 사회/윤리적으로 의무화 할 필요성이 있다. · 자율주행자동차는 어떠한 상황에서도 운전자(사람 또는 시스템)에 대한 정보와 손해배상 책임 여부를 명확하게 할 수 있도록 문서화 된 기록 확보가 중요하다. · 주행 중 위급상황 시, 시스템이 갑자기 운전자에게 제어권을 넘기도록 설계가 되어서는 안 되며 운전자와의 충분한 의사교류 행태를 고려해야 한다. · 자율주행자동차에 내장된 데이터를 활용해 스스로 차량을 운행하게 하는 기계학습기능은 운행의 안전을 개선할 경우에만 수용할 수 있다. · 자율주행자동차는 주행 중 위급상황에서 운전자의 도움 없이도 스스로 안전한 운행 환경으로 복귀할 수 있도록 시스템이 설계 될 필요성이 있다.
3) 공급자 의무	· 운행 중인 자율주행자동차에 결함이 생기지 않도록 제조사와 운영사는 기존 시스템 관리 및 최적화, 개선의 의무를 가질 필요성이 있다. · 제조사와 운영사는 자율주행 관련 신기술에 대해 공개적으로 전문기관의 검토를 거쳐 일반 고객들에게 명확하게 알려야 할 필요성이 있다. · 자율주행자동차는 관련 시스템이나 내부적 시스템에 대하여 외부 해킹으로부터 안전하게 설계 되어야 할 필요성이 있다.
4) 관리자 의무	· 자율주행자동차의 신택에 상관없이 인적 피해가 생기는 경우 효과적으로 대응하기 위해서는 독립적인 공공기관에서 각 사례에 관해 체계적인 분석과 관리를 담당 할 필요성이 있다. · 자율주행자동차의 운행해 대한 책임은 개인, 제조 및 운영사, 인프라 건설사, 정책적 의사결정자 등으로 나눌 필요성이 있다. · 자율주행자동차의 운행감시 및 운행조작은 개인의 사생활 침해라는 윤리적 문제의 소지가 있기 때문에 자율주행자동차의 중앙적 통제는 제한 될 필요성이 있다. · 자율주행자동차 운행으로 발생하는 데이터에 대한 사용여부는 반드시 자율주행자동차 소유자 또는 운행자의 승인을 받을 필요성이 있다.
5) 소비자 의무	· 자율주행자동차의 운행을 결정한 사람은 타인의 자유와 안전에 대해서도 상응하는 책임을 질 필요가 있다. · 자율주행자동차 이용자는 자율운행시스템의 올바를 조작을 위해 운전교습이나 운전면허 시험을 통해 자율주행자동차 관련 된 교육을 이수 할 필요가 있다.

몇몇 학자들이 이런 윤리적 딜레마 상황에 대한 여러 설문 조사를 수행하였다. 그 결과 많은 사람이 희생자의 수가 적은 방향으로 프로그램 되는 쪽을 선호했다고 한다. 다만, 사람들은 다른 사람들이 이런 차를 타기를 바라지만 본인은 타기를 주저하는 경향이 있다고 한다. 차 앞에 나타난 많은 사람을 목숨을 구하기 차에 탄 본인이 희생되는 상황은 누구나 싫을 것

이다. 자신이 타고 있는 차가 자기를 희생시킬 수 있다고 생각하면 돈 주고 차를 사고 싶진 않을 것이다.

자율주행 자동차가 실제 도로를 주행할 때에는 원칙으로 행위를 결정할 수 없는 충돌 상황의 경우 결국은 공리주의적 관점의 도움을 받아야 한다. 물론 인간의 생명은 단순한 계산만으로 결정할 수 있는 문제는 아니다. 여러 변수를 고려한다고 해서 그것이 최선의 선택이라는 보장도 없다. 그렇지만 인간의 생명은 다른 어떤 것보다 우선돼야 하는 가치다. 따라서 더욱 신중한 고려가 필요하다.

자율주행자동차가 곧 상용화되면 이런 문제는 실제 우리 주변의 도로에서 벌어지는 현실이 된다.

자율주행자동차의 3원칙(?)

- 자율주행자동차에 대한 의무론적 접근은 아이작 아시모프의 '로봇이 따라야 하는 3가지 규칙'에서 출발해볼 수 있다. 구달은 이러한 원칙이 자율주행 자동차를 설계할 때 엔지니어들이 선호하는 접근이라는 의견을 제기하면서, 규칙을 따르게 하는 것이 컴퓨터의 속성에 적합하다는 의견을 피력한다.
- 아시모프의 로봇 3원칙의 정신을 계승한 자율주행자동차의 원칙은 다음과 같이 제시 가능하다.
  - (1) 자동화된 차량은 보행자 또는 자전거 탑승자와 충돌해서는 안 된다.
  - (2) (1)의 원칙을 위반하는 충돌을 피하기 위한 경우를 제외하고는, 자동화된 차량은 다른 차량과 부딪혀서는 안 된다.
  - (3) (1)과 (2)의 원칙을 위반하는 충돌을 피하기 위한 경우를 제외하고는, 자동화된 차량은 자신이 처한 상황에서 어떤 다른 물체와도 충돌해서는 안 된다.
- 크리티안과 사라의 연구는 아시모프의 로봇 3원칙을 자율주행 자동차에 적용, 구체화시켰다는 점에서 의의가 있다. 또한 충돌 시 가장 우선 고려해야 하는 것이 보행자 및 자전거 탑승자이고, 그 후 고려해야 하는 것이 다른 차량, 마지막으로 고려해야 할 것이 다른 물체라는 충돌 대상 간의 위계를 확실하게 해준다.

8-4 자율주행자동차 개발동향

자율주행자동차에 대한 개발의 방향은 구글과 같은 IT 기업과 기존의 자동차 회사가 추구하는 방향은 약간 다르다. 자율주행자동차 분야 선도 기업들은 크게 개발 방향이 두 갈래로 나누어진다.

구글, 엔비디아-아우디, 인텔-BMW, 포드 등의 경우 운전자가 필요 없고 100% 자율주행이 가능한 이른바 '무인자동차' 개발에 힘쓰고 있다. IT 기업이 추구하는 방향은 최종적으로 운전면허가 필요 없는 단계까지 만드는 걸 목표로 하고 있으며 현재 운행 중인 구글의 무인자동차는 핸들이 없다.

반면 기존 자동차 회사는 인간이 직접 운전하는 재미를 침해하지 않는 수준의 편의 기능의 방향으로 개발하고 있다. 테슬라, 도요타, 닛산 등은 아직까진 운전자 개입이 필요할 수 밖에 없다고 판단하여 우선적으로 부분 자율주행자동차 개발에 집중하는 등 자율주행 분야에 대해 각기 다른 전략을 세워 프로젝트를 진행하고 있다.

국내에서는 현대차가 최근 열린 모터쇼에서 자율주행자동차를 공개했다. 자율주행자동차는 전기자동차 기반의 완전 자율주행 콘셉트카로, 미국 자동차공학회(SAE)의 자율주행 기준 레벨 가운데 완전 자율주행 수준을 만족시킴으로써 시선을 모았다. 현대차는 수소연료전지차와 전기자동차 등 미래형 친환경차에 자율주행 기술을 탑재하는 등 자동차의 완벽한 변신을 꾀하고 있다. 현대차는 수년 내에 고도 자율주행자동차를 상용한다는 목표이다.

자율주행자동차 시장 주도권 경쟁이 가열되고 있다. 기존 자동차 업체는 물론 반도체, IT 기업들이 인수합병과 지분 투자 등으로 자율주행자동차 기술 확보에 나서고 있다.

[표 8-10 자율주행자동차 개발방향]

구분	내용
IT 기업	· **무인자동차** · 구글, 엔비디아-아우디, 인텔-BMW, 포드 등 · 운전자가 필요 없고 100% 자율주행이 가능한 무인자동차 개발 · IT 기업이 추구하는 방향은 최종적으로 운전면허가 필요 없는 단계까지 만드는 걸 목표로 하며 현재 운행 중인 구글의 무인자동차는 핸들이 없다.
기존 자동차업체	· **운전자 개입 필요/편의위주** · 테슬라, 도요타, 닛산 등 · 인간이 직접 운전하는 재미를 침해하지 않는 수준의 편의기능 개발 · 아직까진 운전자 개입이 필요할 수 밖에 없다고 판단하여, 우선적으로 부분 자율주행자동차 개발에 집중/각기 다른 전략을 세워 프로젝트 진행 중

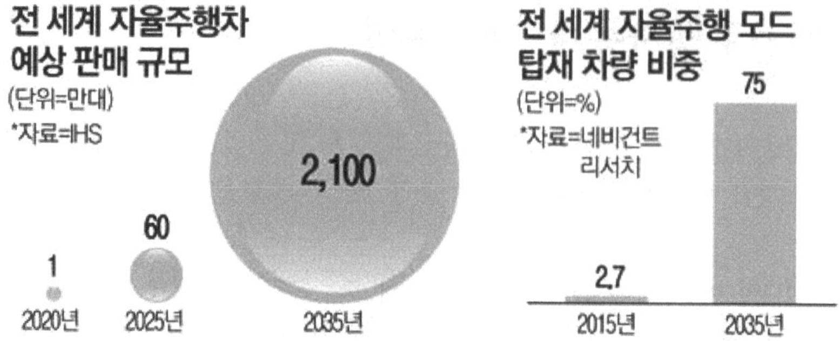

그림 8-27 세계자율주행자동차 판매전망(단위/만대)

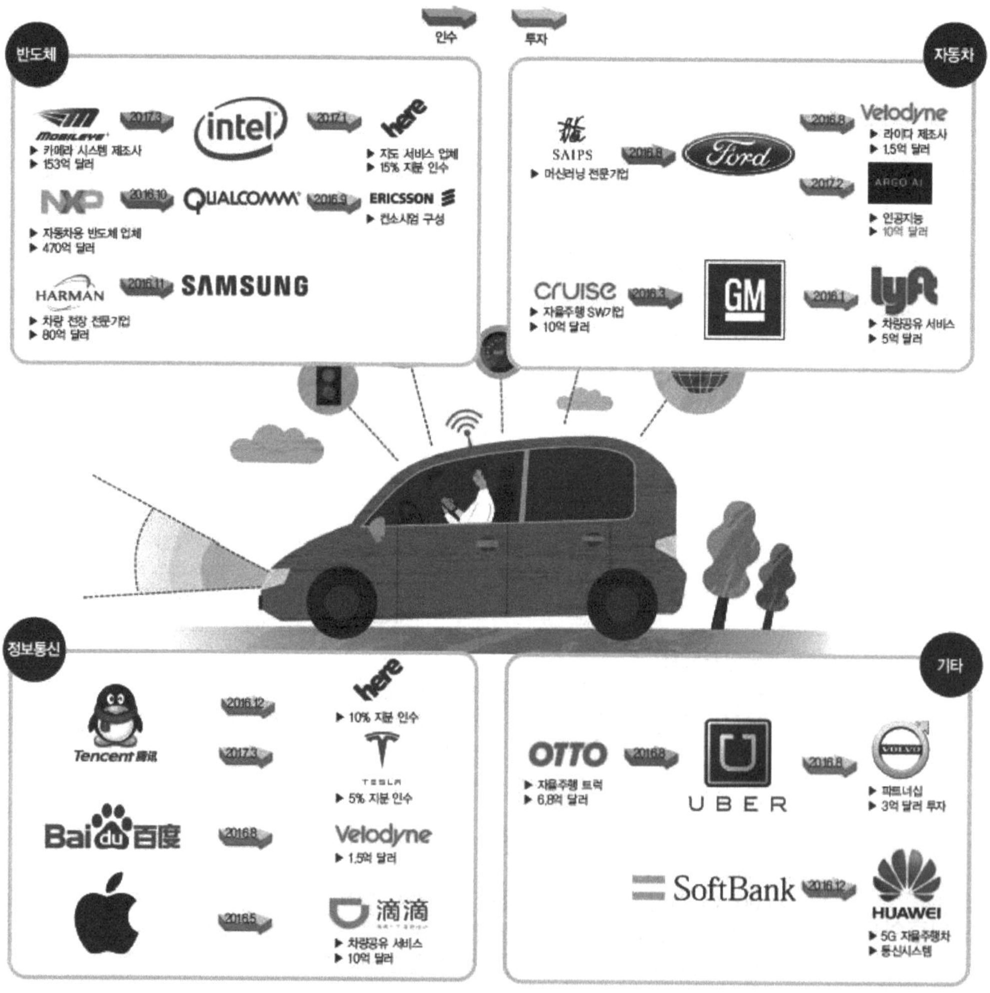

그림 8-28 자율주행자동차를 둘러싼 업체별 연합 동향

정보기술(IT)업체와 자동차업체 간 합종연횡도 활발하다. 하드웨어에 강한 자동차업체와 소프트웨어에 강한 IT업체가 손을 잡아 시너지를 내겠다는 계산이다. 하지만 이들 간에 긴장감은 여전하다. 영국 경제주간지 이코노미스트는 '완성차업체는 자신들이 껍데기만 제공하고 실리는 IT업체들이 챙겨갈지 모른다는 두려움을 느끼고 있다'며 '협력을 하면서도 서로의 영역을 노리는 탐색전이 계속될 것'이라고 진단했다.

자동차산업을 이끌 미래 기술로 전문가들은 크게 두 가지를 꼽는다. 인터넷 및 다양한 사물과 연결되는 커넥티드카와 운전자가 필요 없는 자율주행자동차다. 업체 간 합종연횡도 이 두 분야를 중심으로 이뤄지고 있다.

이제 자동차 산업도 점차 자율 솔루션으로 전환하고 있다. 최근에 투자되고 있는 자율주행차가 전 세계적으로 영향을 미칠 수 있는 필수 시스템이 될 수 있다는 점에서 큰 시장이 될 수 있는 여지를 보여준다.

[표 8-11 주요 업체 자율주행자동차 개발 동향 / 자료 : Marklines, 나무위키]

업체명	진행 내용
Google Waymo	· 미국 아리조나주에서 1년간 자율주행 택시 서비스 1,500건 이상 이행하였으며, 다른 주로 서비스 확대 추진 중 · Waymo는 1,000만 마일 주행과 100억번 이상의 시뮬레이션 신행 · 2018년 12월 상업 자율 주행 서비스인 Waymo One을 피닉스 대도시 권역에서 시작 · 2020년 10월 운전석에 안전요원이 탑승하지 않은 완전 무인 자율주행 자동차 운행을 공식적으로 시작
GM Cruise	· 운전대와, 가속제동 페달이 없는 자율주행자동차 개발 중이며 관련 연구개발 인력 대폭 증원 · 일본 혼다와 GM Cruise 개발의 투자 파트너로서 관계 유지 · 2020년 차선 변경 기능이 포함된 슈퍼크루즈 2.0을 처음으로 출시하였고, 2021년 GMC 허머EV, 에스컬레이드 EV에 적용
ZOOX	· 미국의 관련 보고서에 따르면 Google, GM에 이어 3번째로 우수한 자율주행 자동차 개발 중
Tesla	· 2015년부터 자사의 모든 모델에 어댑티브 크루즈 컨트롤(ACC), 차선 변경 기능, 자동 평행 주차 등을 포함한 2단계 자율주행 기술인 오토파일럿을 적용하고 있다. · 2019년 Computer Vision 스타트업 Deep scale 인수 · 2020년 테슬라의 인공신경망은 최근의 인공지능연구를 적용하여, 인식과 조작의 문제를 딥러닝으로 교육 · 2021년 기준으로 자율주행 기능을 탑재한 차량을 가장 많이 판매한 회사
Ford	· 2017년 투자한 Argo AI를 통해 자율주행자동차 개발 중 · Volkswagen사가 2019년 7월 Ford가 보유한 지분 50%를 인수하면서 파트너로 참여

업체명	진행 내용
Ford	· 텍사스, 마이애미, Washington DC에서 자율주행자동차 운행 예정 · 개발 중인 자율주행자동차에는 Velodyne사의 Lidar, FLIR사의 열화상 카메라, Veoneer사의 부품들이 탑재될 예정
Uber	· Toyota, Denso, Soft bank Vision Fund는 Uber의 Advanced Technologies Group에 자율주행 개발을 위해 투자
Daimler Mercedes-Benz	· 고속도로 등 특정 환경에서 자율주행 되는 DRIVE PILOT 시스템 출시 예정 · 자율주행자동차 개발을 위하여 부품사 Bosch와 협업하고 있으며 완성차 회사 BMW, Audi와 파트너쉽 맺음 · Robo-Taxi 사업보다 자율주행 트럭 기술에 집중 계획
Honda	· 자율주행자동차 Honda Legend를 출시 계획, 우선 일본 지역 한정
현대차	· 2019년 자율주행자동차 개발을 위해 Aptiv와 합작회사 설립 · 현대차는 2025년까지 자율주행 기술 등 개발을 위해 41조원 투자 계획 · 제네시스의 차량들을 시작으로 어댑티브 크루즈 컨트롤, 주행조향보조장치 등 준자율주행급 운전보조 기능을 적용하고 있으며, 심지어 아반떼를 비롯해서 하위 차종까지도 적용 중. 실제 주행조향보조를 해주는 기능은 각 사의 준중형부터 들어간다. · 미국 자율주행 솔루션 기업 오로라(Aurora)와 협업해서 레벨 4 자율주행자동차를 스마트 시티 상용화, 2025년 일반도로 상용화 목표
Intel Mobileye	· Computer Vision 인식 분야에 선두를 지키기 위하여 후속제품군을 지속 출시 예정 · Mobileye REM시스템으로 유럽과 미국의 고정밀지도 Update 중

자동차가 스스로 인식, 판단, 제어를 통해 운전자의 개입 없이 스스로 안전 주행을 하는 자율주행자동차는 더 이상 먼 미래 얘기가 아니다. 자율주행자동차는 4차 산업 혁명과 ICT 융합에 대한 관심이 높아지면서 이에 대한 연구가 활발히 이루어지고 있으며, 운전자의 편의를 증대시킬 수 있는 미래 교통수단으로 주목받고 있다. 딥러닝 등 기계학습 기반의 인공지능의 성능은 더욱 많고 다양한 상황의 데이터를 확보하여 학습 과정에 활용하는 것이 자율주행자동차 기술의 완성도를 결정하기 때문에, 최근에는 이와 관련된 인공지능 기반의 자율주행 연구가 각광 받고 있다.

그동안 끊임없이 자동차 산업은 변화해왔지만, 향후 10~20년간은 그동안의 변화보다 더 큰 상황에 직면할 것이며, 변화의 중심에 선 가장 큰 화두는 자율주행자동차이다. 최근 모든 산업분야를 통틀어 가장 주목을 받는 분야 중 하나가 자율주행자동차 관련 산업이다.

참고문헌

[1] '지율주행 기술 표준화 동향', 오토저널 2021년 3월호 (http://www.ksae.org)

[2] '미래차 전지 잡아라'… 韓-日 주도권 싸움 가열, 한국전기자동회협회, 2020.05.15

[3] 2020년은 전기차 전지 시장 패권다툼 원년, 중앙시사매거진, 2020.01.06.

[4] '신차 대전 시작'. 내달 개막 '2020 제네바 모터쇼'서 공개되는 핫한 車는?, 오토데일리, 2020.02.19.

[5] B2B로 확장하는 5G, 진짜 승부 시작, 오피니언뉴스, 2020.4.20.

[6] 수소전기차의 원리와 한계 및 전망, 친환경자동차, 디젤가솔린, 취준로그 blog.naver.com/mmm_mmz, 2020.4.28

[7] 반도체 이후 먹거리는 전기차 전지… 불붙은 글로벌 주도권 경쟁, 동아일보, 2019.10.07

[8] 미니 쿠퍼 SE 공개, 해치백 3도어 기반의 미니 전기차, https://blog.naver.com/ triplegus, 2020.02.02.

[9] '윤리적 설계 : 인공지능 및 자율시스템에서 복지를 우선시하는 비전', 초판. IEEE, 2016.

[10] 수입산 전기차 몰려온다···테슬라 아성 넘을까, 시사저널이코노미, 2020.05.03.

[11] Creative and Smart! LG CNS :: 인공지능의 발전, 그리고 인류의 미래는? , https://blog.lgcns.com

[12] 이제 바꿀 때가 됐다. 2020년에 출시될 전기차들을 모두 모아봤다, 허프포스트코리아, 2020.01.03.

[13] '대세는 전기차'....코로나19와 저유가에도 '꿋꿋', 한국전기자동차협회, 2020.05.01.

[14] 구글이 잊혀져야 디지털 경제가 산다!,프로파일, 창업 액셀러레이터, 2020. 5. 6.

[15] 전기자동차가 몰고올 변화의 물결, LG경제연구원

[16] 수소차, 충전시간·주행거리 압도… 전기차, 유지비·충전인프라 강점, 서울신문, 2019.01.24

[17] 테슬라 'S3XY'의 완성..4000만원대 모델 Y 공개, 이데일리, 2019.03.25.

[18] 국가기술표준원, "자율주행 산업 최신 동향 및 자율주행 시스템 표준화 현황", 2018

[19] 국토교통부, "세계 최초 부분자율주행자동차(레벨3) 안전기준 제정", 2020.

[20] 산업연구원, "자율주행자동차 상용화 대비 신산업 육성방안", 2018.

[21] 산업통상자원부, "미래차 산업 신속전환을 위한 3대 전략", 2019.

[22] 송봉섭 정우영, "자율주행자동차, 딥러닝 기술을 탑재하다", 융합연구리뷰, Vol.3, No.10, 융합연구정책센터, 2017.

[23] 오지선 김갑수, "한국 자율주행자동차 산업의 글로벌 경쟁력 확보방안 연구 , 2018.
[24] 이명구 박도휘 외, "자율주행이 만드는 새로운 변화", Samjong Insight Vol.69, 삼정KPMG 경제연구원, 2020.
[25] 이승훈, "딥러닝 기반의 인공지능 자율주행 기술 경쟁의 핵심을 바꾼다", LG경제연구원, 2017.
[26] 이안나, "자동차 전장부품-차량용 반도체가 핵심!", 골든브릿지투자증권, 2018.
[27] 임두빈 장진영 외, "미래 자동차 권력의 이동", Samjong Insight Vol.56, 삼정 KPMG 경제연구원, 2018.
[28] 자율주행자동차 융복합 미래포럼, "2018년 자율주행자동차 융복합 미래포럼 운영용역, 최종보고서", 2018.
[29] 조영신 외, "자율주행 자동차의 대두와 사회문화적 변화", 정보문화 이슈리포트, 16-02호, 한국정보화진흥원, 2016.
[30] 중소벤처기업부, "중소기업 전략기술로드맵 2019-2021 자율주행자동차", 2019.
[31] 미래 블루오션, AI 반도체-글이 작품이 되는 공간, 브런치, https://brunch.co.kr
[32] '넥쏘-미라이-클래리티', 세계 3대 수소차 비교, 오토타임즈, 2018.02.06.
[33] 커넥티드카 동향, FESCARO, https://www.fescaro.com
[34] 테슬라의 경쟁자로 떠오른 '루시드 모터스'의 비밀, 네이버 블로그, https://blog.naver.com/scramjet21, 2018.09.15.
[35] 2020 쉐보레 볼트 EV 리뷰(vs 현대 코나, 테슬라 모델 3), 다루마루재인 아빠, blog.naver.com/yangpung, 2020.04.29.
[36] 기후변화의 범인 - 온실가스 그는 누구인가?, GS칼텍스 공식 블로그, https://gscaltexmediahub.com
[37] 친환경차 경쟁 승자는 누구일까?(2) : 수소차 vs 전기차, https://lonelyinvest.com, 2018.09.28.
[38] 국내 친환경차 10만대 시대…가솔린·디젤 시대, 뉴스핌, 2018.12.02.
[39] 車업계 "'경유차 감축에 SUV 판매 줄까 우려", 뉴스핌, 2018.11.08.
[40] 자율주행자동차(Self-driving car)의 간단한 원리, 와카니, blog.naver.com/ wacanycorp, 2020.03.23.
[41] 현대기아차, 전기차의 미래에 대응하고 있는가?, 미래한국 Weekly, 2019.12.27.
[42] 인공지능(AI)으로 의사 결정 속도가 획기적 빨라 진다, 일간리더스경제, 2018.01.02.
[43] '자동차=사람이 들어가는 모바일기기', 조선일보, 2019.10.29.
[44] '커넥티드카의 현재와 미래', 한국자동차공학회, 오토저널, 2019년 12월호
[45] 자동차의 진화: 커넥티드 디바이스로서의 '커넥티드 카', KOTRA 해외시장뉴스,

2016.04.12.
[46] 오인환, 홍성안, "연료전지자동차 실용화 전망", 한국과학기술연구원
[47] 친환경차 패권 경쟁: 액셀 밟는 전기차, 추격하는 수소차, J report, https://news.joins.com
[48] 5분 충전 서울~부산 달려도 연료 남네…넥쏘 주행거리 609㎞ 세계 최대, 이데일리언론, 2018.02.06.
[49] 현대차 '넥쏘', 1회 충전으로 609㎞ 간다, 월요신문, 2018.02.05.
[50] 차세대에너지 연료전지의 모든 것, 한국석유공사, blog.naver.com, 2018.04.26.
[51] EV vs. FCEV, 한국전기자동차협회, http://www.keva.or.kr, 2019.02.27.
[52] 수소차는 자동차 제조사와 정부의 바램일뿐 미래의 자동차는 절대 아닙니다, 엠엘비파크, 2018.11.04.
[53] 수소 경제 : 국내외 수소 · 연료전지 시장전망과 핵심기술 개발동향, Fire korea, 2019.02.14.
[54] 수소차 연료 `수소` 어떻게 만들까, 매일경제, 2018.10.07.
[55] 에너지 저장이 담을 미래 전지가 에너지 시장 바꾼다, 에너지 신산업, https://www.energynewbiz.or.kr
[56] 수소전기차의 시대 PART 2자동차가 미세먼지를 없앤다, 현대자동차 https://news.hmgjournal.com
[57] 수소차 저장용기 탄소섬유로 만들어…7300t 에펠탑을 올려놔도 끄떡 없다, 매일경제, 2019.05.31.
[58] 전기차 비켜! 수소전기차 납신다, 주간동아, 2017.08.28.
[59] 수소차 넥쏘가 나오기 이전, 수소차는 어떻게 발전해 왔나?, 다키, 2018.01.17
[60] 연료전지기술 핸드북, 수소에너지단신-뉴스스크랩 / 수소에너지 소식
[61] 세계 최고 수준을 자랑하는 수소 SUV, 넥쏘 파헤치기, DB손해보험, 2018.02.14.
[62] 눈앞에 다가온 미래 더 멀리 가는 전기차 시대, 매일경제, 2017.12.29.
[63] 현대車, 세계 최초 수소연료전지차 양산(투싼:iX35 Fuel Cell), 자동차뉴스 그리고 신차소식, 2013.02.27.
[64] 현대차, 세계 최초 수소연료전지차 양산, 행복매일신문
[65] 투싼ix 수소연료전지차, 벨기에서 미래자동차 상 수상, 서울경제, 2013.01.11.
[66] 수소차는 전기차보다 친환경일까?, 경향신문언론사 선정, 2019.02.10.

[67] 미세먼지 걱정 뚝! ‘수소차’ 원리는? 장점과 단점, 수소차 충전소와 연비까, FAM타임스, 2019.02.11.
[68] 수소차, 사고나면 수소폭탄? 3가지 오해와 진실, 한국스포츠경제, 2019.01.23.
[69] 고분자전해질 연료전지 기술개발 동향, 화학공학연구정보센터
[70] 70. 고체전해질 소재기술(1)-제3장 연료전지용 소재기술, 신소재경제신문·재료연구소, 2019.06.16.
[71] 수소경제-고분자 전해질 연료전지(PEMPC), 2018.12.29.
[72] 전기자동차 대세는 HEV? PHEV? BEV? FCEV?, by SNE Research (www.sneresearch.com), 2013.04.17.
[73] 차세대자동차산업의 부품거래관계 변화와 정책과제, 산업연구원
[74] 수소제조비용추정에 관한 연구 : 화석에너지를 중심으로, 에너지경제연구원
[75] 수소연료전지산업의현황과 충남의 발전전략, 충남연구원 홈페이지
[76] 다가오는 새로운 에너지, 미생물연료전지의 도전기, 2018.05.18.
[77] 18650'과 전지업계의 위기, 이투뉴스, 2016.02.29.
[78] 연료전지 기술개요와 사업화 전망, 한국과학기술정보연구원(KISTI), 2007.03.16.
[79] 수소차, 수소연료전지 자동차란?, 자동차의 미래, 2018.12.25.
[80] 경제수소차는 자동차 제조사와 정부의 바램일뿐 미래의 자동차는 절대 아닙니다, http://mlbpark.donga.com, 2018.11.04.
[81] 수소연료자동차란?, 돌담소리, 2017.11.05.
[82] 현대차 수소 사업! 공기청정 기술까지, https://brunch.co.kr
[83] 정의선 현대차 부회장, 미래의 ‘자동차 혁명’ 이끈다, 인사이트코리아, 2017.03.16.
[84] 현대車-아우디 수소차 동맹 결성, 투데이에너지, 2018.06.21.
[85] 현대차, 美 수소車 개발 참여, 동아일보, 2013.05.18
[86] 기후변화협약에 대한 산업계 대응방안, 환경부
[87] 수소 자동차. 수소연료전지차, 에너지, 2006.12.28
[88] 수소연료전지차와 수소엔진차의 차이, 만물상, 2006.12.28.
[89] Waymo는 르노-닛산 제휴를 통해 Robocar 계약 체결, Over the Vehicle, 2019.02.14.
[90] 환경규제 강화로 급성장하는 수소연료전지차 시장, kotra, 2018.04.07.
[91] '전기차 SUV' 원년…車시장 뜨겁게 달군다, 매일경제, 2018. 1. 11.
[92] 2035년엔 전세계 신차 4대 중 1대가 완전 자율주행자동차, 연합뉴스, 2018. 1. 15.
[93] 글로벌 100만대 성장한 전기차, 전지업계 “가격 낮춰라”, 디지털타임스, 2017.12. 26.
[94] 용량 크고 충전 빠른 전지 개발이 대중화 핵심 글로벌 경쟁 격화, 조선일보, 2018.01.01.
[95] 전기자동차 시장 전망, Bloomberg 뉴에너지 파이낸스, 2017.07.22.

[96] 10년후 전기차 빅뱅이 온다, 한겨레, 2017. 7. 19.
[97] 커지는 전기차 시장…전지 업체들 잇따라 대규모 투자, Chosunbiz, 2017.11. 27.
[98] 전기차 vs 수소차…이제는 상용화 경쟁, 지디넷코리아, 2017. 4. 21
[99] 기존 자동차·석유산업 2030년엔 무너진다, 중앙일보, 조인스, 2017. 5. 18.
[100] 미국 전기차시장 최근 동향 및 전망, kotra 해외시장뉴스, 2017. 8. 10.
[101] 전기차로 '글로벌 자동차 대국' 꿈꾸는 중국, 한국경제매거진, 2017. 9. 20
[102] 전기자동차 시장동향과 전망, 아이씨엔 매거진, 2015.11.02
[103] 2030년 자율주행 전기차가 도로 95% 점유, 로봇신문사, 2017. 5. 11
[104] 국내외 친환경 자동차 동향을 살펴보다, 오토모티브리포트, 2016. 2. 16
[105] 지난해 전세계 친환경차 시장규모 234만대…한국은 1.8%, 연합뉴스, 2016.11.6.
[106] 미래자동차 상상이 현실이 된다. '오토테크트렌드: 미래자동차' 출간, 전자신문, 2018. 1. 14.
[107] CES 2018에서 놓쳐선 안될 '미래車 기술', ZD넷 코리아, 2017. 12. 24.
[108] LG Business Insight, 2009. 11. 25.
[109] 교통신문, "닛산 인피니티 PHEV," 2012. 3. 23.
[110] 아시아경제, "미쓰비시자동차, PHEV 개발," 2011. 2. 17.
[111] 전자신문, "중국 자동차업계, 전기자동차에 올인," 2011. 6. 14.
[112] 중앙일보, "2012년부터 전기자동차 최대 420만원 세금감면," 2011. 10. 13.
[113] 아시아투데이, "현대기아차의 전기자동차 전략," 2011. 9. 20.
[114] 헤럴드경제, "현대차 친환경모델 '투트랙'공략," 2012. 4. 10.
[115] 매일경제신문, "GM, 볼트 생산 중단," 2012. 3. 6.
[116] 전자신문, "장기적으로 PHEV 유망," 2012. 3. 29.
[117] 안주희, "세계 전기자동차 개발현황과 국내업계의 경쟁력 분석," 산업이슈, 산은경제연구소, 2009. 11, pp. 21-25
[118] 파이낸셜뉴스, "볼보가 개발중인 플러그인 하이브리드자동차," 2011. 10. 21.
[119] "이데일리, 현대차의 전기자동차 `블루온`, 日 자존심 꺾었다, 2010.09.09.
[120] "하나금융경영연구소, 하이브리드자동차/전기자동차 전망 및 국내 완성차업체의 경쟁력 비교 분석, 2010.2.16.
[121] 조만, "연료전지자동차의 기술 개발", 한국과학기술연구원
[122] 수소전기차가 자동차의 미래가 될 수 있을까, 현대자동차 블러그, 2019.07.03.
[123] 4차 산업혁명 시대 새로운 성장동력 미래車 주도할 커넥티드 카-매일경제, 2017.05.25.
[124] 50년 뒤에는 정말 석유가 고갈될까?, GS칼텍스 공식 블로그 : 미디어허브, https://gscaltexmediahub.com
[125] 석유 고갈 언제쯤? 100년째 써도 여전히 증가 중, GS칼텍스 공식

블로그https://gscaltexmediahub.com
[126] 더 강화되는 환경규제, 자동차업계 바빠진다, 글로벌오토뉴스, 2018.01.22.
[127] 아이오닉·볼트EV, 전기차 탈수록 주행거리 짧아져 최대 단점, 최신 자동차 뉴스, 2016. 12. 8
[128] 전지가격 뚝.. 5년내 2000만원대 전기차 나온다, 디지털타임스, 2016.02.28.
[129] HEV용 리튬이차전지 기술동향", 한국과학기술정보연구원, 2004.
[130] "오인환, 홍성안, "연료전지자동차 실용화 전망", 한국과학기술연구원
[131] "조만, "연료전지자동차의 기술 개발", 한국과학기술연구원
[132] "하나금융경영연구소, 친환경차의 국내완성차 업체 경쟁력 비교, 2010.2.16.
[133] "한국자동차공업협회, (1991), 미래의 자동차엔진 배출가스 감소세미나.
[134] "대외경제정책연구원, "일본의 주요 대체에너지 산업 정책과 현황 - 차세대 자동차 시장 및 개발 동향", 2010/05/13
[135] "조만, "리튬이온 이차전지 기술동향과 연료전지자동차에의 응용", 2003. 2. 21
[136] "2차전지의 기술트랜드, 시장예측 및 전지구조 및 개요", 한국특허정보원, 민경필
[137] "하이브리드자동차의 국내특허경향", 한국특허정보원, 황종환
[138] "리튬이온이차전지 기술동향과 연료전지자동차에의 응용", 한국과학기술정보원, 조만
[139] 하이브리드 전기자동차용 고출력 리튬 이차전지, 한국과학기술정보원, 조만
[140] 특허검색사이트 WIPS, http://www.wips.co.kr
[141] 리튬이온전지의 시장동향", 기술뉴스브리프, KISTI, 황선일
[142] 유진투자증권, "친환경자동차 : 그린카와 2차전지는 천생연분", 2010/02/07
[143] 자동차산업의 미래 - 그린카 현황 및 전망" 2010/01/22 17:16 전국경제인연합회가 2009년 9월 전략산업리포트
[144] 전기자동차와 리톰이온전지 에코프로 설비 증설 투자 "하반기 250억 매출 전망" 헤럴드경제, 2009.05.29
[145] 박성용, 전기자동차용 니켈-금속수소(Ni-MH) 전지기술, sypark@iae.re.kr
[146] 녹색성장과 함께하는 전기자동차 대한민국 정책포털에서 2009.05.29
[147] 환경부, (1995), 자동차배출가스종합대책.
[148] 정용일 박사, (1997), 자동차와 환경.
[149] 다큐멘터리: [누가 전기자동차를 죽였는가?(Who killed the electric car?)]
[150] 車업계 경유차 감축에 SUV 판매 줄까 우려, 뉴스핌, 2018.11.08.
[151] 수소자동차-나무위키, https://namu.wiki
[152] 수소차 연료탱크에 총을 쏘면 폭발할까? 정답은 `NO`, Biz Focus, 2019.06.15.
[153] 전기자동차가 몰고올 변화의 물결, LG경제연구원, http://www.lgeri.com

[154] 이제는 전기자동차 혁명이다, 경남일보, 2014.12.16.

[155] 정부와 현대차 왜 수소차를 택했나, 뉴데일리, 2019.03.05

[156] 2018 FEBRUARY vol.107, 융합연구정책센터, https://crpc.kist.re.kr/

[157] 수소차, 이미 다가온 수소 에너지 시대, https://blog.naver.com/oka98

[158] 친환경 자동차 시대, 저공해 자동차 이야기 '수소차와 전기차', 환경부 공식 블로그, 2018.09.05.

[159] 정용욱, 정구섭, 전기자동차 3판, GS인터비전

찾아보기

전기자동차 4판

2024년 2월 28일 2쇄 발행

저 자	정용욱・이보희・정구섭
발 행 인	송기수
발 행 처	도서출판 GS인터비전
편 집 처	도서출판 GS인터비전
인 쇄 처	트윈벨미디어
등록번호	제 25100-2016-000050 호
I S B N	979-11-5576-391-9 (93550)

주 소 서울 은평구 증산로 15길 69 2층

전 화 02-976-7898

팩 스 02-6468-7898

홈페이지 gsintervision.kr

E-Mail gsinter7@gmail.com

정 가 28,000원